# 重塑：

## 构建具有敏捷适应力的高效组织

卢锡雷　著

中国建筑工业出版社

**图书在版编目（CIP）数据**

重塑：构建具有敏捷适应力的高效组织 / 卢锡雷著 .
北京：中国建筑工业出版社，2025. 5. -- ISBN 978-7
-112-31229-0

Ⅰ. F272.9

中国国家版本馆 CIP 数据核字第 20251PM132 号

本书秉持"识知行成变"的理念，是推行管理向"行"转变的创新之作，也是"新组织管理学"的重要构成内容，旨在为构建具有敏捷适应力的高效组织提供思想和技术方法及工具。

全书共 4 篇、12 章，以及 1 个附录。第 1 篇——认知本质：组织提升，阐述"识知行成变"的认知模式与耦合思维，重塑组织的总逻辑，探讨组织的渊源、模式、本质和管理，是重塑组织的认识论。第 2 篇——适应环境：耦合模式，阐述组织环境、耦合方式及状态跃迁，是组织重塑的方法论。第 3 篇——变革方法：动力博弈，探讨管理的"行"转向，创新成效，变革进展的动力阻力对比，是组织变革的实践方法。第 4 篇——组织重塑：创新变革，详细阐述业务结构、流程体系、组织管理的创新变革具体方法与评价流程，是最佳实践的实证总结。附录阐述数字化是重塑组织的基石，强调数智技术将成为推动组织发展的重要基础。

本书视角独特、观点新颖、创新迭出、直击本质，可供实业界、学术界、咨询界参考。

责任编辑：朱晓瑜　李闻智
责任校对：赵　菲

**重塑：构建具有敏捷适应力的高效组织**

卢锡雷　著

\*

中国建筑工业出版社出版、发行（北京海淀三里河路 9 号）
各地新华书店、建筑书店经销
北京雅盈中佳图文设计公司制版
建工社（河北）印刷有限公司印刷

\*

开本：787 毫米 ×1092 毫米　1/16　印张：21　字数：494 千字
2025 年 7 月第一版　2025 年 7 月第一次印刷
定价：**98.00** 元

ISBN 978-7-112-31229-0
（45202）

# 自序

企业的本质，企业家的尊严

　　尽管客户/顾客的重要性无与伦比，但是我并不认同"The purpose of business is to create and keep a customer（企业的存在目的是创造客户并留住客户）"[1] 或者"顾客是企业的终极目的，企业所有工作，都是为了满足顾客的要求"[2] 的观点，因而也不完全认为"客户第一，客户中心"，不会因为他们付钱就成为中心与第一，这不符合企业创办人的初衷。企业的本质是"达成目标而实现抱负"，开展业务是企业生存与发展的方式，创造客户、服务客户、为客户提供价值以及良好的体验是途径和方法。企业创建之初的抱负，哪怕只是扭亏为盈（如海尔张瑞敏 1984 年接任厂长）、为家人提供好的条件（如任正非 1988 年创立华为）、前瞻性地寻找出路（如马云 1999 年创立阿里巴巴），没有蜕变而达到"抱负"这样高度的"信仰"级的动因，都不可能支撑企业家们（成活下来、成功之后才被称为企业家）担负如此重任、克服艰难困苦、筚路蓝缕，甚至沉浮起落、生死煎熬；也承受不起企业家"伟大创造""发展动力"的称号，铸就不了企业家创新精神之魂。取悦"客户"是企业的讨巧方式，也是彼此因信任而交易的"商业共同体"的形成方式，以互信互融、你情我愿为基础。营利性企业就是这样的组织，是彼此尊重、互相交换的融洽方式，企业提供优质功能的产品，顾客回馈付款和好的建议。当前强调"动态的、可变的、不确定的"客户及其需求的程度，需要回归到恰当的分量，交易方式不应替代组织的本质追求。没有抱负的企业终究不会有"世纪"级的成就。其模型如图 1 所示。组织开展业务是

---

[1]　DRUCKER P F. Management: Tasks, Responsibilities, Practices[M]. New York: Harper & Row, 1973: 61.

[2]　彼得·德鲁克. 管理的实践 [M]. 齐若兰，译. 北京：机械工业出版社，2006: 35-37.

存在的基础，其行为方式用流程表达，管理则是促使组织实现目标的所有努力之和，其终极价值是实现"宏伟"的抱负，无论明确与否、高调宣告与否，组织以实现抱负为追求，也是企业家赢得尊重的尊严所在。业务与流程的即时衍射与镜像反映程度，标志着管理水平的高低。

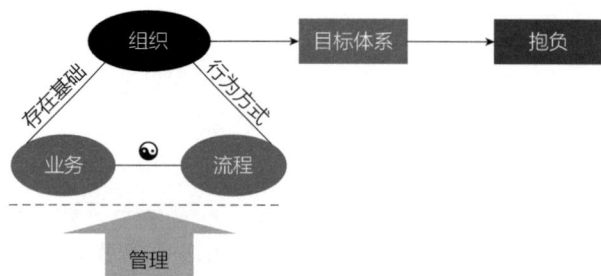

图 1　组织本质模型：组织以实现抱负为目的

## 重塑是发展常态，重塑目的

重塑是构建，更是"转型、升级、优化、创新、变革"。企业组织作为因人而设的既有形又无形的"人工物"，如同有机的生命体，重塑是它能够生存下去的根本原因，每时每刻的"信息、物质、资金、知识"输入与输出，使得该组织系统不至于由于"熵增"（无序程度增高）而生病甚至死亡。因此，重塑是常见而存的常态，不要错愕，要接纳、开放地笑着迎接，重塑的目的就是"构建具有敏捷适应力的高效组织"，使其能够拥有"比较优势"、饱满活力而"基业长青"。

## 环境决定组织的应有能力

乌卡 [VUCA：易变性（Volatility）、不确定性（Uncertainty）、复杂性（Complexity）和模糊性（Ambiguity）]、巴尼 [BANI：脆弱性（Brittleness）、焦虑感（Anxiety）、非线性（Non-linearity）和不可知性（Incomprehensibility）] 特征的世界政经趋势，突显"激变、关联、复杂"的组织外部环境，迫使组织需要具有对环境的需求敏感性、因变而调的敏捷生产能力、快捷高效而具有竞争优势的服务能力，这一切需要建立在"高纬度前瞻认知、整合的知识体系、高效率的运营系统"基础之上，也即具有"思考决策力、整合管理力、执行趋效力"，否则伟大的"抱负"只能是空中楼阁、镜花水月。即便能够"基于本质的思考、基于模型的管理、基于流程的执行"运营组织，或许，未来远远不止面对"乌卡与巴尼"这么艰难，意义的丧失、激情的颓变，年轻人的"丧"、老年人的"增"，真实环境的"糟"、人工智能的"魔"，族群的撕裂、竞争的失序，激变使得诸多因素均不可测、不可控，这才是乌卡与巴尼的真实具现……组织无论具有多大的能力，都将是被裹挟着前行，这种消极的感受，将会带来何种后果？带来何种社会思潮？又将更换何种世界的面貌？未来，以深切悲观主义者的思维，做好更坏的打算，将是能够做且做得到的唯一正确的事情。环境决定组织应当具有的能力。

## 方法与方法论的重要性

组织的领域具有多元价值、多重业务、多样空间等特点，组织领导者、管理者、执行者的心性、信念、背景各质相异，各时不同，各域差别，导致组织的成功尽管有迹可循，成功因素也有普适"基因"，但是并没有千篇一律的"模板"。成功标杆的意义不在于效仿而在于启发，学习华为、海尔、阿里，以及苹果、谷歌都是如此。因此研究其方法，探究其方法论，挖掘演进方式、揭示内在动力因子、翻晒成功逻辑，便是更为重要的事情。

## 流程的特殊重要地位

流程作为特殊的要素与资源，其本质远未被大众认识也未被企业管理者认同，它不是普通的要素与资源。它是"组织的行为方式"（卢锡雷，2020），是业务镜像、运营平台与系统载体，懂得流程将更懂组织规律、更理解组织的业务，更好地运作组织。"不懂流程，别谈管理"将成为学界、业界的箴言谏语。华为关于流程思想的引进、运行的伟大实践是很好的佐证。正确地处理"组织、流程、制度、业务、目标"等关系，需要正确地理解这些概念的内涵与逻辑关系，这是本研究的重要指向。我们确认通过优化和变革流程这个具有"牵引动力"高阶赋能的要素，能够大大加快组织提升的速度，大大缩短因管理缓慢积累才能提升组织竞争力的时间，取得更好的成效，因此阅读者需要着重关注我们所指称的流程，与流俗的流程内涵的不同。认知不同，可能导致决策者的决心、管理者的方法、执行者的力度不同，因而效果也不同。

## 重塑组织的风险

重塑是扬弃，一切企业家都是自带"先验"的，"自以为非"（张瑞敏）在"自以为是"基础之上，渐进与激进有量变质变的区别，重塑也可能有"伤筋动骨"的风险，重申要像理解有机体的新陈代谢一样，在日常之中保持"战战兢兢，如履薄冰"的警觉，时时进行"组织重塑"以构建防疫城墙，防止寒冬侵袭之时，缺乏抵御能力；防止市场热烈高涨之时，发烧发狂。重塑能力就是适应变化的自愈能力。

## 导致创新与变革的因子，以及重塑的三个方面内容

导致组织开启创新与变革的因素，各不相同，图 2 是具象的常规因素，这里称之为变革因子，在前言图 1 中已对其进行抽象的普适性归纳。

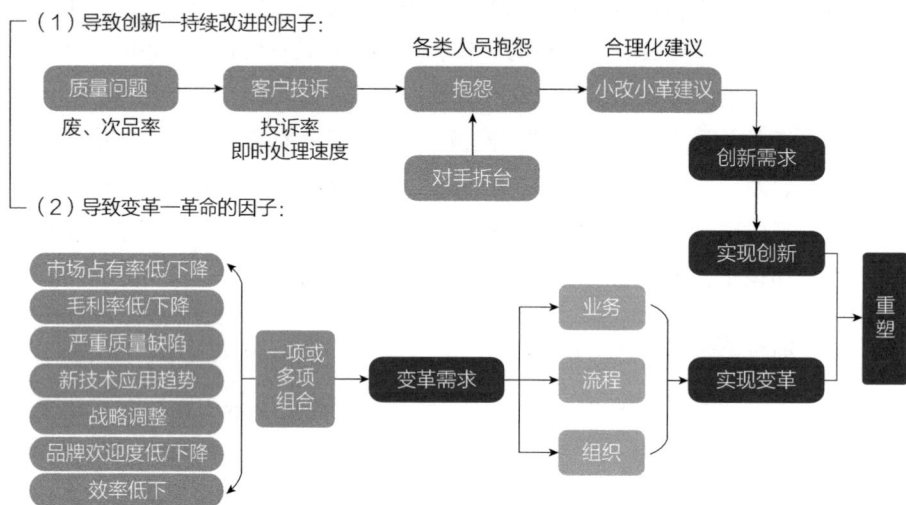

图 2　导致组织创新与变革的因子分析图

重塑（创新与变革）所包含的三个重要方面为"业务、流程、组织"，以 IT 为现代管理的基础条件，完成三个方面的重塑，成为本研究的重心。按照塑造程度轻重，本书在用词上一定程度混用了"构建（新建）"与"升级、转型、优化、创新、变革"，文中虽将"产品开发 / 创新、业务重构""流程优化、体系重建"和"机制改善 / 改进、组织重塑"在不同场合进行了区分，但是并没有花力气对此进行非常严格的甄别与分类，管理实践中，并不存在对此严格量化的精准划界。

## 本书的愿望

本书研究的管理对象是组织，核心是组织行为，关键内容是组织行为方式。研究组织重塑的愿望是：提高组织管理水平，降低转型升

级风险，减少组织运营成本，构建具有敏捷适应能力的高效组织。以"保持核心价值观不变，持有灵活适应能力的应变"，释放和展现"识知行成变"的组织能量与力量。这都建立在管理活动具有 A（实践）、P（过程）、D（动态）特征上，建构在"管理落后是战略落后；管理小步，效率大步"的论断上，也建立在管理是促使组织达成目标过程的总和的本质认知基础上，重塑组织是管理的根本性内容，如同生命体的自我完善一样，是健康存活的排异、纠偏等自我保护方式。

他山之石未必可攻玉，他人"直"言必可启思考。苟日新，日日新，就是重塑的追求。

组织依靠随机应变的演进,适应不断变化的外部环境和内生矛盾,以获得延续"生命"的活力。健康组织的核心是"组织、业务、流程"三者的和谐耦合,重塑组织则是围绕三者的系统性工程:产品创新与业务重构、流程优化与体系重建、机制改善与组织重塑。图1是重塑组织的变革总逻辑,后面章节将展开深入讨论,这里进行强调。

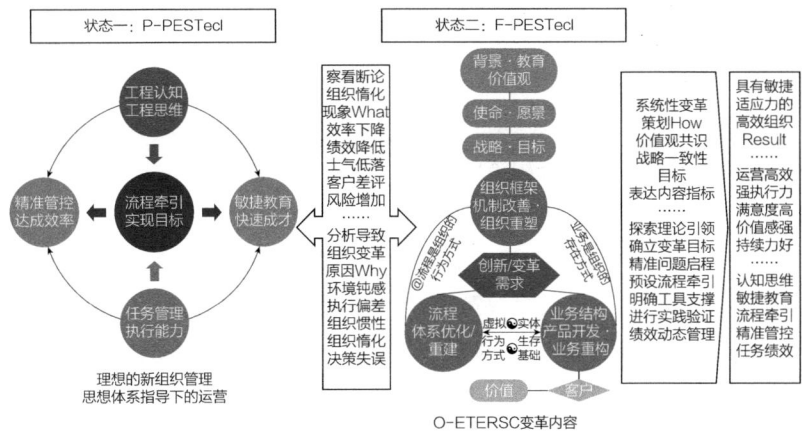

图1 重塑组织的变革总逻辑

图中新组织管理五部(状态一),既是初构组织时可供指导的理论方法,也是重塑时的对标内容,包括实现目标的流程体系建设、提高效率的精准管控技术、保障执行力的任务管理、提升思考力的认知与思维,以及知识组织与培训教育的敏捷人才培养方法。观察和论断组织"惰化现象"之后,需要仔细分析原因,以便精准施策。在认知组织本质基础上,对业务、流程和组织的创新与变革,是重塑组织核心的三项内容,变革时应当采用系统性思维,切忌头痛医头、脚痛医脚。变革的目标指向与评价,是必不可少的闭环动作。运营→观察现象(存在问题)→分析原因→提出策略→变革策划→实施变革→对标与评价，这是创新变革、重塑组织的基本逻辑；同时也是"绵延不断"的管理工作，即使理想的运营总是存在偏差，但管理者需要"防微杜渐"，防止偏差的累积产生系统性危机。

驱动变革的外因常常是商业环境的变化导致竞争优势的散失，或者不满足于获取利益的大小和程度缩减与下降，内因则往往为雄心、压力和沮丧所驱使。本书重点讨论的组织是指工商社会的营利性组织。组织中的管理需要讲求"科学性和艺术性"的统一，因为组织由多个个体构成，却要成为紧密的团队；组织是由诸多个人目的构成的共同目标；组织是完成日常细碎的工作以成就长远基业……权变、博弈、均衡，构建、运营、偏差、重塑，太值得研究了！这也是本书的落脚处和价值点。

变革需要对认识论进行讨论：①理论与实践的密切结合实在重要。"宰相必起于州部，猛将必发于卒伍"，熟读兵书，还需要"发于卒伍"。这方面的论著很多，但是切中实效的还有待挖掘。②复杂性与可知度。"组织环境不可全知、组织怠变不可全知、耦合能力总有局限、变革预期不能全然"，组织的天然复杂性加上人和组织的自身局限性，叠加外部环境的变速加快，加剧了信息不对称、加大了决策难度，对敏捷调整的适应力要求也更加提高。从组织本质认识开始，着重探究"耦合机制"（耦合思维、内容、方法），对寻找构建敏捷适应力的途径和方法，有积极的帮助。

学习与对标具有重要作用，但是要具体情况具体分析。我们认为：他山之石未必可攻玉，掌握规律方为良策。这也是作者不断提醒组织管理者们，尤其是决策者们，从第一性思维出发，掌握事物的本质，由此而阐发的方法与技术，将更适合于自身的组织。因而也要强调本书写作之意趣，在于促进思考、澄清谬误、提供参考。"组织的谬误、流程的谬误、执行力的谬误"充斥在实际的管理实践之中，不仅如此，对西方管理"思想的误读"[①]，从翻译开始的谬误也不在少数，我们将竭尽所能，予以探本究源，进行澄清，或者重新阐述，以给探究者与管理者提供参考。

全书用 4 篇、12 章来阐述组织重塑的道理、方法、工具。第 1 篇——认知本质：组织提升。第 2 篇——适应环境：耦合模式。第 3 篇——变革方法：动力博弈。第 4 篇——组织重塑：创新变革。1 个附录，阐述数智化是重要基石。本书极简要地囊括了组织运营、管理和创新变革的重塑中的核心问题。

---

① 刘文瑞. 管理学在中国 [M]. 北京：中国书籍出版社，2018：89-103.

着墨较多的是表达认知层面的诸多观点：

**第1篇——认知本质：组织提升**。组织存在基础是提供愿意交换的（物质或精神）价值物，是通过开展业务的方式进行的。组织的本质：实现抱负；业务的本质：价值交换；流程的本质：镜像行为；创新的本质：新陈代谢；变革的本质：状态跃迁；重塑时刻发生，创新和变革是其形式。本书提出的诸多创新点对组织管理者有很好的启发作用。记得前国足教练米卢的话吗？"球往球门里送！"作者的观察和体悟是，管理者目标感不强，如同过于强调了排兵布阵、摆架势、摇旗呐喊挂条幅等形式的东西，而冲淡了真正的目标！根因在于组织的本质融入"决策者、管理者、执行者"的身心不够深入。

**第2篇——适应环境：耦合模式**。对于内涵，研究指出了这样的理解：耦合不仅仅是交互，而是掌握互相联系、互相交融规律基础上的改变而达到的深度适应。组织与环境的耦合关系、松紧度关系到组织的生存力与持久度。组织力是整个组织的综合能力，其力量弱的时候，环境起决定作用，"随波逐流"而藏雄心；力量强的时候，能够对环境有一定的塑造作用，应当以产品和服务的价值引导消费，引领向善。组织所涵盖、关联的一切要素、一切环节、一切手段都需要从单向度的指令式，以及简单层面的协同式与交互式，转变为深度交融、互相关联、相互作用的"耦合式"，要用耦合思维去调适组织内外的所有关系，重塑组织管理思维、方法和技术。以耦合思维，"联"一切，"成"所有。

**第3篇——变革方法：动力博弈**。矛盾论指出一切事物的存在发展都是在矛盾之中。组织重塑就是在"拉力、推力、阻力和筛选力、环境容量"的共同作用下，进行力量对比的博弈的。能否获得变革的成功，要看各种力量的合力，朝着哪个方向推进，要看"力的大小、方向和作用点"，也要看契机。

**第4篇——组织重塑：创新变革**。业务/产品、流程/体系、机制/组织是三个层面的要素，在图1重塑组织的变革总逻辑中，清晰地指出了三者关系，这足以消除不少业务、流程、组织、制度等困惑，为重塑创造条件。同时还必须指出：企业管理是在不确定性中寻找确定性；项目管理是在确定性里消除不确定性。管理目标、路径、方式和工具的确定性与不确定性都不相同。企业中职能管理更多应追求灵动的思考力和高效的整合力，高度柔性对于组织的敏捷适应必不可少。项目管理则更多关注坚定的执行力，实现目标的韧性。两者的高度统一与灵活交融是企业管理成功的灵魂。往往有以项目变革成功代替组织变革成功的案例，值得变革者警惕两者的区别与联系。项目是组织运作的"组织方式",不是组织运作本身。项目化运作的精髓是目标聚焦、权益聚焦、责任聚焦、资源聚焦,这与开放大耦合的组织,有很大区别。请谨记!

**附录——数智化基石**。对数字、数字化的正确理解,能够极大地帮助组织管理者(大多数并不具有数字及数字相关知识,但是数字浸入组织的血髓,每个职能细胞,事关重大)消除部分疑虑,也以复杂度较高的建筑业为例,给出高度概括性的模型,以资参考。

本书的创编,团队尝试了"敏捷开发"的方法,体验"躬身入局"的开放式检验:一些开发项目信息系统或者其他管理工具软件(如ERP)的公司,是不用自己开发的系统的,这就导致了与用户的隔阂。小米雷军,试驾、亲测的高度沉浸式开发,对深度理解场景以开发出更贴心的产品,给了我们深刻启发。从中我们尝到了很多甜头,当然也有不少教训。参加创编的成员包括:陈炫男、叶芷含、包敏霞、刘艳红、潘瑞耀、朱夏毅、李俊豪、叶家豪。陈炫男承担了诸多重要的管理事务和编撰工作,尤其在成稿阶段,付出了很多辛劳。

感谢朱晓瑜副编审和李闻智编辑,"新组织管理学"的6部专著,一路伴随着他们的坚定支持、热情鼓励,才得以完整呈现给社会,所经历的过程,就是一场艰辛而快乐的旅行。

感谢所在学校、学院,多年来对我出版系列著作的持续支持。感谢杭州熙域科技有限公司吴小菲、王秋菊的大力支持。感谢朋友圈诸多好友,你们是有形的灵感和无形的动力来源。感谢家人这么多年,对我"醉心"于所谓宏大叙事追求的支持,实际上,这也构成了小家的主要内容。

# 第3篇

## 变革方法：动力博弈

# 第4篇

## 组织重塑：创新变革

# 全书逻辑图

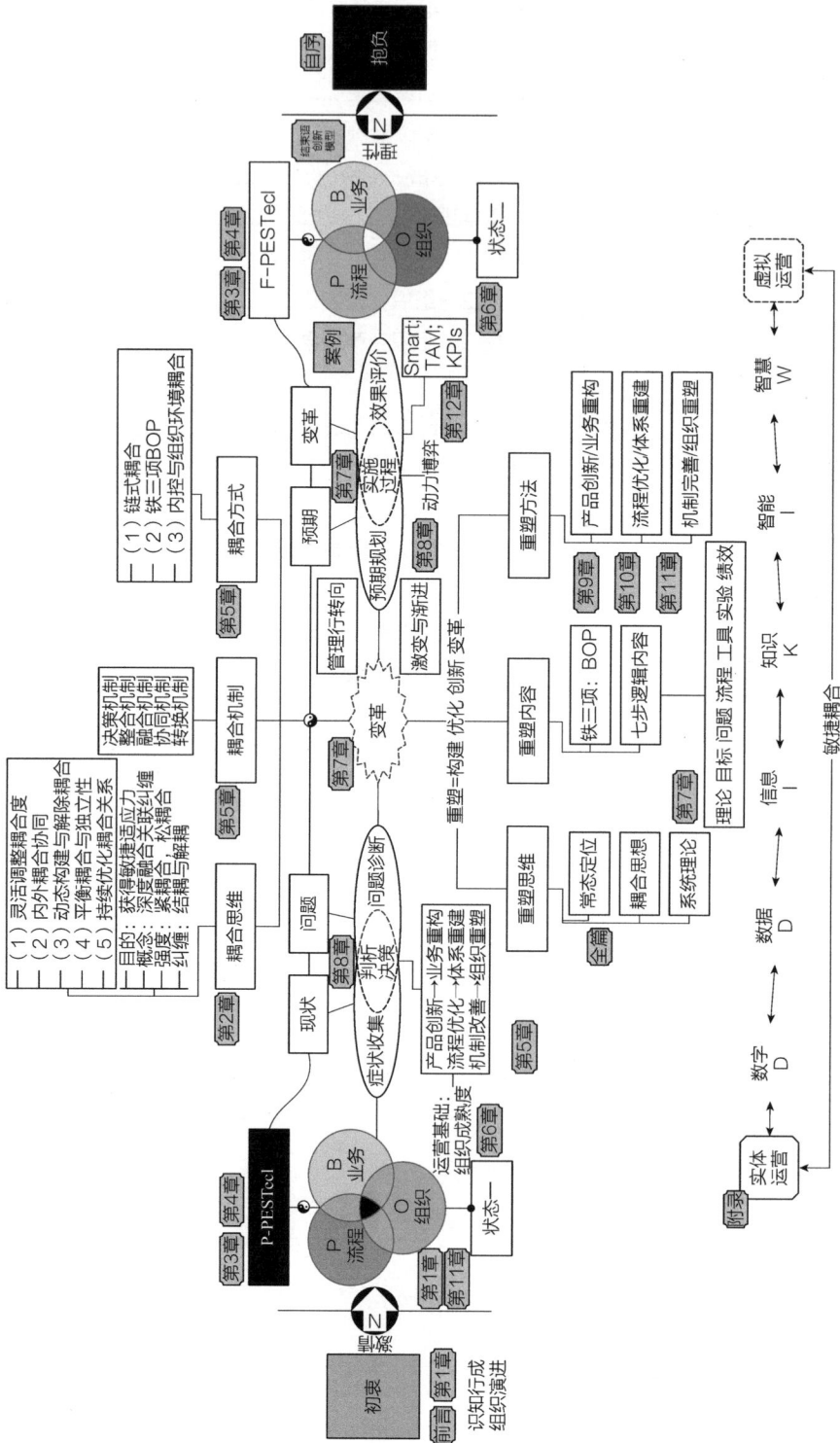

图1 全书逻辑图

# 1

第 1 篇

## 认知本质：组织提升

本书提到的重塑组织的三项核心内容包括业务、流程和组织，重塑方式包括改进、转型、提升、创新、变革等引起"组织状态"变化的主动行为。

1. 创新与变革的定义和内涵

创新（Innovation），通过创造性思维和技术突破，对现有要素进行重组或替代，形成新的解决方案、产品或模式的过程。创新特征表现为三方面：增量突破，既包含现有产品的微迭代，也包含颠覆性创造；价值导向，必须产生可衡量的经济或社会效益；局部突破，通常聚焦特定领域。

变革（Change），系统性重构组织或社会的运行范式，涉及结构、文化、流程等多维度调整。内涵特征：系统性颠覆，即对业务结构实施全面彻底的转变，如柯达从胶片转向数字化的全产业链重构；范式转换，引发行业游戏规则改变；不可逆性，变革后的状态形成新常态。

2. 创新与变革的关系

（1）量变到质变：持续创新积累形成变革临界点，如智能手机十年创新改变人类社交方式。

（2）互动循环：变革创造新创新空间，云计算普及催生 SaaS 创新浪潮。

（3）风险差异：创新失败损失可控，变革失败可能致使系统崩溃。

3. 重塑的约定

为了在重塑强度和方式上有所区别，同时有一定的词汇修饰，重塑方式与内容约定为（图 1）：重塑业务包括产品创新和业务重构；重塑流程包括流程优化和体系重建；重塑组织包括机制改善和组织重塑。

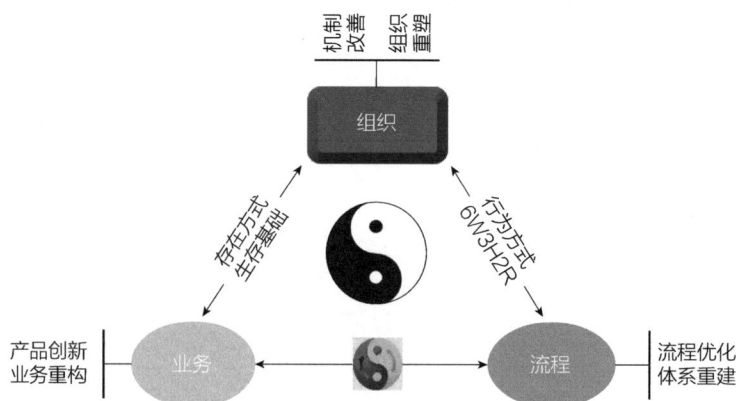

图 1　重塑组织内容模型

业务、流程、组织的任何一个职能的创新与变革，都会影响和要求其他方面，需要协调一致地调整（创新与变革），这是组织的系统性、整体调谐规定的。重塑组织的管理实践时务必注意！

# 第1章
# 识知行成

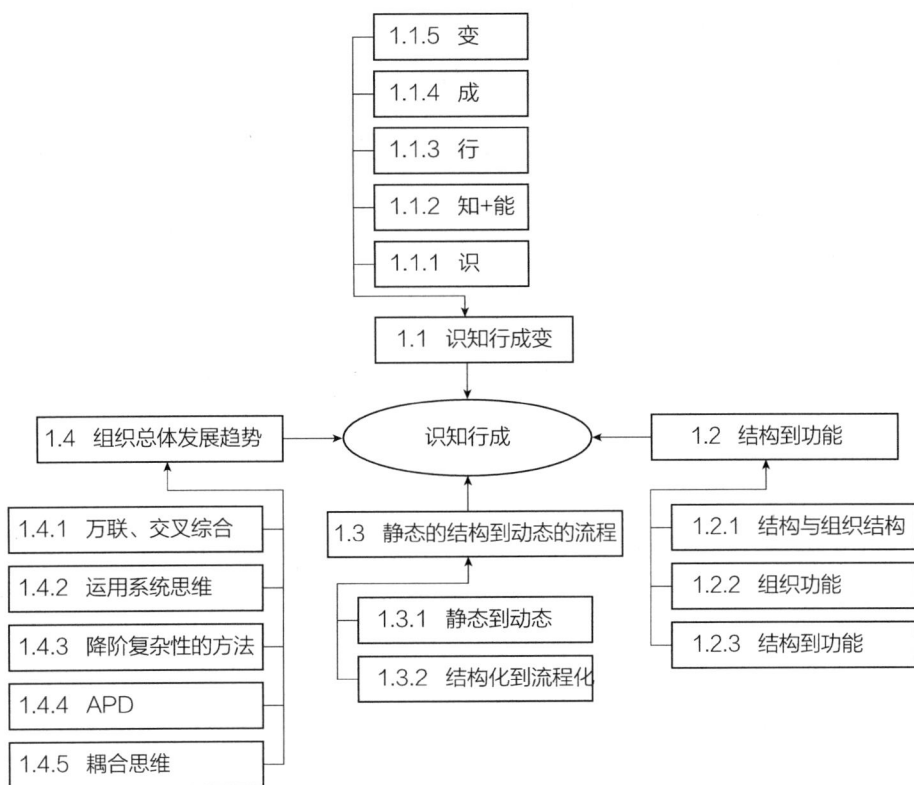

图 1-1　第 1 章逻辑图

　　认知决定行为，行为导致结果。本章首先来辨析运营与管理的区别，有提升组织运作认知的重要意义。试问管理者：你们是在做组织管理还是组织运营？这关系到对管理的本质认识。由于认知的偏差，运营在企业组织里不过是与其他部门的职能一样地位的"一种职能"，这是由于其内涵狭义化导致。运营是指组织的整体、全部的运作，包含全过程和所有内容。运营一家企业，就是完成所有企业应当承担的事项。在此基础上回答运营与管理的区别和联系，如图 1-2 所示。我国的管理走过了"推销、营销、经营"三个阶段，大部分观念还停留在传统"管理"阶段，"新组织管理学"的"行"观点认为，应当尽快进化到"运营"阶段，或者称之为"运营管理"阶段。要完成这个进化、转型，可从"识知到行成，结构到功能，静态的结构到动态的流程（管理到运营）"三个方面开展，下面分三节讨论。

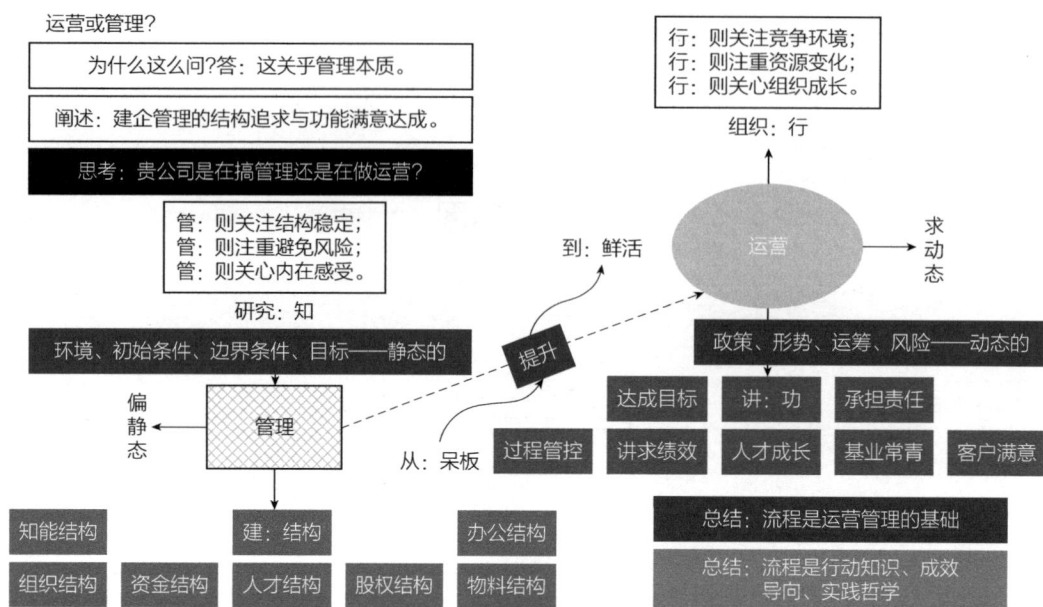

图 1-2　运营与管理的区别和联系

# 1.1　识知行成变

用图 1-3 所示的模型来表达"识知行成"的普遍性道理，能够清晰明了地阐述组织运营管理"识知行成"的流程，以及其递进和关联关系。认清"识知行成"的核心意蕴可从两个方面指导管理：一是加强目标感，减少非价值创造活动的浪费；二是抓住关键活动，既懂得"行"是核心，又掌握"识知行成"的具体逻辑。本书则将在"识知行成"基础上，进一步研究"变"的道理，因而构成"识知行成变"的完整内容。

## 1.1.1　识

"识"是认知、见识、经验。关于认知的脑科学，并没有完全弄清楚人的意识产生和传播及发挥作用的机制。识的途径和手段通常依赖"觉：视觉、听觉、嗅觉、味觉、触觉"而获得"识：眼识、耳识、鼻识、舌识、身识"。至于更高层次的认识有待进一步体证和研究。

所有的识，就是对事物规律性的掌握，当前比较流行的"第一性思维""本质性思维"等对讨论本书主题、建立组织管理的"正确认知与思维方法"很有帮助。

这里列出几个重要的议题，以便作为"识"的素材：①组织本质；②组织边界；③管理本质；④人本、物本、事本；⑤流程牵引与制度约束；⑥业务与流程关系；⑦岗位执行

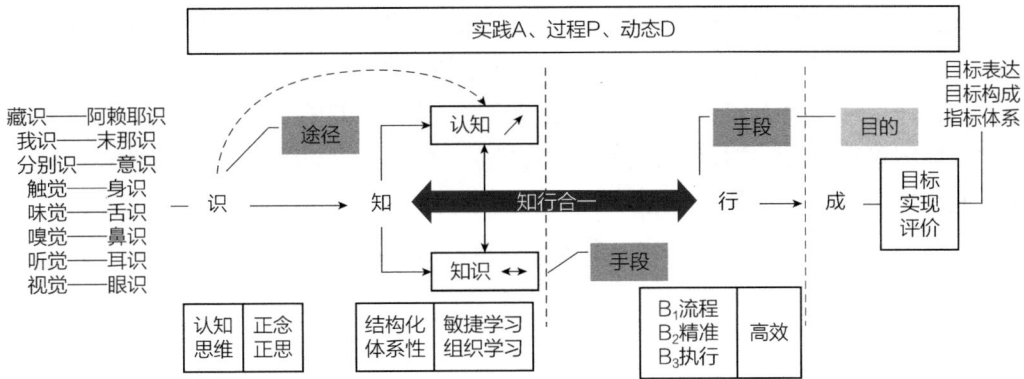

图 1-3 "识知行成"概念模型

部门整合决策思考关系；⑧价值核心与辅助工作关系；⑨人生幸福与财富规模等。全书的探究，后文将涉及诸多内容，这里暂不展开。

关于组织边界问题，颇具哲学意味，略加探讨。实际上对于管理实践，也深有启示，海尔创始人张瑞敏等都做过研讨。数学界有个分形分维理论，是法裔美国数学家伯努瓦·曼德博（Benoît B. Mandelbrot）于 1973 年提出的，也可以帮助企业更好地适应复杂多变的市场环境，提高企业的灵活性和效率。其核心概念是自相似，对于讨论组织边界的有限与无限很有启发。"科赫雪花"所具有的"自相似性、无限精细性、有限面积"，非常相似于组织管理的特点和追求，将无限创造力融于有限资源的空间中，将无限服务融于有限的成本预算中，组织的功能追求（客户满意、规模扩大、管理精细等）是没有边界的，但是空间和资源（人财物及知识渠道）是有限的。平衡有限与无限的最大"能量池"，就是建立在想象力之下的偏执的敏捷适应能力。

### 1.1.2 知 + 能

"知"是指整合的系统性知识和能力体系，见表 1-1。

组织运营的知能体系 表 1-1

| 体系 | 组织运营知识体系 | | 组织运营能力体系 | |
|---|---|---|---|---|
| 内容 | 环境知识 | 国内外 PESTecl，演化 | 感知能力 | 侦测、收集原始数据 |
| | 过程知识 | 阶段划分、风险、动态研发、设计、生产、营销 | 分析判断能力 | 判断分析状态、原因 |
| | 产品知识 | 材料、工艺、设备、设施 | 整合资源能力 | 成本合理、整合资源 |
| | 管理知识 | 计划、组织、领导、控制 | 执行能力 | 保障绩效的执行 |
| | 要素知识 | 质量、成本、效率、进度人资、财税、后勤、法务 | 纠正偏差能力 | 过程测量、判析、纠偏 |

组织运营的知和能，以往比较强调内外两个方面，实际上，本书第 2 章讨论的耦合思维和第 2 篇讨论的耦合机制的内容，突出了更为重要的内外耦合、人财物耦合，耦合机制的探

究更接近和突出动态的、过程的、实践的管理思想。因此，耦合能力，成为综合的至关重要的能力。除了要素之间的耦合，也包括知识与能力的耦合，不仅仅是知识转化为能力，也有能力反哺知识的积累和沉淀，一些组织在这个方面存在严重缺陷。

"云大物移智区元"这样的新技术，对现代企业的运营管理已经产生决定性的影响，其知识的学习掌握和应用，是考验组织的市场反应能力的试金石。

通过结构化学习，构建体系化、系统性的知识和能力，是组织提升核心竞争力的必由之路。

### 1.1.3 行

"行"的概念和重要意义，似乎是人尽皆知的道理。这里特别强调当前管理对"行"的三重呼声："行！没有管理不行"的需要管理的行，"去行动，行而能致远达到目标"的行，"知而后行的知行关系"的行。道理很浅显，但是鉴于分工的细致化、决策执行功能的分化异化，"行"的道理有逐渐淡化和"湮灭"的趋向，这也是我们大声呼吁，管理要向"行"转向的原因。"行！行动！知而行"迫在眉睫的转变，成为重塑组织的关键步骤。"改造世界"所依赖的只有"行"的路径。管理实践逻辑颠扑不破的真理是"目标→指标→行动→绩效"。

学习大师丹·舒昂（Don Schyon）指出："行动是忠诚可靠、知识渊博、寻求改进的人们与现实的亲密对话。"

在阐述行动与愿景关系时，第二次世界大战飞行员先驱、法国作家安东尼说了富有诗意的话："如果你想造一艘船，不要老是催人去伐木，忙着分配工作和发号施令，而是要激起他们对浩瀚无垠的大海的向往。"着急行动之前，激发使用船、出海的热情，既有第一性思维的高度目标感，也有更好地行动的方向指引。

立即、快速、有效地行动，"行之有效"是取得组织管理成效的唯一方式。"精准管控""敏捷响应""消除浪费""控制风险"，都是高效行动的手段。

王阳明在《传习录·答顾东桥书（4）》①中提出的"知之真切笃实处即是行，行之明觉精察处即是知"，深刻揭示了知与行的内在关系。知不仅仅是理论上的认知，也是必须转化为行动的指导原则；而行则是知的具体实践，通过明觉精察的行动来体现知的深度和广度。这强调了知行的不可分割性，认为只有将知识转化为实际行动，才能真正体现出知识的实用价值。也许，当年王阳明提出知行合一的观点，就是要警醒后世学者将知行分为两截，将导致失去知行的本体的严重后果。如他所述，真正的知行是一体的，知中有行，行中有知，二者相辅相成，不可分离。

### 1.1.4 成

在描述组织的设立、生存、发展时，普遍使用"使命→愿景→目标→战略→策略"的逻辑，从中可以看到，组织是承载和实现这个逻辑的载体。因此，可以得知实现运营目标

---

① 王阳明著，叶圣陶校注. 传习录·叶圣陶校注版[M]. 重庆：重庆出版社，2017.

（短期、中期、长期的），不应当成为组织的终极追求，也就是说组织的本质是通过完成目标而实现创设者的抱负（使命与愿景）。无论在创设之初，抱负是否清晰可述，甚至出于逼迫、为现实裹挟，实际上，现在功成名就的华为任正非（创造好一点的条件供养家人）、海尔张瑞敏（担任厂长急于扭亏为盈）、阿里巴巴马云（发现互联网却到处碰壁贷不到款）都是如此，用"幸存者偏差"解释，组织其实偶然性中包含必然性，必然性中也蕴含诸多偶然性。可以断言：权变是组织管理的天然要求，以有限资源博取不确定性的未来可能，就是其生存之道。

成，就是成就、完成、达成。可感、可测的目标是可视的现实管理对象。用 SMART 模型描述目标，TAM[①] 描述内容，指标体系衡量绩效程度，为完成目标提供管理工具，如图 1-4 所示。

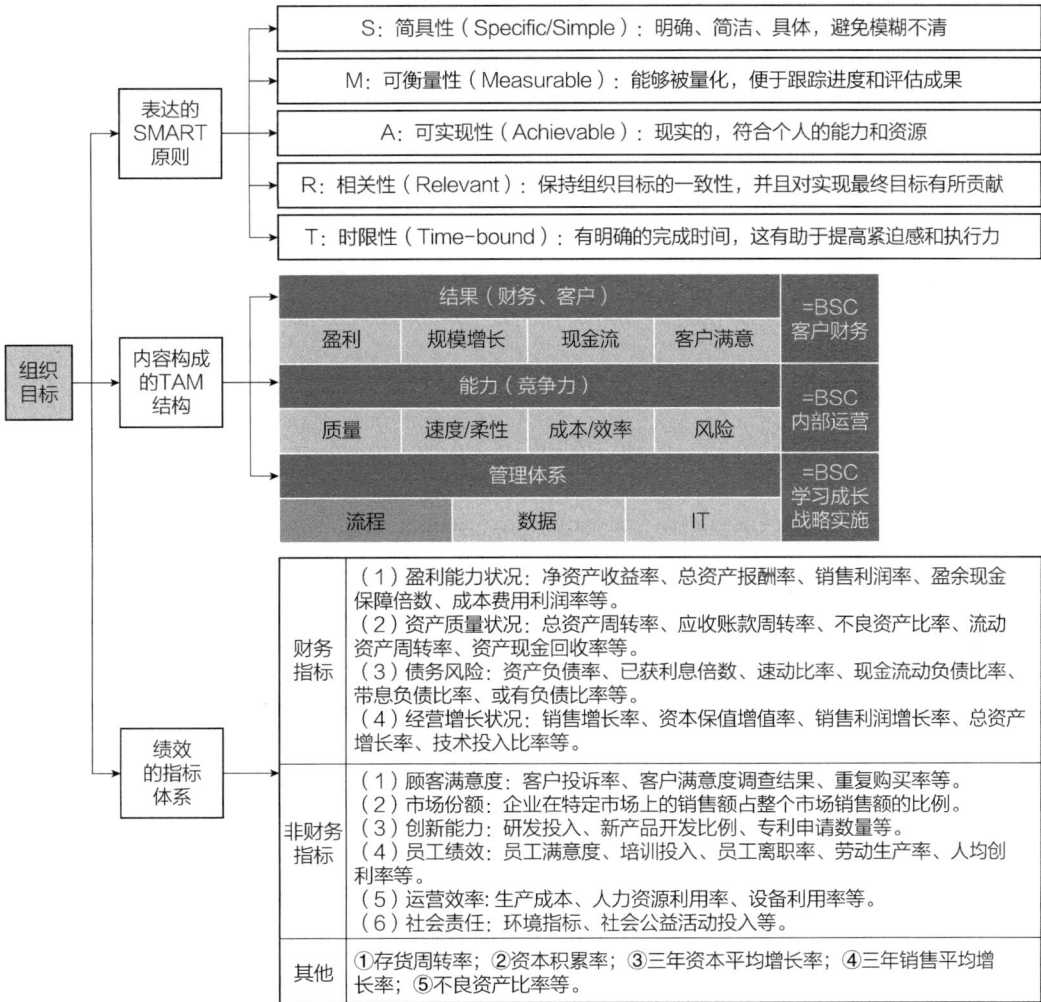

图 1-4　组织目标描述原则、内容结构和指标体系

---

① 华为企业架构与变革管理部 . 华为数字化转型之道 [M]. 北京：机械工业出版社，2022.

需要指出：组织管理有普遍性规律，但也是个性化十足的工作。切记权变的道理，因此掌握思维方法，提升管理认知，才是真正的"管理知识"。

### 1.1.5 变

变具有永恒性，变有一定的规律，变有被动和主动之分，变的结果有好坏之别。本书正是研究工商社会中组织的变化与发展的结果。图1-5是组织变革的本质方法，全书围绕此模型详细阐述。

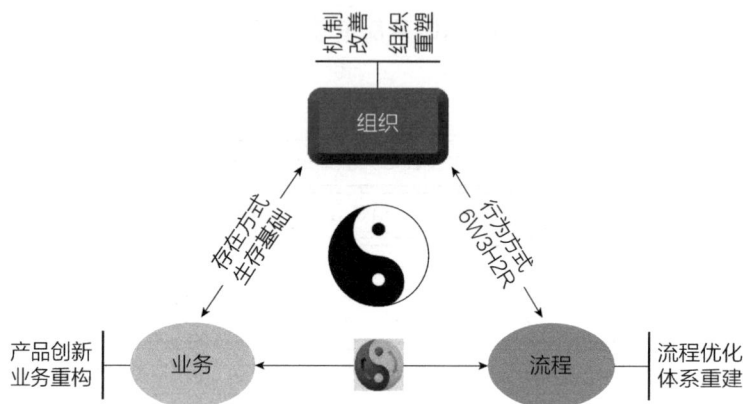

图 1-5 组织变革的 BOP 模型

## 1.2 结构到功能

### 1.2.1 结构与组织结构

组织的结构追求应以满足组织运营预设的功能满意为圭臬。而管理实践中，出现了负面偏差，情况还相当严重。这里重点讨论结构和功能的内容及转变必要性。

结构是指事物自身各种要素之间的相互关联和相互作用的方式，包括构成事物要素的数量比例、排列次序、结合方式和因发展而引起的变化。

组织中的结构和组织结构是不同的概念。管理学上的组织结构，即组织内部各个部门、各个层次之间固定的排列方式，以及组织之间的相互关系类型。结构是组织的存在形式，它明确了工作任务的分工、分组和协调合作方式，是整个管理系统的"框架"。组织内存在广泛的"组织要素"的数量比例、排列次序和结合方式及其变化，因此组织的结构普遍存在，参见图1-2。组织内的结构包括：组织结构、知能结构、资金结构、人才结构、股权结构、物料结构、办公结构、产品结构、客户结构、资源结构、数据结构等。管理越精细，结构类型、层级越丰富。重塑组织时，既可以依赖调整获得新结构，也需要考虑各种复杂的关联影响。

研究认为：组织模型可以用 O-ETERSC 概括，即组织本质 E、目标 T、环境 E、资源 R、机制 S、能力 C，如图1-6所示。机制（这里等同系统）包括"组织结构、部岗设置、管理制度、流程体系、沟通方式"，这些构成组织的结构类型，如职能型、事业部制、矩阵型、

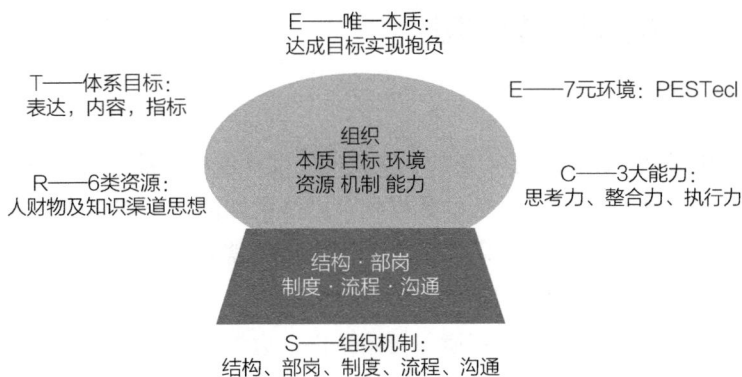

图 1-6　组织内涵构成图

直线型、网络型等。对于组织结构而言，其评价结构成熟度、判断结构的合理性的对象就包括：分工与协作、部门化、管理幅度与层次、集权与分权、正规化程度。管理学中的结构定义与内涵涉及多个方面，这些都是为了实现组织目标而设计的。结构的类型多样，组织需要根据自身的特点和环境来选择最合适的结构类型，在本书第 3 章中将继续讨论。

## 1.2.2　组织功能

功能是指事物或方法所发挥的有利作用、效能。它描述了一个对象（可以是产品、系统、组织、生物器官等）在特定环境下能够实现的目的或产生的效果。

组织的功能具有：①明确的目的性——构建组织是为了满足某种/某些需求或达到某个/某些目标而存在的。②明显的相对性——功能的判定与特定的使用者和使用环境相关。功能不是绝对的，而是相对使用者和使用情境而言的，当前个性化需求尤为突出，使用场景也越来越丰富化，因此相对性更加突出。③明晰的系统性、可靠性——组织功能的整体性、集成性越来越高，对可靠性要求也相应提高。

工商组织的功能包括：达成目标、创造价值、过程管控、讲求绩效、人才成长、基业长青、客户满意、承担社会责任、员工满意等。

## 1.2.3　结构到功能

组织管理从结构到功能的确切含义是：组织追求应以满足组织运营预设的功能满意为目的，而不能停留在"结构完美"的表面功夫层次。观察诸多大小企业，耗费太多精力、消耗太多资源在结构建设上了。而成功企业，无论大小，也不管哪个行业、领域，"提供优质产品""满足用户体验""创造价值"等早已成为其管理践行的定则，为其成功创造了必要条件。这个转变，将是重塑组织的重要原则。

当然，结构与功能不是简单的关系，一方面结构决定功能，尤其是组织结构决定组织功能；另一方面功能需求驱动结构进化和改变，功能失调促使结构变革。限于篇幅，不展开讨论。这里要指出一个重要的课题：组织结构与功能的耦合机制，是在流程中达成的，慢慢体会后续研究，将越来越清晰、明确这个道理。

## 1.3 静态的结构到动态的流程

### 1.3.1 静态到动态

通过上述分析可知，组织处于动态的、变化的外部环境和内部矛盾之中，其结构设计是基于过去的经验、他人的示范、过去的数据统计，是由知能而来的管，其重点在于：关注结构的稳定、注重避免风险、关切内在感受；而由运营需要的行，其重点在于：关注竞争环境、注重资源变化、关心组织成长！

回顾组织的成立，静态地理解环境、初始条件、边界条件和目标，这是其认知的"盲区"，是导致组织怠惰的基础。判析组织的运营，以及政策、形势、运筹和风险，都是动态的因素，要保持组织的健康，必须"兢兢业业，如履薄冰"。

流程与辅助流程，有相通之处。

### 1.3.2 结构化到流程化

运营与管理互为转化，运营以功能为满足，管理以结构为重点，既有区别也深刻联系。运营的旨向在于：组织耦合环境达成目标的智慧与机运。管控的核心在于：让行为在规划的范围内发生的方法。制度的本质在于：引导及规定组织的行为及执行标准。

结构化使组织的有序度增高，熵减促使组织稳定性增强，是保持稳定增长、"基业长青"的必要条件。同时又要保持组织的活力，防止组织惰化，出现"厚厚的部门墙、战略失真不落地、绩效与目标分离"，尤其是规模较大的"大厂"，"大厂"的组织病严重耗损了组织力。

流程化是承载组织运营、实现动态管理、精细化过程解决当前存在的上述难题的途径，其思想、技术与工具均较为成熟；也是实现组织力重塑的对象（流程优化、再造），同时又是工具手段，本书第 4 篇将详细讨论。

## 1.4 组织总体发展趋势

### 1.4.1 万联、交叉综合

基于管理思想的发展、ICT 的飞速进步、全球化时空拓展需要、商业版图的开拓需求，组织管理的跨国性、大规模、跨领域 / 界、实时优质体验与服务、可视场景丰富需求等特征已经十分明显。抓住这些特征的组织，可能有机会获得发展壮大的机遇。图 1-7 是组织管理的概要性要素：人事物—行的万联概念图。与以往不同，突出将"行"作为更重要的要素，置于组织管理的核心。（W：物，R：人，S：事，WRS[①]）

第一层的 WRS，联结包括：① R–S；② S–W；③ W–R；④ S–S；⑤ W–W；⑥ R–R。延展出去，再包括穿层的联结，如第二层的 WRS 与第一层的 WRS 的联结，情况极为复杂，

---

① 顾基发 . 物理事理人理系统方法论的实践 [J]. 管理学报，2011，8（3）：317–322.

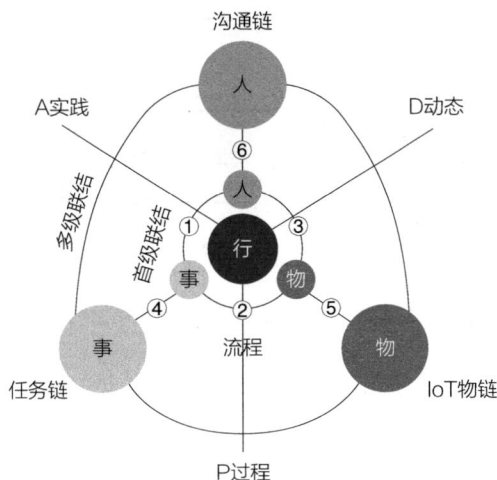

图 1-7 基于 APD 的行为联结层次与方式概念图

而现实社会中的关系类型，就是这么复杂！认识清楚这个规律，对于拓展商业版图、理解组织困境、塑造组织能力，会有很大帮助。

### 1.4.2 运用系统思维

关于考察组织的运营环境与方式，管理者的系统思维近年来逐渐形成并成熟，这种现象几乎随处可见，可见其思想传播的面广，程度也深。像华为的 IPD、MTL、LTC 等运营体系都是系统思维的具体端到端表达。

从知识的角度，能够考虑到的系统思维的内容包括：

（1）企业组织的职能的全面性：如组织建设与管理、产品开发、营销、后勤、财务等。

（2）全空间地域：如市场的国际性，最近火热的"出海"，就是开拓国际市场，打破空间与地域的限制，这会涉及文化、法规的差异，标准的适用等。

（3）全时程：组织从产生到注销，生产从需求、制造、包装到发货，周期管理等。

（4）全员：全面考虑组织内部、组织外部的，以及当下和潜在的涉及人员，关系到组织历史和组织未来发展。在考量组织满意度时，我们提出内部（员工、客户、股东）、外部（国家、社会、自然）的六方模型，可供参考。

（5）全要素：常规运营要素之外，其他如资本、风控、兼并、上市发展等。

采用系统思维，对有形的组织要素进行管理相对容易，更重要和欠缺的可能是思维本身，以及管理组织的无形要素，例如要素的关联关系与内在逻辑，知识、能力建设，知识沉淀与迭代安排等内容的全面性等。阿里巴巴的成功逻辑、华为的变革管理"船模型"、海尔的"人单合一 3.0"等无不浸透着系统思维的精华，如图 1-8、图 1-9 所示。

组织管理的系统思维是指把组织看作一个整体，从组织系统和要素、要素和要素、系统和环境的互相联系、互相作用中综合地考察认识对象的思维方法。①关注整体性的要点是"整体大于部分之和，也即组织目标的最优大于各部门的最优""从整体出发分析问题"，这

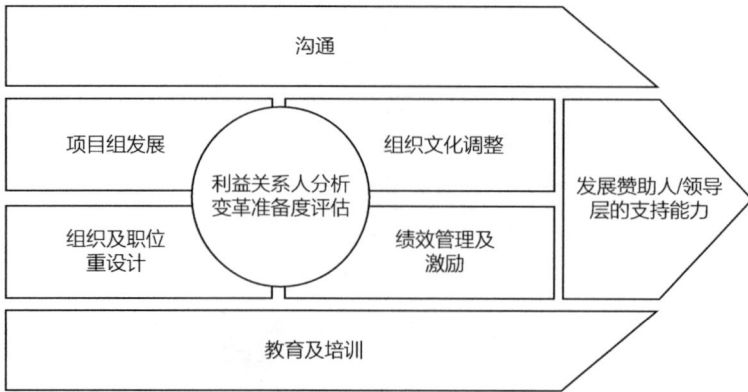

图 1-8 系统思维——华为"船模型"

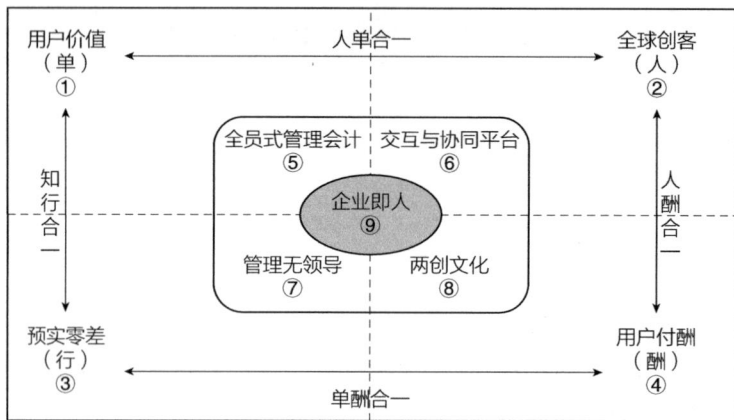

图 1-9 系统思维——海尔"人单合一 3.0"

是企业组织普遍存在的问题。②关注结构性的要点是"注意各要素之间的排列组合，主次关系"和"各系统内部的关系"。③关注动态性的要点有"动态随时间变化的特点""适应环境变化的应变性"。这些讨论嵌入了整个研究之中。

### 1.4.3 降阶复杂性的方法

上述可见组织管理的复杂性，是置于现在社会、经济的复杂性，已经可见一斑。但是只关注整体的复杂性，是无法解决现实的实际难题的。降阶复杂性才能解决具体的问题。

降阶复杂性的方法，主要包括：

（1）工作结构分解方法（WBS）。产品/业务的内在逻辑性和管理的内在逻辑性指导将整个工作进行分解，有类型、有层次地表达组织的运营管理体系，做到界定清晰、职责分明、逻辑有序，这是管理好组织的基础。

（2）流程分解方法。流程是行为的模块化，利用流程的层次性通过打开"活动、流程、子流程、任务包、任务、操作"的方法，可将复杂的问题，体系性地分解到能够掌控的操作性层面。

（3）自动化与简化方法。抽取规律性的简化表达，实现自动化操作，可以有效地降低由于人为原因加重的难度，有效降阶复杂性。

（4）标杆与标准化方法。重复获得的经验进行标杆化，迭代之后沉淀成为标准处理流程，是降阶复杂性的有效方法。

（5）解耦方法。解耦是结耦的反向操作，简单地说就是解开互相关联要素之间的联系，使之脱离或弱化紧密的关系，从而降阶复杂性。

（6）充分协同方法。复杂性既来自于协同方的增多，也依仗于协同的充分性。

总之，正确理解组织管理的复杂性和掌握降阶复杂性的方法，对组织运营管理是非常重要的。

## 1.4.4 APD

对管理活动的一个认识论基点是，管理是基于"APD"的活动。A：Act/Action，实践，行动，执行；P：Process/Workflow，管理流程/工艺流程；D：Dynamic，动态。

（1）管理的实践性，不仅像管理大家彼得·德鲁克早就指出，实际上也无须用名人佐证，管理是一类特殊的活动，其对象、宗旨、方式、目的、结果，无不是建立在"促使组织实现目标"的实践活动基础上的。它不只是口号、规划与文档，而是行动以及获得行动结果。

（2）管理的过程性，"世界是过程的集合体"，组织的任何行为，最为宝贵的是机会成本和沉没成本，是建立在一个一个时间片段累积而成的"历时曲线"上的，这个过程的推进，就是组织追求目标实现的脚印，印迹了组织的历史、见证其辉煌、镌刻其教训。以流程为思想术语和工具，是连接组织与目标的耦合机制，贯穿整个目标实现过程。

（3）管理的动态性，管理动态本身，就是个大学问。任何封闭的、静态的系统，必然走向熵增，其无序将导致该系统走向瓦解，商业组织走向崩溃。动态不仅仅在于外部环境，内部的各组织要素同样是动态的。而动态中寻求相对稳定的静态，保持组织的持续性，是艺术中的艺术。与自然科学不同，追求静定态、超静定态，并非是这类人造组织的手段。

## 1.4.5 耦合思维

耦合思维是本书重点的创新之一，在本书后续章节中将重点讨论，这里只强调耦合思维的重要性。耦合思维是建立普遍联系的方式，耦合、耦合思维、耦合机制及解耦方法，是耦合思维知识中的基本概念。①耦合是跨学科借鉴而来的，能够有效处理复杂的工商组织内部与环境、内部各要素之间关系的知识体系；②单向度指令式关系→交互关系→耦合关系，是更符合实景实况的进化、升阶、升维关系；③耦合（结耦）与解耦是保持组织稳定和解决复杂性问题的途径与方法；④耦合机制是综合耦合类型、方式的稳定方式，对处理多元、多重要素的跨时域、跨空域的复杂关联关系较为有效。

建立耦合思维，掌握跨学科的耦合思维方法，深刻理解耦合、耦合机制、解耦等概念，将对管理者开展有效的组织运营产生深远影响。

## 本章逻辑图

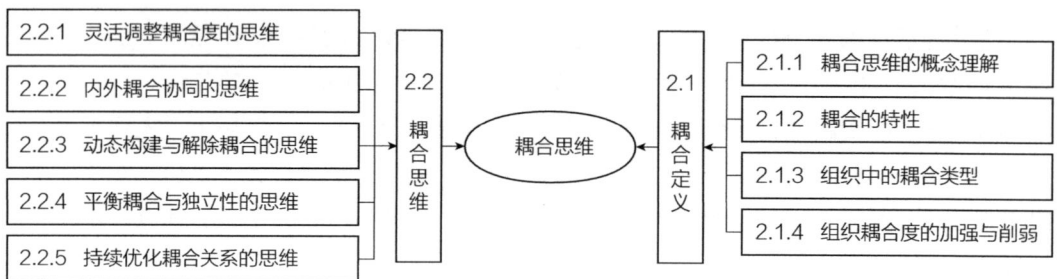

图 2-1　第 2 章逻辑图

　　耦合不是简单的交互，更不是单向度的交换和传输。组织是依靠多元、多重、多维的耦合关系生存发展的，因此研究耦合内涵、耦合类型、耦合机制（第 5.4 节），构建和解除耦合途径，建立耦合思维，有助于更深刻地理解组织，把握组织在生态链中的地位和灵活度。

## 2.1　耦合定义

### 2.1.1　耦合思维的概念理解

　　"耦合"一词源于物理学，指物理系统中两个或多个子系统通过各种相互作用相互影响的现象[①]。耦合的相关研究起初在物理学、化学、软件工程学等领域较为广泛，随着多学科融合发展以及系统间的相互影响逐渐开始普及开来[②]，表 2-1 为不同领域中耦合的内涵与现象。

　　组织中也存在环境、内容、结构、过程、条件等多重耦合的关系。从管理角度出发，本书认为耦合是指组织系统内不同部门、不同层级、不同人员以及各项业务流程、资源要素等

---

[①]　邓余玲.基于耦合分析的内陆港多式联运通道优化研究 [D].成都：西南交通大学，2021：18.

[②]　邱均平，刘国徽.国内耦合分析方法研究现状与展望 [J].图书情报工作，2014（7）：131–136，144.

不同领域中耦合的内涵与现象 表2-1

| 领域 | 物理学领域 | 工程学领域 | 计算机领域 | 生态学领域 | 社会学领域 |
|------|-----------|-----------|-----------|-----------|-----------|
| 内涵 | 耦合是指两个或两个以上的体系或两种运动形式间通过各种相互作用而彼此影响以至联合起来的现象 | 耦合是指不同子系统、部件或过程之间的相互关联和相互作用 | 在软件系统中，耦合是指不同模块之间相互依赖的程度 | 耦合是指不同生态子系统（如生物群落与非生物环境）或者生物群落内部不同物种之间的相互关系和相互作用 | 耦合是协调和发展的统一 |
| 现象 | 电感耦合、光波相互作用导致频率、相位相互影响等现象 | 以汽车为例，发动机系统、传动系统、制动系统等各个子系统之间存在着耦合关系 | 软件模块之间的数据或函数直接与间接调用 | 植物动物交换作用耦合关系；微生物与植物根系耦合关系 | 社会系统中的相互关系、群体中的互动效应、社会分工和个体差异的协作 |

之间相互连接、相互依存、相互影响的关系状态，反映了组织内部各组成部分之间互动的紧密程度和方式，具备以下内涵：

（1）结构耦合：组织结构决定了不同部门和岗位之间的关系。合理的结构耦合能够使信息、资源在组织内顺畅流动，提高组织的运行效率。例如，流程型组织更倾向于扁平化结构和横向协作，强调灵活性和快速响应。在流程型组织中是以流程任务确定流程责任人，是职能经理与项目经理之间的耦合。协同是耦合关系的一种。

（2）流程耦合：组织内各项业务流程之间存在着先后顺序和相互衔接的关系。流程耦合强调的是不同流程环节之间的协同配合，以确保整个业务流程的顺畅运行。

（3）信息耦合：信息在组织内部的传递和共享对于组织的决策和运作至关重要。信息耦合体现了不同部门和人员之间在信息交流方面的紧密程度。

（4）资源耦合：组织的资源包括人力、物力、财力等多个方面。资源耦合关注的是如何合理配置和共享这些资源，以满足组织不同部分的需求。

（5）目标耦合：组织内各部门和人员虽然可能有各自的具体目标，但这些目标应该与组织的整体目标相契合。目标耦合强调的是个体目标与组织目标之间的一致性和协同性。

耦合现象在组织管理中无处不在，组织中的耦合现象体现在管理主体与管理客体的耦合、组织内部的耦合、组织与外部环境的耦合、技术与管理的耦合等方面。管理学中耦合的目的是达成"1+1＞2"的效果，产生新结构、新功能、新功用等。多个要素可无序组合为一个整体，但却无法构成为系统，一个系统所具有的整体性是在一定组织结构的基础上得以呈现的，要求系统内所有要素以事先设计的途径和机理相互联系、相互作用耦合而成，才具备系统的整体性。理解和运用耦合原理对于提升组织效能和应对复杂环境变化具有重要意义。

为了帮助理解，参考图2-2。发动机的输出功率会影响传动系统的工作状态，而传动系统的传动比又会反过来影响发动机的负载情况；制动系统的工作会影响车辆的整体动力学性能，同时车辆的行驶状态（如速度、加速度等）也会对制动系统的效能产生影响。所有子系统间耦合的结果，就是为了获得"行驶效能"，这是反复强调的管理功能本质的目标感。

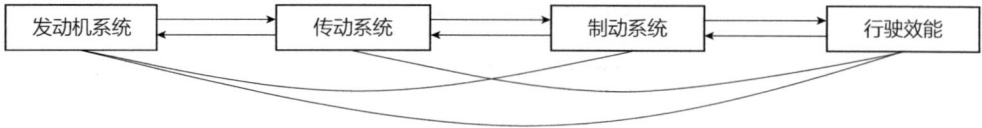

图 2-2　确保行驶效能下的系统间耦合

## 2.1.2　耦合的特性

### 1. 相互关联性

耦合的本质内涵是相互关联性。只要存在耦合关系，就意味着各个组成部分之间不是孤立的，而是相互联系、相互影响的。这种相互关联性可以是直接的，如物理系统中两个直接接触并发生能量交换的物体之间的耦合；也可以是间接的，如在生态系统中，食物链上不同营养级的生物之间可以通过食物关系实现间接耦合。组织不是各个部分的简单相加，而是其内部各个子系统或部门之间的紧密联系和相互作用的有机整体。这种相互关联性使组织内部形成了一个复杂的网络结构，每个节点都与其他节点相连，共同构成了一个动态变化的整体。管理者需要认识到这种相互关联性，在制定决策和进行资源分配时，要综合考虑各部分之间的关系，避免因局部的变动而对整体产生不利影响，以打造具有敏捷适应力的高效组织。

### 2. 信息或能量传递

在耦合关系中，往往伴随着信息、能量或者物质的传递。在物理学的电磁耦合中，能量以磁场或电场的形式在电感或电容等元件之间传递；在工程系统中，如汽车发动机向传动系统传递动力（能量），同时通过传感器等设备传递发动机的工作状态信息（如转速、温度等）；在计算机软件系统中，数据（信息）在不同模块之间传递，这种信息传递是模块耦合的重要体现；在生态系统中，物质（如营养物质）和能量（如太阳能沿着食物链的传递）在生物与生物、生物与环境之间的传递是生态耦合的关键内容。

在组织中，信息流动是至关重要的。各个子系统或部门之间需要不断地进行信息交流，以确保组织的顺畅运作。信息传递的效率和准确性直接影响到组织的决策效率和执行力。它确保组织内的各个部分能够及时、准确地获取和共享信息，从而协调各自的行动。管理者需要建立有效的信息传递机制，确保信息在组织内的顺畅流通。同时，要注意信息的真实性、准确性和及时性，避免因信息失真或延误而导致的决策失误和工作混乱。

### 3. 系统整体特性的形成

耦合关系对系统的整体特性有着重要影响。通过耦合，各个子系统或组成部分相互作用，共同形成了系统的整体特性。例如，在一个复杂的工程项目中，各个子工程之间的耦合关系使整个项目具有特定的功能、性能和稳定性。如果耦合关系设计不当，可能会导致系统整体性能下降，甚至出现故障。在生态系统中，生物群落内部物种之间的耦合关系决定了生态系统的稳定性、生产力和生物多样性等整体特性。

组织作为一个整体系统，其性能和行为是由各个子系统或部门的相互作用和耦合共同决定的。因此，在组织管理过程中，需要注重系统的整体性和全局性。要从整体利益出发，综合考虑各个子系统或部门的需求和利益，以实现组织的整体优化，也即整体功能大于各个部分功能之和。管理者应从整体出发，关注组织的整体利益和目标，协调各部分之间的关系，促进各部分之间的协同合作，发挥组织的最大效能。

在组织管理过程中，相互关联性、信息传递和系统整体性等耦合特性是相互联系、相互影响的。管理者应充分理解和把握这些特性，通过合理的组织设计、有效的沟通协调和科学的管理方法，提高组织的耦合度，实现组织的高效运行和发展。

### 2.1.3 组织中的耦合类型

在组织中，耦合类型主要用于描述不同部分或组件之间相互关联和影响的程度。这些耦合类型与软件工程中的模块耦合类型有一定的相似性，但更多的是从组织结构和功能关联的角度进行划分。以下是一些主要的耦合类型：

#### 1. 组织内部耦合

组织内部耦合主要指的是组织内部各个部分、部门或成员之间的相互依赖和协作关系。它能确保组织内部运作的高效与和谐，并提升组织目标达成度。这种耦合可以是直接的，如部门间的直接合作；也可以是间接的，如通过组织文化、组织的工艺操作规程等间接影响各部门和成员的行为。

在组织中，组织规模、组织结构与组织效率三个系统在遵循自身演化规律的同时，凭借不断的物质循环、信息传递和能量流动，形成一个密切关联的复杂合巨系统，共同决定着组织发展的演化方向（图 2-3）。

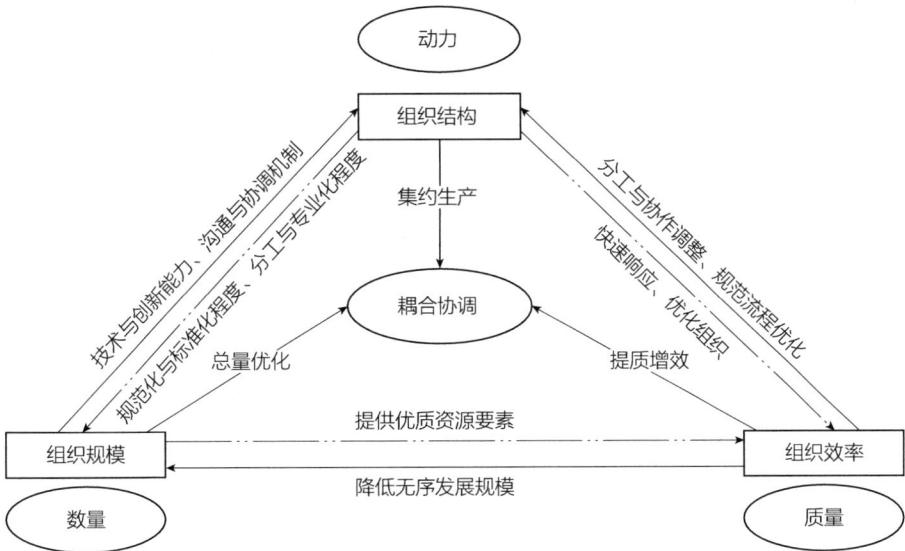

图 2-3 组织规模、结构与效率的耦合协调分析框架

1）组织规模与组织结构的耦合

当组织规模较小时，简单灵活的组织结构往往更为合适，它能使员工之间的沟通更加直接和高效，能够快速响应市场变化。因为小型组织的人员较少，业务相对简单，不需要过于

复杂的层级和部门划分来进行管理。扁平化结构可以充分发挥每个员工的能力，提高工作效率。随着组织规模的扩大，业务变得复杂多样，需要更精细的分工和专业化的管理。此时，层级化、部门化的组织结构更为合适。大型组织面临的任务和挑战更加复杂，需要通过明确的分工和层级关系来协调各部门和人员的工作，确保组织的正常运转。

2）组织结构与组织效率的耦合

灵活的流程型组织结构，能够根据项目需求快速调整人员和资源的配置，提高组织的响应速度和创新能力。其优势在于能够充分利用组织内部的资源，快速适应市场变化和客户需求，从而提高组织效率。相反，过于僵化的组织结构，如高度层级化、部门壁垒严重的结构，会导致信息传递不畅、决策缓慢、创新能力不足等问题，降低组织效率。

3）组织规模与组织效率的耦合

适度规模的组织既具有一定的资源和能力来应对市场竞争，又能够保持相对灵活的管理和运营模式。组织规模过大可能会导致管理成本增加、沟通协调困难、决策效率低下等问题，从而影响组织效率。组织规模过小则可能无法充分利用资源，缺乏规模经济效应，也难以在市场竞争中占据优势。

组织规模、组织结构与组织效率之间的耦合关系是一个复杂且相互影响的动态过程，需要根据组织的内外部环境不断调整和优化。三者的有效耦合能实现资源配置优化、信息传递与沟通高效、创新与学习能力增强、决策与执行高效。通过实现三者的有效耦合，组织能够提升自身的敏捷适应能力，在复杂多变的市场环境中保持竞争优势。

2. 组织与外部环境的耦合

组织与外部环境的耦合是指组织与其所处的外部环境（PESTecl 七方面）之间的相互依赖和适应关系。组织需要不断调整自身以适应外部环境的变化，同时外部环境也会受到组织行为的影响。这种耦合关系要求组织具备高度的灵活性和适应性，以便及时应对外部环境的变化。

1）与政治／政策因素的耦合

组织应设立专门的政策研究团队或委托专业机构，密切关注国家和地方的政策变化，及时解读政策对组织的影响，并据此调整组织战略；为合规运营与维护政府关系，建立完善的合规管理体系，确保内部运营符合法规要求，同时积极与政府部门沟通合作，争取政策支持和资源倾斜。可见与政治／政策因素的耦合，能够使组织及时了解政策变化并调整战略，更好地预测和应对政策风险。

2）与经济因素的耦合

组织应重点分析经济形势与资源配置情况，通过经济数据分析、市场调研等手段，了解宏观经济形势和行业经济状况，合理配置内部资源，调整业务布局；同时根据金融市场的变化，选择合适的融资渠道和投资方式，优化资金运作，实现资金的保值增值。与经济因素的耦合能提升组织对经济波动的适应能力，使组织能够敏锐地捕捉市场机遇，以实现敏捷应对快速变化的经济市场。

3）与社会因素的耦合

预先洞察社会需求与产品服务创新。可通过市场调研、社交媒体监测等方式，了解社会公众的需求、价值观和消费习惯的变化，以此为基础进行产品和服务的创新。积极履行社会责任，参与公益事业，推动社会可持续发展，树立良好的企业形象，赢得社会公众的认可和支持，以提升组织在社会的适应力。

4）与技术因素的耦合

应促进组织与高校、科研机构等外部技术力量开展密切合作，共同进行技术研发和创新，引进先进技术和人才，提升自身的技术水平和创新能力，加快组织对技术创新的适应能力。进一步利用信息技术推动数字化转型，优化内部业务流程，创新业务模式，提高运营效率和竞争力，提高组织运营效率和管理水平。

5）与环境因素的耦合

为迅速应对环境对组织的影响，应建立环境监测体系，实时了解环境变化对组织的作用，采取绿色生产、节能减排等措施，实现可持续发展。同时，组织应积极参与生态保护和资源循环利用，推动绿色供应链建设，降低资源消耗和环境影响。

6）与竞争因素的耦合

组织对竞争对手进行深入分析，了解竞争对手的优势、劣势、战略和市场份额等情况，据此制定差异化的竞争策略，有助于确定自身的产品定位和竞争优势。组织在竞争的同时，也寻求与竞争对手或其他相关企业开展合作，通过合作竞争实现资源共享、优势互补，共同应对市场挑战，提高对竞争态势的适应能力。

7）与时空因素的耦合

时空因素指当时当地性。组织在选址时充分考虑地理位置因素，选择具有交通便利、资源丰富、市场潜力大等优势的区域，利用区域优势开展业务。并且通过合理安排生产计划、营销活动等，把握市场节奏，提高市场响应速度和运营效率。

3. 职能与职能的耦合

职能是指机构本身应当具有的功能或应起到的作用，是由一些职责合并而形成的功能①。职能与职能的耦合是指组织内部不同职能部门之间的相互依赖和协作关系。在复杂的组织中，各个职能部门需要紧密合作，以确保组织整体目标的实现。重点建立信息共享与沟通机制、目标协同与合作机制、资源调配与整合机制、学习与创新机制，以实现各部门之间良好的沟通和协作，避免职能重叠、资源浪费和冲突等问题。

组织中的各项职能间形成耦合机制的关键要素，即目标一致性、信息流通性、资源整合性、流程协同性以及激励与考核机制，它们并非孤立存在，而是相互作用、相互影响，共同促进耦合机制的形成和有效运行，具体表现如下：

1）目标一致性

组织的各项职能必须围绕着共同的组织目标来运作，当组织目标发生调整时，各职能部门的目标也应相应地进行调整，以保持一致性。共同目标需要分解为各职能部门可执行的具

---

① 樊运晓，高远，段钊，等. 我国安全监管职能耦合分析与优化 [J]. 西安科技大学学报，2018，38（6）：886–892.

体子目标，且这些子目标之间应相互协同，共同构成实现总体目标的路径。

目标一致性是基础和导向。它能引领信息流通，共同目标明确了组织的发展方向，使各职能部门清楚知晓自身工作对于整体目标的意义和价值，从而促使它们主动进行信息共享和沟通；组织会根据共同目标来统筹分配资源，确保资源能够投入到关键的业务环节和职能部门；为了实现整体目标，组织会对业务流程进行优化和整合，消除部门之间的流程壁垒，以此驱动流程协同。通过沟通，取得目标一致的最大共识。

2）信息流通性

建立统一、高效的信息共享平台是确保职能间耦合的重要基础。信息共享平台应具备实时性、准确性和安全性，以保证信息的及时传递和有效利用。除了正式的信息系统，还需要建立多样化的沟通渠道和机制，促进职能部门之间的信息交流。例如，定期召开跨部门会议，让各部门负责人汇报工作进展、分享问题和经验；设立专门的沟通协调岗位或团队，负责处理部门之间的沟通协调事宜。

信息流通性是纽带和保障，及时、准确的信息流通能让各职能部门更好地理解共同目标的内涵和要求，明确自身在实现目标过程中的角色和任务，促进目标协同；并有助于组织全面了解资源的分布和使用情况，从而进行合理的资源调配和整合；信息的及时传递能够保证业务流程的顺畅衔接和高效运行，助力流程协同。

3）资源整合性

组织需要对各类资源进行统筹规划和合理分配，以满足各职能部门的需求。在资源分配过程中，要充分考虑各职能部门的实际情况和发展需求，避免资源分配不均导致的部门矛盾和效率低下。同时，应鼓励职能部门之间共享资源，实现资源的协同利用。

资源整合性是支撑和动力，合理的资源整合能够为各职能部门提供必要的资源支持，确保它们能够顺利完成各自的任务，从而推动共同目标的实现。资源的整合过程本身就需要信息的支持和沟通的配合，因而它能促进信息流通；同时，资源的合理配置和共享能够打破部门之间的资源壁垒，推动业务流程的协同运作。

4）流程协同性

对组织的业务流程进行全面梳理和优化，消除部门之间的流程壁垒和重复环节，提高工作效率和协同效果。采用流程再造、精益管理等方法，不断改进和完善业务流程。制定统一的业务流程标准和规范，明确各职能部门在流程中的职责和操作要求。通过流程标准化和规范化，减少因人为因素和部门差异导致的流程混乱和效率低下，提高组织的整体运营效率和稳定性。

流程协同性是关键和载体。优化和协同的业务流程是实现组织目标的具体途径，通过明确各职能部门在流程中的职责和操作规范，能够将共同目标细化为具体的工作任务和步骤，确保目标有效落实。流程协同需要信息的及时传递和共享作为支撑。在业务流程中，各环节之间的信息流通是否顺畅直接影响到流程的运行效率和效果。协同的业务流程有助于实现资源的优化配置和高效利用。通过对流程的分析和优化，可以发现资源浪费和闲置的环节，从而进行合理的资源调整和分配。

综上所述，这些关键要素相互依存、相互促进，共同构成了组织职能间的耦合机制，使组织能够高效运作，适应复杂多变的外部环境，实现组织的战略目标。

**4. 资源内外部的耦合**

组织如何配置其资源和能力尤为重要，竞争优势是建立在组织内部资源基础上的[①]。资源内外部的耦合主要指的是组织内部资源和外部资源之间的相互依赖和整合关系。组织的资源配置一直是战略管理领域关心的问题，资源分布在组织的不同层次，资源的耦合就蕴含在设计、生产、营销、交货等生产经营的各种具体活动中。组织业务流程恰恰是集合了多种不同的生产技能和技术流来完成的。这种耦合将构成组织的"核心能力"，形成持续的竞争优势。如果只是从有形、无形资源的角度来泛泛地分析耦合，会使组织很难发现真正有价值的协同机会，而从资源角度出发，以业务流程中的资源组合为基础来划分，就可以发现组织竞争优势的真正来源。

结合组织的有形、无形资源，从组织流程的角度划分为采购、生产、营销、研发、管理五种主要的资源耦合类型，五者间的耦合机制如图2-4所示。

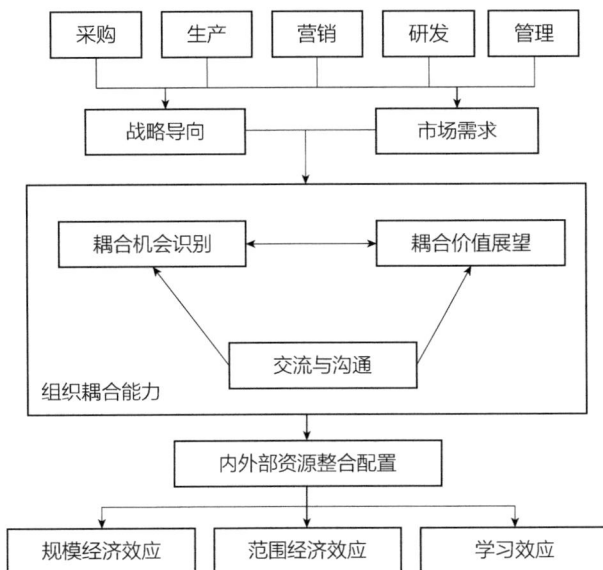

图2-4　组织内外部资源耦合机制

组织资源内外部耦合机制主要由三部分构成：战略导向、协同能力和资源配置。

（1）战略导向为组织发展确定了方向，市场需求则是顾客需求价值的体现，组织通过不断发现其战略导向和市场需求的差距，为组织耦合机制的发挥提供一个动态的指向基础。

（2）通过组织协同能力的作用可以实现组织资源的耦合。组织的协同能力的内容包含了耦合机会识别、价值展望以及交流与沟通。①耦合机会识别，就是寻求组织中哪些地方可能产生耦合。通过分析组织业务行为共享如何影响竞争优势的价值链及其拓展等多种方法，可

---

① 弋亚群，刘益，李垣. 组织资源的协同机制及其效应分析 [J]. 经济管理，2003（16）：12-16.

以识别资源（有形、无形关联）的耦合机会。同时，寻求协同的机会不仅要充分发现现有资源之间的耦合，也可以通过努力挖掘现有资源的新用途及开发新的资源来获得。②仅仅对某项资源的价值进行判断是没有意义的，而对资源使用的耦合价值的判断才能更好地了解组织资源的价值。对资源耦合价值的展望、识别与判断，将决定组织资源的整合、配置的选择和实施。③组织通过建立组织内部及与其他组织的耦合和交易关系而创造价值构成了组织的"价值网络"，使组织的不同投入资源以更加有效的方式组合在一起。交流与沟通则是组织价值网络的协作和交易的关键。资源价值展望和耦合机会识别是通过在组织内外（内部员工、外部顾客和投资者）进行广泛深入、有效的相互沟通，从而使耦合及其价值能被清晰地理解、认同和接受，并转化为组织成员自觉的行为。

（3）混乱的管理可能直接影响组织内外部资源耦合的实现。资源整合与配置不仅实现组织有关价值增值活动，而且为相关的主体创造价值。因此，资源整合与配置的方式将直接影响组织的耦合效应和资源所创造的价值。通过建立上述组织耦合能力对组织内外部资源进行有效的整合、配置，将会得到良好的组织耦合效应和绩效。

5. 知行耦合

知行耦合在教育领域和组织管理领域中都有广泛的应用。应强调理论知识与实践操作之间的紧密结合，即"知"与"行"的相互促进和相互依赖关系。在知行耦合的模式下，理论知识能够指导实践操作，而实践操作又能反过来验证和完善理论知识。这种耦合关系有助于提高学生（实业界的初入职者也在列）的实践能力和创新能力，以及组织的执行力和创新能力。

通过集成知识获取、应用、共享和创新等环节的组织知识实现了隐性知识和显性知识的相互转化[①]，使分散的知识资源更加系统化。组织行为板块通过行为激发、传播和反馈等流程实现了组织行为的"新陈代谢"，将知识赋予情境特征，能够有效地避免先前错误再犯，为提升组织决策能力提供情景关系支持。图2-5，建立了组织知识与组织行为耦合关系的耦合概念模型，组织知识集合板块与组织行为板块通过宏观层面和微观层面的相互作用、相互渗透，形成复杂的耦合机制，对组织决策能力的提升产生促进作用。其中，组织成员通过培训、学习等方式获取知识后，这些知识会激发他们产生相应的行为。个体和群体的行为结果会反馈到知识系统中。如果一种新的工作方法在实践中取得了良好的效果，那么这种经验就会被总结和提炼，成为组织知识的一部分，更新原有的知识体系。同时，沟通与协作也是知识与行为耦合的重要支撑要素，为知识的传递和行为的协调提供了渠道。

耦合在组织管理中扮演着重要的角色，它描述了不同实体或系统之间的相互依赖和协作关系。组织了解并掌握各种耦合类型，有助于组织更好地适应外部环境的变化、优化资源配置、提高执行力和创新能力。前文已介绍组织中众多耦合类型，为提供更为本质地提升组织敏捷适应能力的方法提出新视角，本书将在第5章着重介绍业务、流程、组织之间的耦合机制。

---

① NONAKA I, TOYAMA R, KONNO N. SECI, Ba and Leadership: a unified model of dynamic knowledge creation[J]. Long Range Planning, 2000, 33（1）: 5-34.

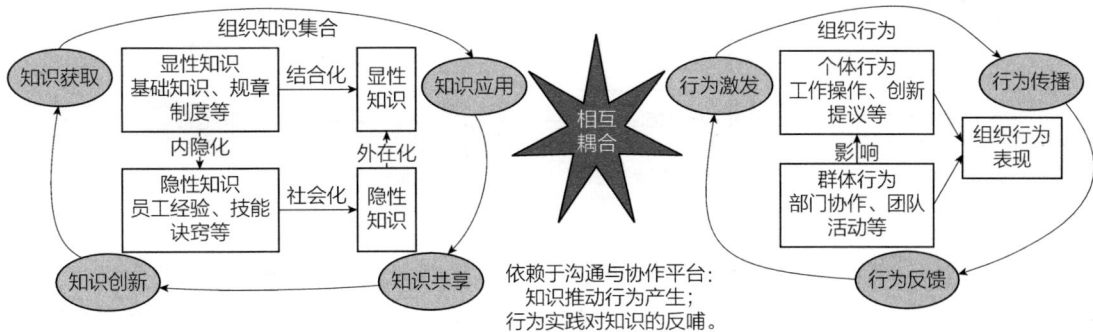

图 2-5　组织中知行耦合机制

### 2.1.4　组织耦合度的加强与削弱

#### 1. 耦合松紧度

在电路原理中为表示元件间耦合的松紧程度，把两电感元件间实际的互感（绝对值）与其最大极限值之比定义为耦合松紧度，亦称为耦合系数。Weick[1] 自 1976 年将该理论引入组织管理领域，用其表示组织或系统内部以及组织或系统之间参与者的相互依赖程度。通过前几节的分析，本书可将组织中的耦合松紧度定义为组织系统内不同部门、不同层级、不同人员以及各项业务流程、资源要素等之间以及组织与外部环境的相互连接、相互依存、相互影响程度的度量。

相较于电路原理，管理学中的耦合松紧度会更加难以度量，通常无法用具体数值表示，这也是管理的特性所在。因此在 1990 年，Orton 从相应性和差异性两个维度将耦合分为紧密耦合系统、松散耦合系统、解耦合系统以及无耦合系统。其中，紧密耦合系统指系统具有高响应性、低差异性；松散耦合系统指系统具有低响应性、高差异性；解耦合系统指系统无响应性但有差异性；无耦合系统既无响应性也无差异性。举例说明高低耦合的含义（图 2-6），计算机软件的一个模块直接调用另一个模块的内部数据或函数，这种紧密的相互依赖关系就是一种高耦合的表现；相反，如果模块之间通过标准接口进行交互，彼此对内部实现细节的依赖较少，这种就是低耦合关系。低耦合有助于提高软件系统的可维护性、可扩展性和可复用性。

对于组织来说，不同程度的耦合会在具体的组织情景中呈现出独特的优势，但同时也会带来较大的劣势。Teece[2] 指出，紧密耦合系统很难适应变化。尽管紧密耦合系统的高度一致性有利于提升组织效率，但处于飞速变化与发展的今日，其牵一发而动全身的特性反而使其难以延续。反观松散耦合系统，由于更多保留了子要素之间的独特性，因此比紧密耦合系统

① Weick K E.Educational organizations as loosely coupled systems[J].Administrative Science Quarterly，1976，21（1）：1–19.

② TEECE D J. Explicating dynamic capabilities：the nature and microfoundations of（sustainable）enterprise performance[J]. Strategic Management Journal，2007，28（13）：1319–1350.

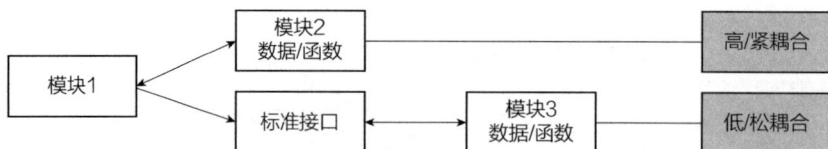

图 2-6 高 / 紧耦合与低 / 松耦合含义解释

更了解和适应外部环境的变化。紧密耦合指组织的各个部分或组件之间高度相互依赖，一个部分的变化会迅速影响到其他部分，可能导致组织的灵活性和适应性降低，因为对一部分的修改可能需要同时修改多个相关部分。与紧密耦合相反，松散耦合的组织结构更加灵活和模块化。这种耦合类型的各个部分或组件之间的依赖关系较弱，变化在一个部分对其他部分的影响较小，有助于组织更快地适应变化，因为可以独立地修改或替换某个部分而不会对整个系统造成太大影响。

在组织管理中，耦合的松紧度需要根据组织的实际情况和需求进行选择。紧耦合适用于需要高度协同和集成的场景（如生产流水线），而松耦合则适用于需要灵活性和独立性的场景（如研发团队的科研人员）。在选择耦合松紧度时，需要权衡各种因素，包括组织的规模、结构、文化、技术能力和外部环境等。华为任正非曾经指出关于耦合度的思想：为了减少产品链创新速度与质量跟不上华为速度与质量，而拖累华为"冲锋"速度，要降低生态链上跟其他组织的耦合度，解绑紧耦合，保持松耦合，以能够保持开拓过程的"轻装上阵"，也就是获得组织的敏捷性。因此，动态调节耦合程度是组织管理者需要思考、学习与执行的。

2. 增强耦合与解除耦合方法

上节指出，组织需要根据不同情况对组织的耦合程度进行动态调整。因此会存在增耦与解耦两个动作。解耦是指减少不同组件或模块之间的依赖程度，使它们可以更加独立地运行和变化，其目标是降低系统的复杂性与关联性，提高系统的灵活性和可扩展性。增耦则与其相反。解耦是组织管理实践中必须正视的问题[①]，作为一种策略性手段，其旨在打破传统结构中各部门间的紧密束缚，赋予组织更大的灵活性与响应速度。为使组织适应当今快速变化环境，以下是一些常见的解耦方法：

1）模块化设计

模块化设计是将组织系统划分为独立的、可重用的模块，每个模块负责一个明确的功能，模块间通过定义良好的接口进行通信，减少直接依赖，以便于维护和扩展。从组织结构层面来看，模块化设计是一种行之有效的解耦策略。它通过将大型任务分解为若干小型、相对独立的模块，每个模块负责特定的功能或业务流程，不仅能降低系统间的耦合度，还使各个模块能够并行开发、独立测试与迭代，从而显著提升组织的响应速度与创新能力。模块化的实施，如同为组织打造了一套灵活的"积木"，使管理者能够根据需要迅速调整结构，应对外部挑战。

---

① 陈琳，李玉刚 . 组织合法性中解耦问题研究综述 [J]. 科技进步与对策，2015（14）：156–160.

2）依赖注入

在软件开发中，依赖注入是一种通过外部配置或容器来管理对象间依赖关系的技术，它使对象间的耦合度大大降低，从而提高了系统的灵活性与可测试性。同样地，在组织管理中，依赖注入的核心理念——将依赖关系从内部实现中分离出来，由外部进行配置与管理。

在组织层面，通过明确界定各部门、各岗位的职责与权限，将原本紧密耦合的业务流程进行拆解与重构，形成一个个相对独立、可替换的服务模块。这些服务模块之间通过标准化的接口进行通信与协作，既降低了系统间的依赖程度，又提高了整体的灵活性与可扩展性；组织还可以借鉴软件开发中的依赖注入容器概念，构建一个灵活的服务调度与配置平台。这个平台能够根据业务需求，动态地加载、卸载与替换服务模块，实现资源的优化配置与高效利用。同时，通过引入服务治理、熔断降级等机制，进一步增强系统的容错能力与自我修复能力，确保组织在面对突发情况时能够迅速响应、有效应对。

依赖注入不仅能够降低组织内部的耦合程度，提高系统的灵活性与可维护性；还能够促进资源的优化配置与高效利用，增强组织的敏捷适应能力与竞争力。在快速变化的外部环境中，组织应积极探索并实践依赖注入的解耦方法，以更加开放、灵活、高效的姿态迎接未来的挑战与机遇。

3）单一职责原则

单一职责原则是指一个类或模块应该只负责一个功能。遵循单一职责原则可以减少类或模块之间的耦合度，提高代码的可维护性。其核心在于将复杂系统分解为多个简单、独立的模块，每个模块仅承担一项职责。在组织管理中，这意味着管理者需要重新审视各个部门和岗位的设置，确保每个单元都能聚焦于一个清晰、具体的目标。这种"职责细分"的做法，不仅能减少决策过程中的冗余和冲突，还能极大地提升工作效率和响应速度。正如精密的机械装置中，每个部件各司其职，共同驱动整个系统的流畅运转。当然，解耦并非简单的拆分与孤立。在追求单一职责的同时，同样要注重部门间的协同与整合。这要求管理者在组织结构上设计出灵活的接口和协作机制，确保信息流通顺畅，资源能够高效调配。正如神经网络中的神经元，虽然各自独立处理信息，但通过突触紧密相连，共同实现复杂的认知功能。

运用单一职责原则的解耦方法提升组织敏捷适应能力，是一个涉及组织结构优化、协同机制设计、敏捷管理实践以及组织文化塑造等多方面的系统工程。这个过程，既要注重职责的细分与独立，又要强调部门间的协同与整合；既要追求快速响应和灵活调整的能力，又要培养开放包容、鼓励创新的文化氛围。只有这样，组织才能在快速变化的环境中保持持久的竞争力和生命力。

4）事件驱动

通过事件来解耦，即当某个事件发生时，相关的组件会收到通知并执行相应的操作，而不需要直接调用其他组件。这种方式可以降低组件之间的直接依赖，提高系统的灵活性和可维护性。在这种模式下，组织需构建高度灵活的信息系统，且应具备强大的事件捕捉与处理能力，能够实时捕捉组织内外发生的关键事件，并依据预设规则迅速分发至相关模块。同时，系统还需支持模块间的无缝通信，确保信息的准确传递与高效协同；组织文化也需进行相应调整。在事件驱动的组织中，鼓励创新、容忍失败的文化氛围至关重要。员工应被赋予更多自主权，以快速响应事件并推动创新。同时，组织还需建立有效的激励机制，确保员工的努力与贡献得到及时认可与回报；组织结构的设计也不容忽视，扁平化、网络化的结构更有助于信息的快速传递与资源的灵活调配。通过打破部门壁垒，实现跨部门的协作与共享，组织能够更高效地应对各种挑战。

实施事件驱动的解耦方法并非一蹴而就。组织需从战略高度出发，制定详细的实施计划，并分阶段逐步推进。在这一过程中，持续的监测与评估同样重要。通过收集反馈、分析数据，组织能够不断调整优化策略，确保解耦方法的顺利实施与持续有效。

5）中介者模式

中介者模式是一种行为型设计模式，用于定义一个对象（即中介者）来封装对象之间的交互。这种模式通过将对象间的直接通信转移到中介者对象，从而减少对象之间的直接依赖和复杂性。在组织结构层面，中介者模式的引入意味着组织需要构建一个灵活、高效的信息交流平台。这个平台不仅具备强大的信息处理能力，能够迅速捕捉并响应组织内外的各种变化，还能够智能地引导信息在模块间的流动，确保信息的准确性与时效性。通过这样的平台，组织能够打破传统层级结构的束缚，实现信息的扁平化传递，提高决策效率；在流程优化方面，中介者模式促使组织对原有流程进行深度重构。各个模块在中介者的协调下，能够依据实际需求进行灵活的组合与调整，形成高效的工作链。这种流程上的灵活性不仅能提升组织的响应速度，还能增强其应对不确定性的能力。

在快速变化的时代浪潮中，唯有不断解耦、持续创新，组织方能立于不败之地。当然，在解耦的过程中，需要重视以下几点：首先，组织平台中不可能只存在一项耦合关系，超多维影响因素会综合形成各种耦合关系；因此在解耦之前应当清晰地分析耦合关系，厘清相互间的影响关系，可以有效减少解耦失误所带来的影响。其次，并不是解耦得越彻底越好，管理的艺术性在于"符合"与"满意"而不是最优，因此需要把握适合组织现状的耦合松紧度，选择更利于组织发展的耦合松紧度。

虽然解耦在提高系统灵活性和可扩展性方面具有显著优势，但在某些情况下，组织也需要通过增加耦合来确保系统的稳定性和协同性。特别是在需要强化团队协作、提升决策效率或实现特定业务目标时，增耦是一种必要手段，以下是一些常见的增耦方法：

1）建立明确的职责和权力体系[①]

一个清晰界定职责与权力体系的组织架构，如同精密机械中的齿轮，每一环都紧密相连，却又各自独立运转，共同驱动着整个机体的灵活应变。通过制定详细的岗位职责和权力分配，确保每个成员都清楚自己的职责范围和决策权限，有助于减少决策过程中的冲突和延误，提高组织的决策效率。

首先，构建明确的职责框架是基石。这不仅仅意味着制定详尽的职位说明书，更重要的是，要确保每个成员都深刻理解其角色对于组织整体目标的贡献。通过定期的角色澄清

---

① 高红运，杨俊，陈亮. 国有企业外部董事工作机制问题优化研究 [J]. 产业创新研究，2024（4）：144–146.

会议、个性化的发展规划以及透明的绩效评估机制，组织能够增强成员间的协同效应，使他们在面对挑战时能够迅速定位责任，采取行动。这种职责的明确划分，如同交响乐中的各个声部，虽独立演奏，却和谐共鸣。其次，权力的合理分配是提升敏捷性的关键。组织应避免权力过度集中于顶层，而应通过建立扁平化的管理结构，赋予一线员工更多的决策权。这不仅缩短了决策链条，提高了响应速度，还激发了员工的主动性和创造力。同时，通过设立跨部门协作小组、项目制工作方式等，打破传统壁垒，促进信息流通与资源共享，进一步增强组织的灵活性和适应性。这种权力的分散与集中并重，宛如舞蹈中的张弛有度，既保持了整体的协调，又不失个体的灵动。再次，持续的变革管理文化是组织保持敏捷的源泉。鼓励创新思维，设立容错机制，让组织成员敢于尝试、勇于失败。通过定期的复盘会议、最佳实践分享以及外部智囊团的引入，不断迭代优化工作流程，确保组织始终处于学习与成长的状态。这种文化的塑造，就如同文学中的比喻与象征，丰富了组织的内涵，使其在面对外部环境变化时，能够像变色龙一样迅速调整，融入新环境。

总之，通过构建明确的职责框架、合理分配权力、培养持续变革的文化，组织能够有效运用增耦策略，提升其在快速变化环境中的敏捷适应能力。这一过程，既是对传统管理智慧的继承，也是对现代组织理论的创新实践。

2）加强跨部门沟通与合作[①]

加强跨部门沟通与合作犹如织就一张紧密相连的信息网，让组织在变革的浪潮中既能稳健前行，又能灵活转身。通过搭建跨部门沟通平台，能有效促进不同部门之间的信息共享和协作，打破部门壁垒，形成合力。

①组织需搭建跨部门的沟通桥梁。这不仅仅是设立定期的跨部门会议那么简单，更重要的是，要构建一个开放、包容的沟通环境，鼓励员工跨越职能界限，主动分享信息、交流想法。通过设立跨部门协作小组、项目制工作方式，以及利用数字化工具促进信息共享，组织能够打破信息孤岛，实现资源的优化配置。这种沟通桥梁的建立，如同在广袤的草原上铺设出一条条纵横交错的小径，让信息的流动更加顺畅，也让不同部门间的合作更加紧密。②培养跨部门的合作精神至关重要。通过团队建设活动、领导力培训以及激励机制的设计，强化员工的团队意识与协作精神。当员工意识到，他们的成功不仅依赖于个人的努力，更取决于团队的整体表现时，跨部门合作便成为一种自然而然的行为。③组织需建立跨部门冲突的解决机制。在跨部门合作的过程中，难免会遇到意见不合、利益冲突的情况。此时，公正、透明的冲突解决机制显得尤为重要。通过设立专门的调解团队、制定明确的冲突解决流程，以及鼓励员工采用建设性的沟通方式，组织能够迅速化解矛盾，恢复团队的和谐氛围。

因此，加强跨部门沟通与合作是提升组织敏捷适应能力的重要途径。它要求组织在沟通桥梁的搭建、合作精神的培育，以及冲突解决机制的建立上做出努力。

---

① 吕冲冲，刘依然，席启航.组织忘却、知识整合与新产品创新性：学习导向的调节作用 [J]. 海南大学学报（人文社会科学版），2025：1–9.

3）实施任务化管理

为适应快速变化的外部环境，实施任务化管理成为一把锐利的钥匙，能开启组织高效运作与灵活应变的大门。任务化管理是将组织中的工作项目划分为多个任务，并对每个任务指定负责人或团队，明确任务乃至项目的目标、时间表和关键里程碑，确保任务及项目按时、按质完成。

任务化管理的核心在于将组织目标细化为一系列具体、可衡量的任务。管理者需要具备高超的战略眼光与细致入微的规划能力，将宏大的愿景拆解为一系列可操作性强、时间节点明确的任务单元。每个任务如同拼图中的一块，虽小却至关重要，共同构建起组织目标的宏伟蓝图。这种任务化的拆解，不仅增强了组织目标的可操作性，更为员工提供了清晰的行动指南，确保了组织在快速变化的环境中仍能稳步前行；当然，任务化管理并非简单的任务分配，其精髓在于任务间的紧密耦合与高效协同。组织需构建一套完善的任务协同机制，确保各部门、各团队乃至各员工之间的任务能够无缝对接，形成合力。这要求组织在信息共享、资源调配、流程优化等方面下足功夫，打破部门壁垒，促进跨部门、跨团队的深度合作；在实施任务化管理的过程中，组织还需注重灵活性与应变能力的培养。面对外部环境的不确定性，组织需具备快速调整任务优先级、重新分配资源的能力。这需要管理者具备敏锐的市场洞察力与果断的决策能力，能够根据市场变化及时调整任务计划，确保组织始终保持在正确的航道上。此外，任务化管理的成功实施，离不开一套科学、合理的绩效考核体系。组织需建立基于任务完成情况的绩效考核机制，确保员工的努力与贡献能够得到公正、客观的评价。

总而言之，实施任务化管理要求组织在任务拆解、协同机制、灵活应变与绩效考核等方面做出全面而深入的探索与实践。

当然，组织也应注意到加强耦合可能带来的负面影响，过度耦合可能导致组织僵化、缺乏灵活性等。因此，在组织管理中需要权衡利弊，根据实际情况选择合适的加强耦合的方法，并不断优化和调整。在组织中保持适度的耦合，既是一门精确的科学，要求管理者依据组织目标、业务流程及外部环境，精准调控各要素间的关联强度；又是一门精妙的艺术，需要领导者凭借直觉与智慧，在复杂多变中寻求平衡与和谐。华为任正非强调，对于冲劲十足的组织有时是需要松耦合的，不然会被创新滞后的耦合体拖累。这就是实质上的产业生态思维。

## 2.2　耦合思维

耦合思维强调组织内部各要素、部门或子系统之间的相互联系和依赖。通过识别和利用这些联系，管理者可以更好地协调组织内部资源、优化工作流程、提高整体效能。在快速变化的市场环境中，通过调整组织结构和流程，加强与外部环境的耦合，组织可以更好地适应市场需求和竞争态势。因此，管理者应重视耦合思维的应用，将其贯穿于组织管理的各个环节，以推动组织的持续发展和进步。

### 2.2.1 灵活调整耦合度的思维

管理者需要认识到，组织的耦合度（即组织内部各要素、部门或子系统以及组织与外部环境之间的相互依赖程度）是可以根据环境变化和组织需求进行灵活调整的。通过适时地加强或减弱耦合关系，管理者可以优化组织的结构和流程，提高组织的响应速度和灵活性。

在当今这个瞬息万变的经济社会中，组织以耦合关系见存，如同繁星点缀的夜空，彼此交织、相互影响。耦合，这一看似简单的物理概念，在组织管理领域却蕴含着深刻的智慧与策略。它不仅是组织内部各要素间相互作用的桥梁，更是组织与外部环境互动的关键纽带。而灵活调整耦合度[①]的思维则是在组织管理中，根据内外部环境的变化，动态调整组织内部及与外部实体间耦合关系紧密程度的策略性思维。强调对耦合关系的深刻理解和灵活应用，以实现组织的持续适应与创新。其具有以下特点：

（1）动态性与适应性，灵活调整耦合度的思维要求管理者具备敏锐的洞察力和快速的反应能力，能够准确捕捉环境变化的信息，及时调整组织的耦合策略，以适应新的市场需求和竞争态势。

（2）系统性与整体性，耦合关系涉及组织内外部多个层面和要素，因此，要求管理者从系统整体的角度出发，综合考虑各要素间的相互作用和影响，以实现组织的整体优化。

（3）创新性与开放性，在调整耦合度的过程中，管理者需要不断探索新的耦合模式和策略，保持组织的创新活力。同时，开放、包容的文化能鼓励员工提出新想法、尝试新方法，为组织的持续发展注入动力。

灵活调整耦合度的思维的核心在于对耦合类型的深刻理解和对耦合度的精准把控。耦合类型粗分为组织系统的内外两大类型，内部耦合涉及组织结构、流程、文化等多个层面的紧密结合，是组织高效运作的基础；外部耦合则关注组织与供应商、客户、竞争对手等外部实体间的互动关系，是组织获取资源和信息、拓展市场的重要渠道。而耦合度的划分，即紧耦合与松耦合，则决定了组织在特定情境下的灵活性和适应性。紧耦合有助于提升组织内部的协同效率和稳定性，但可能限制组织的灵活性；松耦合则赋予组织更多的自主权和应变能力，但可能增加协调成本。因此，灵活调整耦合度的思维要求管理者在紧耦合与松耦合之间找到最佳平衡点，以实现组织的持续发展和创新。

灵活调整耦合度的思维是组织管理中较为重要的策略性思维，管理者需具备敏锐的洞察力、快速的反应能力和系统的思考能力，通过动态调整组织内外部耦合关系的紧密程度，以提升组织的敏捷适应能力和创新能力，为组织的持续发展和创新提供有力保障。

### 2.2.2 内外耦合协同的思维

内外耦合协同的思维需要管理者同时关注组织内部的耦合关系和组织与外部环境之间的耦合关系。内部耦合协同有助于提升组织内部的协作效率和创新能力，而外部耦合协同则有

---

① 付强. 基于 LTCC 技术的超小型定向耦合器设计 [D]. 西安：西安电子科技大学，2011.

助于组织更好地适应外部环境的变化，获取外部资源和信息。

组织如同复杂的生态系统，其生存与发展依赖于与内外部环境的紧密互动。内外耦合协同的思维，正是强调组织在内部各要素间以及与外部实体间建立和谐、高效互动关系的战略性思考方式。它不仅关注组织内部的资源整合与流程优化[①]，还注重与外部环境的动态适应和协同进化，旨在通过内外耦合的协同作用，提升组织的整体效能和适应力。

内外耦合协同的思维强调从系统整体的角度审视组织的运作，将内部要素与外部实体视为一个相互依存、相互影响的整体，注重整体效能的最大化。组织内外环境的变化是持续不断的，因此该思维强调动态调整耦合关系，以适应新的市场趋势、技术变革和竞争态势。同时，组织内部各要素间以及与外部实体通过资源共享、信息共享和流程协同，实现共赢发展。在这个过程中，组织需要不断探索新的耦合模式和协同机制，以激发创新活力，推动组织的持续发展和变革。核心在于构建和优化组织内部各要素间以及与外部环境之间的动态、高效、和谐的互动关系。这不仅需要关注组织内部的资源整合与流程优化，还应注重与外部环境的动态适应与协同进化，旨在通过内外耦合的协同作用，提升组织的整体效能和敏捷适应能力。

组织内部各要素间以及与外部实体的协同作用是内外耦合协同思维的关键。通过信息共享、资源互补、流程协同等方式，实现组织内外的高效协同，提升整体运作效率，缩短决策周期，快速响应市场需求；使组织能够更敏锐地感知市场变化和客户需求，及时调整战略方向，推出符合市场需求的产品和服务，从而在竞争中占据有利地位。通过优化内部流程和加强外部合作，组织能够更快速地获取和分析信息，缩短决策周期，提高决策的科学性和准确性，为组织的快速响应和灵活调整提供有力支持。通过内外部资源的整合和共享，降低运营成本，提高资源利用效率，为组织的持续发展提供动力，有助于组织更合理地配置和利用资源，实现资源的最大化利用。

内外耦合协同的思维是组织管理中的战略性思考方式，它强调组织内外部的和谐互动与协同进化，通过灵活应用耦合关系，提升组织的敏捷适应能力和整体效能，为组织的持续发展和创新提供有力保障。

### 2.2.3　动态构建与解除耦合的思维

组织作为复杂系统[②]，其存在和发展依赖于与内外部环境的紧密互动。动态构建与解除耦合的思维，是指在面对复杂多变的环境时，能够灵活地构建和调整系统内部各要素之间的耦合关系，以及解除不再适应的耦合关系，以实现系统的持续优化和高效运作。强调系统的动态性和可调整性，注重在变化中寻找机遇，通过优化耦合关系来提升系统的整体效能。特点如下：

（1）灵活性：能够迅速识别并响应系统内外部环境的变化，灵活调整耦合关系，以适应新的需求和挑战。

---

①　张盛依.数字经济背景下的跨境电商物流模式创新路径分析[J].商场现代化，2025（3）：53-55.

②　陈林昊，范冬萍.系统思维原则在可持续发展中的建构与应用[J].系统科学学报，2025（3）：1-8.

（2）动态性：组织内外部环境的变化是持续不断的，因此强调耦合关系的动态调整，包括构建新的耦合关系、优化现有耦合关系以及解除不再适应的耦合关系。

（3）系统性：从系统整体的角度审视组织的耦合关系，将内部要素与外部实体视为一个相互依存、相互影响的整体，注重整体效能的最大化。

（4）创新性：在动态构建与解除耦合的过程中，组织需要不断探索新的耦合模式和机制，以激发创新活力，推动组织的持续发展和变革。

动态构建与解除耦合的思维是组织管理中的战略性思考方式，强调根据内外部环境的变化灵活调整耦合关系，以实现组织的持续适应、快速响应和高效运作。其核心在于识别与评估耦合关系、动态构建耦合关系、解除不再适应的耦合关系、持续优化与迭代，以深入了解系统的当前状态，为后续的优化调整提供依据。通过引入新的要素、优化要素之间的连接方式或调整要素的功能来实现动态构建与耦合解除，降低系统复杂度，提高系统的灵活性和响应速度。最后，通过不断监测和评估系统的运行状态，及时发现并解决问题，推动系统的持续改进和发展。不仅有助于提升组织的敏捷适应能力，还为组织的可持续发展和创新提供了有力保障。

## 2.2.4　平衡耦合与独立性的思维

管理者需要在耦合与独立性之间找到平衡点。虽然耦合关系有助于提升组织的协作效率和创新能力，但过度的耦合也可能导致组织僵化、缺乏灵活性。因此，管理者需要在保持组织内部各部门、子系统之间必要耦合的同时，也要确保它们具有一定的独立性，以便能够快速响应外部环境的变化。

平衡耦合与独立性的思维是一种旨在复杂组织环境中寻求要素间相互依赖与自主运作之间最佳平衡点的思考方式[①]。其强调既不应让各个部分完全孤立无援，成为难以协同的孤岛；也不应让它们过度绑定，以至于任何一个微小的变动都能引发连锁反应，导致整个系统动荡不安。

适度的耦合能够确保组织内部的信息流通和资源共享。当不同部门或团队之间建立起合理的连接时，知识和经验便能够顺畅地传递，创新的思想和解决方案也更容易涌现。这种相互依赖的关系，仿佛一张无形的网，将组织的各个部分紧密地联系在一起，共同应对外部的挑战和机遇。然而，过度的耦合却可能成为组织敏捷性的绊脚石。当各个部分之间的连接过于紧密时，它们之间的依赖性就会增强，任何一个环节的变动都可能引发整个系统的波动。这种情况下，组织就会变得僵硬和迟钝，难以迅速适应外部环境的变化。因此，平衡耦合与独立性的思维就显得尤为重要。它要求在确保组织内部各部分相互关联的同时，也要保持相对独立性。这样，当外部环境发生变化时，组织就能够迅速调整自身的结构和策略，以适应新的情况。

---

① 张京祥，黄春晓. 管治理念及中国大都市区管理模式的重构 [J]. 南京大学学报（哲学 . 人文科学 . 社会科学版），2001（5）：111–116.

在具体实践中，该思维要求管理者善于识别并优化组织内部的耦合关系，需要明确哪些部分需要紧密合作，哪些部分可以保持相对独立；同时，还需要建立灵活的信息传递和资源共享机制，以确保组织在保持敏捷性的同时，也能够实现高效的协同。只有这样，组织才能在不断变化的市场环境中保持竞争力，实现持续的发展和繁荣。

## 2.2.5 持续优化耦合关系的思维

管理者应不断地评估组织的耦合关系是否有效、是否适应当前的组织环境和需求，以确保组织的耦合关系始终处于最佳状态，从而提升组织的敏捷适应能力和竞争力。优化耦合关系的思维，是一种不断审视并调整组织内部各要素间连接状态与互动模式的策略性思考。这种思维如同一位精明的园艺师，不断修剪、培育着组织内部的"关系之树"，使之既能根深叶茂，又能灵活应变。

一方面，它能促使管理者深入剖析组织内部的耦合关系，识别出哪些连接是冗余的、低效的，甚至是阻碍组织发展的。这些"枯枝败叶"若不及时清除，不仅会消耗组织的资源，还会阻碍信息的流通和创新的涌现。通过持续优化，能够确保组织的每一个部分都能以最佳状态运作，共同推动组织向前发展。另一方面，持续优化耦合关系的思维还能推进组织建立更加灵活和动态的连接模式。在快速变化的市场环境中，组织需要能够迅速调整自身的结构和策略，以适应新的情况。这种思维使管理者能够像变色龙一样，根据环境的变化灵活调整自己的"皮肤"，即组织内部的耦合关系，从而保持组织的敏捷性和竞争力。

持续优化耦合关系的思维实质是一种迭代和进化的思想[①]。组织不是静止不变的，而是需要不断适应和进化。通过持续优化耦合关系，能够确保组织在保持相对稳定的同时，也能够不断吸收新的元素和能量，实现自我更新和升级。这个过程仿佛是在编织一张错综复杂的网，每一个节点都紧密相连，却又各自独立，共同推动组织的持续优化和发展。

---

① 刘伟华，王钰杰，王琦，等. 数字化时代下的韧性供应链：理论与实践的新趋势 [J]. 供应链管理，2024，5（8）：19-31.

# 第 3 章
# 组织演进

---

**本章逻辑图**

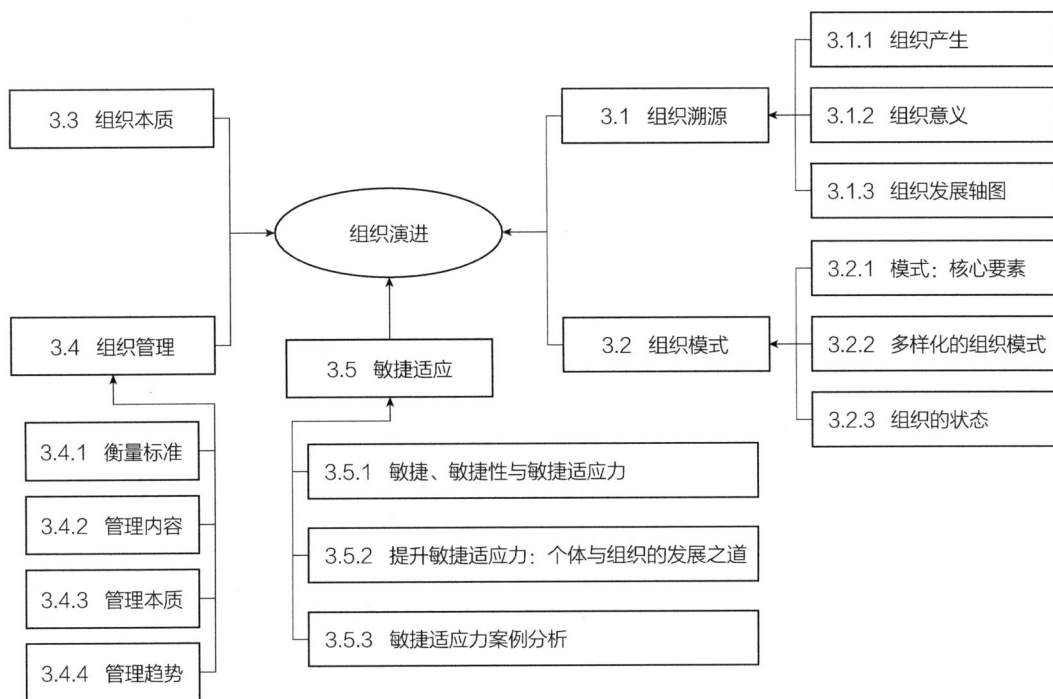

图 3-1　第 3 章逻辑图

组织发展有过去、现在和未来，演进的过程，就是组织不断从一个状态跃迁到另一个状态的过程。跃迁通过创新和变革实现，对于探讨组织演进有重要意义。本章阐述组织演进、模式、本质和组织管理。作者主张，以"行"为纽带，牵动人、事、物等诸要素，实现创新与变革，而以业务（产品开发、业务重构）、流程（流程优化、体系重建）和组织（机制改善、组织重塑）为内容，如图 3-2 所示。

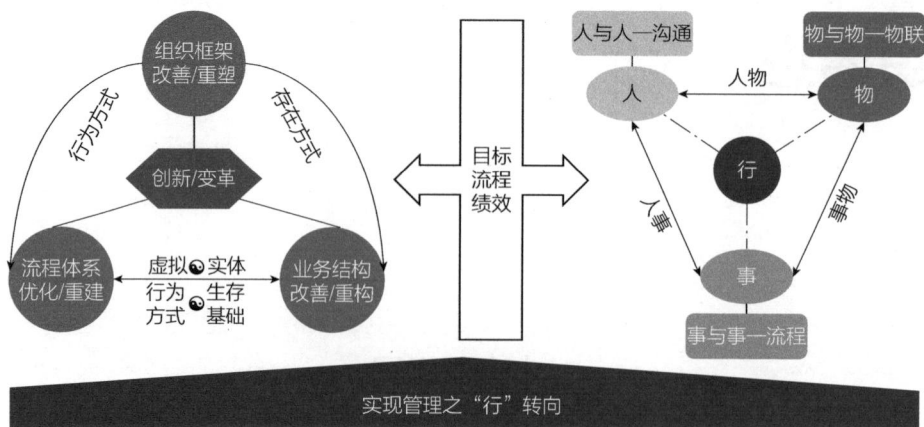

图 3-2　组织创新与变革本质内涵图

# 3.1　组织溯源

## 3.1.1　组织产生

### 1. 组织产生的历史背景

组织，英文是 Organization，来源于 Organ。按《牛津现代英语字典》的解释，一是各部分形成整体，二是具有特殊目的的人群。汉语中指编织，最早见于《辽史·食货志》："饬国人树桑麻，习组织。"可定义为：许多相互联系、彼此合作的成员为达到特定目的而形成的整体[①]。

组织的起源可以追溯到人类社会的早期阶段。最初，组织形式产生是由于生存环境恶劣、生产力低下，人们为了共同生存而开始合作，通过采集和狩猎来分享劳动成果，从而形成了最早的群居组织[②]。因此，最初的"组织"形式是以家庭、部落、氏族等为单位，围绕着生存需要建立起协作机制。随着社会的演变，宗教和祭祀活动逐渐在组织中占据重要地位。人类对自然力量的敬畏和对超自然现象的解释需求催生了宗教组织的早期形态。部落或氏族往往会有专门的祭司或宗教领袖负责进行仪式、祷告和占卜等活动，这些活动不仅是精神上的寄托，也是对团体凝聚力的强化。随着农业技术的进步，人类社会进入了定居阶段，这一变革对组织的形态和功能产生了深远的影响。在定居生活中，个体不再是单纯地依靠狩猎和采集来维持生计，而是开始集中力量进行农业生产和推动畜牧业发展。这不仅提高了生产力，也使人类能够储存和积累资源，进一步推动了社会结构的复杂化。随着社会规模的扩大和不同部落之间的互动，部落联盟成为一种新的组织形式。在这些联盟中，不同的部落和氏族为了共同的利益（如防御外敌、争夺资源等）进行合作，为了协调各部落之间的关系，盟约和协议的制定变得更加重要，这推动了政治组织的雏形发展。随

---

① 甘天文，蔡晓珊，陈和.基于产业演进意义的组织及其衍生内涵 [J].商业时代，2008（7）：43–44.

② 游奕.浅谈组织结构复杂性来源 [J].企业文化，2012（6）：100–101.

着大规模文明的出现，尤其是在两河流域、古埃及、印度河流域等地，早期的国家开始逐步建立。国家的出现标志着从部落联盟到更为复杂的政治组织的转变。中央集权的政府形式逐步取代了部落和氏族的松散联合，国家机器的建立促进了资源的集中管理、法律制度的形成以及社会分工的深化。

最初的组织形式从家庭、部落、氏族等小型社群开始，围绕着生存、资源管理和安全等基本需求发展。随着农业和定居生活的普及，社会结构逐渐复杂化，组织形式也逐渐演变成具有更加明确职能的部落联盟、宗教组织、早期国家等。每一阶段的组织形式都回应了人类在特定历史时期内对生存、秩序、资源管理等的需求，并推动了社会的发展和进步。

2. 现代组织的起源

现代意义上的组织形式在17~18世纪的欧洲和美国逐渐形成。这一时期正值启蒙运动和资本主义初期，组织形式从基于亲属纽带的"公社"转变为基于契约安排的"合伙"形式。"合伙"形式不仅反映了个体之间利益和责任的契约化，还强调了资本、劳动力与风险的共同分担。与此同时，启蒙运动的思想家们提倡理性、自由与契约精神，这为现代企业和组织管理的制度化奠定了哲学基础。启蒙思想推动了对个人权利、契约自由和市场经济的认识，为后来的公司法、财产法及劳动法等制度的形成提供了理论支持。在此背景下，企业不再仅仅是依赖亲缘关系或单一控制的家族企业，而是向更加理性化、法制化的方向发展，开始出现更多以契约为核心的合作形式[①]。进入19世纪，工业革命的浪潮席卷欧美。这一时期的技术革新带来了生产力的极大飞跃，例如蒸汽机的广泛应用使工厂生产规模得以迅速扩大。这种变化促使组织形式进一步变革，现代工厂制度应运而生。

在现代工厂制度下，组织呈现出高度的专业化和分工化。工人们被分配到不同的工作岗位，专注于特定的生产环节，这种分工极大地提高了生产效率，但同时也对组织管理提出了更高的要求。为了确保生产流程的顺畅进行，层级化的管理结构开始出现，管理人员负责监督和协调各个生产环节。

19世纪末到20世纪初，科学管理理论开始兴起。以F.W·泰勒为代表的管理学家，倡导通过科学的方法来研究和改进工作流程，例如时间—动作研究，旨在确定最佳的工作方法和工作定额，以实现生产效率的最大化。这一理论的应用使组织管理更加注重效率和标准化，企业开始制定详细的工作规范和操作流程。与此同时，大型企业和跨国公司开始涌现。这些企业面临着更为复杂的管理问题，如跨地域经营、多部门协作等。为了解决这些问题，官僚制组织模式得到了广泛应用。官僚制强调组织的层级结构、规则制度和专业化分工，通过明确的职责划分和严格的规章制度来确保组织的稳定性和效率[②]。

20世纪中期以来，随着社会经济环境的不断变化，组织又面临着新的挑战。外部环境的不确定性增加，市场需求更加多样化和个性化，单纯依靠官僚制的组织形式逐渐暴露出灵活性不足的问题。于是，一些新的组织理论和模式开始出现，如詹姆斯·T·兰斯（James

---

① 叶必丰. 行政行为原理 [M]. 上海：商务印书馆，2019：5.
② 叶祥松. 现代企业制度形成的历史考察 [J]. 长江论坛，1995（2）：13-14.

Tullis）和罗伯特·R·安索夫（Robert R. Ansoff），他们在学术研究中提出矩阵式组织的基本理论；查尔斯·M·萨维奇（Charles M. Savage）在 1990 年出版的《第 5 代管理》一书中提出网络型组织 [①]。这些新型组织更加注重团队合作、信息共享和快速响应能力，试图在保证组织效率的同时，提高组织对外部环境变化的适应能力。进入 21 世纪，全球化、信息化的浪潮进一步冲击着传统的组织形式。互联网技术的发展使虚拟组织、众包、共享经济等新型组织形态不断涌现。这些组织形态打破了传统的时空限制，通过整合全球范围内的资源来创造价值，组织的边界变得更加模糊，组织与外部环境的互动也更加频繁和紧密。现代组织在不断演变的过程中，始终围绕着如何在提高效率的同时，更好地适应外部环境变化这一核心问题展开探索。

### 3.1.2 组织意义

1. 组织功能与作用

组织作为一种有目的、有系统的群体结构，在社会发展和个体生活中具有极其重要的意义，其功能和作用体现在多个方面：

1）整合资源

组织整合人力、财力、物力、知识、渠道、思想等资源是一个复杂且系统的过程，需要综合运用多种策略和方法。

（1）人力资源整合。

劳动是组织活动的基本形式，人付出体力和脑力，而获取报酬。

明确分工与协作：根据组织目标，将工作任务科学分解，明确各岗位职责、权限与流程，确保有效协作。通过跨部门、跨岗位机制，促进任务环节之间的衔接。例如，大型项目中，任务分为策划、执行、监督等环节，明确负责人，并定期召开协调会促进协作。

人才选拔与培养：制定合理的人才选拔标准和招聘流程，吸引具备专业知识与创新能力的人才。同时，通过内部培训、外部进修和导师辅导等方式，为员工提供成长机会，提升其能力以适应组织发展需求。

激励与考核机制：建立公平的激励机制，将员工表现与薪酬、晋升、奖励挂钩，激发积极性和创造力。制定科学的绩效考核体系，定期评估员工工作表现，及时反馈并调整工作方向。

（2）财力资源整合。

预算管理：制定年度和项目预算，对收入和支出进行合理规划，确保资金的有效分配，避免浪费和闲置。

融资与投资决策：根据发展战略和资金需求，选择合适的融资方式（如贷款、股权融资等），确保资金支持业务发展。同时，科学评估投资项目，提升资金回报率。

成本控制与风险管理：建立成本监控体系，采取措施降低成本；加强财务风险管理，

---

① 查尔斯·M·萨维奇（Charles M. Savage）. 第 5 代管理 [M]. 珠海：珠海出版社，1998.

识别并应对市场风险、信用风险等，确保财务安全。

（3）物力资源整合。

资源规划与配置：根据生产经营需求，合理规划和配置物力资源（如设备、设施、原材料），优化资源使用，降低成本。

采购与库存管理：建立科学的采购体系，通过招标、询价等选择优质供应商，确保物资质量与价格优势；采用先进的库存管理方法，合理控制库存，减少积压和资金占用。

设备维护与更新：制定设备维护计划，定期保养设备，确保其正常运行；根据技术和业务需求，及时更新设备，提高生产效率和产品质量。

（4）知识资源整合。

知识共享平台建设：搭建知识库、论坛、在线培训系统等平台，促进员工之间的知识交流与学习，提高组织整体知识水平。

知识管理流程优化：优化知识收集、整理、存储、共享和应用流程，确保知识有效管理和利用，提升其价值。

创新激励机制：鼓励知识创新和技术研发，通过奖励和表彰激励创新成果，同时加强外部合作，引进先进技术，提升组织创新能力。

（5）渠道资源整合。

市场渠道分析：全面分析现有销售、推广、客户服务等渠道，评估其优势、不足、市场覆盖范围和客户群体。

渠道优化与拓展：根据分析结果优化现有渠道，提高效率，并拓展新渠道（如电商、社交媒体），扩大市场覆盖和品牌知名度。

渠道合作与联盟：与其他组织建立渠道合作或战略联盟，共享资源、优势互补，开展联合促销、共享销售渠道和客户资源。

（6）思想资源整合。

组织文化建设：培养积极向上的组织文化，明确价值观、使命和愿景，增强员工的归属感和凝聚力，激发工作热情和创造力。

沟通与交流机制：建立良好的沟通机制，如员工大会、部门会议等，提供意见表达平台，促进思想碰撞和共同目标的形成。

领导引领与决策：领导通过言行和决策传递组织理念，充分听取员工意见，确保决策科学性和民主性，使思想和行动保持一致。

2）实现目标

（1）明确共同目标。

为了确保目标的顺利实现，组织需要通过制定计划、分配任务和监督执行等方式来协调成员的行动。在目标管理中，SMART原则（简具性、可衡量性、可实现性、相关性、时限性）被广泛应用于目标设定，以确保目标的明确性和可操作性[1]。

---

① 张一兰，林灵. 基于巴纳德的组织目标研究 [J]. 现代商贸工业，2011（22）：151–152.

SMART 原则目标设定步骤：

①简具性（Specific/Simple）：确保目标清晰且具体，避免模糊。例如，目标应为"季度销售额提高 20%"而非"提高销售额"。

②可衡量性（Measurable）：目标必须可量化，设定明确的衡量标准。例如，客户满意度提升至 4.5 分以上。

③可实现性（Achievable）：目标应在资源和能力范围内可行，避免过于困难或简单的目标。

④相关性（Relevant）：目标需与组织的长期战略对齐。例如，若目标是扩大市场份额，销售目标应是增加新客户数量。

⑤时限性（Time-bound）：为目标设定明确的时间框架，如"六个月内推出新产品"。

通过遵循这些步骤，组织能更有效设定目标，提升绩效与效率。

（2）协调行动。

组织还需要通过反馈总结与控制，遵循 PDCA 循环（计划—执行—检查—行动），以不断改进目标实现的过程，进行组织协调。

①计划（Plan）：明确目标，制定详细计划，确定改进问题并列出具体目标。例如，教师明确教学目标并制定实施方案。

②执行（Do）：按照计划实施具体行动，采用多样化方法，如课堂讲授、实验操作等。

③检查（Check）：评估执行结果，通过反馈和评估检查效果，了解变化影响。

④行动（Act）：根据检查结果采取相应改进措施，调整教学方法，优化内容和进度。

PDCA 循环是一种持续改进的方法，通过不断循环的四个步骤实现持续改进。在项目管理中，PDCA 循环可以帮助项目团队提高效率和效果，确保项目按照计划进行，最终达到预期目标。

3）促进沟通与协作

（1）搭建沟通平台。

组织为成员提供了正式的沟通渠道和平台，使信息能够在成员之间、部门之间快速、准确地传递。这有助于成员了解组织的动态和工作进展，及时解决工作中遇到的问题。例如，企业通过定期的会议、内部通信软件等方式，让员工之间、员工与管理层之间能够进行有效的沟通。

（2）培养协作精神。

在组织中，成员需要相互协作、相互支持才能完成工作任务。通过长期的合作，成员之间能够建立起良好的合作关系，培养团队协作精神。例如，在一个项目团队中，成员们需要共同面对项目中的各种挑战，通过相互协作、优势互补，最终完成项目任务。

### 3.1.3　组织发展轴图

1. 组织管理模式、理论与阶段

管理模式的发展对组织的演进起着至关重要的作用。随着时代的发展和环境的变化，管理模式也在不断地创新和演变，从而推动组织向更高层次发展。管理模式基于分工理论发展演变，从集体作坊到劳动分工、职能分工、有序协作，逐步趋于专业化，持续提升效率并形成职能型组织，即按照活动相似性进行资源组织，将从事相同或相近活动的人安排在同一个部门，部门成员在工作中所需技能相近。组织管理模式发展演进流程如图 3-3 所示。在组织规模不断扩张的背景下，为追求更好的一体化、更高的资源利用率、更优的治理与授权，组织形态从直线制、职能制、事业部制到矩阵式、平台式不断演进。组织演进的本质是围绕价值创造不断提升组织效能，更快、更高效、更好地为客户创造价值。

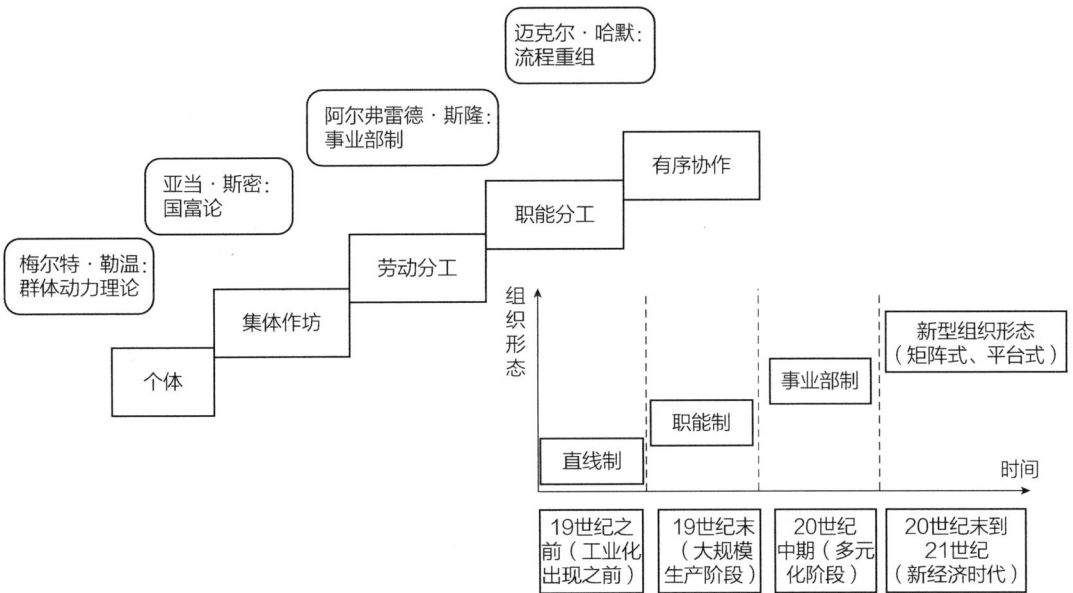

图 3-3　组织管理模式发展演进流程

图 3-3 主要展示了管理模式发展驱动组织演进的相关内容。

19 世纪之前（工业化出现之前）：主要是直线制，这种结构较为简单，权力集中，命令统一，适用于早期规模较小、业务单一的组织。

19 世纪末（大规模生产阶段）：职能制出现，按照职能进行分工管理，各职能部门在自己的职责范围内行使权力，有利于提高专业化管理水平，但可能存在部门之间协调困难的问题。

20 世纪中期（多元化阶段）：事业部制兴起，将组织划分为多个相对独立的事业部，每个事业部拥有自己的产品、市场和运营体系，具有较大的自主权，能够快速响应市场变化，同时集团总部又能对各事业部进行战略管控和资源调配。

20 世纪末到 21 世纪（新经济时代）：出现了新型组织形态，如矩阵式、平台式等，这些组织形态更加灵活，适应了快速变化的市场环境和信息技术的发展，强调资源的整合与共享、组织边界的模糊化以及与外部环境的互动与协同。

组织演进的理论包括梅尔特·勒温的群体动力理论，亚当·斯密的国富论，阿尔弗雷德·斯隆的事业部制以及迈克尔·哈默的流程重组。简述如下：

梅尔特·勒温的群体动力理论与劳动分工阶段及之后的阶段密切相关。在劳动分工阶段，群体协作的雏形逐渐出现，随着组织发展进入职能分工阶段及后续阶段，群体的形式变得更加多样化和复杂。群体动力理论在这一过程中具有重要意义，帮助我们理解组织中各种群体的行为、互动以及它们对组织绩效的影响。无论是在生产团队、项目团队还是跨部门协作团队中，群体的氛围、规范、压力和凝聚力等因素都在发挥重要作用，管理者可以通过理解这些因素，更好地引导和管理群体，进而促进组织目标的实现。

亚当·斯密的国富论在劳动分工阶段具有重要意义，其提出的劳动分工理论是该阶段的核心理论基础和推动力量。他强调，劳动分工能够显著提高劳动生产率，这一观点促进了组织在生产过程中对工作的细化分解和专业化分工，使组织从个体生产或简单协作的模式逐步转向大规模劳动分工的模式。通过这一转变，组织在生产效率和规模上得到了极大的提升，推动了劳动分工阶段的发展，并成为该阶段的主要驱动力之一。

阿尔弗雷德·斯隆提出的事业部制是在职能分工阶段之后、有序管理阶段之前的关键组织形式。随着组织规模的不断扩大和职能分工的日益细化，传统的职能制结构逐渐难以满足多样化的市场和业务需求，事业部制应运而生。它在职能分工的基础上，进一步将组织划分为多个相对独立的事业部，实现了分权与集权的平衡。这种结构既发挥了各事业部的自主性和灵活性，又确保了组织整体的战略协调和资源整合。事业部制成为组织从职能分工阶段向更加注重战略与协同的有序管理阶段过渡的重要组织形式。

迈克尔·哈默提出的流程重组与有序管理阶段的特征高度契合。流程重组强调对企业业务流程进行根本性反思和彻底性再设计，以提升企业绩效。在有序管理阶段，组织具有明确的战略导向，注重信息化建设和团队协作，而流程重组正是以战略为引领，通过信息技术手段对业务流程进行优化和再造。它打破了传统的部门壁垒，实现了跨部门的高效协作和信息共享，以适应快速变化的市场环境和客户需求。因此，流程重组成为有序管理阶段提升组织管理水平和竞争力的重要手段和方法。

组织演进的阶段包括个体劳动阶段、集体协作阶段、劳动分工阶段、职能分工阶段、有序管理阶段。具体内容如下：

1）个体劳动阶段

（1）特征。

①规模极小：通常由单个个体独立完成所有工作，没有明显的分工和协作。例如，早期的手工艺人独自制作和销售手工艺品，铁匠独自打造铁器并售卖。

②技能单一：个体掌握的技能相对有限，主要依赖个人的经验和手艺。例如，一个木匠可能只擅长制作某几种家具，且制作过程中的所有环节都由自己完成。

③经营灵活：个体可以根据市场需求和自身情况快速做出决策和调整，没有复杂的内部流程和协调问题。例如，个体商贩可以根据当天的市场行情随时调整商品价格和进货量。

（2）影响。

①积极影响：

自主性强：个体对自己的工作有完全的自主权，能够充分发挥个人的创造力和主观能动性，按照自己的想法和方式进行生产和经营。

成本较低：没有雇佣员工等成本，运营成本相对较低，在市场竞争中可能具有一定的价格优势。

②消极影响：

生产效率低：由于个体能力和精力有限，生产规模难以扩大，生产效率低下，无法满足大规模的市场需求。

抗风险能力弱：个体在面对市场波动、原材料供应问题、技术变革等风险时，缺乏足够的资源和能力来应对，容易受到冲击甚至倒闭。

2）集体协作阶段

（1）特征。

①初步协作：多个个体聚集在一起，开始有了简单的分工协作。例如，在纺织作坊中，有人负责纺纱，有人负责织布，还有人负责染色等。

②技能互补：成员之间的技能相互补充，共同完成产品的生产。不同的人专注于不同的工序，提高了生产的专业化程度。

③场所固定：有了相对固定的生产场所，便于集中管理和生产组织。例如，一个陶瓷作坊会有专门的烧制窑炉和工作场地。

（2）影响。

①积极影响：

生产规模扩大：通过多人协作，生产能力得到提升，能够生产出更多的产品，满足一定范围内的市场需求。

技能传承与提升：成员之间可以相互学习和交流，有利于技能的传承和提升，促进工艺的改进和发展。

②消极影响：

管理简单粗放：作坊的管理方式较为简单，主要依靠经验和口头指令，缺乏规范的管理制度和流程，容易出现混乱和效率低下的情况。

市场竞争力有限：虽然生产规模有所扩大，但与后来的大规模生产相比，仍然较小，在市场上的竞争力相对较弱，难以与大型企业竞争。

3）劳动分工阶段

（1）特征。

①分工细化：将生产过程分解为多个相对独立的工序，每个工人专门从事某一道工序的工作。例如，在汽车制造中，有专门负责发动机组装、车身焊接、内饰安装等不同工序的工人。

②工具专业化：随着分工的细化，为了提高工作效率，开始出现针对特定工序的专业化工具和设备。例如，纺织业中出现了专门用于纺纱的纺纱机和用于织布的织布机。

③生产标准化：为了保证各工序之间的衔接和产品的质量，开始制定一些生产标准和规范。例如，规定零部件的尺寸、形状、材质等标准，以便于组装和互换。

（2）影响。

①积极影响：

生产效率大幅提高：工人专注于单一工序，操作熟练程度迅速提高，加上专业化工具的使用，生产效率得到极大提升，单位时间内的产量显著增加。

成本降低：大规模生产带来了规模经济效应，原材料采购成本、生产成本等得以降低，产品价格也相应下降，有利于扩大市场份额。

②消极影响：

工人工作单调乏味：工人长期从事单一的重复性工作，容易感到枯燥和疲劳，可能导致工作积极性下降和员工流失率提高。

对市场变化反应迟缓：由于生产流程相对固定，企业在面对市场需求变化时，调整生产的灵活性较差，可能无法及时满足消费者的个性化需求。

4）职能分工阶段

（1）特征。

①职能专业化：除了生产环节的分工，组织内部按照职能进行划分，如生产、营销、财务、人力资源等不同职能部门。每个部门都有自己的专业领域和职责范围。例如，营销部门负责市场调研、产品推广、销售渠道管理等工作；财务部门负责资金筹集、预算编制、成本核算、财务报表编制等。

②管理层次化：形成了较为明显的管理层级结构，从高层管理者到中层管理者再到基层员工，权力和责任逐级分配。高层管理者负责制定战略和重大决策，中层管理者负责执行和协调，基层员工负责具体工作任务的实施。

③流程规范化：各职能部门之间的工作流程和协作方式逐渐规范化，通过制定规章制度、工作流程手册等方式，明确各部门之间的接口和协作要求。例如，采购流程、报销流程、招聘流程等都有明确的规定和步骤。

（2）影响。

①积极影响：

专业管理水平提升：各职能部门由专业人员负责，能够运用专业知识和技能进行管理和决策，提高了组织的管理水平和决策质量。例如，财务部门能够通过专业的财务分析为企业的投资、融资等决策提供科学依据。

资源优化配置：职能分工使得组织能够根据各部门的需求和特点，合理分配资源，提高资源的利用效率。例如，根据生产计划，财务部门可以合理安排资金，人力资源部门可以调配合适的人员到生产线上。

②消极影响：

部门壁垒形成：各职能部门可能会过于关注自身的利益和目标，导致部门之间沟通不畅、协作困难，形成部门壁垒。例如，生产部门为了追求产量可能会忽视产品质量，而质量控制部门则可能为了保证质量而影响生产进度，部门之间容易产生矛盾和冲突。

决策过程复杂：由于层级较多，信息在传递过程中容易失真和延误，导致决策过程繁琐，决策速度较慢，可能错过市场机会。

5）有序管理阶段

（1）特征。

①战略导向明确：组织有清晰的战略规划，各部门的工作都围绕着战略目标展开，形成了战略驱动的管理模式。例如，企业制定了成为行业领导者的战略目标，那么研发部门会加大研发投入以推出创新产品，营销部门会制定相应的市场推广策略来提升品牌知名度和市场份额。

②信息化程度高：广泛应用信息技术，实现了信息的快速收集、处理和共享。例如，通过企业资源计划（ERP）系统，将采购、生产、销售、财务等各个环节的数据集成在一起，实时监控企业的运营状况，为管理决策提供及时准确的信息支持。

③团队协作紧密：打破了传统的部门界限，强调跨部门团队协作，以项目或任务为中心，组建临时或长期的团队。例如，在新产品开发项目中，来自研发、生产、营销、采购等多个部门的人员组成项目团队，共同推进项目的进展，团队成员之间相互协作、信息共享，提高了工作效率和创新能力。

④持续改进文化：组织建立了持续改进的机制和文化，鼓励员工不断提出改进建议和创新想法，并将其纳入日常工作中。例如，通过开展质量管理小组（QC小组）活动、精益生产等方式，不断优化工作流程、降低成本、提高质量和效率。

（2）影响。

①积极影响：

适应环境变化能力强：能够快速响应市场变化和外部环境的不确定性，通过灵活调整战略和业务模式，保持竞争优势。例如，在互联网行业，企业能够根据技术发展和用户需求的变化，迅速推出新的产品和服务，抢占市场先机。

创新能力提升：跨部门团队协作和持续改进的文化，激发了员工的创新积极性，促进了组织的创新能力。不同专业背景的人员在一起交流和碰撞，容易产生新的创意和解决方案，推动组织的技术创新、管理创新和商业模式创新。

客户满意度提高：以客户为中心的理念贯穿于组织的各个环节，通过信息化手段更好地了解客户需求，提供个性化的产品和服务，从而提高客户满意度和忠诚度。例如，电商企业通过大数据分析客户的购买行为和偏好，为客户推荐个性化的商品，提升购物体验。

②消极影响：

对信息技术依赖度高：一旦信息技术系统出现故障或受到网络攻击，可能会导致组织的运营陷入瘫痪，给组织带来巨大的损失。例如，银行的核心业务系统故障可能会影响客户的交易和资金安全，引发客户信任危机。

管理难度加大：有序管理阶段涉及更多的跨部门协作、信息集成和战略调整，对管理者的能力和素质提出了更高的要求。管理者需要具备战略眼光、跨部门沟通协调能力、信息技术应用能力等多方面的素质，否则难以有效地领导组织发展。同时，组织文化的建设和维护也需要投入更多的精力和资源，以确保员工能够积极参与到持续改进和团队协作中。

## 2.业务运营系统简史

管理模式的不断革新犹如引擎，为组织的持续演进提供动力；而业务运营系统则如同坚实的车架，承载着组织的日常运作与发展。二者相互作用、协同发展，共同推动着组织不断迈向新的阶段。业务运营系统（Business Operations Systems，BOS）是指组织用于管理和优化其日常业务流程的各种信息系统、工具和技术。它们涵盖了从生产管理、供应链管理到财务、客户关系管理（CRM）、企业资源计划（ERP）等多个领域。

在商业活动早期，管理模式以个体经验和家族式为主，组织规模小、业务单一，由所有者包揽事务，业务运营依赖传统方式与手工技艺，信息靠口头和账本传递，处于个体阶段，缺乏规范系统。随着市场和技术发展，劳动分工兴起，亚当·斯密的国富论提供理论基础。业务运营建立复杂流程与协作机制，如纺织厂依订单安排生产、对接供应商与销售渠道。

19世纪末20世纪初，企业规模扩大，职能分工管理模式出现。企业按职能设部门，实现专业化管理，各部门优化工作提升质量效率。业务运营中，各职能部门依流程制度协作，企业建立标准化体系保障运作。20世纪中叶，企业多元化发展，传统职能分工遇挑战。阿尔弗雷德·斯隆推行事业部制，企业划分为多个自主事业部，适应多元化需求，提高灵活性与响应能力。各事业部独立规划运营，企业总部宏观管控。20世纪末，信息技术发展、竞争加剧，迈克尔·哈默提出流程重组理论。企业对业务流程反思重设，打破部门壁垒，跨部门协同。采购、订单处理等流程重组，推动企业从职能中心向流程中心转变，提升运营效率质量。进入21世纪，数字化、智能化技术改变管理模式与业务运营系统。管理上，企业用数据分析、智能算法精准决策、优化资源；运营中，实现生产智能控制、供应链监控优化、客户服务个性化定制。二者相互促进、迭代发展。未来，随着科技和市场变化，它们将持续演进，为组织发展注入动力。表3-1为业务运营系统的典型案例。

通过以上发展轴图和业务运营系统简史，可以清晰地看到管理模式的演变如何推动了组织的演进。从最初的个体劳动到现代的流程化管理，每一次管理模式的变革都带来了组织效

**业务运营系统案例**　　　　　　　　　　　　　　　　　　　表3-1

| 公司 | 业务运营系统案例 | 简称 | 时间 |
|---|---|---|---|
| 丰田 | 丰田生产体系 | TPS | 1945年 |
| 丹纳赫 | 丹纳赫商业系统 | DBS | 1987年 |
| 3G资本 | 以零基预算为代表的系列方法 | 3G Way | 1989年 |
| 联合技术 | 联合技术精益系统 | ACE | 1991年 |
| 日产 | 日产生产方式 | NPW | 1994年 |
| 奥特里夫 | 奥特里夫生产系统 | APS | 1997年 |
| 美国铝业 | 美国铝业业务系统 | ABS | 1998年 |
| 霍尼韦尔 | 霍尼韦尔运营系统 | HOS | 2005年 |
| 卡特彼勒 | 卡特彼勒系统 | CPS | 2005年 |
| 飞利浦 | 飞利浦运营系统 | SPOS | 2008年 |

率和管理水平的显著提升。未来，随着技术的不断进步和管理理念的不断创新，管理模式将继续驱动组织向更高层次发展。

## 3.2  组织模式

### 3.2.1  模式：核心要素

组织模式的核心要素包括股权、职权、沟通以及权益与权力。这些要素在公司治理和组织管理中起着至关重要的作用。

1. 股权

1）股权的基本概念

股权在组织模式中代表着股东对公司的所有权。股权结构反映了公司中不同股东所持股份的比例和分布情况。股东通过持有股权享有一系列的权益，包括对公司利润的分配权、对公司资产的剩余索取权以及在公司治理中的表决权等。股权有多种类型，其中普通股是最常见的一种，普通股股东享有公司决策的表决权和分红权，但在公司清算时，其索取权排在最后。优先股股东则在分红和公司清算时享有优先权利，但通常没有表决权或表决权受到限制。

2）股权对组织模式的影响

股权是公司治理结构中的核心要素之一，它决定了各利益主体的权力配置和经济利益分配。股权结构对公司治理机制的建立和运作具有决定性作用，股权集中度和股权属性直接影响企业的控制权和管理效率[1]。例如，高度集中的股权结构可能导致股东对企业的绝对控制，而分散的股权结构则可能使企业陷入所有权与经营权分离的困境[2]。

3）股权在实际组织中的应用案例

在汽车行业，丰田公司的股权结构较为分散，其最大股东的持股比例相对较低。这种股权结构使丰田在决策过程中能够充分考虑各方利益，形成了一套相对民主和科学的决策机制。丰田的董事会由来自不同领域的专业人士组成，他们在公司战略制定和运营管理中发挥着重要作用，这有助于丰田在全球市场上保持其竞争优势。

2. 职权

1）职权的定义与分类

职权在组织中是指组织成员基于其职位所拥有的权力。它包括直线职权和参谋职权两种主要类型。直线职权是指上级对下级直接指挥和命令的权力，它沿着组织的层级链自上而下传递，例如部门经理对下属员工的工作安排和指挥权。参谋职权则是指为直线管理者提供专

---

① 何志雯. 双重股权结构下创始人行为与公司治理——基于九号公司和聚美优品的案例研究 [D]. 北京：对外经济贸易大学，2023.

② 逢璇. 公司治理结构、技术创新投入与中小上市公司绩效 [D]. 济南：山东大学，2012.

业咨询和建议的权力，参谋人员不具有直接指挥权，但他们的建议和方案对组织决策具有重要影响，如企业中的财务顾问、法律顾问等。

2）职权的分配与行使

组织在设计职权分配时，通常会根据职能和层级进行划分。职能部门根据其专业领域获得相应的职权，例如市场营销部门负责产品的推广和销售策略制定，财务部门负责公司的财务管理和资金运作等。同时，职权在组织层级中自上而下逐级分配，高层管理者拥有宏观决策和资源分配的权力，中层管理者负责部门的运营和协调，基层员工则负责具体的工作执行。

职权的分配和行使是企业有效运作的基础。例如，现代企业制度中的治理权由董事会掌握，董事会通过治理权对经理人员进行监督和控制，以避免所有权与经营权分离带来的风险[①]。此外，职权还包括人事决策权、资源决策权等，这些权力的合理分配能够提高组织效率[②]。

3）职权与组织效率的关系

合理的职权分配能够显著提升组织效率。当每个组织成员都清楚自己的职权范围和责任时，他们能够更加高效地开展工作，减少工作中的推诿和扯皮现象。例如，在一个高效的项目团队中，技术人员专注于技术研发，市场人员负责产品推广，他们在各自的职权范围内各司其职，同时又相互协作，能够快速地将产品推向市场。

然而，如果职权滥用或职权不清，将会对组织造成严重的负面影响。职权滥用可能导致组织内部的腐败和不公平现象，损害员工的积极性和组织的形象。职权不清则会导致工作流程混乱，员工之间相互冲突，降低组织的工作效率。例如，在一些企业中，部门之间的职权划分不明确，导致在处理跨部门事务时，各部门相互推诿责任，使工作无法顺利进行。为了解决这些问题，组织需要建立清晰的职权体系，加强对职权行使的监督和管理。

3. 沟通

1）组织沟通的重要性

沟通在组织模式中处于核心地位，它是连接组织各个要素的桥梁。有效的沟通能够促进组织成员之间的协调与合作，确保组织内部信息的流畅传递，从而使组织能够高效地运作。在创新方面，沟通能够激发组织成员的创新思维，促进不同部门和人员之间的知识共享和创意交流，为组织带来新的发展机遇。

2）组织沟通的渠道与方式

组织内常见的沟通渠道包括正式会议、内部报告、电子通信等。正式会议是组织进行决策和信息传达的重要方式，通过定期的高层会议、部门会议等，组织能够对重大事项进行讨论和决策，并将决策结果传达给相关人员。内部报告则是组织内部信息传递的一种书面形式，例如财务报告、项目进展报告等，能够使管理者及时了解组织的运营情况。电子通信工具，如电子邮件、即时通信软件等，为组织成员提供了便捷的沟通方式，能够实现快速的信息交流和反馈。

---

① 李慧敏. 慈善组织治理结构研究 [D]. 武汉：武汉大学，2019.
② 丁孝莉，戴昌钧. 组织权力分类及其属性研究 [J]. 中外企业家，2011（18）：6-7.

不同的沟通方式具有不同的优缺点。正式会议能够集中讨论问题，但可能耗时较长且效率不高；内部报告能够提供详细的数据和信息，但可能存在信息滞后的问题；电子通信工具虽然便捷，但可能存在信息过载和沟通不正式的问题。因此，组织需要根据不同的沟通需求选择合适的沟通渠道和方式。

### 3）沟通对组织模式的影响

沟通是提高组织效率和协作能力的关键因素。有效的沟通促进信息流动和共享，提升工作效率和决策质量。研究表明，任务相关和目标相关的工具型沟通，以及社交型沟通，对组织绩效有积极影响。信息化沟通工具（如即时通信和网络通信）可以显著提高沟通效率，满足全球化和虚拟化的组织需求[①]。沟通方式直接影响组织结构的变化。随着网络化程度提高，网络沟通对组织结构的影响显著。例如，双信息中心企业组织结构模型适应了网络沟通下的变迁，影响组织内部信息传递和外部沟通策略[②]。在组织变革中，沟通至关重要。有效沟通可减少内部阻力，增强凝聚力和竞争力，推动目标实现。研究表明，变革中的自下而上的沟通至关重要，有助于与基层保持紧密联系，并帮助团队识别障碍。

### 4. 权益与权力

#### 1）权益与权力的定义和内涵

权益通常指的是个体或集体在法律和社会规范下所享有的利益和权利。它强调的是权利带来的具体利益，是一种对称性的影响力。例如，消费者权益是指消费者在购买和使用商品或服务时应享有的权利和利益[③]。权益不仅包括物质利益，还可能涉及精神需求的满足。从法律的角度来看，权益是权利的一种表现形式，是权利在特定情境下的具体化[④]。

权力则是指个体或集体在社会关系中施加影响的能力，是一种非对称性的影响力。权力可以来源于多种因素，包括物理力量、心理优势、智力等。权力的核心在于控制和支配他人的行为，即使面对抵抗也能实现自身意愿。权力的行使往往需要一定的规则和程序，并且在公共领域中受到法律和社会规范的制约[⑤]。

#### 2）权益与权力的相互关系

权益与权力之间存在密切的联系，但也有明显的区别。权力是权利的来源之一，权利可以通过让渡形成权力。例如，在政治领域，权力是权利的让渡，权力服务于权利。然而，权力的行使必须受到限制和监督，以防止其侵犯他人的权利。此外，权力与权利之间的关系是动态的，它们可以相互转化和制约[⑥]。

① 曾伏娥，郑彤，詹志方．权变视角下沟通类型和企业间交互环境对组织绩效的影响研究 [J]．管理学报，2018，15（10）：1003–1010.
② 黄新磊．数据资产对企业组织结构的影响研究分析 [J]．运筹与模糊学，2024，14（3）：159–168.
③ 韩永日．关于"互联网+"时代消费者权益保护法律问题的几点探讨 [J]．法制与社会，2020（4）：50–51.
④ 徐谢．浅谈权利、权能和权益的三者之间区别 [J]．法制博览，2014（1）：256.
⑤ 湛中乐，肖能．论政治社会中个体权利与国家权力的平衡关系——以卢梭社会契约论为视角 [J]．政治与法律，2010（8）：2–12.
⑥ 宋莹莹．权力与权利辩证关系的法哲学思考 [J]．开封教育学院学报，2017，37（1）：23–24.

权益与权力虽然在某些方面有交集，但它们在定义和内涵上有着本质的区别。权益更侧重于个体或集体的利益和权利，而权力则侧重于施加影响和控制的能力。理解这两者的区别和联系对于构建合理的法律和社会制度具有重要意义。

3）权益与权力在组织模式中的重要性

权益与权力的合理分配对于组织的稳定性和发展方向具有至关重要的影响。如果权益与权力分配不公，可能会导致组织内部的矛盾和冲突，影响员工的工作积极性和团队的凝聚力。例如，当员工认为自己的工作成果没有得到相应的权益回报，或者在工作中缺乏必要的权力来开展工作时，他们可能会产生不满情绪，甚至离职。而合理的权益与权力分配能够激励组织成员为实现组织目标而努力工作，促进组织的健康发展。

### 3.2.2　多样化的组织模式

#### 1. 传统模式

传统组织模式通常指的是基于严格等级结构和规范化管理方式的组织形式。在这种模式下，组织通常具有明确的上下级关系、固定的职务分工和较为稳定的工作流程[1]。从高层管理人员到基层员工，形成了一个金字塔式的权力和责任分配体系，如图3-4所示。

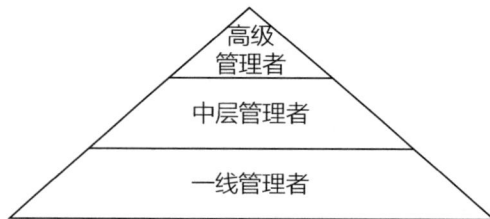

图 3-4　金字塔式组织级别

各个部门有着明确的职能划分，如生产部门专注于产品的生产制造，营销部门负责产品的推广和销售，财务部门管理资金和财务事务等。每个部门在自己的专业领域内运作，相互之间的协作相对较少且有较为固定的流程。例如，生产部门按照既定的生产计划进行生产，很少参与产品的营销决策。并且传统组织模式依赖大量的规章制度和标准操作程序来规范员工的行为和工作流程，员工需要严格按照规定的程序进行工作，以确保组织的稳定性和一致性。

传统组织模式存在着如下优势：首先，传统组织模式稳定性高，其通过明确的结构和规则，在面对相对稳定的外部环境时能够有效维持组织的正常运转。由于其业务需求预测相对较为稳定，像电力、供水等公用事业公司往往依赖这种模式来提供持续稳定的服务。其清晰的结构帮助管理层进行有效的资源调配与风险控制[2]。其次，由于传统组织的层级结构和职能分工，员工的职责和权限明确界定，便于进行绩效评估和责任追究。在生产环节中，若

---

[1]　李新家. 传统企业的缺陷与现代企业的生存要素 [J]. 江海学刊，2002（5）：78-81.
[2]　陈芃汐. 组织扁平化背景下员工职业生涯管理的研究 [J]. 环球市场，2018（9）：21-22.

出现问题，管理者可以迅速追溯到具体的责任人。例如，在生产线上出现质量问题时，可以准确地找到相关负责人，便于及时采取改进措施。最后，专业程度高，员工在各自的专业领域内长期工作，能够积累丰富的专业知识和经验，提高工作效率和质量。

传统组织模式也存在着缺陷。首先传统组织模式灵活性差，尤其在市场需求和环境变化较为迅速时。繁琐的决策程序和固定的部门壁垒，使得组织难以快速调整生产、营销和研发方向。例如，当市场上突然产生对新产品的需求时，传统组织可能因为层级繁琐而难以及时响应和调整生产策略，导致错失市场机会。严格的层级结构和规则限制了员工的自主性和创造性[①]。员工往往更倾向于遵循现有的程序，而不是提出新的想法和解决方案。传统组织模式的沟通成本高，信息在层级结构中层层传递，容易出现信息失真和延误的情况。而且跨部门沟通往往需要经过多个层级的协调，增加了沟通成本和时间成本。

传统组织模式在稳定性和效率方面有其优势，但在灵活性、创新能力和适应性方面存在明显不足。随着社会和技术的发展，越来越多的组织开始向现代组织形式转变，以提高其竞争力和适应能力。

2. 流程型组织模式

1）流程型组织的结构

流程型组织是一种以业务流程为中心的组织结构，它强调通过优化业务流程来提高效率和客户满意度。在这种组织中，传统的部门界限被打破，取而代之的是跨职能的团队，这些团队专注于完成特定的业务流程。流程型组织内容如图 3-5 所示。

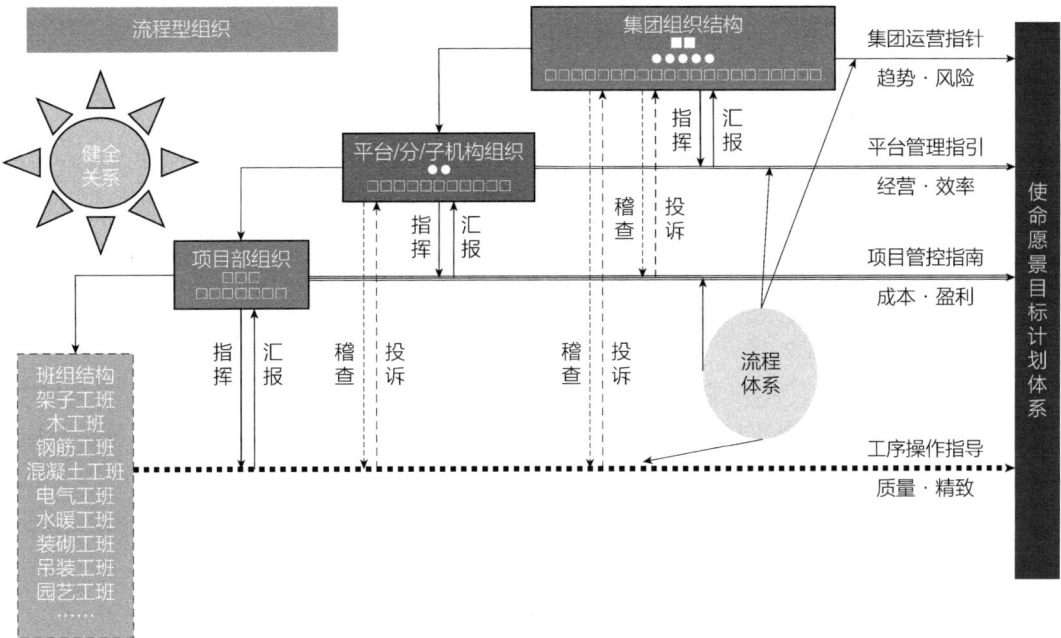

图 3-5　流程型组织内容

① 　郭斌，王傲. 城市更新中 EOD 组织模式创新研究 [J]. 城市问题，2023（7）：53–61，72.

流程型组织架构具有多层级的显著特点，从集团到班组共分为四个层级，各层级与流程紧密相连、相互作用。

集团层级依据"集团运营指针"在流程中承担战略把控职责，作为流程起始端的战略规划者，通过关注行业趋势、识别潜在风险来为组织发展指明方向，如根据市场趋势决定是否拓展新业务领域，进而引导后续各层级流程调整。

平台或分／子机构层级按照"平台管理指引"，聚焦经营效率，在流程中发挥承上启下的关键作用，负责将集团战略转化为实际经营活动，调配资源、协调业务以推动流程顺畅运转，例如依据集团战略开展区域市场业务拓展并优化流程。

项目部层级依据"项目管控指南"，在流程中负责具体项目的执行和管理，重点控制成本并追求盈利，把上层规划细化为可操作任务，确保项目流程按计划推进，如在工程项目中合理安排人力、物力来控制成本，实现盈利目标。

班组层级依据"工序操作指导"开展工作，作为流程的执行末端，以保障质量为核心职责，严格按标准操作完成具体任务，直接影响最终产品或服务质量，如建筑施工中的木工班、钢筋工班按规范施工保证工程质量。

同时，流程贯通层级发挥着重要作用，它作为信息传递的桥梁，让集团的战略决策、市场趋势等信息向下传递，下层组织的执行情况和问题反馈向上传达，助力各层级及时掌握信息并做出正确决策；流程还促使资源在不同层级间合理分配，从集团调配资源给平台或分／子机构，再到项目部分配至各班组，为各层级流程推进提供充足资源支持，提高业务开展效率；此外，流程贯通使各层级形成协同工作机制，集团制定战略后，平台或分／子机构围绕战略组织资源，项目部负责实施，班组落实操作，各层级相互配合、支持，保障业务高效开展，提升组织整体竞争力。

2）流程型组织结构特点

流程型组织作为一种创新的组织形式，在当今竞争激烈的商业环境中展现出独特的优势，其结构特点是区别于传统组织模式的关键所在。这些特点相互关联、相互促进，共同构建起一个高效、灵活且富有竞争力的组织架构，为企业实现战略目标、适应市场变化奠定了坚实基础，其结构特点包括以下内容：

（1）以流程为核心。

流程型组织结构的核心是业务流程。组织的运作围绕着从输入到输出的各个环节进行设计。具体来说，所有员工和资源都被整合到一个明确的流程中，每个环节都会有专门的负责人来确保流程的顺畅。通过这种方式，组织能够避免传统职能分工中出现的重复和冗余，提高工作效率。例如，在生产型企业中，生产流程、质量控制流程和售后服务流程等将成为组织架构的基础。每个流程都有专门的团队负责，团队成员在各自的职责范围内，确保流程高效运作。

（2）跨职能协作。

流程型组织结构强调打破传统的部门壁垒，推动跨职能、跨部门的合作。不同的职能部门（如销售、生产、财务、客户服务等）需要在整个业务流程中进行协作，确保每个环节的工作顺畅衔接。这种协作方式能有效减少信息传递延迟和工作重复。在一家公司中，销售部门与生产部门需要紧密合作，确保客户的订单能够按照承诺的交期生产出来。财务部门也要与生产和销售协作，确保资金流动和成本控制。

（3）高度灵活性。

流程型组织结构的设计具有较高的灵活性。这意味着当外部环境发生变化时，组织能够快速调整和优化流程，以适应新的市场需求或技术变革。灵活的流程设计和管理使得组织可以更快速地应对客户需求、市场变化以及内部调整。假如市场出现新兴需求，流程型结构能够通过快速调整生产和供应链流程，满足新的市场要求，而无须经过传统的职能部门层层审批和调整。

（4）责任与权力分散。

在流程型组织中，每个环节的负责人通常会根据其职责领域被赋予相应的权力和责任。这种分散的责任与权力分配使得每个环节的负责人可以快速做出决策，推动流程顺利完成。每个环节的负责人对其环节的成果负责，提升了组织整体的执行力。在产品设计和生产过程中，设计负责人需要对设计进度和质量负责，生产负责人需要确保生产按时完成并符合质量标准。

（5）客户导向。

流程型组织结构始终围绕着最终客户的需求进行设计。企业会根据客户需求调整内部流程，确保从原材料采购到产品交付每一个环节都能最大化地为客户创造价值。这种结构有助于提升客户体验并增强客户忠诚度。例如，一家电商公司可能会根据客户的购物习惯和偏好调整仓储和配送流程，以实现更快速和个性化的服务。

（6）结果导向。

流程型组织结构强调通过优化和改进流程，最终实现业务目标。与传统职能型结构不同，它不仅仅关注每个部门的工作执行情况，而是从整体结果出发，评估每个流程环节的绩效。流程的优化和设计直接服务于组织的战略目标。例如，一家零售公司通过优化销售到物流的流程，减少库存积压，从而提高整体盈利能力和市场占有率。

（7）技术支持。

流程型组织通常依赖现代信息技术来支持其运作。这包括使用企业资源计划（ERP）系统、客户关系管理（CRM）系统、供应链管理（SCM）系统等工具，帮助组织管理、监控和优化各个业务流程。这些技术支持确保流程能够高效、透明和可追溯。在一个制造公司中，ERP系统可以实时监控生产流程、库存情况和订单状态，确保各个环节的信息流畅并能够快速响应市场需求。

流程型组织结构通过围绕核心业务流程组织资源与工作，强调跨职能协作、灵活性和结果导向，不仅提升了运营效率和客户体验，也让组织能在快速变化的市场环境中更加灵活应对。通过合理分配权责和利用现代信息技术，流程型组织能够在提升绩效的同时更好地服务于客户。

3）流程型组织的运作流程

流程型组织的运作流程可以概括为一个闭环，不断通过反馈、优化与创新来提升整体效能。流程型组织的运作流程可以图3-5为例。

在市场调研与客户反馈环节，组织通过多种途径（如市场调研、客户反馈、行业分析等）收集客户需求和市场趋势，明确目标群体和潜在需求。基于收集的信息，集团制定战略目标，并结合公司整体运营指引，明确业务发展方向。例如，建筑企业可能根据绿色建筑市场的需求，计划拓展相关领域。

明确客户需求后进行资源调配与业务规划，各平台或子机构根据集团的战略规划进行资源调配，如人力、资金和技术等。根据不同业务领域和市场需求，确定最优的资源分配，明确业务的具体目标、关键节点和发展方向。针对新的业务方向，组建专门的项目团队，确定具体实施的业务流程。

之后项目部根据"项目管控指南"执行具体项目，形成跨职能团队，团队成员包括市场、设计、工程、财务等部门人员，确保各个环节协调推进，各项目阶段根据计划推进，并严格控制成本、质量和进度。项目组定期向上级汇报进展，确保项目的顺利进行。

项目部要保证基层操作的质量，各作业班组依照标准规范（如"工序操作指导"）开展具体施工操作，确保每个细节和工序符合质量要求。每个作业班组完成任务后，将进度和质量反馈给项目部，确保信息流通和质量控制。

组织内每个层级之间通过流程体系保障信息的高效传递。基层的执行情况、问题反馈迅速传递到上级，上级管理人员根据反馈信息调整决策，优化流程。例如，若项目施工过程中出现成本超支，项目部可以根据反馈调整资源分配，集团层面重新评估战略布局。

组织鼓励员工在日常工作中总结经验，发现流程中的痛点并提出改进意见。通过技术、方法、工具的创新，不断优化现有流程。

整个流程型组织的运作流程是一个由需求引导、资源规划、执行管控、质量保障、信息反馈到持续改进的闭环系统。在每个环节都注重跨部门的协作和资源优化，确保组织高效运作、快速响应市场需求，并在实践中不断优化和创新，提升整体竞争力。

### 3. 创新模式

创新组织模式是指在信息技术、全球化和市场竞争等外部环境的影响下，企业为了提高运行效率、增强竞争力而采取的一种新的组织形式和管理模式。这种模式强调通过组织结构、流程、文化和技术的创新来实现企业的持续发展和保持竞争优势。常见的创新组织模式如下：

#### 1）扁平化组织

扁平化组织是一种通过减少管理层次、增大管理幅度来提高组织效率和灵活性的管理模式。这种组织的特点是结构调整将决策权更加接近基层员工，从而加速了信息的传递，减少了信息失真[1]。同时，管理者需要直接管理更多的员工，增大了管理幅度，减少了中间管理层的干预，从而提高了决策的速度和灵活性[2]。此外，扁平化结构有助于促进内部沟通与

---

① 吕华强. 扁平化组织下 A 石化公司生产管理存在的问题及对策研究 [D]. 青岛：中国石油大学（华东），2016.

② 白云. 现代商业企业组织结构扁平化变革研究——以北国商城的组织结构变迁为例 [J]. 经济论坛，2014（5）：117–120.

协调，使得组织更加灵活、弹性十足，能够更好地应对变化和挑战。

与传统组织模式相比，扁平化组织通过减少管理层级，使信息传递更加迅速，决策速度得以提高，从而整体提升了运营效率[①]。同时，员工能够更直接地参与到决策过程中，这不仅增强了他们的责任感和归属感，还激发了他们的积极性与创造力。扁平化结构鼓励员工提出新想法，推动了创新的发生，有助于组织在竞争中保持活力。此外，减少管理层次和职能机构的设置，显著降低了管理成本，使资源得以更加高效地配置[②]。更为重要的是，扁平化结构的灵活性和适应性使组织能够迅速响应市场的变化和外部环境的压力，从而保持竞争优势。

扁平化组织虽然带来了许多优势，但也伴随着一些挑战。一方面，由于管理幅度的增大，管理者需要处理更多的事务，这无疑增加了管理的难度[③]。而且扁平化结构对员工的素质提出了更高要求，员工必须具备较强的自主性和专业能力，否则可能会影响整体效率。同时，减少管理层级可能导致某些部门或项目缺乏足够的监督和支持，带来潜在的局部风险。另一方面，传统的官僚文化可能难以适应扁平化管理模式，组织可能需要经历一定的文化转型才能顺利过渡。最后，随着管理层级的简化，组织面临激励机制的挑战，需要重新构建激励体系，以激发员工的积极性和创造性，确保团队高效运作[④]。

2）虚拟组织

虚拟组织（Virtual Organization）是一种基于信息技术和网络化协作的新型组织形式，其核心特征是通过网络连接不同地理位置的资源和能力，以实现高效、灵活的运作[⑤]。

虚拟组织具有显著的灵活性和敏捷性，能够迅速响应市场变化并适应客户需求，从而提高经营效率和效益[⑥]。其分布式结构使成员通过信息网络相互连接，成员可以分布在不同的地理区域，极大地拓展了资源的获取和利用范围。同时，虚拟组织具有面向任务的动态协作特点，使得团队能够根据具体任务的需求灵活调整成员的合作方式，从而高效解决协同问题[⑦]。然而，虚拟组织也面临一些挑战，最主要的是缺乏实体办公场所。没有固定的中心办公室或垂直整合的结构，组织的内部协调完全依赖信息技术，这对技术支持和团队的自我管理能力提出了较高的要求。许多人也会把虚拟组织与虚拟办公室混为一谈，其区别如表 3-2 所示。

虚拟组织的优势在于具有高度的灵活性和资源整合能力，能够快速响应市场需求，降低运营成本。同时，可以充分利用外部的专业资源，提升组织的创新能力和竞争力。

虚拟组织虽然具有许多优势，但也面临一系列挑战。首先，沟通困难是虚拟组织常见的

① 隋硕. 企业创新团队自组织演化过程及其创新绩效提升路径研究 [D]. 哈尔滨：哈尔滨理工大学，2019.
② 姜冉. 我国商业银行扁平化管理的优势及存在的问题 [J]. 现代经济信息，2014（18）：333.
③ 李小龙. 浅谈扁平化管理在企业组织机构中的应用 [J]. 企业研究，2014（8）：24.
④ 刘希睿. 扁平化组织激励困境与激励机制构建——以重庆市 OC 公司为例 [J]. 新会计，2021（7）：27-34.
⑤ 王林岗. 基于模糊层次分析法的虚拟企业战略选择影响因素研究 [D]. 扬州：扬州大学，2013.
⑥ 吕健. 虚拟企业的优势和发展中的问题 [J]. 科技经济市场，2008（10）：137.
⑦ 欧健. 影视动画中三维地形设计的艺术与技术研究 [D]. 武汉：中国地质大学（武汉），2011.

| 内容 | 虚拟组织 | 虚拟办公室 |
|---|---|---|
| 定义 | 成员自愿建立专业关系以执行定义的任务，并通过信息网络相互连接的协会 | 共享办公服务，通常包括组织的业务地址、电话号码、呼叫服务、网络托管和房间租赁 |
| 优点 | （1）非常高的灵活性和响应能力<br>（2）降低租金和间接成本<br>（3）内部协调通过信息技术完成<br>（4）相互信任的文化确保了多个项目活动的实现 | （1）快速设置所需工具<br>（2）较低的运营成本<br>（3）客户数据保护<br>（4）使用自动化控制程序 |
| 缺点 | （1）对员工活动的控制有限<br>（2）沟通困难<br>（3）可能存在误解<br>（4）过度依赖员工 | （1）对主要组织发展缺乏兴趣<br>（2）在 CAD（计算机辅助设计）条件下无法工作<br>（3）窄任务的性能<br>（4）可能没有连接<br>（5）信息堆积风险 |
| 运营特点 | 不存在诸如垂直整合、中心办公室、层级等"真实"组织属性 | 表明存在一个所有员工都在其中操作的公共云环境 |
| 输入组件 | （1）数据库<br>（2）计算机、打印机、电话<br>（3）工作站、服务<br>（4）硬件<br>（5）云计算技术<br>（6）ACS（可能是某种系统）、CAD（计算机辅助设计） | （1）多线电话号码<br>（2）虚拟 IP- 自动电话站，能够转接至固定电话<br>（3）移动和 Skype 号码<br>（4）可以发送通信的地址 |

问题，远程工作环境下，信息传递往往容易出现误解和信息不对称，影响决策效率和团队协作[1]。其次，信任问题也是虚拟组织的潜在隐患。由于成员分布在不同地理位置，缺乏面对面的互动，可能导致信任度下降，从而影响合作的效果和团队的凝聚力[2]。再次，管理复杂性也是虚拟组织面临的挑战之一。虚拟组织依赖信息技术进行运营和管理，这对管理者的技术和沟通能力提出了更高要求。法律和财务问题也是虚拟组织不可忽视的方面。由于虚拟组织通常涉及跨地区、跨国合作，可能在利润分配、损失分担、版权保护和责任划分等方面面临法律与财务上的复杂问题。最后，虚拟组织的高技术依赖使其在运行中面临技术风险，一旦信息技术出现问题，可能会影响整个组织的正常运作。

3）学习型组织

学习型组织是一种新型的组织形态，其核心在于通过持续学习和知识共享来提升组织的适应性和创新能力。学习型组织强调持续学习的理念，认为个体和组织层面的不断学习是推动组织发展的核心动力。它鼓励组织内部知识的自由流动与共享，以促进创新、提高整体绩

---

[1]　邓来巧 . IT 平台支撑下基于工作流模型的虚拟团队组织模式研究 [D]. 哈尔滨：哈尔滨工业大学，2016.
[2]　侯楠 . 企业虚拟社区成员竞优行为的形成机制 [D]. 沈阳：东北大学，2019.

效。通过促进知识共享，组织能够集思广益，提升集体智慧，从而增强竞争力[①]。学习型组织还采用系统思考的方式，全面分析内外部环境，帮助组织在复杂多变的环境中更好地应对挑战与变化。为了提升组织的灵活性和适应性，学习型组织实施"五项修炼"——自我超越、改善心智模式、建立共同愿景、团队学习和系统思考，这些实践有助于持续提升组织的学习能力和应变能力[②]。此外，学习型组织通常倾向于扁平化的网状结构，减少层级差距，促进上下级之间更高效地沟通和协作。通过这些特点，学习型组织能够灵活应对变化并实现长期的可持续发展。

学习型组织通过不断适应市场变化和创新，能够保持竞争优势，提升组织的整体竞争力。这种组织模式强调知识共享和系统思考，使得组织能够不断推出新技术、新产品以及新管理方式，进一步增强创新能力[③]。在这样的环境中，员工的创意和想法得到了鼓励，工作氛围更加友好和开放，从而提高了员工的满意度。学习型组织还具备迅速响应内外部变化的能力，能够推动组织的持续变革和进步，确保组织始终保持活力和灵活性。此外，通过持续的学习和创新，学习型组织能够实现长期的可持续发展，确保在快速变化的市场中长期立足并繁荣。

构建学习型组织面临着多方面的挑战。首先，实施的难度较大，组织需要克服文化、制度和管理方式上的障碍，这在实际操作中可能带来显著的困难[④]。其次，资源投入较高，学习型组织需要大量的时间和资金用于员工培训和知识管理，这可能会增加企业的运营成本。再次，学习型组织在追求长期发展的过程中，可能与股东追求短期利润的目标发生冲突，难以平衡两者的利益。最后，技能的不均衡也是一个问题，并非所有员工都具备愿意或有能力进行深入学习的条件，这可能导致组织内部的技能水平参差不齐，影响整体绩效和创新能力[⑤]。

随着人工智能、大数据等技术的进步，组织将愈加依赖数字化工具和智能化系统来提升效率和管理水平。此外，组织也将更加重视跨界合作与生态系统的构建，通过与外部合作伙伴，如不同行业的企业、高校和科研机构等进行深入合作，整合各方资源，实现优势互补，共同推动创新与发展。与此同时，创新组织模式还将聚焦于员工体验与个性化管理，关注员工的个人需求和发展。例如，根据员工的兴趣和能力，为其提供定制化的职业发展路径和培训机会，从而激发员工的工作积极性和创造力，推动组织持续创新和高效运营。

① 张鑫. 组织心理所有权对员工创新绩效的影响研究——基于知识共享行为的中介作用 [D]. 南昌：江西财经大学，2023.
② 李小晖，杨学锋，谢芳. 积极探索高校园区学生党建运行新机制 [J]. 中外企业家，2008（9）：82-85.
③ 郑世孝. 打造学习型组织：以学习力提升企业核心竞争力 [J]. 河南畜牧兽医（市版），2011，32（8）：20-21.
④ 甘甜. 基于格结构文件系统的强化学习推荐模型研究及应用 [D]. 郑州：河南大学，2016.
⑤ 陆远. 企业创建学习型组织的难点与对策 [J]. 中外企业家，2016（25）：17-18.

### 3.2.3 组织的状态

#### 1. 企业怠惰的现象

企业倦怠是一种由长期工作压力引发的综合症状，表现为情绪衰竭、玩世不恭和成就感低落三个维度[①]。一方面，这种状态不仅影响员工的心理健康，还可能导致工作绩效下降、离职率上升，进而影响企业的整体竞争力[②]。企业怠惰的表现形式包括决策迟缓、创新不足、工作压力大以及组织氛围差。企业在面对市场变化时，往往会出现决策迟缓的问题，决策过程过于缓慢，导致无法及时应对市场的动态变化，从而错失竞争机会。此外，创新不足也是许多企业面临的挑战，缺乏新的想法和产品，使得企业在市场竞争中逐渐失去竞争优势。另一方面，员工常常处于高强度的工作环境中，工作压力过大，缺乏足够的休息和支持，容易导致疲劳和士气低落。更为严重的是，组织氛围差，内部缺乏公平和透明的管理机制，导致员工对组织的信任度下降，进而影响团队合作和整体绩效。这些问题都可能严重制约企业的长期发展和市场竞争力。

#### 2. 环境的乌卡·巴尼特征

"乌卡时代"（VUCA）和"巴尼时代"（BANI）是两个用来描述当前世界环境特征的重要概念，它们反映了外部环境变化的不同维度及其对人类和社会的影响。

"乌卡时代"由"易变性（Volatility）、不确定性（Uncertainty）、复杂性（Complexity）和模糊性（Ambiguity）"四个英文单词的首字母缩写而成。这个概念最初出现在20世纪80年代后期，用于描述冷战后时期的地缘政治环境。随着时间的推移，这一概念被广泛应用到经济、社会、技术等多个领域。

（1）易变性（Volatility）。易变性指的是环境中快速变化和反复无常的趋势。企业在面对波动的市场、技术、政策变化等时，可能会出现突然的大幅波动和剧烈变化。波动性要求企业具有更强的适应能力和灵活性，以应对外部环境的频繁变化。

（2）不确定性（Uncertainty）。不确定性指未来事件的不可预测性和未知性。这种不确定性可能源于信息的不完整或外部环境的复杂性，使人们难以准确预测未来的发展。

（3）复杂性（Complexity）。描述了环境中各种因素之间的相互关联和交织。复杂性意味着问题的解决需要考虑多个变量和因素，而这些因素之间往往没有明确的因果关系。

（4）模糊性（Ambiguity）。模糊性指信息不明确或条件的多重含义，导致难以做出清晰的判断。模糊性可能源于现实的不确定性或对因果关系的混淆。

VUCA（Volatility，Uncertainty，Complexity，Ambiguity）环境是指一个充满易变性、不确定性、复杂性和模糊性的时代背景。这种环境特征对组织状态产生了深远的影响。在VUCA环境下，企业面临着迅速且不可预测的外部变化，这极大增加了运营风险。例如，疫情的暴发是一个典型的案例，它不仅加速了全球化进程，还带来了前所未有的不确定性，促

---

① 李琳.知识型员工工作自主性对工作繁荣的影响——以薪酬公平感为中介 [D].桂林：广西师范大学，2021.

② 吴海月，严开胜.企业员工的工作倦怠成因及其干预措施探析 [J].现代企业教育，2014（18）：19–20.

使企业重新审视其运营策略和风险管理机制。在此背景下，决策过程变得更加复杂和困难，企业必须更加迅速地调整自身策略，以应对突发的挑战。

在 VUCA 环境中，组织韧性成为企业生存与发展的关键。通过推动组织学习和塑造学习型文化，企业能更好地应对外部冲击，提升长期适应力。此外，VUCA 环境强调创新和变革，企业通过商业模式创新保持竞争力，尤其是创业企业在资源有限时可重新设计模式以应对变化。员工的心理韧性与创新能力紧密相关，因此，创造支持员工心理韧性的工作环境至关重要。VUCA 环境还推动了管理理念的转变，企业从传统的层级管理向赋能型管理转变，提高了组织灵活性与员工自主性。总之，VUCA 环境要求企业在风险管理、战略调整、组织韧性、创新、员工心理与管理模式等方面做出相应转变，以在复杂市场中保持竞争力，实现可持续发展。

巴尼时代由美国未来学家贾迈斯·卡西欧提出，是对乌卡时代的深化发展。它由脆弱性（Brittleness）、焦虑性（Anxiety）、非线性（Non-linearity）和不可理解性（Incomprehensibility）组成。

（1）脆弱性（Brittleness）：指系统和结构表面上可能看起来强大，但实际上非常脆弱，容易在突发事件面前崩溃。

（2）焦虑性（Anxiety）：指个体在面对不确定和复杂的环境时，心理上容易产生焦虑感和压力。

（3）非线性（Non-linearity）：指环境中的变化不再是线性或渐进的，而是以突发、意外的方式发生，难以预测。

（4）不可理解性（Incomprehensibility）：指环境和事件变得无法理解或解释，信息过载使得人们难以全面把握和应对。

在"巴尼时代"，环境变得更加不可控和复杂，系统的脆弱性增加，个体和集体面临更大的心理压力。相比"乌卡时代"，这一转变强调的是环境的突发性、不可预测性以及个体的心理负担。

面对巴尼时代的挑战，我们需要具备一系列新的能力和思维方式。首先，韧性和适应能力至关重要，在应对脆弱性时，我们应构建具备高度韧性的系统和个人，不仅要有抗压能力，还要能从失败中迅速恢复。其次，情绪管理与心理健康同样重要，个体应学会在复杂和不确定的环境中保持冷静，寻求支持并减轻压力，同时，组织应关注员工的心理健康，提供帮助。再次，灵活性与创新思维是应对非线性变化的关键，企业和个人需要通过快速创新与灵活应变，在不确定性中寻找新的机会。最后，面对信息过载带来的不可理解性挑战，我们需要提高信息素养，培养筛选和辨识关键信息的能力，以批判性思维有效管理知识，从而应对信息洪流带来的困惑。这些能力的培养将帮助我们更好地适应和应对巴尼时代的复杂环境。

随着全球政治、经济和社会的深刻变迁，乌卡时代（VUCA，意指不确定性、复杂性、模糊性和变化性）向巴尼时代（BANI，代表脆弱性、焦虑性、非线性和不可理解性）转变，这种转变意味着社会环境的变化不仅仅是速度更快或规模更大，而是进入了一个更加不可控、充满不确定性和风险的时代。这种转变在国际传播、企业管理、教育等领域产生显著影响。

在巴尼时代，国际传播面临信息传播复杂性与速度的挑战，社交媒体的普及使信息迅速传播，谣言和错误信息也随之扩散，传统的舆论引导方式变得不再有效。此外，突发事件的应对也变得更为困难，因为社会和政治危机可以快速影响公众情绪和信任度。为了应对这些挑战，国际传播机构需创新传播策略，灵活应对，并利用数据分析和人工智能等工具实时监控信息流动和公众情绪变化，同时提高危机公关能力，确保透明的信息发布和及时互动。企业管理方面，传统的层级化、指令式管理模式无法应对动态变化的市场环境，企业需要构建更加弹性和适应性强的组织架构，强化员工的应变能力和创新能力，以应对不可预测的外部环境变化。教育领域面临未来社会的不确定性，传统教育模式未能充分培养学生应对复杂问题和不确定性的能力。应对这一挑战，教育体系应更加注重培养学生的创新思维、批判性思维和问题解决能力，并重视心理素质与情绪管理，帮助学生在压力下保持韧性，适应快速变化的社会。

### 3. 组织创新

组织创新是指组织在管理理念、组织结构、运营流程、企业文化等方面进行创造性的变革，以提高组织的适应性、效率和竞争力的过程。它不仅仅是推出新产品或新技术，更重要的是从组织内部机制和运作模式上进行突破和改进。

组织创新的重要性不可小觑。在当今这个快速变化的市场环境中，技术的飞速发展、消费者需求的不断变化以及竞争对手策略的调整，都给企业带来了巨大的挑战。为了能够在这种动态的环境中生存和发展，组织必须通过不断的创新来调整自身的结构、流程和文化，以适应外部变化。例如，传统零售企业面对电商的冲击，通过组织创新，发展出了线上线下融合的新零售模式，实现了业务的转型与升级，从而增强了其市场竞争力和生存能力。此外，组织创新还能够显著提升组织效率。通过优化组织结构、改进运营流程以及更新管理理念，企业能够减少内部的摩擦与资源浪费，从而提高整体的资源利用效率。这种提升不仅帮助企业在短期内节约成本，更有助于在长期竞争中占据优势。例如，借助信息化手段，企业可以实现库存管理的实时监控和精准控制，减少库存积压，提高资金周转率，这使得企业在激烈的市场竞争中能够更加灵活应对。

最重要的是，组织创新能够增强企业的竞争力。在产品、服务、成本和速度等方面的差异化优势，往往是企业脱颖而出的关键。例如，苹果公司通过不断创新组织结构、研发流程和企业文化，持续推出具有创新性的产品，如 iPhone 系列，成功占据了全球智能手机市场的重要地位。

组织创新的类型多种多样，每一种创新类型都对提升企业的竞争力和适应市场变化至关重要。管理理念创新是组织创新的思想基础，主要涉及对管理认知和价值判断的改变，管理理念创新往往由组织的高层领导发起，通过对外部先进管理思想的学习和引进，结合组织自身的实际情况进行改造和应用。

组织结构创新主要针对组织的层级结构、部门设置和职责分工进行调整。例如，许多企业从传统的金字塔式层级结构向更加扁平化的结构转变，减少中间管理层级，提高信息传递效率和决策速度。组织结构创新的目标是使组织在快速变化的市场环境中更加灵活和敏捷。

海尔集团的"人单合一"模式便是组织结构创新的一个典型案例。通过打破传统的科层制结构，海尔集团将公司流程从串联模式转变为并联模式，让员工能够直接面对用户需求并自主决策，从而形成了更加灵活的网状组织结构，大大提升了市场响应速度和创新能力。

运营流程创新则侧重于优化和再造组织内部的业务操作流程。通过引入先进的信息技术，实现业务流程的自动化和信息化，运营流程创新能够有效减少人工操作环节、降低错误率，并提升工作效率。福特汽车公司引入的流水线生产方式就是运营流程创新的经典案例。通过将手工制作转变为标准化、专业化的分工协作，福特极大地提高了生产效率，降低了成本，并使汽车能够大规模生产，最终进入普通家庭，推动了汽车产业的普及化。

企业文化创新关注的是组织文化价值观、行为规范和工作氛围的塑造，通过营造鼓励创新、容忍失败的文化氛围，激发员工的创新积极性。企业文化创新需要通过长期的培育和引导，使新的文化理念深深渗透到员工的思想和行为中。3M公司便以其"创新文化"著称，鼓励员工将15%的工作时间用于个人感兴趣的创新项目，并容忍创新过程中的失败。这种企业文化催生了大量创新成果，如便利贴等畅销产品，极大地推动了公司的持续创新。

组织创新是推动企业持续发展的重要驱动力，但在实施过程中也面临着一系列挑战。首先，员工抵制变革是常见问题，特别是当创新威胁到个人岗位或利益时，员工会因惯性思维和对未知的恐惧而抗拒变化。其次，管理层缺乏支持也会影响创新的实施。如果高层对创新认识不足或缺乏持续投入，创新可能无法落地。沟通和协作障碍也影响创新，部门间的信息共享不畅，导致效率低下。技术和市场变化的压力迫使组织必须迅速适应外部环境，否则容易被淘汰，错失竞争机会。最后，不清晰的创新方向会导致创新活动无序，缺乏战略指导，浪费资源并偏离目标，最终影响创新成果。

针对组织创新面临的挑战，使用三种工具：组织健康诊断指标表、组织惰化程度等级表、变革压力原因分析表，对组织进行深入分析，诊断问题并推动创新进程。

1）组织健康诊断指标表（表3-3）

该工具主要用于评估组织的整体健康状况，包括使命方向、组织氛围、人才管理和创新活力四个关键维度。通过诊断，可以识别组织内部的问题和瓶颈，为后续的变革提供依据[①]。例如，组织健康度诊断可以帮助管理者发现目标不一致、氛围消极或人才管理不足等问题，并通过调整这些问题来提升组织的健康水平和创新能力。该表主要通过一系列指标来评估组织的整体健康状态，为组织创新提供基础数据。常见的诊断指标包括：

（1）组织氛围：员工的士气和工作环境。

（2）领导力支持：高层领导对创新的态度和投入程度。

（3）沟通效率：信息流通的顺畅度。

（4）创新文化：员工对创新的接受度和创新的激励机制。

（5）员工参与度：员工在创新过程中的参与程度和主动性。

（6）决策灵活性：组织在面对变化时，决策机制的灵活性和适应性。

---

① 于晓彤.持续导向型人力资源管理：内容结构量表开发及作用机制研究[D].成都：西南财经大学，2022.

| 指标 | 评价标准 | 得分 |
|------|---------|------|
| 组织氛围 | 员工士气、工作环境满意度 | 1~5 |
| 领导力支持 | 高层对创新的支持程度（资金、时间、资源） | 1~5 |
| 沟通效率 | 信息共享和沟通的流畅程度 | 1~5 |
| 创新文化 | 是否鼓励创新和容忍失败 | 1~5 |
| 员工参与度 | 员工在创新项目中的主动性与投入度 | 1~5 |
| 决策灵活性 | 面对市场变化时决策的迅速和灵活性 | 1~5 |

2）组织惰化程度等级表（表3-4）

组织惰化程度等级表用于评估组织在变革过程中可能遇到的惰性问题。惰性会阻碍组织创新和变革的实施，导致组织难以适应外部环境的变化。研究表明，组织惰性与创新绩效呈负相关，克服惰性是提升组织创新绩效的重要途径。因此，通过组织惰化程度等级表可以识别出组织在创新过程中可能遇到的阻力，并采取相应措施来减少惰性的影响。组织惰化程度等级表通常用来描述一个组织在创新、变革或适应市场环境中的反应速度和能力。惰化的组织通常会对变化产生抵触、反应迟缓，缺乏灵活性。表3-4是一个常见的组织惰化程度等级表，它按照组织反应的积极性、适应性和变革能力划分等级，从"高度惰化"到"高度敏捷"。

组织惰化程度等级表 表3-4

| 等级 | 描述 | 特征 |
|------|------|------|
| 等级1：<br>高度惰化 | 组织对变化和创新极度抵触，基本没有变革能力或意愿 | （1）管理层完全忽视创新和变革的需求<br>（2）过度依赖传统模式，员工对变革有强烈抵制情绪<br>（3）决策流程僵化，缺乏灵活性 |
| 等级2：<br>中度惰化 | 组织意识到需要变革，但反应迟缓，变革未形成系统化和可持续的机制 | （1）高层认可创新，但支持和投入不足<br>（2）员工对变革保持谨慎态度，缺乏积极参与<br>（3）没有明确的创新战略，资源分配不均 |
| 等级3：<br>轻度惰化 | 组织对变革有一定的适应能力，但执行上存在障碍，创新尚未成为常态 | （1）高层偶尔支持创新，但执行不力<br>（2）员工部分支持变革，但缺乏持续动力<br>（3）组织结构和文化阻碍了创新 |
| 等级4：<br>适应性强 | 组织具备一定的变革能力，能够较为快速地响应外部环境的变化 | （1）高层明确支持创新，并提供资源<br>（2）部分员工积极参与创新活动<br>（3）组织文化较为开放，鼓励冒险和试错 |
| 等级5：<br>高度敏捷 | 组织具备高度的灵活性，能够快速适应变化并推动持续创新 | （1）高层领导全力推动创新，决策快速且有效<br>（2）员工充满创新意识，并积极参与变革<br>（3）组织文化鼓励创意、灵活应变，且不断优化流程 |

3）变革压力原因分析表（表3-5）

变革压力原因分析表用于识别和分析组织面临的各类变革压力因素。这些因素可能来自外部环境的变化或内部运营的需求。在进行变革管理时，了解这些压力因素有助于明确变革的驱动力和可能的阻碍因素，从而制定相应的变革策略。

表3-5是一个典型的变革压力原因分析表，其中列出了一些常见的变革压力来源，帮助组织在变革过程中识别影响力。

变革压力原因分析表

表3-5

| 变革压力<br>因素 | 分类 | 描述 | 可能影响 |
| --- | --- | --- | --- |
| 外部市场<br>需求变化 | 外部<br>驱动力 | 市场上消费者需求的变化，可能包括消费者偏好、购买力、对产品或服务的新需求等 | 迫使组织调整产品或服务，以满足新的市场需求 |
| 技术进步<br>与创新 | 外部<br>驱动力 | 新技术的出现，例如自动化、人工智能、数字化转型等，推动行业或市场的技术变革 | 组织需要适应新的技术，提升效率，或创新产品以保持竞争力 |
| 法规与政<br>策变化 | 外部<br>驱动力 | 政府法规或行业政策的变化，例如环保法规、劳动法改革等，可能强制企业进行调整以符合新的合规要求 | 政策法规的变动可能迫使组织重新规划战略，调整运营方式以符合新规定 |
| 竞争压力<br>增加 | 外部<br>驱动力 | 行业内其他企业竞争力增强，可能通过创新、降价、提高服务质量等方式进行市场争夺 | 为了维持市场地位，组织需要改进产品、降低成本，提升运营效率 |
| 全球化<br>趋势 | 外部<br>驱动力 | 全球市场的相互联通增加了竞争和合作的机会，同时也要求组织在全球市场中适应不同的文化、法规及消费者需求 | 组织可能需要重新定义战略，调整营销和分销模式以适应全球化的市场环境 |
| 资源短缺<br>或不足 | 内部阻<br>力因素 | 资源（如资金、技术、人才等）的不足，限制了组织的变革能力 | 资源的短缺可能会拖延或限制变革的实施，迫使组织调整变革的范围或计划 |
| 员工抗拒<br>变革 | 内部阻<br>力因素 | 员工可能对变革产生抵触情绪，担心失去工作、不适应新工作方式或对变革缺乏信心 | 员工抗拒变革可能导致变革的实施困难，影响工作效率，甚至引发员工流失 |
| 组织文化<br>与价值观 | 内部阻<br>力因素 | 组织现有文化和价值观可能与变革的目标相冲突。例如，传统的官僚文化可能与灵活性和创新要求发生冲突 | 文化冲突可能使得变革的推进进程缓慢，甚至导致变革失败 |
| 内部管理<br>问题 | 内部阻<br>力因素 | 组织结构、管理方式、沟通流程等方面存在问题，导致决策效率低、执行力差 | 内部管理问题可能影响变革计划的实施，导致混乱或延误 |
| 不清晰的<br>变革愿景<br>或目标 | 内部阻<br>力因素 | 变革的目标不明确，缺乏清晰的愿景和方向，导致组织成员无法理解变革的意义和目的 | 缺乏清晰目标可能导致变革缺乏方向，团队成员难以对变革产生认同感 |
| 员工技能<br>不足 | 内部阻<br>力因素 | 员工现有的技能可能无法适应变革所需的新的工作方式或技术工具 | 员工技能不足可能导致变革实施难度加大，需要额外的培训和支持 |
| 资金不足 | 内部阻<br>力因素 | 组织缺乏足够的资金来支持变革的各项投入，如技术升级、员工培训、流程优化等 | 资金不足可能限制变革的规模或进度，需要重新评估投资和优先级 |
| 工作流程<br>和组织结<br>构不合理 | 内部阻<br>力因素 | 现有的工作流程和组织结构可能不适合新的变革要求，导致效率低下或出现瓶颈 | 不合理的结构和流程会使变革实施受到制约，需要重新设计工作流程和结构以适应变革需求 |
| 企业声誉<br>和品牌<br>影响 | 内部阻<br>力因素 | 在变革过程中，组织的声誉可能会受到影响，特别是在进行重组、裁员或产品调整时，可能遭遇公众舆论或消费者反感 | 企业声誉受损可能导致客户流失、投资者信心下降，进而影响变革的推进 |

通过该表可以找出变革的驱动力和阻碍因素。在组织进行变革时，识别变革的驱动力和阻碍因素是至关重要的。变革的驱动力通常来自外部环境的变化，主要包括外部市场需求、技术进步和法规政策变化等因素。这些外部因素迫使组织调整其策略、产品或服务，以更好地适应新的市场环境。随着技术的不断创新，组织可能需要拥抱新技术来提高效率或提升产品质量。此外，来自同行或新兴企业的竞争压力也是推动变革的重要因素，竞争促使组织进行创新、成本控制或质量提升，以保持市场竞争力。全球化趋势的日益加剧也要求组织进行变革，以应对更广泛的国际市场需求和跨文化运营的挑战。

与此同时，变革的阻碍因素往往来源于组织内部。这些因素可能包括员工对变革的抗拒、管理结构的僵化、文化冲突以及资金不足等。员工的抗拒情绪可能源自对变革带来的不确定性和风险的恐惧，而管理结构不合理或沟通不畅也可能导致变革推进缓慢，甚至阻碍变革的实施。资源短缺，尤其是技术、人力和资金的不足，往往会限制组织实施变革的能力，迫使组织在变革计划中做出调整，甚至分阶段进行。若员工的技能水平无法跟上变革的需求，或组织的文化价值观与变革目标发生冲突，这也会增加变革的难度，甚至导致变革失败。

为了有效推动变革，组织需要增强驱动力。通过加强外部市场分析、加大技术投资和提升竞争力，组织可以确保其变革计划具有外部环境的支持，从而增强变革的可行性和成功概率。同时，组织也应采取措施解决内部阻力，例如提供管理培训、优化沟通流程、增强资源配置，以及通过文化建设帮助员工适应变革。这些措施可以有效缓解员工的抵触情绪和管理瓶颈，促进变革的顺利实施。

通过对这些驱动因素和阻力因素的系统识别与分析，组织可以制定更具针对性和可行性的变革策略，确保变革顺利推进，并实现既定的变革目标。

## 3.3  组织本质

组织的本质是由多个个体或单位协同工作，以实现共同目标或任务的结构和机制。它不仅是一个资源和功能的集合体，也代表了社会、文化、管理等多重因素的交织。探寻组织本质需要了解组织的内涵。组织内涵的构成如图 3-6 所示。

组织管理的框架 O-ETERSC 由 O：Organization（组织）、E：Essential（本质）、T：Target（目标）、E：Environmental（环境）、R：Resource（资源）、S：System（机制）、C：Capability（能力）组成。

其中，组织的唯一本质是达成目标实现抱负，组织存在的核心便是通过协调资源、管理流程和人力，以实现既定的目标和长远的抱负。任何组织都有明确的目标，组织的结构、文化和流程围绕这些目标展开，目标成为组织运作的核心驱动力。组织的抱负通常指的是长远的愿景或使命，它激发成员的奋斗动力，促进创新和整体绩效的提升。为了实现这些目标和抱负，组织需要有效地协调和整合资源，如资金、人力和技术，建立良好的沟通机制和激励机制，确保全体成员共同努力。此外，随着市场、技术或社会需求的变化，组织的目标和抱

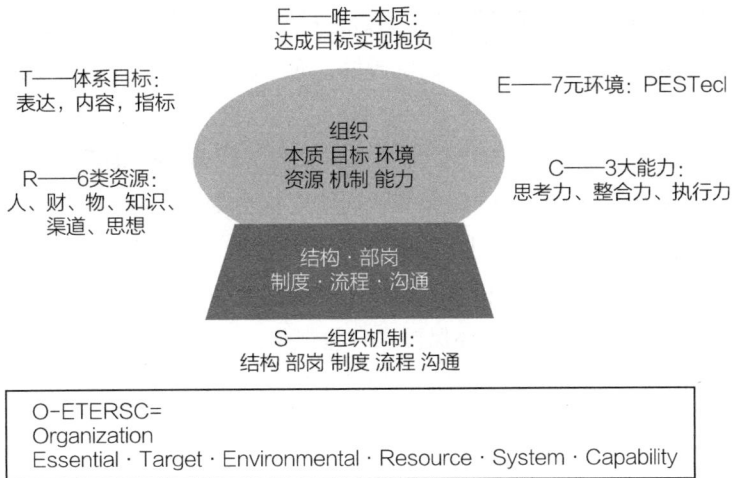

图 3-6　组织内涵的构成

负也需要灵活调整，确保持续发展并最终实现其理想的状态。

组织的体系目标通常包括表达、内容和指标三个关键要素，这三者共同构成了一个完整的目标体系，确保目标的明确性、可操作性和可衡量性。目标的表达是通过清晰、简明的方式将组织的目标呈现给相关人员，确保他们理解并认同，通常通过使命声明、愿景描述或战略目标进行表达。目标的内容则涉及组织希望实现的具体成果和状态，根据战略需求进行细化，涵盖短期和长期目标，如市场份额、客户满意度等。目标的指标是衡量目标实现程度的具体标准，可以是定量的如收入增长率，也可以是定性的如员工参与度，帮助组织评估目标的达成情况并及时调整。

组织的资源可以分为六类：人、财、物、知识、渠道、思想。人是最关键的资源，包括员工、管理层及外部合作伙伴，其质量、技能、经验和创新能力直接影响组织的竞争力。财务资源支持运营、投资和创新，是组织长期发展的基础。物资资源包括设备、原材料、工具等，直接影响生产效率，尤其对制造业至关重要。知识资源涵盖员工的专业技能、技术积累与行业经验，通过知识共享和学习促进创新与竞争力。渠道资源指的是组织与外部环境的连接方式，如销售渠道和合作伙伴，帮助组织更好地触达客户并推动销售。思想资源则涵盖组织的文化、价值观与战略理念，它能够激发员工的创新精神，并推动组织朝着长远目标发展。六类资源相互作用，支撑着组织的运作和发展，有效地管理和优化这些资源是实现组织目标和战略的关键。

组织的七元环境：PESTecl（本书第4.3节详细讨论）。在复杂的环境中，组织的生存与发展受到七大环境要素的影响：政策（Policy）、经济（Economy）、社会（Society）、技术（Technology）、自然环境（Environment）、竞争（Competition）和时空（Location）。这些要素相互交织，共同影响组织的战略、运营及未来走向。

（1）政策（Policy）：政府的法律法规和政策方针对组织至关重要。稳定的政策有助于企业规划，而政策变化（如环保要求的加强）则可能带来挑战。组织需灵活应对政策变动。

（2）经济（Economy）：宏观经济状况（如通货膨胀、利率等）直接影响市场需求与成本。经济繁荣时需求上升，反之则可能面临萎缩。企业需预测经济趋势，调整战略应对不确定性。

（3）社会（Society）：人口结构、文化和消费观念等因素影响消费者需求。例如，人口老龄化和环保意识提升催生新需求，组织需快速响应社会变化，调整产品和服务。

（4）技术（Technology）：技术创新是推动变革的动力。新兴技术（如大数据、AI）提高生产效率并开辟新市场。组织应积极采纳新技术，保持竞争力。

（5）自然环境（Environment）：环保要求日益严格，组织需要采取可持续发展战略，以减少对环境的负面影响，同时应对自然灾害等环境风险。

（6）竞争（Competition）：行业内的竞争压力促使组织不断提升产品和服务质量。通过分析竞争对手的策略，制定差异化竞争策略，企业能脱颖而出。

（7）时空（Location）：时间和地理因素影响市场需求和竞争态势。不同阶段的市场需求不同，组织应根据时间节奏和地域差异合理布局，抓住机会。

组织的三大能力，即思考力、整合力、执行力，是组织发展的核心竞争力，也是组织在复杂多变环境中立足和发展的关键。思考力作为组织前行的指南针，是对外部环境变化、内部运营状况进行深入分析和判断的能力，是制定战略和决策的基础，涵盖对市场趋势的洞察、对竞争对手的分析以及对自身优劣的清晰认知，像苹果公司凭借深刻思考敏锐捕捉市场变化，引领智能手机变革潮流，还体现在对自身发展方向的规划上，避免盲目跟风与资源浪费。整合力如同组织协同的胶粘剂，是对内部资源（人力资源、物力资源、财力资源等）和外部资源（供应商、合作伙伴、客户等）进行有效整合的能力，旨在实现资源优化配置与协同效应最大化，内部能打破部门壁垒促进信息流通与知识共享，外部能与各方建立良好合作关系提升综合效益。执行力是组织目标的推进器，是将战略规划转化为实际行动并确保目标实现的能力，体现在组织各层面，高效的执行力需要明确目标和清晰流程，还与员工素质和积极性密切相关，需通过培训激励等营造积极氛围。这三种能力相互关联、相互促进，思考力指明方向，整合力提供资源保障，执行力确保目标最终实现。

在组织的运行与发展中，组织机制犹如一套精密的操作系统，而"结构·部岗"与"制度·沟通"则是这套系统中不可或缺的关键组件，它们各自发挥独特作用，又相互协同，共同保障组织的高效运转。

（1）结构与部岗：搭建组织框架。

组织结构与部门岗位设置是组织的骨骼架构，确定组织形态与分工协作关系。合理的结构明确权力责任，让信息流、工作流更顺畅。常见组织结构有直线职能制、事业部制、矩阵制。直线职能制按职能划分部门，如传统制造企业，生产、销售、财务等部门各司其职，协同工作，提升专业化分工与效率。事业部制将组织分为多个独立事业部，各有产品、市场和运营体系，自主权大，如大型企业集团不同事业部能独立运作，又受总部管控，可快速响应市场。矩阵制以项目为核心，打破部门界限，员工既属原职能部门又参与项目团队，如软件开发项目中跨部门人员协作，实现资源共享与高效执行。部岗设置基于组织结构，明确各部门岗位责任与人员配置。各岗位有特定职责、技能要求和工作流程，像销售部门设置销售经理、业务员、市场调研员等岗位，相互配合推动业务开展。

（2）制度与沟通：润滑组织运转。

制度是组织运行规则，规范成员行为，确保活动有序，涵盖人力资源、财务、业务等各方面管理制度。完善制度提供行为规范和决策依据，减少人为干扰，提升稳定性和可预测性，如财务制度保障资金安全，绩效考核制度激励员工。但仅有制度不够，沟通同样关键。沟通是内部信息传递、协调工作和建立人际关系的桥梁。良好沟通促进部门协作，减少误解冲突，提高效率。沟通方式多样，有正式的会议、报告等，也有非正式的交流工具。定期部门沟通会议和项目团队即时通信沟通，都能解决问题、保障工作推进。此外，沟通还包括与外部利益相关者的交流。与客户沟通了解需求，提升满意度；与供应商沟通确保原材料供应和质量；与合作伙伴沟通实现资源共享、合作共赢。

组织的结构与机制为运作提供了基础框架，但其效能需要通过组织成熟度的系统性评估与提升来实现。组织成熟度（Organizational Maturity）是指一个组织在管理、流程、技术、文化等方面的发展水平，反映了其系统性、规范性和持续改进的能力。它通常用于评估组织在实现战略目标、应对挑战、优化资源利用以及适应外部环境变化时的综合能力。成熟度越高的组织，其运营效率、风险控制能力和创新能力往往越强。

组织成熟度的提升是一个系统化的过程，涉及多个维度的优化和融合。首先，从流程管理的角度看，通过标准化流程和持续优化，能够减少浪费，提高工作效率。这不仅仅是提升流程的规范性，更是在持续追求创新和改进，比如通过精益管理减少冗余、优化资源使用，从而节约成本和提升交付速度。在人员能力方面，组织需要不断提升员工的技能水平，尤其是领导力和团队协作能力。员工的技能提升能够直接影响工作的执行力和决策的质量，而良好的团队协作可以确保跨部门合作的高效性。一个高效的学习文化有助于组织应对快速变化的市场环境，确保人才能够在关键时刻作出迅速反应。技术应用也是组织成熟度的重要维度，尤其是在当今数字化转型的背景下。引入先进的技术工具、加强数据整合能力、提高数字化成熟度，可以大大提高组织的核心竞争力。通过数据驱动的决策，可以更快地捕捉市场趋势和客户需求，优化运营并创造创新机会。战略与治理涉及如何通过清晰的战略目标、透明的决策机制和合理的资源分配来确保组织的长期成功。成熟的治理结构能够确保决策的高效性和执行的严谨性。例如，清晰的目标和合理的资源分配有助于避免资源浪费和方向偏离，确保每个部门和团队的目标与整体战略一致。最终，结果导向体现了组织是否能够稳定交付高质量成果，并通过客户满意度、财务表现等量化指标来评估绩效。这是组织成熟度的最终体现。通过有效的结果导向，组织能够增强客户信任，提高品牌忠诚度，进而促进长期的市场份额增长和财务稳健。

在此基础上，常见的成熟度模型如CMMI、OPM3、ISO标准和敏捷成熟度模型，通过不同领域的实践，提供了系统化的工具和方法，帮助组织识别短板并持续改进。CMMI侧重软件开发和系统工程中的流程优化，ISO标准通过质量管理体系推动企业流程的标准化，敏捷成熟度模型则特别强调在快速变化环境中的适应能力，帮助组织提升灵活性和响应速度。

组织通常将成熟度分为五个等级：初始级、可重复级、已定义级、量化管理级和优化级。每个等级代表了不同的管理水平，从依赖个人能力的初始阶段，到高度优化并能够进行持续创新的成熟阶段。通过逐步推进，组织能够实现流程的标准化、数据驱动的决策和创新能力的提升。

此外，提升组织成熟度的过程离不开科学的评估与改进步骤。现状诊断是发现组织弱点的第一步，借助成熟度评估工具（如问卷调查或模型对标），能够精准识别各项维度的不足。优先级排序是根据组织的战略目标，决定哪些领域需要优先提升。制定路线图和分阶段实施能确保改进工作有条不紊地推进。最后，持续监测和定期评审能帮助组织跟踪进展，及时调整策略，以保证持续改进。

行业应用案例中，银行通过 CMMI 认证显著提升了软件质量；丰田公司通过精益管理实现了全球供应链的高效协同；而医疗行业通过服务成熟度框架优化就诊流程，患者等待时间也大幅缩短。这些案例展示了成熟度提升带来的广泛效益。

提升组织成熟度是一个持续的过程，尽管需要长期投入，但通过合理选择成熟度模型并定制化实施，能够显著提高组织的效率、创新能力、风险控制能力和客户信任，从而增强竞争力并提升抗风险能力。

# 3.4 组织管理

在现代企业运营中，组织管理的有效性直接关系到企业的生存与发展。随着市场环境的日益复杂化、技术的迅速进步以及全球化竞争的加剧，企业面对的挑战不断增加。如何有效协调资源、优化流程、提升效率，并在竞争中保持领先，成为现代企业管理的核心问题。随着市场环境和技术的不断变化，企业必须通过科学的衡量标准来评估自身的管理水平。围绕财务、运营、员工、客户、创新等多维度的衡量标准，企业可以获得全面的反馈，及时调整策略与管理措施，从而在复杂多变的市场环境中保持竞争力并实现可持续发展。正是因为组织管理在现代企业运营中具有如此重要的作用，企业需要一套科学合理的衡量标准来评估组织管理的有效性。这些衡量标准能够帮助企业发现组织管理中存在的问题，及时进行调整和改进，确保组织管理能够持续发挥其积极作用。

## 3.4.1 衡量标准

在现代企业管理中，组织的健康与持续竞争力不仅仅依赖于传统的财务和运营指标，还需要关注组织的适应变化能力、保持活力能力和懈怠指数等较为动态的指标。这些标准能够帮助企业更好地应对快速变化的市场环境，保持竞争优势，并且确保组织在内部保持活力，避免出现因管理松懈导致的效率低下和创新乏力。

1）适应变化能力

组织的适应变化能力是指组织在面对外部环境变化时，能够快速、灵活地调整其内部结构、工作流程、资源配置和战略方向，以有效应对新环境和新挑战的能力。这种能力反映了组织在动态、复杂和不确定的外部环境中保持竞争力的潜力，能够通过适时的调整与优化，确保组织始终与外部变化保持一致，并保持其目标达成能力和长期可持续发展。

组织的适应变化能力通常包括以下几个方面：

（1）结构调整能力：当市场需求、技术变革或政策变化时，组织能否迅速调整组织架构，优化资源配置，提升决策效率。

（2）流程优化能力：面对外部变化，组织能否迅速调整和优化内部运营流程，以提升效率并响应新的市场需求。

（3）战略灵活性：组织是否能够根据环境变化调整战略方向、产品或服务的定位，快速捕捉新的市场机会或应对威胁。

（4）决策响应速度：组织能否在面临外部环境变化时，及时做出决策并迅速执行，以确保在新的环境中不落后于竞争对手。

适应变化能力决定了一个组织在动态变化的环境中生存和发展的能力。要通过组织管理提升适应变化能力，组织需要在结构、流程、文化、领导力等方面进行系统的管理和调整。以下是一些关键策略：

首先，建立灵活的组织结构以提升组织的适应变化能力。去中心化管理是关键，它将决策权下放至更接近市场和执行层面的团队，从而能够快速做出决策，减少决策层级带来的延误。此外，设立跨职能团队能增强不同领域之间的知识共享，促进团队合作与协调，从而提升整体反应能力。灵活的工作小组则确保在应对突发市场变化或外部挑战时，组织能迅速调配资源，动态调整小组成员和职责。

其次，动态的流程管理对于快速应对变化至关重要。精益管理强调减少浪费和非增值环节，提升运营效率，同时鼓励持续改进以适应环境的变化。敏捷管理方法则更加注重快速反馈和持续迭代，尤其适合应对技术创新和快速变化的市场。通过小步快走、频繁检视和调整，确保组织能够及时响应外部变化。在此基础上，关键流程标准化与灵活化的平衡尤为重要，标准化能提高效率，灵活性则保证组织能根据市场和客户需求的变化及时调整策略和流程。

组织文化的塑造同样是提升适应变化能力的核心。创新文化的建立鼓励员工提出新的想法和解决方案，容忍实验和失败，帮助组织在技术变革和市场需求变化中保持敏捷。学习型文化则强调持续学习和知识共享，确保组织成员可以快速掌握新的知识和技能，满足快速变化的外部需求。容错文化的培养则使员工不再害怕失败，敢于尝试新方法、新技术，从而增强组织的应变能力。

再次，组织需要具备灵活的战略调整能力，以确保在外部变化中始终保持竞争力。战略预见性通过环境扫描和趋势分析，帮助组织及时识别潜在变化，做好战略准备。动态战略规划要求组织能够定期审视和调整战略目标，确保与外部环境保持同步。多元化战略则能降低单一市场或产品的风险，提高组织在不确定环境中的韧性。

敏捷的领导力是推动组织应对变化的关键。变革型领导能够通过激励和影响员工，鼓励创新和变革，帮助组织应对外部挑战。领导者需要保持决策的透明度，确保团队成员理解变化的原因及其战略意图，同时赋予员工参与决策的机会，增强组织的凝聚力和执行力。此外，领导者应以身作则，展现出积极应对变化的态度和能力，成为组织适应变化的榜样。

员工赋能和技能提升是增强组织适应变化能力的基础。跨职能培训使员工具备多种技能，能够在多个岗位间灵活调配，提升应变能力。同时，支持远程工作和弹性工时等灵活工作安排，帮助员工在个人需求和外部变化之间找到平衡，从而提高组织整体的灵活性。人才梯队建设则确保组织在关键岗位上拥有充足的人才储备，能够迅速应对不确定的挑战。

最后，现代技术和信息化支持在提升组织适应变化能力中发挥着至关重要的作用。数字化转型通过信息化工具提升决策、沟通和客户服务的效率，使组织更加灵活地应对外部变化。数据驱动决策则依靠大数据和人工智能技术，帮助组织实时捕捉市场和客户需求的变化，支持快速决策。协作平台的使用则提高了团队间的信息流通，确保组织在变化面前能够迅速响应并做出调整。

2）保持活力能力

组织的保持活力能力是指组织在面对外部变化和内部挑战时，持续保持创新、灵活、高效运作并能够适应环境变化的能力[1]。这一能力决定了组织能否在不断变化的市场和社会环境中持续生存和发展。保持活力的组织能够在多变的外部条件下，灵活调整战略和业务模式，同时激发员工的创造力与潜力，从而保持竞争力。

组织活力能力的内涵可以从多个维度进行解析，其中结构活力、过程活力、动态能力、创新能力以及员工的积极性与创造力是其核心组成部分。

结构活力与过程活力的融合是组织活力的重要体现。组织的活力不仅体现在其内部结构的稳定性和灵活性上，更在于其动态演化的能力。具体而言，组织的结构性因素，如融资结构、治理结构和组织机构等，决定了组织的资源配置和决策效率。与此同时，组织的活力还受到外部生存环境、企业文化和人才因素等非结构性因素的影响，这些因素共同作用，推动着组织的不断适应与变革[2]。因此，结构活力与过程活力的融合使得组织在稳定与变革之间保持良好的平衡，确保其在竞争中保持灵活性和适应性。

动态能力是指组织在快速变化的环境中，能够整合、构建和重新配置内部与外部资源的能力。这种能力帮助组织不断识别新机会、调整战略方向，并通过学习与创新不断提升其竞争力。具备动态能力的组织能够在复杂和不确定的环境中做出快速响应，保持长期的市场优势。

创新能力也是保持组织活力的关键因素[3]。在当今科技迅速发展的时代，创新能力尤为重要。无论是技术创新、产品创新，还是管理创新，创新能力都决定了组织是否能够跟上时代的步伐，捕捉到新的市场机遇。组织的创新能力不仅源于其对新技术的应用，还体现在其组织文化和管理模式的创新上，能够推动组织向前发展，提升市场竞争力。

① 苏畅. 组织活力研究述评与展望 [J]. 商展经济，2024（18）：173–176.
② 赵晓芳. 社会组织活力研究：一个助残 NGO 的生命追踪 [J]. 社会政策研究，2017（2）：118–132.
③ 焦阳. 浅析构建创新型企业组织结构运行模式 [J]. 商场现代化，2020（10）：77–80.

最后，员工的积极性与创造力是推动组织活力的根本源泉。员工是组织最宝贵的资源，通过激励机制、员工培训与文化建设，能够激发员工的创造力与工作热情。当员工在一个支持创新、鼓励冒险的环境中工作时，他们更可能提出新的解决方案并推动组织的持续发展。因此，有效的激励机制和管理策略是提升组织整体活力的重要手段。

在组织管理中，维持组织活力可从以下几方面着手：

第一是构建适应变化的组织架构与机制。采用扁平化、网络化的组织结构，能减少管理层级，缩短信息传递路径，提升响应速度和决策效率，如海尔集团推行的"人单合一"模式，划分多个自主经营体直接面对市场和客户，实现高效决策[①]。同时，设立专门的市场监测团队，实时跟踪市场动态与竞争对手信息并及时汇报，建立跨部门应急响应小组，针对突发情况迅速制定应对方案，确保第一时间做出反应。

第二要强化创新驱动。营造创新文化至关重要，鼓励员工提出新想法，容忍失败，将创新纳入绩效考核体系并奖励有突出贡献的员工，像3M公司允许员工利用15%的工作时间进行自主创新项目，激发创新热情[②]。加大研发投入，设立专项创新基金，与高校、科研机构合作引进外部资源，提升创新能力。推动全员创新，开展培训提高员工创新思维与能力，建立创新平台鼓励员工参与和分享成果，华为公司的"蓝军"机制便是鼓励员工从不同角度提出质疑挑战以推动创新。

第三是优化人才管理。制定有竞争力的薪酬福利体系，提供广阔职业发展空间和培训机会，加强雇主品牌建设，吸引优秀人才加入。建立完善培训体系，根据员工职业发展规划提供个性化课程，推行导师制，鼓励员工参加行业活动拓宽视野、提升能力。采用多样化激励方式，如绩效奖金、股权激励、荣誉表彰等，关注员工工作满意度和生活需求，营造良好氛围，提高员工忠诚度。

第四是有效整合资源。内部资源整合方面，对人力、物力、财力等资源全面梳理和优化配置，避免闲置浪费，加强部门沟通协作，实现资源共享和协同效应，例如通过建立ERP系统统一管理调配内部资源。外部资源拓展上，积极开展战略合作，与供应商、客户、合作伙伴建立长期稳定关系，实现资源共享、优势互补，参与行业协会和商会组织拓展人脉和业务渠道，汽车制造企业与零部件供应商合作研发新产品、降低成本就是很好的例子。

第五是培育积极的组织文化。清晰、明确的组织价值观，通过培训、宣传让员工深入理解认同，如阿里巴巴"客户第一、员工第二、股东第三"的价值观贯穿公司运营过程[③]。加强文化建设活动，开展团队建设、户外拓展、文化讲座等，增强员工沟通交流，营造积极氛围，鼓励员工参与塑造组织文化。领导者要以身作则，带头践行组织文化，言传身教将文化传递给员工，确保落地生根。

---

① 李深，韦春丽，蒲孟.坚持组织的创新方使企业集团保持活力[J].沿海企业与科技，2005（6）：177–178.
② 查迎新.创建优秀企业文化打造强势活力传媒[J].中国报业，2007（3）：28–29.
③ 单宇，周琪，闫芳超.打开活力密码：中国民营企业组织活力塑造机理研究[J].南开管理评论，2024，27（5）：67–77.

3）组织懈怠指数

组织懈怠指数是一个用于衡量组织内部成员工作积极性、效率，以及整体活力状态的综合性量化指标。它反映了组织在运行过程中，出现的消极怠工、效率低下、创新不足等懈怠现象的程度。

从员工个体层面来看，懈怠表现为工作态度不积极，对任务敷衍了事，缺乏主动性和责任心。例如，经常拖延工作进度，对工作质量不重视，在工作时间内从事与工作无关的事情等。从团队层面而言，组织懈怠体现为团队协作不畅，成员之间缺乏沟通与配合，存在推诿责任、互相扯皮的情况。在组织整体层面，可能表现为决策流程冗长、执行不力，对市场变化反应迟钝，创新能力下降，组织发展停滞不前等。组织懈怠指数通过对一系列相关因素进行综合评估和分析得出，这些因素涵盖员工的工作行为、工作态度，团队协作情况，组织的运营效率、创新能力等多个维度。数值越高，表明组织内的懈怠现象越严重；反之，数值越低，说明组织的活力和效率越高。

为了有效降低组织懈怠指数，管理者可以采取一系列策略，以提升员工的工作动力和满意度。简化组织结构是减少组织懈怠的关键。过于复杂的层级结构往往会导致信息传递滞后、决策延误，进而影响整体工作效率。通过减少不必要的管理层级和部门壁垒，可以让决策和执行更加高效。精简流程、提高效率也同样重要，通过精益管理、流程再造等方法，可以有效减少冗余的工作步骤，避免资源浪费，同时引入现代化的管理工具和信息系统（如ERP、CRM等）来提升整体工作效率。灵活的工作方式，例如远程办公、弹性工时等，也能有效提高员工的工作积极性和满意度。

资源的合理配置与管理同样是降低组织懈怠的核心措施之一。首先，优化资源分配，确保人力、财力、物力、信息等资源得到有效利用，避免冗余或资源浪费。采用数据驱动的决策方法，确保资源集中在最具战略价值的领域上。其次，监控与反馈机制能够帮助组织及时发现并纠正资源浪费或低效行为，通过定期的绩效评估和数据分析来动态调整资源使用情况。而通过外部合作与共享，如外包、外部合作等方式，可以减少对内部资源的过度依赖，集中精力发展核心竞争力。

为了进一步激发员工的动力，优化激励机制同样至关重要。通过建立及时的奖励体系和公平的评价标准，能够激励员工为达成组织目标而不断努力，同时减少倦怠感的发生。与此同时，组织应注重关注员工心理健康，加强心理健康教育和支持，建立完整的心理健康体系，为员工提供必要的情感支持，帮助其缓解职业倦怠。

通过以上措施，组织可以有效降低员工的倦怠感，提升整体的工作效率和组织绩效。

### 3.4.2 管理内容

组织管理涉及对资源、人员、任务和目标的有效协调与管理，以实现组织的战略目标。其主要内容可以从以下几个方面进行分析：目的、手段、效果、问题与评价。

1）目的

组织管理的主要目的是提高组织的绩效水平，实现组织目标。这包括通过有效的分工和协作，使每个成员都能发挥自己的能力，从而实现目标的高效达成[①]。此外，管理的根本目的是提高效益，治理组织系统的"混乱"，并实现资源的最优配置[②]。组织管理的根本目的是实现组织的长期和短期目标，提升整体效能和可持续发展。具体目标包括：

（1）提高效率：通过优化流程、资源配置和协调工作，提升工作效率，降低成本。

（2）增强竞争力：增强组织的市场适应性和创新能力，提升组织在市场中的竞争优势。

（3）员工发展与满意度：通过培养员工能力、提升员工满意度，构建积极的组织文化。

（4）达成战略目标：确保组织的战略目标能够顺利实现，推动组织的长期成功。

明确的目的为组织成员提供了方向和动力。当员工清楚地知道组织要往哪里去时，他们能够更好地调整自己的工作方向和节奏，将个人目标与组织目标相结合，它也是衡量组织管理成功与否的基准。如果组织管理的结果偏离了既定目的，就说明管理策略或执行过程可能存在问题。

2）手段

组织管理手段的定义可以从多个角度进行理解。根据相关资料，组织管理手段是指管理者或管理机构为了实现预期的管理目标，合理地组织和协调组织内部的人力、物力等资源，采取的各种方式、方法和措施。

为了实现组织管理的目标，具体来说，组织管理手段涵盖了以下几个方面：

（1）行政管理：依靠行政组织的权威，运用命令、规定、指示、条例等行政方法来直接指挥和管理组织活动[②]。

（2）组织结构设计：组织结构设计是对组织内各构成要素及其相互关系的规划和安排。它确定了组织内的分工协作体系，包括部门划分、层级设置、职责界定和权力分配等内容。合理的组织结构能够明确各部门和人员的职责与权限，避免职责不清导致的工作推诿或重复劳动，提高组织运行效率。它还为组织内部的沟通和协作提供了框架，有助于信息在组织内的有效传递和共享。

（3）人力资源管理：人力资源管理是指对组织内人力资源的获取、开发、保持和利用等方面所进行的一系列管理活动，包括人员招聘、选拔、培训、绩效评估、薪酬福利设计和员工激励等环节。有效的人力资源管理能够确保组织拥有合适的人员，且这些人员能够在工作中充分发挥其能力，提高个人和组织的绩效。它有助于激励员工，提高员工的工作满意度和忠诚度，减少人员流失，为组织发展提供稳定的人力支持。

（4）流程管理：流程管理是对组织内业务流程进行规划、设计、执行、监控和优化的一系列活动。它涉及对工作程序、操作规范和信息流等的管理，以确保各项工作能够以高效、准确和一致的方式进行。流程管理能够消除业务流程中的冗余环节和浪费，提高工作效率，降低成本。它有助于确保产品或服务质量的一致性，提高客户满意度，并使组织能够快速响

① 焦叔斌.管理的12个问题（八）[J].中国质量，2009（12）：37–39.

② 邵阳.高中生未来自我连续性、自我控制与时间管理倾向的关系及教育策略研究[D].汉中：陕西理工大学，2024.

应市场变化。

（5）沟通与协作机制：沟通与协作机制是指组织内建立的用于促进信息交流、知识共享和团队合作的各种制度、渠道和方式，包括正式的会议制度、报告制度，以及非正式的团队活动、在线交流平台等。良好的沟通与协作机制能够打破部门壁垒，促进组织内各部门和成员之间的协同工作，避免信息不对称导致的决策失误和工作延误。它有助于营造积极的组织文化，增强员工的归属感和团队凝聚力，提高组织的创新能力。

组织管理手段是一种综合性的管理工具，旨在通过多种方法和措施，有效地实现组织目标并提高管理效率。

3）效果

组织管理效果是指通过实施组织管理活动所产生的实际结果和影响，通常反映在组织目标的达成程度、资源的有效利用、员工的工作表现、组织文化的建设以及整体效能的提升等方面。它衡量了管理措施、策略和决策对组织运作的实际成效，以及这些结果是否符合预期的目标和战略方向。组织管理效果的主要表现形式包括：

（1）目标达成：组织通过管理措施是否成功实现了预定的战略目标、业务目标或任务目标。

（2）效率提升：组织资源（人力、物力、财力）是否得到高效利用，管理流程是否优化，减少了浪费和低效行为。

（3）员工绩效和满意度：员工的工作效率、表现、满意度和忠诚度等是否得到提升，是否保持了较低的员工流失率。

（4）组织竞争力增强：组织在市场中是否具备更强的竞争优势，能否更好地适应市场变化并创新。

（5）管理质量改善：管理流程和沟通机制是否有效，决策是否科学，管理层与员工之间的协作和信任是否得到加强。

（6）文化建设：组织文化是否更加积极，团队协作是否更加高效，是否营造了一个支持创新和个人发展的工作环境。

4）问题

组织管理问题是指在组织管理过程中，因管理不当、资源配置不合理、沟通不畅、决策失误或外部环境变化等因素，导致组织在达成目标、提高效率、保持员工积极性、提升竞争力等方面出现障碍或困难的问题。这些问题涉及组织的各个层面，包括战略规划、组织结构、人力资源、业务流程、沟通协调等多个方面。具体阐述如下：

（1）基于组织战略层面。

战略模糊或缺失：组织缺乏清晰明确的发展战略，或者战略目标不具体、不具有可操作性，导致组织成员对未来发展方向迷茫，资源分配缺乏依据，无法有效应对市场变化和竞争挑战。战略与执行脱节：虽然制定了战略，但在实际执行过程中，由于缺乏有效的战略分解、资源配置不合理、执行监控不到位等原因，导致战略无法落地实施，无法转化为实际的组织绩效。

（2）涉及组织结构方面。

结构不合理：组织结构设计不科学，存在层级过多、部门设置重叠、职责权限划分不清等问题，导致信息传递不畅、决策效率低下、部门之间协调困难，影响组织的整体运行效率。组织灵活性不足：组织结构过于僵化，缺乏对环境变化的适应性和灵活性，难以根据市场需求、技术发展等因素及时调整和优化，限制了组织的创新和发展。

（3）围绕人力资源管理。

人员配置不合理：组织在人员招聘、选拔和任用过程中，没有充分考虑岗位需求和人员能力素质的匹配度，导致人员与岗位不匹配，工作效率低下，影响组织绩效。激励机制不完善：缺乏有效的激励措施，员工的工作积极性和创造力得不到充分发挥，导致员工流失率高，团队稳定性差。培训与发展不足：对员工的培训和职业发展关注不够，员工缺乏学习和成长的机会，技能和知识水平无法满足组织发展的需求，影响组织的创新能力和竞争力。

（4）关于业务流程领域。

流程繁琐复杂：业务流程设计不合理，存在过多的审批环节、繁琐的操作步骤和不必要的文档要求，导致工作效率低下，资源浪费严重。流程不规范：业务流程缺乏明确的标准和规范，不同员工在执行相同任务时可能采用不同的方法和标准，导致工作质量不稳定，难以保证组织的整体运营效果。

5）评价

组织管理评价是通过设定评价指标和标准，对组织的管理活动进行分析和判断的过程。其核心在于将事先设定的指标与实际表现进行比对，从而得出评判结果[①]。组织管理评价的主要目的是识别管理中的短板，诊断问题所在，并提供改进的方向和路径。通过评价，组织可以更好地实现其战略目标，优化资源配置，提高运营效率，并增强竞争力[②]。

组织管理评价是通过系统分析和多维度评估，全面衡量一个组织在不同管理领域的表现与效果。在评价过程中，主要关注以下几个关键内容：首先，战略管理评价侧重于分析组织战略目标的明确性与合理性，以及战略规划的科学性与可行性。评估过程中需要考虑组织是否能够准确洞察市场趋势和竞争环境，是否制定了符合自身长期发展的战略方向，并且是否能够有效地执行和调整战略。例如，在面对市场变化时，企业是否能够及时调整其业务布局，确保战略目标的达成。其次，组织结构评价聚焦于组织的架构设计，包括部门设置、层级关系及职责权限的划分。组织结构的合理性直接影响到信息流通、决策执行以及团队协作的效率。评价时，需要分析是否存在层级过多导致信息传递不畅，或部门之间职责不明确、存在重叠与空白的情况。

---

① 张东辉.中铁C公司劳务分包管理评价体系构建研究[D].北京：北京交通大学，2020.

② 余子华.基于战略实现和价值提升的组织效能评估方法与实践研究[J].黑龙江人力资源和社会保障，2022（13）：4–7.

人力资源管理评价则关注组织在人员招聘、培训、绩效评估、薪酬福利及职业发展等环节的执行效果。它的核心在于评估组织是否能够吸引、留住并激励优秀人才，员工的能力和潜力是否得到了充分的发挥。例如，企业的招聘流程是否科学、是否能够选拔到合适的人才；绩效考核机制是否公平且有效，是否能够激发员工的工作热情和积极性。业务流程评价主要考察组织的各项业务流程在效率、质量及适应性方面的表现，主要有评估流程是否简洁高效，是否存在冗余和复杂的环节，且是否能够在快速变化的市场环境中及时响应客户需求。例如，在生产流程中，是否能够保持产品质量稳定并提升生产效率，同时降低成本。组织文化评价着重对组织文化的价值观、行为准则、团队氛围等方面进行评估。评价的重点是组织文化是否积极向上，是否能够凝聚员工的共识，并激发员工的归属感和创造力。通过对企业内部文化的观察，能判断是否鼓励创新，员工是否敢于提出新的想法和建议。

在评价方法上，定量评价方法侧重于通过具体的数据和指标来进行分析，比如财务指标（利润率、资产回报率、成本控制率等）和运营指标（生产效率、产品合格率、客户满意度等）。这些数据能够直观地反映组织在特定时期内的经营成果和管理效能。例如，企业的利润率能够反映其盈利能力，而客户满意度调查则能衡量组织在满足客户需求方面的表现。

相对而言，定性评价方法则通过问卷调查、访谈、观察、案例分析等方式，收集组织管理方面的主观信息和意见。这些方法帮助评估组织文化、领导风格、团队协作等难以量化的因素。例如，通过与员工访谈，了解他们对组织文化和管理方式的感受，或通过观察企业的日常工作氛围和员工行为，评估组织文化的实际落地情况。

通过这些评价内容和方法的综合运用，组织管理评价能够为组织的发展提供全方位的洞察，识别其管理中的优势和不足，为进一步优化管理决策和提升绩效提供有力支持。

### 3.4.3 管理本质

管理，是一门融合科学与艺术的综合性学问，管理的本质是"管理者促使组织实现目标所做的一切努力的总和"，其方式是通过有效的计划、组织、领导和控制，实现组织目标。它不仅是对资源的有效利用和调配，更是为了促进组织成员的协作，推动组织适应外部环境的变化，并在此过程中实现持久和可持续的发展。管理本质贯穿于协调组织资源与活动、实现组织目标、处理组织中的人际关系以及适应与变革组织环境这几个关键方面。

1）协调组织资源与活动

管理的一个核心职能是资源的协调。管理通过计划、组织、领导和控制等职能，协调组织内外的资源，以实现既定目标[①]。资源不仅仅是物质资产（如资金、设备等），还包括人力资源、物质资源、信息资源、渠道资源、思想资源等。管理者需要根据组织的战略目标，合理调配和使用这些资源，以达到最大化的效益。

---

① 钟泽，杨晗，严森潇. 企业管理的内涵定义及和谐管理的重要性 [J]. 现代企业，2022（5）：30–31.

在资源协调方面，人力资源的合理配置至关重要。管理者需要深入了解每个员工的技能、经验、能力和潜力，将其安排到最能发挥优势的岗位上。例如，一家软件开发公司在承接项目时，会根据项目需求和员工专长，将擅长不同编程语言和领域的程序员分配到相应的任务模块中，确保项目能够高效推进[①]。对于物力资源，管理者要合理规划设备、场地等的使用，提高资源利用率，避免闲置浪费。比如，制造业企业会根据生产计划，精确安排生产设备的使用时间和维护周期，确保设备始终处于良好运行状态。在财力资源管理上，管理者要进行精细的预算编制和成本控制，确保资金的合理分配和有效使用。通过对市场趋势和组织战略的分析，决定资金在不同项目和业务领域的投入比例，确保资金流向最有价值的项目。信息资源同样不容忽视，管理者要建立高效的信息收集、整理、传递和分析机制，使重要信息能够及时、准确地传递给需要的人员，为决策提供有力支持。例如，企业通过市场调研收集客户需求、竞争对手动态等信息，为产品研发和营销策略制定提供依据。渠道资源是指组织在运营过程中用于传递产品、服务、信息等的各种途径和平台。它涵盖了销售渠道、传播渠道、供应链渠道等多个方面。销售渠道是产品或服务到达客户的途径，如线上电商平台、线下实体店铺等；组织需根据目标市场和客户需求，整合和优化销售渠道。例如，服装企业通过数据分析，评估线上官网、电商平台和线下店铺的销售表现，合理分配资源，优化产品布局。线上渠道可根据平台特点定制营销策略，线下店铺则注重选址、装修和服务质量，以提升客户体验。传播渠道用于组织形象、产品信息的推广，包括社交媒体、广告媒体、公关活动等。

组织需要统一传播策略，整合各传播渠道，实现信息一致传递。例如，通过社交媒体、广告和公关活动同步推出新产品，提升品牌认知度和市场影响力。多渠道协作形成全方位传播矩阵，增强产品的曝光度和口碑。供应链渠道则涉及原材料采购、产品运输和配送等环节。组织确保供应链协调，以保证产品供应和质量。组织需与供应商建立稳定关系，优化采购流程，保证原材料及时供应和质量控制。同时，通过与物流企业合作，提升配送效率，确保产品质量，如食品企业建立冷链物流体系，确保运输中的品质。思想资源是指组织内部成员所拥有的知识、经验、创意和价值观等。它是组织创新和发展的源泉，包括员工的专业知识、团队的创新思维、组织的文化理念等。丰富的思想资源能够为组织提供解决问题的新思路、推动产品和服务的创新以及塑造积极的组织文化。组织应建立有效的知识共享机制，鼓励员工交流专业知识与经验。可以通过内部培训、设立知识分享平台（如在线论坛或知识库）来促进员工互动和知识获取。这样不仅提高员工素质，也促进团队合作与创新。同时，组织文化价值观能凝聚共识，引导员工行为。通过培训和日常工作中的示范，强化员工对文化价值观的认同。

2）实现组织目标

组织目标是组织存在的根本理由和发展方向，它为组织的所有活动提供了清晰的指引。管理的核心使命之一就是通过一系列的规划、组织、领导和控制手段，确保组织目标得以

---

① 杨彭，张捷.设计领导力：设计管理研究的新向度[J].艺术设计研究，2024（5）：79-85.

实现。目标的设定是实现组织目标的首要步骤。一个明确、合理且具有挑战性的目标能够激发组织成员的积极性和创造力。例如，一家科技创业公司设定在三年内成为行业内技术领先企业的目标，这个目标不仅明确了公司的发展方向，还为员工们描绘了一个充满吸引力的愿景。目标的设定需要充分考虑组织的内外部环境、资源状况和发展战略，确保目标既具有可行性，又能够激励组织成员为之努力奋斗。

在目标设定之后，管理者需要将组织目标分解为具体的、可衡量的子目标，并将其分配到各个部门和岗位，使每个成员都清楚自己的工作对实现整体目标的贡献。例如，在科技创业公司中，研发部门的目标可能是按时完成产品的开发和测试；市场部门的目标是制定有效的市场推广策略，吸引目标用户；销售部门的目标是完成一定的销售业绩。通过这种目标分解，将组织的整体目标转化为每个成员的具体任务，使组织成员的工作更加有针对性和方向性。在目标执行过程中，管理者要持续监控进展情况，及时发现偏差并采取纠正措施，确保组织始终朝着既定目标前进。通过建立有效的绩效评估体系，对组织成员的工作表现进行定期评估，及时发现工作中存在的问题和不足，并给予相应的指导和支持。

3）处理组织中的人际关系

组织是由人组成的，人与人之间的关系直接影响到组织的氛围、效率和凝聚力。因此，处理好组织中的人际关系是管理本质的重要体现。激励员工是处理人际关系的关键环节。管理者要了解员工的不同需求，包括物质需求和精神需求，通过合理的激励措施激发员工的工作热情和潜力。物质激励方面，管理者可以提供有竞争力的薪酬、奖金、福利等，满足员工的基本生活需求和物质追求。例如，企业为业绩突出的员工提供高额奖金和晋升机会，以激励他们继续努力工作。精神激励同样重要，管理者可以通过公开表扬、认可、荣誉称号等方式，满足员工的成就感和自我实现需求。比如，在公司内部设立"优秀员工""创新之星"等荣誉称号，对表现优秀的员工进行表彰，增强员工的自信心和归属感。

团队建设也是管理中不可或缺的一部分。一个团结协作、富有凝聚力的团队能够爆发出强大的战斗力。管理者要营造积极向上的团队氛围，促进成员之间的沟通与合作，培养团队成员的归属感和责任感。例如，组织定期的团队建设活动，如户外拓展、团队聚餐等，让成员们在活动中增进彼此的了解和信任，提高团队的协作能力。在团队中，明确成员的角色和职责，避免职责不清导致的冲突和矛盾。同时，鼓励团队成员之间的相互支持和帮助，共同解决问题，营造一个和谐、积极的团队氛围。

此外，冲突管理也是处理人际关系的重要内容。在组织中，由于成员的背景、利益和观点不同，冲突难以避免。管理者要善于识别和处理各种冲突，采取适当的方法化解矛盾，维护组织的和谐稳定。例如，当员工之间因工作分配产生冲突时，管理者可以通过沟通、协商等方式，了解双方的诉求，寻求公平合理的解决方案。对于一些非原则性的冲突，管理者可以引导双方通过妥协、让步的方式解决问题；对于一些涉及原则问题的冲突，管理者要坚持原则，采取果断措施，确保组织的正常秩序。

4）适应与变革组织环境

管理需要适应与变革组织环境。随着外部环境的变化，组织需要不断调整和变革以保持竞争力[①]。组织所处的环境是动态变化的，包括外部的市场环境、技术发展、政策法规等，以及内部的人员结构、组织文化等。管理需要具备敏锐的洞察力和适应能力，以应对这些变化带来的挑战和机遇。

在外部环境变化时，组织需要及时调整战略和运营模式，以适应新的市场需求和竞争态势。例如，随着互联网技术的普及，传统零售企业纷纷开展线上业务，通过建立电商平台、拓展线上营销渠道等方式，实现了业务的转型升级。这就要求管理者具备前瞻性的眼光，能够准确预测市场趋势，提前布局变革措施。同时，管理者要密切关注政策法规的变化，及时调整组织的经营策略，确保组织的合规运营。例如，在环保政策日益严格的背景下，制造业企业需要加大环保投入，改进生产工艺，以满足环保要求。

组织内部环境的变化同样需要管理者的关注。随着组织的发展壮大，原有的组织结构、管理流程可能会变得僵化，影响组织的效率和创新能力。此时，管理者需要推动组织变革，优化组织结构，简化管理流程，培育创新文化，以激发组织的活力和创造力。例如，一些大型企业通过推行扁平化管理、引入敏捷工作方法等方式，减少管理层级，提高信息传递速度和决策效率，增强组织的灵活性和响应能力。同时，管理者要注重组织文化的建设和变革，培育符合组织发展战略的价值观和行为准则，引导员工的思想和行为，增强组织的凝聚力和向心力。

管理的本质体现在协调组织资源与活动、实现组织目标、处理组织中的人际关系以及适应与变革组织环境这几个方面。管理者只有深刻理解并把握管理的本质，才能在复杂多变的环境中，有效地引导组织朝着既定目标前进，实现组织的可持续发展。

### 3.4.4　管理趋势

未来管理的五大趋势[②]，可能影响长远组织的发展，分析见表3-6。

卢桐、宋彦强烈地批评了当前管理学的研究，指出：研究目标远离"人本主义""重工具（术）研究轻视本质规律探讨、重视流程分析轻视哲学总结"和"主要根植于自然系统和工程技术实践"，导致"关于社会系统的基本问题——人性、人与人、人与事、人与物之间的关系缺乏实质性研究。"[③]

我们一再地指出：组织（企业的泛义称谓）的本质是达成目标以实现"抱负"。受当前短时功利主义和机会主义思潮的拖累，实现远大"抱负"的想法和做法，怯于公布或"低调"行事，似乎受到了某种商业主流的裹挟，恰恰丧失了人性和社会人文的情怀，迷失在搞清楚人性是什么和人生的价值意义是什么的追问的征途中。现实的问题则呈现为：盈利为唯一目的、为达目的不择手段丧失伦理甚至违法乱纪。

管理应当是为成就企业家的伟大抱负，而不应仅仅沉湎于物欲满足、私利攫取的指标衡量上。对于组织本质和管理本质的探讨，不是虚无主义的，是有导向性意义的。

---

① 张敬伟，崔连广，李志刚，等.连续变革理论述评与展望 [J].研究与发展管理，2020，32（2）：144-154.
② 黄卫伟.五大管理趋势，将影响下一个 50 年 [Z].2025.
③ 卢桐，宋彦.当前中国管理学发展评述 [J].辽宁经济，2009（4）：56.

| 一 | 二 | 三 | 四 | 五 |
|---|---|---|---|---|
| 治理重点转向创新资源的配置与利用 | 从管理确定性到管理不确定性 | 大公司设立基础研究实验室再掀热潮 | 创始人的作用不可替代 | 天才引领与员工参与的结合 |
| **起源**：管理革命从所有权与管理权的分离开始，就产生了公司治理问题，以及有关公司治理的相关假设和理论<br>**演变**：公司治理从公司控制权的争夺，演变到剩余索取权的争议，再到股东价值最大化和委托—代理理论的提出，今天又转向创新的资源配置和利用<br>**根源**：其背后是资本市场与公司内部人员（包括管理者和员工）的较量，是价值创造与价值分配动力的较量<br>**转向**：为使创新的资源配置过程具有开发性、组织性和战略性，创新的公司治理体制在任何时候都必须具备三个条件，包括财务承诺、组织整合和内部人控制，这三个条件结合在一起才能确保创新资源配置的组织控制，而不是市场控制 | **观点**：只有变化规律不可预知的不确定性，而不是可以估计其发生概率的风险，才是利润的真正来源<br>**机会**：由数字化引起的产品和服务形态的变化，商业模式的创新和再造，以及反垄断、隐私保护、安全环保问题，还有低技能工人，处理程序化业务的专业人员的大量失业、转行、再教育、终身学习问题等，将蕴含着巨大的不确定性，也蕴含着无数的机会<br>**挑战**：如何管理新技术革命引发的更大的不确定性，如何从中发现机会，如何规避和克服创业的风险，如何在不确定的环境中创造卓越绩效，如何在不确定的未来持续生存，这些是管理面临的巨大挑战 | **动因**：许多大公司都设立了专门从事基础研究的实验室，形成基础研究推动的产品和服务创新与市场需求拉动的产品和服务创新的"双轮驱动模式"<br>**挑战**：商业目的的抉择、受技术进步速度推动、具有战略意义的领先市场、如何独辟蹊径突破先发封锁、采用"双轮驱动"模式；平衡投入与回报、平衡商业目的与基础研究、如何评价贡献给予报酬等<br>**应对**：挑战，需要发挥富有远见和洞察力的领导力，需要企业家精神 | **根源**：企业之所以伟大，是因为创始人伟大而朴实的经营理念和价值观的代代传承。而这些创始人之所以伟大，在于其青年时期的不平凡的经历。不平凡的经历塑造了创始人伟大的人格，而具有伟大人格的创始人造就了伟大的企业<br>**回归**：管理革命的演进特征是创始人的作用回归。首先，是第四次工业革命的推进速度，超过了以往三次工业革命的进步速度。其次，是常识在发挥作用。再次，创始人塑造了企业文化，创始人的价值观是企业文化的精髓，是企业基业长青的根基<br>**反例**：反观失败的职业经理人，他们受到多方面的束缚，错失重大的转型机会。柯达、施乐、惠普等公司，如果创业者还健在，这些企业是否会衰落<br>**结论**：只有沿着创始人开辟的道路和价值观继续前进，才能从胜利走向更大的胜利 | **背景**：一场世界范围的顶尖人才争夺战，战火烧到了几乎所有发达国家和人口大国，深刻改变着人才所在国的制度与价值观<br>**提醒**：在看到顶尖人才引领创新突破和企业绩效的大幅提升的同时，我们也不能忽略广大员工的贡献和他们的创造潜能<br>**应对**：第四次工业革命的挑战，我们既需要苹果公司创始人乔布斯那样的旷世奇才，也需要像3M公司发明便利贴的潜在的广大人才群体 |

# 3.5 敏捷适应

## 3.5.1 敏捷、敏捷性与敏捷适应力

敏捷适应力是企业在快速变化的市场环境中保持竞争力的关键能力。它结合了敏捷性和适应性的特质，强调快速响应、灵活性以及持久性。敏捷适应力要求企业具备高度的警觉性和感知能力，能够及时发现外部环境的变化，并迅速调整策略和行动以应对这些变化。

敏捷代表着一种能够快速感知变化、迅速做出反应并高效适应变化的理念和方法。敏捷性则是指个体或组织在面对变化时，能够迅速做出反应、灵活调整并有效应对的能力。它强调速度、灵活性和适应性，是一个普适性的度量概念。在敏捷高等教育理论中，特别将敏捷性内涵表达为快速、适应性、动态联盟、不断改进、组织变革、高效利用六个方面[①]，基于组织广义产品的敏捷性内涵表达，如图 3-7 所示。

| 快速 | 适应性 | 动态联盟 |
|---|---|---|
| 快速量产。基于价值驱动快速机动地交付产品，让其尽早投入市场从而产生商业价值 | 在变化的组织内外环境下具备能够在短时间内适应市场规律和客户需求双重变化的能力 | 即战略联盟。通过信息高速公路，将产品涉及的不同组织联合并统一指挥，以快速响应市场机遇 |
| 敏捷性 | | |
| 不断改进 | 组织变革 | 高效利用 |
| 持续调整并优化，将本迭代环节的分析、讨论、总结成果应用于下一环节 | 组织根据内外环境变化，及时对组织要素（管理结构、文化等）进行调整、改进和革新的过程 | 基于对已有知能的高效利用实现价值驱动，促使业务活动灵活调整 |

图 3-7　基于组织产品的敏捷性内涵表达

敏捷适应力是指个体或组织在面对外部环境变化时，能够迅速调整自身状态、策略和行为，以适应新环境并保持竞争力的能力。它强调对变化的快速响应和灵活应对，是将敏捷性和适应性发挥出螺旋上升式跃进的能力。

敏捷适应力要求个体或组织具备高度的警觉性和感知能力，能够及时发现外部环境的变化，并做出相应调整。同时，还需要具备强大的执行能力和变革管理能力，以确保调整能够迅速、有效地实施。对于工商组织的企业而言，敏捷适应力是实现持续成长和竞争优势的关键。在快速变化的市场环境中，企业需要不断适应新的技术、客户需求和竞争态势，以保持领先地位。通过提升敏捷适应力，企业能够更好地应对市场变化，抓住新的机遇，从而在竞争中脱颖而出。

敏捷适应力的核心在于：快速感知变化，灵活调整自我，持续稳健成长，核心要素包括洞察力、灵活性、创新性、学习能力。洞察力是指敏锐地察觉和分析外部环境变化的能力，能够及时捕捉市场趋势、竞争对手动态和客户需求，从而帮助组织快速识别潜在机会和威胁。灵活性则表现为组织能够根据这些变化，迅速调整策略、流程或产品结构，以适应新的市场需求或挑战，从而实现资源最优配置。创新性是在适应过程中不断探索和应用新的方法、技术及商业模式，创造出新的竞争优势，体现于产品、服务、管理及流程等多个方面。学习能力则是持续学习新知识、新技能，提升个体或组织的适应能力和核心竞争力，确保在变化面前能够更为灵活和高效。

---

① 卢锡雷.敏捷高等工程教育理论与方法：提升工程教育效率的路径与实践 [M].北京：中国建筑工业出版社，2023.

组织的敏捷适应力来源于多个方面，这些方面的协同作用共同构建了组织应对外部变化的能力。以下是对各方面的简要分析以及可能的应用场景：

1）领导力

领导者的战略眼光和决策能力对于敏捷适应性至关重要。领导者必须能够在不确定和快速变化的环境中做出迅速而准确的决策，引领组织应对挑战和抓住新机会。

应用场景：在企业的战略规划中，领导力影响着公司如何快速调整方向以适应市场变动。

2）组织文化

鼓励创新和注重学习的文化氛围有助于组织持续优化和更新现有的做法。通过创建一个包容失败、乐于创新的环境，员工可以不断改进并快速适应外部变化。

应用场景：在创新驱动的行业，如科技或制药行业，开放和创新的文化能够激励团队不断解决新问题。

3）流程优化

精简和高效的业务流程能够减少决策和执行过程中的拖延，提高响应速度。持续的流程优化有助于组织快速适应变化并保持高效运作。

应用场景：在生产制造领域，通过精益生产和自动化工艺，减少浪费、提高生产效率。

4）技术应用

数字化和自动化技术是提升敏捷适应性的重要工具。它们能加速信息流通、增强决策支持、提高工作效率，并帮助组织应对市场变化。

应用场景：在零售行业，电子商务平台和大数据分析帮助企业及时了解客户需求并作出产品调整。

5）员工能力

员工的多元化技能和快速学习能力是组织敏捷适应性的基石。员工需要具备不断学习新技能的能力，并且能够迅速应对新任务的挑战。

应用场景：在技术公司，员工具备跨领域的能力使得他们能够应对复杂的项目，帮助公司快速转型。

6）组织结构

扁平化、灵活的组织架构可以提高信息传递的效率，加速决策过程，确保组织能够快速响应市场变化。

应用场景：在创业公司或创新型公司中，扁平化结构能够更快速地决策和执行，不被层级制度拖慢。

7）客户导向

以客户需求为中心的创新，能够帮助组织精准抓住市场的变化和趋势。关注客户需求的变化使得组织能够快速调整产品或服务策略。

应用场景：在互联网行业，企业通过客户反馈和数据分析不断优化产品，提升用户体验。

这些方面共同构成了组织的敏捷适应力基础。在不同的主题或场景下，组织可以根据具体需求和环境，灵活调整其中某一方面的重点。例如，企业在面对技术变革时，可能会特别侧重于技术应用和员工能力的提升；而在面对激烈的市场竞争时，领导力和客户导向可能会成为重点。此外，敏捷适应力还体现在组织文化、人才管理等方面，有助于组织实现创新速度、适应性和竞争力的提升[①]。

敏捷适应力在不同领域的应用广泛且多样，涵盖了从组织管理、教育培养到个人发展等多个方面。

在企业领域，敏捷适应力是应对市场变化、技术革新和竞争对手挑战的关键能力。企业需要通过快速调整战略、优化产品结构和提升服务质量来保持竞争优势。例如，敏捷营销能够帮助企业迅速响应客户需求，实现产品和服务的快速创新，从而提高市场适应性和竞争力。

教育机构也需要具备敏捷适应力来应对教育改革、学生需求变化和技术发展。敏捷理念已被应用于教师培训课程开发中，以应对知识爆炸和个性化需求的挑战[②]。职业教育的适应性增强被视为高质量发展的内在要求，通过政行企校多元合作，提升职业教育体系的适应性[③]。此外，敏捷领导力在教育领域也发挥着重要作用，帮助教育领导者更好地应对教育领域的复杂性和不确定性。

个人需要具备敏捷适应力来应对职业变化、社会变迁和个人成长的需求。学习敏捷性被认为是个人职业适应力的重要组成部分，能够帮助个体更好地适应变化，提高职业满意度和成功率。在第四次工业革命背景下，技术适应性、敏捷学习和职业导航成为个人职业适应力的关键因素。此外，敏捷性还体现在个人对新知识的学习和技能提升上，通过不断调整职业规划，个人可以在不断变化的社会环境中保持竞争力并实现个人价值。

### 3.5.2　提升敏捷适应力：个体与组织的发展之道

#### 1. 提升敏捷适应力的基础

在这个"乌卡"与"巴尼"时代，变化的速度与幅度超乎想象，无论是个人还是组织，若想在其中站稳脚跟、实现发展，提升敏捷适应力成为必由之路。这不仅关乎在复杂环境中保持竞争力，更是关乎能否生存与持续进步。对于个人和组织，提升敏捷适应力需要一些基础条件。

##### 1）建立灵活的组织结构

组织结构是敏捷适应力的基础。传统的层级化结构往往存在决策缓慢、沟通障碍等问题，不利于快速反应和适应外部变化。通过采用扁平化、网络化或项目化的组织结构，可以有效提高组织的灵活性和响应速度。灵活的组织结构包括扁平化结构、网络化结构以及项目化结构。

---

① 付帅. 敏捷绩效管理：快速应对商业环境的变化 [J]. 人力资源，2024（9）：80-81.
② 闫寒冰，李帅帅，段春雨，等. 敏捷理念在教师培训课程开发中的应用研究 [J]. 中国电化教育，2018（11）：33-38，45.
③ 张征澜. 多元合作视角下增强职业教育适应性的实践与路径探索 [J]. 大众文艺，2024（9）：208-210.

扁平化结构：传统层级式组织结构存在信息传递慢、决策周期长等弊端。扁平化结构减少中间管理层级，使信息能够快速在高层与基层之间传递。例如，一些互联网创业公司采用扁平化结构，员工与高层领导直接沟通，当市场出现新的机遇或挑战时，基层员工能迅速将信息反馈给领导，领导也可快速做出决策并传达执行，大大提高了组织的响应速度。

网络化结构：组织以核心业务为中心，通过与外部供应商、合作伙伴等建立广泛的网络连接。这种结构使组织能够整合各方资源，灵活应对变化。如服装品牌企业与众多独立设计师、面料供应商、生产厂家构建网络关系，当流行趋势变化时，可迅速与相关方合作，推出符合潮流的新品。

项目化结构：围绕特定项目组建临时团队，项目结束后团队成员可重新分配。以建筑企业为例，针对不同的建筑项目成立专门项目组，集合设计、施工、预算等各方面专业人员，项目组拥有高度自主权，能高效应对项目中的各类变化，如设计变更、施工条件改变等。

2）强化团队协作与沟通

团队协作和沟通是提升敏捷适应力的关键要素。在一个高度敏捷的组织中，沟通必须是开放和透明的，以确保信息能够迅速而准确地传递给每个团队成员。有效的沟通不仅限于上下级之间的指令传达，更包括团队成员间的互动、跨部门合作的顺畅以及信息技术工具的应用。强调团队协作可以通过建立有效沟通机制与培养团队协作精神来实现。

建立有效沟通机制：组织应搭建多样化沟通渠道，如定期的面对面会议、即时通信工具群组、项目管理平台等。例如，软件开发团队利用即时通信工具及时沟通代码编写中的问题，通过项目管理平台共享项目进度和资源信息，确保团队成员对项目情况了如指掌。

培养团队协作精神：通过组织团队建设活动、拓展训练等方式，增强团队成员之间的信任与默契。在团队协作培训中，设置需要成员共同完成的挑战任务，让成员在合作中理解彼此的优势与不足，提高协同效率。当面对外部变化时，团队能迅速达成共识，共同制定应对策略。

3）培养创新思维和学习能力

敏捷适应力不仅仅是反应速度，更是主动迎接挑战和创新的能力。为了在瞬息万变的市场中保持竞争力，组织需要不断推动创新思维，并为员工提供学习和发展的机会。为培养创新思维和学习能力，需要鼓励创新思维以及提供对应的学习资源。

鼓励创新思维：组织营造包容创新的文化氛围，对员工提出的新想法、新观点给予支持与鼓励。例如，3M 公司允许员工将部分工作时间用于自主探索创新项目，这一举措催生了如便利贴等众多创新产品。同时，开展头脑风暴、创意竞赛等活动，激发员工创新思维。

提供学习资源：为个体和组织提供丰富学习资源，如内部培训课程、在线学习平台账号、购买专业书籍等。企业与高校、培训机构合作，邀请专家进行培训讲座，提升员工专业技能。个体可利用这些资源不断学习新知识、新技能，为应对变化储备能力。

4）制定灵活的战略和计划

制定灵活的战略是提升敏捷适应力的重要步骤。传统的战略规划往往注重长远目标和详细的执行步骤，而这种方式在快速变化的环境中可能显得不够灵活。为了保持敏捷性，组织需要制定短期灵活的战略，定期评估并根据外部环境的变化进行调整。制定灵活的战略和计划可通过情景规划与滚动式计划。

情景规划：组织在制定战略时，考虑多种可能的未来情景，针对不同情景制定相应策略。例如，能源企业在制定战略时，考虑到传统能源价格波动、新能源技术突破等多种情景，制定不同的发展路径，以便在实际情况发生时能够迅速调整战略。

滚动式计划：摒弃固定不变的长期计划，采用滚动式计划方法。以年度计划为例，每季度对计划进行评估和调整，根据市场变化、竞争对手动态等因素，对后续计划进行修订，确保计划始终具有适应性和指导性。

提升敏捷适应力是个体和组织在不确定的环境中保持灵活性和竞争力的关键。通过建立灵活的组织结构、强化团队协作与沟通、培养创新思维和学习能力、制定灵活的战略与计划，并提升个体的敏捷性，组织可以在快速变化的世界中保持敏捷反应，抓住新机会，迎接新挑战。只有不断地调整和优化，才能在竞争中始终占据有利位置，快速应对外部环境的变化，走在时代的前沿。

### 2. 提升敏捷适应力的方法

在当今快速变化的环境中，敏捷适应力已成为个人和组织成功的关键因素。敏捷适应力不仅涉及对变化的快速响应能力，还包括在不确定性和复杂性中做出有效决策的能力。下面探讨提升敏捷适应力的多种方法，涵盖个人发展、团队协作以及组织策略。

1）个人层面的提升方法

（1）培养情境敏感性。

情境敏感性是提升个人适应力的关键。通过增强对当前情境的敏锐感知和快速反应能力，个人能更有效地应对外部环境变化。例如，Spotify 的敏捷教练通过情境敏感的鼓励技能帮助团队成员适应快速变化的工作环境。个人可以通过反思自己的行为与决策过程，提升对不同情境的理解和应对能力。此外，培养对他人需求和团队氛围的敏感度也是情境敏感性的体现。

（2）发展积极应对策略。

积极应对策略要求个人具备灵活、迅速的反应能力。在面对挑战或压力时，能够迅速识别问题并采取有效的解决方案。通过练习在压力下冷静思考、做出决策，个人能够更加明智地应对突发情况。快速反应和灵活处理问题的能力，有助于个人在动态环境中维持稳定并抓住机会。

（3）持续学习与自我反思。

在信息爆炸的时代，持续学习成为提升适应力的重要手段。个人需要主动探索新知识，跟上行业动态，将新学到的知识运用到实践中。与此同时，定期进行自我反思是发现不足并进行改进的重要方式。通过回顾自己在工作和生活中的表现，个人可以发现潜在的改进空间，从而提高自己的适应能力。

2）团队层面的提升方法

（1）促进开放对话与集体学习。

团队中的开放对话和集体学习能显著提升适应力。团队成员通过定期的分享、讨论和反思，共同解决问题并获得新的见解。例如，敏捷教练鼓励团队成员进行开放交流，形成适应性强的团队文化。团队中的每个成员都能够通过学习他人的经验和知识，迅速找到应对变化的最佳方式。

（2）建立协作与创新机制。

团队应当建立支持创新和协作的机制，以应对不断变化的环境。这包括定期举行头脑风暴会议，鼓励创意分享，及时识别市场的变化并调整方向。此外，团队还应提供必要的资源，支持创新项目的落地。通过模拟真实情境的训练，团队成员能够在实践中提升适应能力，学会快速调整和响应。

（3）领导者的示范作用。

在提升团队适应力方面，领导者的示范作用至关重要。领导者不仅要通过自身行动展示如何应对变化，还要设定清晰的目标和方向，帮助团队朝着目标不断前进。领导者应注重培养团队成员的自主性和责任感，增强团队整体适应力。通过鼓励自我管理和团队协作，领导者能够创造一种适应性强的团队文化。

3）组织层面的提升方法

（1）制定适应性战略。

组织在应对快速变化的市场环境时，需要制定明确的适应性战略。这包括识别潜在风险、制定应对措施，并定期评估战略的有效性。例如，企业可以通过引入敏捷管理工具和技术，提升战略的灵活性。通过动态调整战略方向，组织可以更加快速地应对市场变化，抓住新兴机遇。

（2）优化组织结构与流程。

组织结构和流程的优化对于提升适应力具有重要作用。简化决策流程、减少层级管理、加强跨部门协作有助于提高组织的反应速度。例如，通过实施敏捷开发方法，企业能够更高效地响应客户需求，并快速推出新产品。优化的流程能够减少内部沟通成本，使组织更加灵活。

（3）培养适应性文化。

培养一种鼓励创新和适应的文化是提升组织适应力的核心步骤。组织可以通过认可和奖励那些表现出色的员工，激励员工提出创新想法并实现。为所有员工提供培训和发展机会，有助于提升他们的适应能力。例如，组织可以定期举办培训课程和工作坊，帮助员工学习新技能，保持在行业中的竞争力。

无论是在个人、团队还是组织层面，提升敏捷适应力是应对快速变化的关键。在个人层面，通过培养情境敏感性、发展积极应对策略、持续学习与自我反思，可以更好地适应外部变化。团队和组织层面则可以通过开放对话、协作机制的建立以及领导者的示范作用，提升集体适应力。通过全方位的努力，个体与组织可以在不断变化的环境中保持灵活，迎接挑战并抓住机遇。

以上方法归纳起来见表3-7。

表 3-7 提升敏捷适应力的基础与方法

表 3-7

| 提升敏捷适应力的基础 | | | 提升敏捷适应力的方法 | |
|---|---|---|---|---|
| 建立灵活的组织结构 | 扁平化结构<br>网络化结构<br>项目化结构 | 个人层面 | （1）培养情境敏感性<br>（2）发展积极应对策略<br>（3）持续学习与自我反思 | |
| 强化团队协作与沟通 | 建立有效沟通机制<br>培养团队协作精神 | 团队层面 | （1）促进开放对话与集体学习<br>（2）建立协作与创新机制<br>（3）领导者的示范作用 | |
| 培养创新思维和学习能力 | 鼓励创新思维<br>提供学习资源 | 组织层面 | （1）制定适应性战略<br>（2）优化组织结构与流程<br>（3）培养适应性文化 | |
| 制定灵活的战略和计划 | 情景规划<br>滚动式计划 | | | |

## 3.5.3 敏捷适应力案例分析

### 1. ZARA 的供应链敏捷性

西班牙著名服装品牌 ZARA 以快速反应著称于流行服饰业，以 1/3 公司分店数量实现销售额占到公司总销售额的 75%，其一体化的供应链管理模式成为业界的标杆，是敏捷适应力的践行典范。

ZARA 供应链简图如图 3-8 所示。

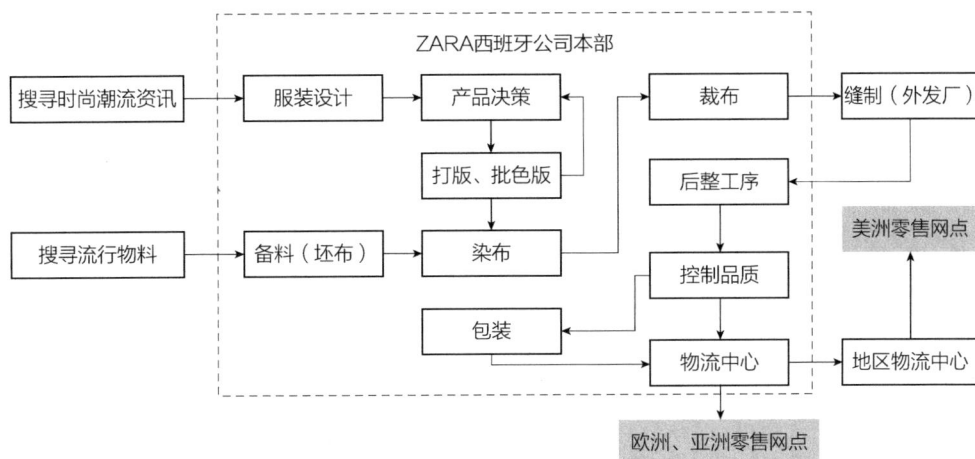

图 3-8  ZARA 供应链简图

ZARA 的全程供应链可划分为四大阶段，即产品组织与设计、采购与生产、产品配送、销售和反馈，所有环节都围绕着目标客户运转，整个过程不断滚动循环和优化。全局来看，ZARA 能够实现高效的供应链运作归结为三大方面。第一，信息管理系统将服装的设计、生产加工、物流配送以及门店销售四个环节融为一体，确保品牌成为买得起的快速时尚。第二，其配送中心在周转方面的快速、高效运作，一改现下普遍将配送中心主用于存储的现象。第三，采用从配送中心直配到专卖店的物流模式，实现产品到达即可直接上架，大大节省了中途各站的周转时间。

从设计理念到产品上架平均只需 10~14 天，每年库存周转达到 12 次左右。ZARA 高绩效、强柔性、快周转的可靠供应链构成其核心竞争优势，在行业中占据相当的市场份额。

2. 比亚迪汽车：凭借敏锐洞察与技术创新引领中国汽车产业转型

比亚迪汽车作为中国新能源汽车领域的领军企业，其成功源于深刻的市场洞察和持续的技术创新。

卓越的前瞻性使得比亚迪能够敏感捕捉市场趋势。在燃油车仍占据市场主导的时期，比亚迪已优先认识到新能源汽车的发展前景，提前战略布局，将研发与生产重心向电车倾斜。同时，在电池技术、驱动电机和智能化系统方面创新表现，构成核心竞争力。其自主研发的磷酸铁锂电池，尤其是"刀片电池"，通过创新性的结构设计，将电芯做成薄片形状并紧密排列，不仅增强了空间利用率，并且同时提升了行驶距离和电池安全性，在业内树立了标杆。研发的高性能驱动电机实现在更小体积下输出更强大动力的能力，提升了车辆的加速性能和动力响应速度，具备功率密度高、效率高、噪声低等优势。再者，比亚迪开发的 DiLink 智能网联系统，整合车辆控制、信息娱乐、智能交互等多种功能，为用户打造全方位的智能出行生态，推动了新能源汽车智能化水平的整体提升。

比亚迪具备的敏捷适应力表现在市场感知方面的快速分析能力以及在技术创新方面的执行能力，使其在新能源汽车市场占据领先地位，不仅为自身发展注入了强大动力，更对整个新能源汽车行业的技术进步和发展方向产生了深远影响。

**2**

第 篇

适应环境：耦合模式

# 第4章
# 环境要素

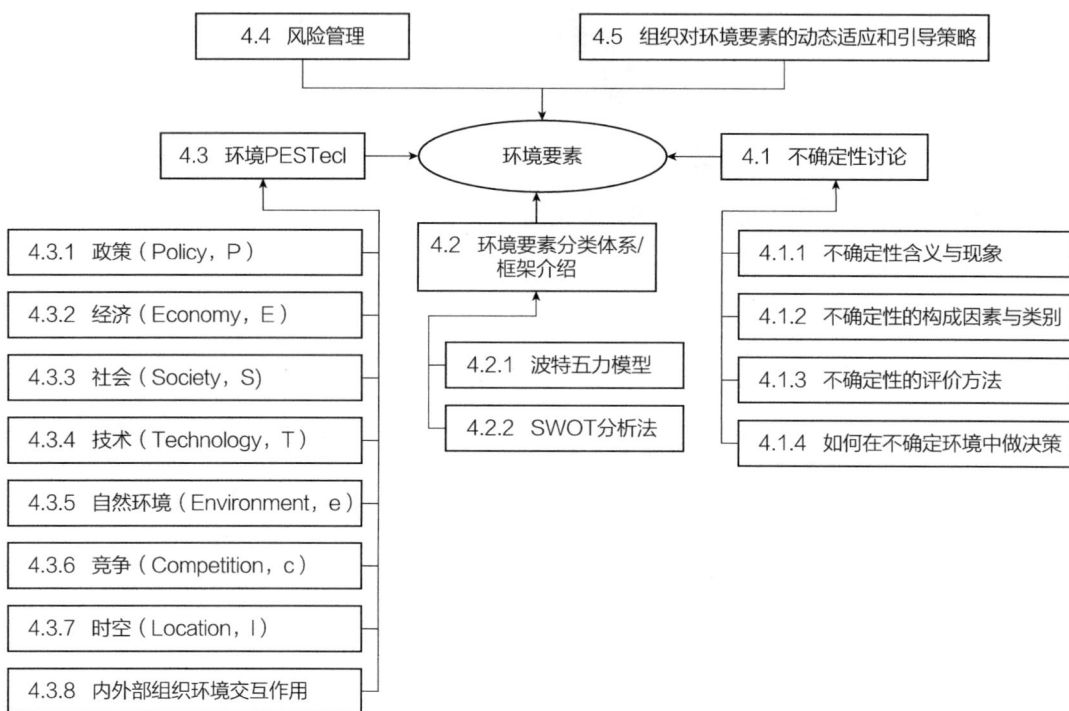

图 4-1　第 4 章逻辑图

　　耦合思维是组织创新与变革，以重塑组织新形态的重要思维方式。组织应建立"持续运营、高效管理和敏捷适应"的三大目标，本书的宗旨是帮助其实现三大目标。在书名中已经充分体现："重塑：构建具有敏捷适应力的高效组织"。持续运营则是长期主义、长远谋划的体现。重塑的内容包括：重塑领导者与组织共同体的认知、组织的目标，实现目标的途径，改善支撑工具以及改进考核方法。研究重点以重塑三大载体，阐述组织内部的"产品创新 / 业务重构""流程优化 / 体系重建""机制改善 / 组织重塑"，即"业务、流程、组织"与环境的三大耦合途径。

耦合是深度交互与融合，耦合起始于变化，这种变化是动态的。组织的外部环境和内部环境，常常成为耦合的最大不确定因素。本章从不确定性入手，分析环境要素。环境要素并非一概而论，PESTecl 是一种概括模型。

# 4.1　不确定性讨论

不确定性很大程度上影响了组织的运营，对不确定性开展深入理解很有必要。

## 4.1.1　不确定性含义与现象

传统不确定性表现为结果的不可预知与突变性，典型如金融危机（2008）、ChatGPT 引爆 AI 革命（2023）等事件，往往缺乏预警且引发政策急转、产业震荡。其本质考验组织的三大核心能力：信息敏锐度（政策／市场信号捕捉）、决策判断力（风险识别与应对）、动态适应性（快速调整机制）。当前不确定性的烈度、频次与产业链关联度持续升级，倒逼企业构建"防微杜渐—敏捷响应"的双重韧性体系。

然而，我们认为所谓的不确定性，其本质是"未达预期"，也就是"事物发展结果的多种可能性或不可预知性"之中的这些结果没有达到预期的特性，这一认知，是对不确定性认识的重大提升和完善，如图 4-2 所示。

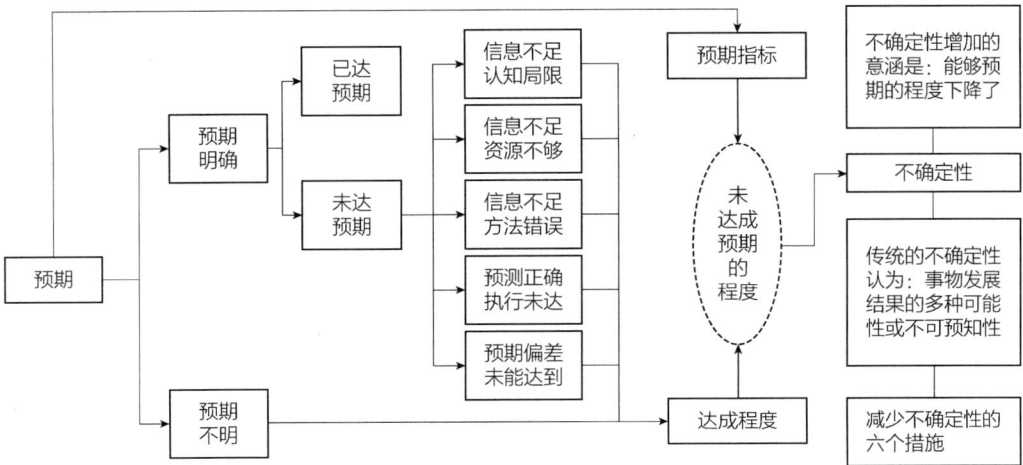

图 4-2　不确定性的本质是"未达预期"

认识不确定性，要求全面掌握客观和主观两个方面。不确定所具有的客观性，是一种各种因素下的"未达预期"，这些因素包括"信息不足下的认知局限、资源不够、方法错误"。不确定所具有的主观性，是一种与预期相关的"未达预期"，包括"预测正确执行未达、预期偏差未能达到和预期不明未达预期"。消除这六项因素，成为减少不确定性的六个措施。

## 4.1.2　不确定性的构成因素与类别

1. 构成或者导致不确定性的因素

1）环境因素

（1）自然环境方面。天气变化具有不确定性。与自然条件相关度高（如受天气影响较大的农业、渔业等行业）、资源生态链长的组织，就要特别关注自然环境方面的变化。

（2）社会环境方面，社会政策的调整、市场需求的波动等都是构成不确定性的关键因素。从大周期和宏观历史来看，"气候变迁与文明兴衰"都是密切相关，具有非常好的拟合度，小组织受到影响也更正常。不过，在强大的自然面前，人类并非只有顺应和服从，企业组织总是能够挖掘适应因子，找到自我救赎和崛起发展的道路。

2）信息不完全因素

经济活动中，企业组织决策面临信息不完全的情况，纯属常态。如何尽可能设法避免信息不完全和不对称导致风险，才是正确的认知。

3）复杂系统内部的相互作用因素

宏观上，在经济系统中，各个产业之间相互关联，一个产业的波动（如原材料供应产业的波动）可能会通过产业链传导，引发其他产业的变化，这种传导机制非常复杂，难以精确把握，带来不确定性。

4）组织内控要素不确定因素

微观上，工商经济组织尽管由创业者构设，倾注心力和灌注思想，但是由于"人"因素的"活跃性、可变性、动态性"，组织内控存在不易察觉、难以全控的不确定性。

2. 不确定性的类型

管理不确定性是一个组织非常重要的能力。不确定性的类型决定能力类型，如图4-3所示，不确定分Ⅰ和Ⅱ两大类型。Ⅰ类是外部环境的不确定性；Ⅱ类是内部管控的不确定性。Ⅰ类中，一方面对创业者的价值观、愿景和目标进行了长期的塑造，一定程度固化在组织的

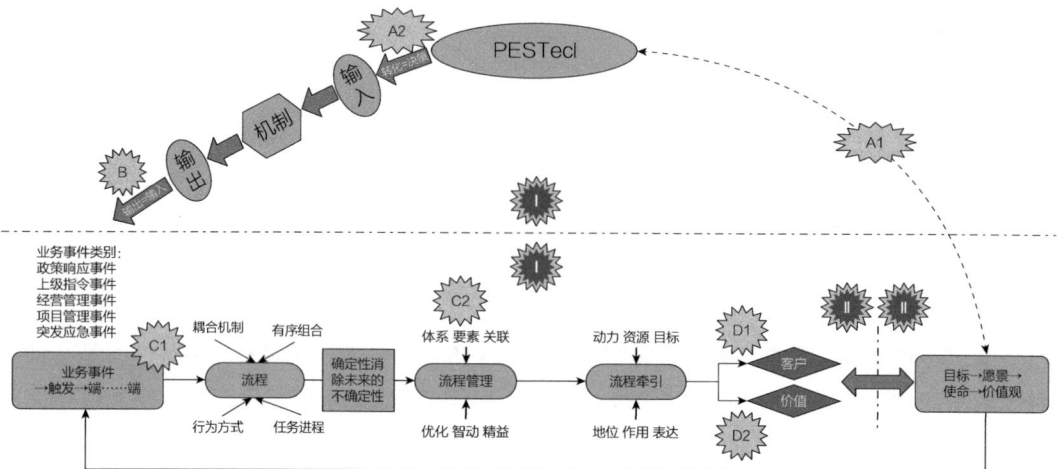

图4-3　不确定性的耦合类型

文化和行事风格之中，称为 A1 类不确定。另一方面通过输入到组织（接触和接受环境因素的研发、销售、客服、工程营建等环节）导致的 A2 类不确定性，而转化为输出的 B 类不确定性。A1/A2+B 构成 Ⅰ 类不确定性。Ⅰ 类不确定性触发的两个结果，其中之一是业务事件，包括"政策响应事件、上级指令事件、经营管理事件、项目管理事件和突发应急事件"，这些构成 Ⅱ 类的 C1 类内控不确定性，与之对应应采取的耦合措施是流程的衍射和反映，这构成了 C2 类内控不确定性。其输出的客户（需求与购买行为）不确定性为 D1，输出的价值为 D2 类不确定性。C1/C2+D1/D2，构成第 Ⅱ 类不确定性。一方面与环境输入的 B 不确定性耦合，另一方面与 A2 输入形成的目标耦合。耦合能力，决定了组织的适应能力，其快慢以敏捷性衡量。

归纳起来，不确定性类型与功能如表 4-1 所示。

不确定性类型与功能内容表　　　　　　　　　　　　　　表 4-1

| 大类 | 类型 | 不确定性描述 | 组织与不确定因素的耦合能力 |
|---|---|---|---|
| Ⅰ | A1 | 环境因素塑造价值观、目标 | 审时度势，形成"抱负"能力 |
| | A2 | 环境因素输入组织 | 侦测、感知、判断能力 |
| | B | 环境因素输出触发业务事件 | 转化、输出、触发能力 |
| Ⅱ | C1 | 业务事件（任务化） | 决策、镜像、构建体系能力 |
| | C2 | 管理体系 | 体系运营能力 |
| | D1 | 客户 | 获取信任、增强客户黏度能力 |
| | D2 | 价值 | 创造组织（产品、服务）价值能力 |

组织可以参考本表着力构建"组织力"——一系列对应外部和内部不确定性的耦合能力。

### 4.1.3　不确定性的评价方法

常用三种方法评价不确定性：①概率分析方法。对于可以用数值表示结果的不确定性事件，可以采用概率分析的方法。②情景分析方法。在企业战略规划、项目投资等方面经常使用情景分析的方法来评价不确定性。以企业开拓海外市场为例，企业可以设定不同的情景，如乐观情景（当地市场需求旺盛、政策环境有利、竞争对手少等）、悲观情景（市场需求低迷、政策限制多、竞争激烈等）和中性情景。然后针对不同情景分析企业可能面临的机遇和挑战，制定相应的应对策略。③敏感性分析方法。常用于评估不确定性因素对某个目标变量的影响程度。在工程项目的成本控制方面，会用到敏感性分析。例如一个大型建筑工程的成本受到原材料价格、人工成本、工期等因素的影响。通过敏感性分析，可以确定哪个因素对成本的影响最大。如果原材料价格的微小波动会导致工程成本大幅变化，那么原材料价格就是一个高度敏感的因素，在项目管理中就需要重点关注原材料价格的变化趋势，采取相应的措施（如签订长期合同锁定价格、寻找替代材料等）来应对不确定性。

### 4.1.4 如何在不确定环境中做决策?

1. 应对不确定的决策策略

不确定性的本质是多元、多重、多要素的互相作用和影响,无法快捷掌握其核心因素,判断核心因素的影响程度,做出判断和预测所导致的。这种多因素决策的状况,尤其需要系统性思维。策略有:加深扩大市场触角,掌握更多信息,快速试错,加快迭代,知中行,行中加深知,知行合一同步。可以根据波特五力模型分析相关方,根据产品全工艺流程分析相关环节,根据任务要素分析管理执行力的因素,根据管理职能知识地图分析供应链利益关联信息……总之,环境因素不可违逆,信息全然掌握既无必要也不可能,掌握系统思维,应用本质认知,就有可能提前把握规律、循迹溯源,从微痕苗头看到发展趋势,见微知著是前瞻性的重要途径。

2. 在不确定环境下的决策方法

1)收集更多信息

(1)市场调研。企业想要推出一款新的产品,在不确定市场反应的情况下,可以进行市场调研。通过问卷调查、焦点小组访谈等方式了解消费者的需求、偏好、购买意愿等信息。

(2)专家咨询。当面临技术创新或复杂的行业决策时,咨询专家是一个很好的途径。以开发新能源汽车为例,企业可以咨询汽车工程专家、电池技术专家、市场趋势分析专家等。

2)采用灵活的决策策略

(1)小步快跑策略。在互联网产品开发中经常使用。

(2)多元化策略。对于投资决策来说,多元化是一种应对不确定性的有效方式。分散风险是常规的决策策略,但也必须注意到,各行各业都有自己的知识、经验体系,即便是学习能力很强的组织,同样切不可盲目多元化,需要有前期研究和知能准备。

3)建立风险管理机制

(1)需要进行风险评估。在工程项目中,在开工前需要进行风险评估。例如建设一座大型桥梁,要评估自然风险(如洪水、地震等)、技术风险(如桥梁结构设计是否合理、施工技术是否成熟等)、财务风险(如建设资金是否充足、资金链是否会断裂等)等。通过对这些风险的评估,确定风险发生的概率和可能造成的损失程度。如果洪水风险评估结果为较高概率发生且可能造成巨大损失,就需要在项目预算中预留足够的资金用于防洪措施,如加固桥墩基础、提高桥梁的防洪标高。

(2)制定应急计划。企业在经营过程中应该制定应急计划以应对不确定性。应急应对计划,是常规的方法,需要积累自身和行业的风险数据,针对发生概率和场景制定出更精准的防范措施和方法,起到更积极的应急作用。

3. 克服和避免决策误区

决策时,常见以下四类可能的"迷思",见表4-2。

| 决策迷思 | 表现形式 | 危害 |
|---|---|---|
| 过度自信 | 凭经验：相信自己的判断，听不进他人的不同意见。决策惯性：不能与时俱进，用老方法应对新趋势，盲目自信 | 过度自信往往会导致忽视风险，做出不理性的决策。遭遇突变时，来不及应对 |
| 沉没成本谬误 | 即不能及时止损的常见现象。对于某个项目上投入了大量的资金、时间和人力，但是进展并不顺利，出现了市场需求不足、技术难以突破等问题。决策者因为已经投入了很多，不甘心放弃，仍然继续向这个项目投入资源 | 继续投入可能会使企业陷入更深的困境，浪费更多的资源，而如果及时止损，将资源转移到其他更有潜力的项目上，可能会获得更好的回报 |
| 确认偏误 | 对信息的选择性偏差，导致支持观点的论据"假性"充分，引起决策偏差 | 确认偏误会导致决策缺乏全面性和客观性，使得决策建立在不完整的信息基础之上，增加决策失误的风险 |
| 群体思维 | 迎合权威，迎合先入为主，保持和谐与一致性，压抑不同意见。失去全面分析和反思机会 | 群体思维会阻碍创新思维的产生，使得决策过程缺乏充分的讨论和批判性思考，导致决策可能存在漏洞或者不适应实际情况 |

## 4.2　环境要素分类体系 / 框架介绍

### 4.2.1　波特五力模型

作为一种经典的环境分析工具，波特五力模型为企业提供了系统化的框架，帮助识别和评估市场中的关键驱动力。这一模型通过分析行业内部竞争、潜在进入者威胁、供应商议价能力、买方议价能力，以及替代品威胁五个方面，揭示了市场环境对企业运营和战略决策的影响。在实际应用中，波特五力模型不仅强调定性的逻辑分析，还能结合定量数据，为企业制定科学的策略提供依据。以下从定性与定量的角度，对波特五力模型的具体应用进行简要阐释。

1. 行业内部竞争

波特五力模型首先分析的是行业内部的竞争态势。在一个市场中，现有的竞争者数量和市场份额分布直接影响到企业的定价策略。

2. 潜在进入者威胁

波特五力模型的第二个分析要素是潜在进入者的威胁。在某些行业中，市场准入门槛较高，新进入者可能面临较大的资金和技术壁垒。

3. 供应商议价能力

供应商的议价能力是波特五力模型中的另一个关键因素。如果供应商能够提高价格，企业的成本结构将受到影响。

4. 买方议价能力

买方的议价能力直接影响企业的定价策略。如果客户能够通过其他渠道或替代品获得类似的产品或服务，他们可能要求降低价格或提高产品质量。

**5. 替代品威胁**

最后，波特五力模型也考虑了替代品的威胁。如果市场中存在功能相似的替代品，且价格较低，企业的市场份额可能会受到侵蚀。

### 4.2.2 SWOT 分析法

SWOT 分析法（即优势、劣势、机会、威胁分析）是一种广泛应用于战略规划的工具，它帮助企业识别自身的内外部环境因素，并以此为基础制定相应的战略。SWOT 分析法通过对内外部环境的定性与定量分析，为企业提供了清晰的竞争定位和战略方向。

**1. 优势分析**

SWOT 分析中的优势部分着眼于企业在市场中相对于竞争对手所拥有的核心竞争力。这些优势可能来源于资源、技术、品牌声誉、市场份额等方面。

**2. 劣势分析**

劣势部分关注企业在运营中可能存在的短板和不足。例如，某些企业可能存在技术滞后、资金不足或供应链管理不善等问题。

**3. 机会分析**

机会分析主要着眼于企业在外部环境中能够利用的有利因素或市场机会。市场机会可能来源于行业的增长趋势、消费者需求的变化、新技术的应用等方面。

**4. 威胁分析**

威胁分析则着眼于外部环境中可能对企业造成不利影响的因素，包括竞争对手的崛起、政策变化、经济不确定性等。

## 4.3 环境 PESTecl

重塑组织，就是促使组织从存在较大偏差的状态，转变到与环境更适应的状态，企业内部要素与外部环境因素的耦合，成为状态转变的最重要环节。从企业战略管理视角，作者原创的 PESTecl 分析模型（另外也有 PESTEL 模型，E 代表环境，L 代表法律，请注意区分），是评估外部宏观环境的核心工具。其中 PEST 是普遍接受的四大维度，定义与核心要素如表 4-3 所示，ecl 见下文分析。

PEST 的定义与核心要素表

表 4-3

| PEST | 定义 | 核心要素（举例） |
|---|---|---|
| P<br>Policy<br>政治法律环境 | 国家权力机关及法律法规对企业经营活动产生的强制性约束与引导机制 | （1）政策稳定性（如五年规划连续性）<br>（2）监管框架（反垄断法、数据安全法、ESG 合规要求）<br>（3）国际贸易规则（关税壁垒、原产地规则、WTO 条款）<br>（4）政府干预程度（国企改革、产业补贴政策） |

| PEST | 定义 | 核心要素（举例） |
|---|---|---|
| E<br>Economy<br>经济环境 | 影响企业资源获取、成本结构和市场需求的宏观经济运行体系 | （1）增长周期（GDP 增速、PMI 指数）<br>（2）货币财政政策（利率、存款准备金率、减税降费）<br>（3）消费市场特征（人均可支配收入、基尼系数）<br>（4）全球化程度（汇率波动、跨境资本流动） |
| S<br>Society<br>社会环境 | 人口结构、文化价值观及生活方式构成的市场需求基础 | （1）人口变迁（老龄化率、Z 世代人口占比）<br>（2）消费观念（绿色消费渗透率、国潮偏好度）<br>（3）劳动力特征（技能缺口、远程办公接受度）<br>（4）社会信任度（品牌舆情敏感度、企业社会责任期待） |
| T<br>Technology<br>技术环境 | 科技创新引发的产业变革及技术应用生态 | （1）技术成熟度（AI 算力成本、新能源转化效率）<br>（2）研发投入强度（R&D 占 GDP 比重、专利授权量）<br>（3）技术扩散速度（5G 用户渗透率、工业互联网普及度）<br>（4）技术伦理约束（生成式 AI 监管、基因编辑伦理） |

不同企业对环境因素的影响度是不同的，应用该模型应当注意以下几个要点：

（1）动态监控：建立 PEST 要素雷达图（如政策风险指数、技术替代曲线）。

（2）权重分析：制造业更关注 E（原材料价格）与 T（智能制造），消费品行业侧重 S（消费分层）。

（3）情景推演：预判极端场景（如地缘冲突引发 E 与 P 联动风险）。

在了解表 4-3 定义和核心要素的基础上，下面分别分析企业与环境因素的耦合方式。

## 4.3.1 政策（Policy，P）

在现代组织管理与组织运营中，一切组织都是"存活"在各自的政策环境之中的，政策作为一个重要的驱动力，影响着组织的决策、执行以及其与外部环境的互动[①]。微观经济环境下的企业，必须充分理解政策，以获得最大的激励，也符合政策的"规矩"。企业耦合政策，或称政策耦合，是重要的核心工作。

1. 政策层次不同，耦合方式也有差异

纵向层次：包括国家宏观政策（如"十四五"规划）、地方实施细则（如深圳数据交易所配套规则）、行业专项政策（如工业和信息化部《新能源汽车产业发展规划》）。

横向分类：涵盖产业政策（补贴/限制目录）、财政政策（税费改革）、环保政策（碳排放配额）、国际贸易规则（如欧盟 CBAM 碳关税）等。

以新能源汽车产业为例，2023 年财政部补贴调整（财政政策调整）与欧盟《新电池法案》（国际合规要求）的同步实施，形成"国内收缩 + 国际加压"的政策组合拳，倒逼企业重构供应链体系。这种多层级（国家—国际）、多类型（财政—贸易）的政策传导效应揭示：现代企业的政策适应需建立差异化响应机制。

---

① 李子婕，何玉成. 央地产业政策协同对农业企业专用性投资的影响 [J]. 中国农业大学学报，2024，29（7）：259-260.

## 2. 分层次应对策略

（1）差异化应对策略。

国家战略层：预判政策长期导向（如"双碳"目标），将 ESG 纳入战略框架。宁德时代布局"零碳产业园"，既满足国家能耗双控要求，又抢占欧盟电池护照先机。

地方执行层：动态跟踪区域性细则（如上海自动驾驶路测法规），通过政企数据共享平台实现合规成本最小化。特斯拉上海工厂依托临港政策沙盒，2023 年完成 13 项地方标准适应性改造。

行业监管层：参与标准制定（如动力电池回收规范），将技术路线与政策趋势绑定。比亚迪通过主导编制《车用锂离子电池回收利用规范》，构建行业话语权。

（2）组织应当遵循的政策环境变迁下的生存法则：构建动态适应力的路径。在"双碳"目标与数字经济浪潮的双重驱动下，政策环境正以前所未有的力度重塑商业生态。

（3）企业适应政策环境需构建三级响应机制。第一级：政策预警雷达系统——建立"智库+大数据"监测网络，通过政策语义分析模型预判趋势。第二级：合规弹性管理体系——将政策合规嵌入业务流程而非事后补救。第三级：政策红利转化能力——深度解析政策导向中的战略机遇。

（4）政策适应需规避三大误区：①被动响应陷阱：某房企因忽视"三道红线"预警，资金链断裂被迫重组；②过度合规成本：勤上股份并购龙文教育后为快速转型非学科培训领域，盲目投入资源搭建全资质合规体系，短期内合规支出占营收比重达 38%，远超行业平均 15% 的合理水平，导致企业现金流紧张，核心业务受阻[①]；③政策依赖风险：光伏企业过度依赖补贴，技术迭代滞后被市场化淘汰。

## 3. 跨类别风险管理

激励型政策（如数字经济扶持基金）：建立政策红利转化模型，"宁企宝"平台上线后，企业申报政策的成功率从传统模式的 60% 提升至 92%。以某智能制造企业为例，通过平台智能匹配到"技术改造补贴"项目，系统自动核验设备采购发票、环评报告等材料的合规性，避免了因材料缺失导致的申报失败[②]。

约束型政策（如环保限产）：设计弹性供应链，如化工巨头万华化学通过"5+2"生产基地轮动机制应对区域限产。

突发型政策（如数据安全审查）：预设"政策黑天鹅"压力测试场景，如字节跳动建立全球合规预警系统，2023 年规避 27 起数据跨境风险。

当前政策环境的"蝴蝶效应"凸显（如美国芯片法案引发国内半导体产业政策链式反应），企业需构建"三维政策图谱"：纵向穿透"国家—地方—行业"层级，横向覆盖"产业—金融—贸易"领域，深度整合"文本语义分析—影响量化评估—策略动态生成"技术工具。唯有如此，方能在政策环境的"混沌系统"中捕捉确定性航向。企业必

---

① 代钰. 教育并购中对赌协议的运用及影响分析 [D]. 成都：西南财经大学，2021.
② 王健，秦敏. 各类惠企政策"一站直达" [N]. 南京日报，2022.

须具备"政策解码—战略预埋—敏捷迭代"的动态能力。正如华为构建的"政策韧性指数"模型，将政策波动纳入战略容错空间设计，方能在变局中把握"危"与"机"的转换节点。

对于具体的企业，政策耦合面对的具体因素，包括表4-3所列的在内，是非常复杂、具体且细致的，这要求企业从被动合规转向主动布局，最终实现政策环境与企业发展的共生演进。

## 4.3.2　经济（Economy，E）

（1）经济耦合，是指组织与外部经济环境之间的相互作用和协同关系，具体表现为资源、信息、资本等在组织内部与外部环境之间的动态流动与协调，经济耦合是敏捷组织的生存密码，成为现代企业应对VUCA时代的核心能力。它不仅包括组织如何在资源配置、市场反馈和技术变革等方面与外部环境进行互动，还强调组织内部各部门之间的协同合作。在一个高效且具有敏捷适应力的组织中，经济耦合通过优化资源配置、增强信息流动、提升决策效率等手段[1]，极大地提高了组织对市场变化和外部风险的快速响应能力，从而保障组织能够迅速适应外部变化、抓住市场机遇并有效应对潜在的风险。

（2）经济耦合本质，在于建立"环境感知—资源调配—协同响应"的闭环机制：一方面对外捕捉市场需求波动（如消费升级）、政策导向（如"双碳"目标）、技术颠覆（如AI革命）等信号；另一方面对内打通研发、生产、营销等环节的数据壁垒，形成"外部刺激—内部重组—价值输出"的敏捷链条。麦肯锡研究显示，实现深度经济耦合的企业在危机中的恢复速度远超行业水平。

（3）高效经济耦合体现为三大核心能力：①资源配置弹性化，海尔通过HOPE创新平台连接全球超过10万研发资源，实现技术需求与供给的实时匹配；②信息传导立体化，美团通过"超级大脑"的AB测试平台，将用户行为数据直接关联产品迭代。系统在72小时内完成数据采集、算法调优、功能上线的全流程，使骑手单均收入提升12%[2]；③决策响应模块化，特斯拉采用"政策沙盒"预演各国监管场景，上海工厂仅用10天完成数据本地化改造。

（4）经济耦合的深化面临的三重挑战：①环境不确定性；②信息失真风险；③协同成本攀升。破解之道在于构建"数字神经中枢"：华为通过集成170个外部数据源和内部ERP系统，形成政策、市场、技术的三维预警地图，使战略调整周期从季度级缩短至周级。当组织将经济耦合能力嵌入DNA，便能如亚马逊般在新型冠状病毒感染期间实现供应链180度转向，不仅化解危机更开辟新增长极。这印证了德鲁克的论断：真正的组织效率，在于与环境的共振能力而非静态优势。

---

① 卢阿蒙，张水平.新型基础设施建设对数字经济与制造业高质量发展耦合协调的影响[J].现代工业经济和信息化，2024，14（11）：9-10.

② 刘育昆.众包物流模式下的订单分配与车辆路径的联合优化问题[D].北京：北京交通大学，2024.

对于具体的企业，经济耦合面对的具体因素，包括表4-3所列的在内，是非常复杂、具体且细致的，这要求企业从被动合规转向主动布局，最终实现经济环境与企业发展的共生演进。

### 4.3.3 社会（Society，S）

（1）社会耦合。指社会系统中各个组成部分（如个体、组织、群体等）之间的相互联系与依赖。这些联系通过信息、资源、力量或价值观的流动，决定社会系统对外部环境变化及内部动态的响应。在高效组织中，社会耦合模式不仅涉及静态的资源或信息流动，更重要的是如何实现高效的动态调整和应对。敏捷适应力的关键在于组织内部和外部之间能够快速响应变化，调整行动策略。社会耦合在此过程中扮演着双向反馈机制的角色。

（2）社会耦合的角色。

信息反馈：社会耦合通过信息反馈机制，帮助组织及时了解市场、技术和政策等外部环境的变化，从而快速做出决策。

资源整合与配置：组织内部的耦合关系决定了资源的流动和共享效率，能够帮助组织优化资源配置，以适应外部变化。

文化和价值观：文化和价值观是组织内部社会耦合的无形纽带，它们影响着成员之间的互动方式，决定了组织的学习能力和创新能力，从而影响适应力。

（3）社会耦合的作用。社会耦合不仅是提高组织效率的工具，更是增强组织适应力与创新力的重要手段。通过合理设计社会耦合模式，组织能够在不断变化的环境中保持敏捷，推动长期发展。未来的研究应进一步探索社会耦合的动态性、多维度性及其与组织创新、企业社会责任等因素的关系，以优化组织的适应性和响应能力[①]。

对于具体的企业而言，社会耦合面对的具体因素，包括表4-3所列的在内，同样也是非常复杂、具体且细致的，这要求企业从被动合规转向主动布局，最终实现社会环境与企业发展的共生演进。

### 4.3.4 技术（Technology，T）

技术往往成为企业的核心资产，起着举足轻重的作用，高科技企业尤其如此。而随着科技的不断发展，技术耦合已成为组织管理中推动高效、敏捷和适应性强的关键因素。现代企业正通过将云计算、物联网、大数据、人工智能等技术进行紧密耦合，以促进信息流通、资源整合以及流程优化与自动化。这种技术耦合不仅提升了组织内部的效率，还增强了组织应对外部变化的能力，推动了从生产、运营到战略决策各方面的智能化转型。技术耦合的核心在于不同技术系统之间的高度协同，尤其是在数据共享和实时通信方面。比如，企业通过结合大数据分析与人工智能技术，可以更加精准地预测市场变化、优化资源配置、改进决策质量。同时，云计算与物联网技术的结合，使得企业能够实现跨部门、跨地域的信息同步与资源共享，从而加速响应速度，提高组织的灵活性与应变能力。

---

① 吕鸿江，刘洪，程明. 多重理论视角下的组织适应性分析 [J]. 外国经济与管理，2007（12）：56-64.

此外，5G 技术的应用进一步促进了技术耦合的深化。其高速、低延迟和广泛连接性为企业提供了前所未有的信息流通速度和稳定性，使得各项技术能够实时互动、协同工作。这为组织管理带来了显著的好处，如精细化管理、跨部门协作与流程自动化，进而提升了生产效率与管理质量。当前，搜索、增强搜索、生成式人工智能、推理式人工智能，在工程语言的文、图、象、视频之间的转换、交互方面的突破，将极大推动企业管理方式的转变，各类组织面临极大的机会与挑战。

然而，随着技术系统间耦合关系的日益复杂，组织管理面临的挑战也逐渐显现。过度耦合可能导致系统间的依赖性过强，进而影响组织的灵活性和扩展性[1]。因此，模块化设计、分层耦合以及标准化接口的设计变得尤为重要[2]。通过减少不必要的技术依赖和提高各技术模块的独立性，组织可以避免技术冗余，保持系统的灵活性与可扩展性。总的来说，技术耦合为组织管理提供了更高效的资源整合和智能化决策支持。通过精心设计和优化技术耦合模式，组织能够在复杂多变的环境中提高适应力、提升工作效率，并实现长期可持续的发展[3]。随着技术的不断进步，组织需要持续关注技术与管理的融合，确保其技术耦合模式始终保持高效性、灵活性和创新能力。

## 4.3.5 自然环境（Environment，e）

自然环境耦合是指组织在运营过程中与外部自然环境之间的相互联系与影响。在当今不断变化的全球环境中，组织的运作不可避免地受到自然环境的影响，而这种影响也反过来塑造了组织的决策与发展方向。随着气候变化、资源短缺和生态破坏等问题的日益严峻，组织的生存和持续发展需要与自然环境保持更紧密的耦合关系[4]。通过优化资源利用、减少能源消耗、提升环境友好型技术的应用，组织不仅能够降低运营成本，还能提升其市场竞争力和社会责任感。

在这一过程中，强耦合关系的组织能够灵活地应对环境的变化，及时调整策略和运营模式，实现经济效益和生态效益的双重提升[5]。通过采用绿色技术、增强环保意识、参与碳减排等措施，组织在降低生态足迹的同时，也能增强其品牌价值与行业影响力[6]。与此同时，技术进步，尤其是大数据和人工智能的应用，使得组织能够精准预测气候变化、资源波动等

① 党兴华，张首魁.模块化技术创新网络结点间耦合关系研究 [J].中国工业经济，2005（12）：85–91.
② 唐志军，吴晓萌.技术创新与技术标准化的耦合协调度对产业经济增长的影响——基于 ICT 产业六类细分行业的实证研究 [J].湖北经济学院学报，2022，20（1）：39–46，126.
③ 赵传松，任建兰，陈延斌，等.中国科技创新与可持续发展耦合协调及时空分异研究 [J].地理科学，2018，38（2）：214–222.
④ 王军，孙雨芹，杨智威，等.自然资源—社会经济—生态系统耦合视角下的生态保护修复转型思考 [J].地质通报，2024，43（8）：1297–1304.
⑤ 张建君，王铁民，王月，等.一体多相：环境变化与组织适应 [J].经济管理学刊，2023，2（1）：183–214.
⑥ 钱小军，周剑.新发展理念下绿色低碳转型与机制创新 [M].北京：清华大学出版社，2021：168.

自然环境因素，从而在运营和生产过程中做出更为高效的调整[①]。

但过于松散的环境耦合可能导致组织未能及时响应环境变化，面临资源短缺、法律合规风险以及声誉损害等一系列挑战。因此，构建与自然环境的高效耦合，不仅是组织适应外部环境变化的必要条件，也关乎其长期的战略成功和可持续发展。随着对绿色经济和可持续发展的日益重视，优化环境耦合的模式将成为未来企业核心竞争力的一部分，推动组织在复杂的生态与市场环境中实现共生共赢。我国在"十四五"规划中强调了绿色低碳转型的重要性，推动"碳达峰"与"碳中和"目标的实现，为企业提供了明确的政策指引和实施框架。截止到2025年，我国已出台一系列绿色发展政策，鼓励企业加快生态友好型技术的应用，并推动可持续发展目标的实现。

### 4.3.6　竞争（Competition，c）

竞争耦合指的是组织与竞争者之间相互作用的关系，尤其是在市场、技术和资源等方面的互动。随着市场竞争的加剧，组织不仅要考虑自身的战略和发展，还需要在不断变化的竞争环境中实现资源的优化配置和灵活调整。竞争耦合的有效性直接影响到组织的市场适应能力、创新能力以及长期发展潜力[②]。

在高度竞争的市场中，组织需要通过敏锐的竞争洞察力来调整自身的战略和运营模式[③]。与竞争对手的耦合不仅体现在直接的市场竞争上，还包括如何通过合作与竞争并存的策略（即"竞合"）来获取共赢的机会[④]。比如，在技术创新方面，尽管竞争者之间可能在某些领域展开激烈竞争，但在共同面对行业技术标准、研发资金投入等方面，合作往往能带来更大的成果。通过竞争耦合，组织能够借鉴竞争对手的成功经验，规避其失败教训，从而加速自身的发展进程。竞争耦合还表现为对市场信息的获取与响应。通过密切关注竞争对手的动态，组织能够及时了解行业趋势、消费者需求的变化以及技术进步，为战略决策提供依据。在大数据和人工智能技术的支持下，组织能够实时监控竞争者的活动，分析其市场表现和消费者反应，从而做出快速反应，调整营销策略、定价策略和产品创新方向，保持竞争优势。

如果组织过于依赖于竞争对手的动态，可能导致其战略上的过度反应，忽视自身独特价值的塑造。因此，建立合理的竞争耦合模式至关重要。组织应在竞争中保持敏捷性和创新性，同时注重差异化和特色发展，避免陷入仅仅模仿竞争对手的困境。通过平衡竞争与创新的关系，组织能够在复杂多变的市场环境中实现持续成长，确保其长期竞争力。

① 高自友，郭雷，刘中民，等．大数据与人工智能时代下复杂系统管理研究的若干关键科学问题 [J]. 中国科学基金，2023，37（3）：429–438.
② 马浩．战略管理研究：40年纵览 [J]. 外国经济与管理，2019，41（12）：19–49.
③ 刘凯宁，韩晴．基于波特竞争战略矩阵的企业竞争战略选择方法 [J]. 商业全球化，2023，11（3）：51–67.
④ 姜红，盖金龙，陈晨．生命周期视角下技术标准联盟企业竞合关系研究 [J]. 科学学与科学技术管理，2022，43（9）：89–107.

总之，竞争耦合不仅是组织与外部市场环境互动的一部分，也是推动创新、提升市场响应速度和增强竞争力的关键因素。通过建立灵活的竞争耦合模式，组织能够快速适应市场变化、提升战略决策质量，从而在激烈的竞争中脱颖而出。

## 4.3.7　时空（Location，l）

时空条件在组织管理中扮演着至关重要的角色，涵盖了时间、空间及与文化、社会习惯相关的因素，即"当时当地性"。在全球化和信息化的背景下，组织面临着不断变化的时间和空间环境，而这些环境因素常常对组织的运营策略、资源配置和决策过程产生深远影响。无论是在跨国公司还是地方性组织，时空耦合都要求管理者考虑并应对不同地域的技术、法规、文化以及市场需求的变化，以确保组织能够在多变的环境中灵活运作并保持竞争力[①]。

在不同的时空条件下，组织管理面临的挑战和要求各不相同。例如，相同的业务模式在不同地区可能需要遵守不同的法规和政策，且文化差异也可能影响员工的工作方式和沟通方式。而在不同时期，组织可能会受到不同的市场需求波动、政策环境变化甚至突发事件的影响。因此，管理者必须具备敏锐的时空意识，能够在不同的时间节点和空间范围内做出灵活调整[②]。尤其是在全球化业务日益增多的今天，如何在不同市场和时区之间进行高效的资源调度与信息流通，已成为提升组织适应力和响应速度的关键。

时空耦合在广泛的组织管理中是提升组织灵活性、适应性和竞争力的核心因素。通过有效整合时间、空间以及文化等多个维度，组织能够更精准地把握外部环境变化，优化内部资源配置，从而提高运营效率并实现长期可持续发展。

对于当时当地性特征明显的企业，尤其需要大力开展"时空耦合"。

## 4.3.8　内外部组织环境交互作用

内部（组织、业务、流程）与外部（PESTecl）之间的耦合关系，内部的耦合关系，外部的耦合关系，构成了一幅："内—内"+"内—外"+"外—外"千交万错的关联网，如图4-4所示。

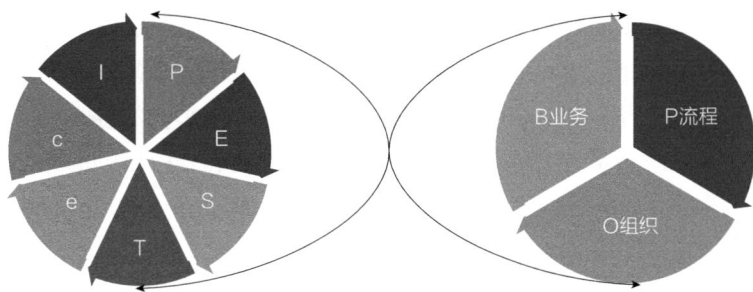

图4-4　外部PESTecl与内部BOP耦合关系

① 管杜娟，侯怡仕，姜焱，等.新型城镇化与物流业的时空耦合关系研究——基于安徽省面板数据[J].沧州师范学院学报，2023，39（1）：51-55.
② 李平，竺家哲.组织韧性：最新文献评述[J].外国经济与管理，2023，43（3）：25-41.

在组织管理中，外部环境和内部组织环境的交互作用是推动组织创新与变革的重要机制。外部环境因素，如政策、经济、社会、技术、自然环境、竞争和时空等，深刻影响组织的战略决策和资源配置。政策变化，尤其是在法规和监管要求方面的调整，常常促使组织做出战略上的调整，例如绿色环保政策可能会要求企业加大环保技术的研发投入。经济环境的变化则直接影响组织的资金运作、市场定价和生产模式，要求组织及时做出响应以应对市场波动[1]。技术革新、社会文化的变动以及消费者需求的变化，也为组织提供了创新的动力和变革的压力，推动组织不断进行技术升级和产品创新，以保持市场竞争力。

与此同时，内部组织环境通过组织结构、文化、资源配置和管理流程等方面影响着组织对外部环境的适应能力。有效的管理结构和决策机制能够使组织及时识别并响应外部环境的变化。尤其是企业文化在创新中的作用不可忽视，它能够激发员工的创造力和积极性，从而推动组织在技术研发、产品设计和服务提升等方面的创新[2]。此外，内部资源的合理配置和优化利用，是支撑组织应对外部变化的重要保障。通过有效的资源调度，组织能够在外部环境的变化中迅速做出反应，保持持续的竞争力。

外部环境与内部环境之间的交互作用形成了一个动态反馈机制。外部环境的变动促使组织内部进行结构调整和战略重构，而内部环境的适应能力、创新文化和资源配置的有效性，则决定了外部变化对组织的实际影响。两者通过相互作用和相互依赖，推动组织在应对挑战时能够抓住机遇，保持持续创新和变革的动力[3]。因此，组织不仅需要保持对外部环境变化的敏感性，及时调整战略和运营模式，还需要优化内部资源配置和管理机制，以增强其应对外部环境变动的能力，确保组织在复杂环境中实现稳定发展。

## 4.4 风险管理

在现代企业运营中，风险是复杂多样的，危害程度也是轻重各异，风险管理始终是企业不可忽视的核心议题。随着市场环境的不断变化，企业在开展各项业务活动时，必须持续关注外部环境的动态变化及其潜在风险[4]。无论企业面临何种业务挑战，外部环境的影响力始终存在，因此对各类环境因素的深入掌握和精准理解，是企业有效实施风险管理的前提和基础。

风险管理的核心在于识别、评估和应对可能对企业产生影响的各类风险。在这一过程中，外部环境的变化发挥着至关重要的作用。不同的行业和企业面临的外部环境各异，市场、技术、政策和社会经济等因素的变化直接或间接地决定了企业的风险管理策略[5]。例如，

① 张昱城，王萨，吴洋. 影响组织的内外部环境要素的分析研究 [J]. 知识经济，2009（11）：4–5.
② 王海霞. 企业创新文化对员工创新行为的影响研究 [D]. 广州：广东工业大学，2010：76.
③ 陈国权，刘薇. 企业组织内部学习、外部学习及其协同作用对组织绩效的影响——内部结构和外部环境的调节作用研究 [J]. 中国管理科学，2017，25（5）：175–186.
④ 张晓，许立峰，白允祥. 企业经营风险识别、评估与应对策略研究 [J]. 全国流通经济，2024（11）：70–73.
⑤ 陈健颖. 企业财务管理中的风险管理策略研究 [J]. 商业观察，2024，10（3）：105–108.

在竞争激烈的市场中，企业不仅要面对来自同行的压力，还需不断调整其战略应对竞争的挑战。这种外部压力会迫使企业优化其管理体系，提升风险识别和应对的灵活性，确保能够在复杂多变的市场环境中保持竞争力。

行业竞争环境尤为显著地影响着企业的组织管理结构与决策机制。随着市场需求的变化和技术的不断革新，企业需要不断调整其运营策略和管理模式，以适应新的竞争格局。特别是在技术进步迅速的行业，企业常常需要在短时间内做出决策，以避免被市场淘汰或失去市场份额。因此，企业的风险管理不仅仅是应对现有风险，更是一个动态调整的过程，需要在激烈竞争中对外部变化做出迅速反应和精准判断。此外，外部环境对企业的影响还不仅限于直接的竞争压力。社会政策的调整、技术革新的速度以及经济周期的波动，都会对企业的运营产生深远影响[①]。这些变化迫使企业在制定风险管理方案时，必须考虑更多维度的变化。例如，政策法规的变化可能要求企业修改其运营模式，技术更新换代则可能带来生产方式的变革。这些因素不仅影响企业的风险认知，也要求企业必须具备更高的应对能力和前瞻性，以确保能够及时调整管理架构和风险管控策略。

因此，企业在风险管理中必须深刻理解并预判外部环境的变化。只有通过充分了解竞争态势、技术趋势和政策动向，企业才能制定科学合理的风险管理方案。这不仅是应对短期风险的需要，更是为了在长期的市场竞争中占据有利位置，确保企业能够在复杂多变的环境中稳步发展并实现可持续增长。

## 4.5　组织对环境要素的动态适应和引导策略

在复杂多变的外部环境中，组织的生存和发展离不开对环境要素的动态适应与引导策略的有效实施。随着全球化进程的加快和市场需求的快速变化，企业面临的外部环境越来越不确定，要求组织能够灵活应对并主动调整自身战略[②]。为了在激烈的市场竞争中保持优势，组织必须具备高度的适应性，并能够通过合理的引导策略主动塑造外部环境或影响环境要素的演变。

组织对环境的动态适应首先体现在对外部变化的及时响应能力。无论是经济周期的波动、技术的革新，还是政策的调整，这些外部因素都会在不同程度上影响组织的运营模式和竞争格局。因此，企业必须通过建立灵活的应对机制，实时监测环境的变化趋势，并能够迅速做出决策调整。这种适应能力不仅仅是对风险的应对，更是对机遇的捕捉，使得组织在变化中能够寻找并创造新的发展空间。

① 麻东锋，孙国强.经济政策不确定性对企业创新的影响机制——基于风险承担与融资约束调节作用的分析[J].科技管理研究，2024，44（21）：54-62.
② 张建君，王铁民，王月，等.一体多相：环境变化与组织适应[J].经济管理学刊，2023，2（1）：183-214.

然而，单纯的适应并不足以确保组织的长期竞争力。为了在动态环境中获得持续的优势，组织还需要通过引导策略主动塑造外部环境①。这一策略的核心在于通过影响行业标准、推动技术创新、参与政策制定等方式，逐步改变外部环境的条件，进而为组织创造更加有利的生存和发展空间。例如，企业通过技术领先来推动行业的技术升级，或通过积极参与行业联盟与政策倡导，塑造有利的法规政策环境，都是有效的引导策略。

在引导环境的过程中，组织必须具有前瞻性和战略性。通过对未来发展趋势的准确预判，企业能够有效地规划其资源投入与战略布局，提前采取行动应对潜在的环境变化②。此时，企业的决策不仅仅是应对当前的挑战，更是在为未来的竞争环境创造优势。例如，通过提前布局绿色技术，企业不仅能够顺应环保法规的趋势，还能在未来的市场竞争中占据先机，获得政策支持和消费者青睐。

此外，组织对环境要素的动态适应与引导策略，要求企业具备系统性思维和协调能力。在实践中，企业往往面临多重环境要素的交织影响，包括经济、社会、技术等多个层面的相互作用。因此，企业在实施适应与引导策略时，必须考虑到各要素之间的相互关系，通过系统化的分析和整合，确保各项策略的协同效应最大化。只有在这种系统性和协调性的基础上，组织才能在复杂的外部环境中实现长期稳健的竞争优势。

综上所述，组织对环境要素的动态适应与引导策略，要求企业具备高度的灵活性、前瞻性和系统性。通过及时响应外部变化，主动塑造行业环境，并有效协调各要素的作用，企业能够在复杂的竞争环境中取得长远的成功。

① 陈玮，耿曙.制度环境如何影响技术创新——以技术周期为视角的考察 [J]. 探索与争鸣，2024（7）：137–149，179–180.
② 朱爱平，吴育华.试论复杂适应系统与企业管理研究的创新发展 [J]. 科学管理研究，2003（4）：63–66.

第 5 章
# 耦合方式

## 本章逻辑图

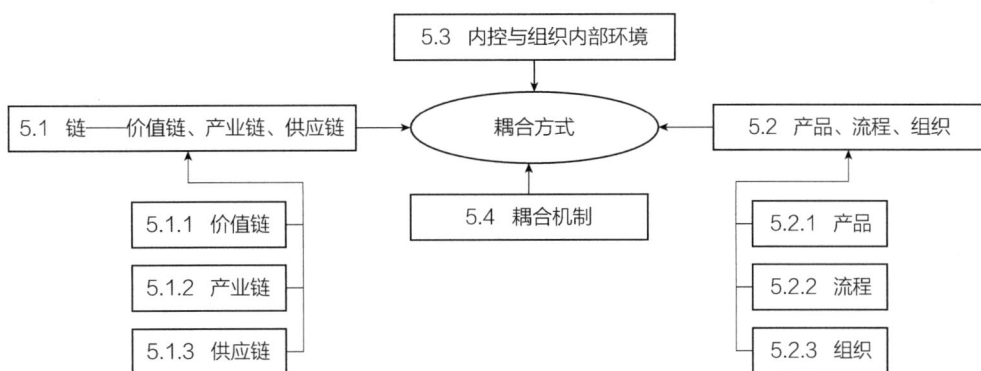

图 5-1　第 5 章逻辑图

## 5.1　链——价值链、产业链、供应链

### 5.1.1　价值链

价值链由迈克尔·波特（哈佛商学院，1985 年）首次提出，他认为每一个企业都是在设计、生产、销售、发送和辅助其产品的过程中进行种种活动的集合体。所有这些活动可以用一个价值链来表明[①]，即价值链是企业通过一系列相互关联的增值活动，将原始资源转化为最终产品或服务的过程。这些活动分为基本活动和支持活动，其中，基本活动包括生产、营销、售后服务等，支持活动包括采购、技术研发、人力资源管理等，旨在分析各环节如何创造价值并提升竞争优势。价值链是企业制定战略的重要工具，揭示企业创造价值的来源与路径。它不仅适用于企业内部，还可延伸至上下游供应商与客户形成价值网络，从而在整体产业链中获取更大优势。通过优化价值链，企业可以降低成本并提高效率，实现差异化竞争。

---

① 丁隆锦. 价值链理念下的现代企业成本控制研究 [J]. 中外企业家，2014（13）：45-46.

考察国民经济支柱的建设行业，将价值链应用于工程之中，可分为广义工程价值链和狭义工程价值链，两者的机理作用应用的场景、增效方式等截然不同。价值链在工程中无处不在，工程上下游关联的企业与企业之间、工程企业内部各职能单元之间、企业内部各业务单元之间都存在着价值链，都会对工程最终实现的价值造成影响。

广义价值链中的工程，在"内涵、成果性质和类型、主体、任务、对象、思维方式"等方面与科学和技术都不同，工程是直接和现实的生产力，有效地将技术进行集成，对自然事物进行改造，从而制造出多样的人工物，凝聚成一项项产业。因此在广义价值链中（图5-2），工程处于核心地位，起到承上启下的关键作用。

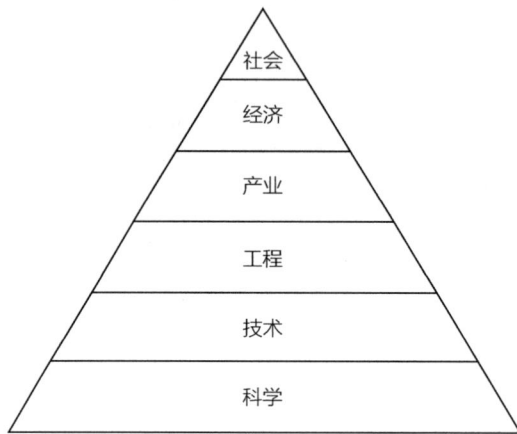

图 5-2　广义价值链

狭义价值链中的工程，在工程建设项目生命周期中具有增值特性的各个生命阶段，它们相互衔接、相互依存地构成了一条能够实现工程不断增值的价值链条（图5-3）。从工程建设项目生命进程上看，工程价值链是一条环环相扣的线性链条。其中，物资流、资金流、

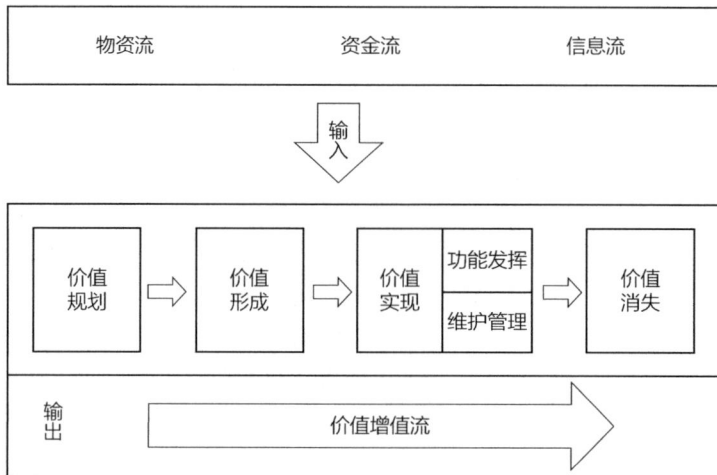

图 5-3　工程价值链

信息流作为外部资源，被输入到工程建设项目的价值创造过程；价值规划、价值形成、价值实现、价值消失四个价值创造过程相互依存，形成价值增值流。在这条链上的每一个节点，又由一系列构成系统的具体增值活动组成。从持续增值的角度上看，在现存项目上已取得增值的基础上，开展由原项目的结束而带来的新项目，将会实现新一轮的增值过程。这犹如量变带来质变，推动工程价值链上升到一个新的层级。在一个工程建设项目生命周期的增值过程中，建筑业通过知识积累和学习效应，创造附加值的能力增强，这意味着即使在其他条件完全相同时，其从事新项目获得附加值的能力也是逐步提高的。

### 5.1.2 产业链

产业链原来是经济学中的一个概念，又称产供销。从经济学角度理解产业链，是指原料到消费者手中的整个产业链条，是各个部门之间基于一定的技术经济关联，并依据特定的逻辑关系和时空布局关系客观形成的链条式关联关系形态[①]。产业链经过漫长的发展和演变，现在泛指各个产业部门之间基于一定的技术经济联系和时空布局关系而客观形成的链条式关联形态。其通常由价值链、企业链、供需链和空间链四个维度耦合构成，这种"对接机制"是产业链形成的内模式，作为一种客观规律，它像一只"无形之手"调控着产业链的形成，如图5-4所示。产业链涵盖产品生产或服务提供的全过程，包括动力提供、原材料生产、技术研发、中间品制造、终端产品制造乃至流通和消费等环节，是产业组织、生产过程和价值实现的统一。

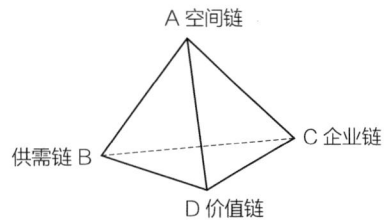

图 5-4　产业链概念示意图

1. 空间链

空间链是指同一种产业链条在不同地区间的分布。不同地区产业链条的环节之间存在着一种互相组合形成一条新的产业链条的情况。好比世界范围内的汽车链、中国的汽车链和浙江省的汽车链，三者之间存在交叉关系，不同地区产业链条的环节之间存在着一种互相组合形成一条新的产业链条的情况。

2. 供需链

供需链是指物料获取并加工成中间件或成品，再将成品送到客户手中的一些企业和部门构成的链条/网络。供需链与供应链存在明显区别，供需链是从整个供需出发，涉及的产品是整个供需的产品；而供应链是从单个企业出发，主要涉及企业生产的产品。

3. 企业链

指由企业通过物质、资金、技术等流动和相互作用形成的企业链条。组成企业链的企业彼此之间进行物质资金的交易实现价值的增值，又通过资金的反向流动相互联系。企业链是企业生命体与生态系统的中间层次。不同点上的企业对企业链的形成和稳定都有一定作用，企业的活力和优势决定了企业链的活力和优势，同时企业链也会对企业进行筛选，通过优胜

---

① 刘志彪. 产业链现代化的产业经济学分析 [J]. 经济学家，2019（12）：9.

劣汰，实现企业和企业链的协同发展。企业链中的企业也通过不同渠道与这条企业链以外的企业进行合作，不同企业链实际上是相互联系的，构成网状结构。优势企业会形成核心节点，占据优势位置。

4. 价值链

企业的价值创造是通过一系列活动构成的，这些活动可分为基本活动和支持活动两类，基本活动包括内部后勤、生产作业、外部后勤、市场和销售、服务等；支持活动则包括采购、技术开发、人力资源管理和企业基础设施等。这些互不相同但又相互关联的生产经营活动，构成了一个创造价值的动态过程，即价值链。

### 5.1.3 供应链

供应链的概念是 20 世纪末由美国赖特首次提出，他认为供应链是一个实体网络，产品和服务通过这一网络传递到特定的客户市场。事实上，供应链是一条连接供应商到客户的链，其结构模型如图 5-5 所示。企业通过这一网链，将原材料转变为产品，最终销售到客户，获得经济效益。一部分学者认为，供应链是制造企业内部的链式联结，由采购、生产、销售等环节构成，主要集中在企业内部资源优化领域，集大成的是企业资源计划系统的内部供应链。现代观点则将供应链的概念拓展到了企业外，企业在激烈的市场竞争的压力下，必须在突出自身独特优势的同时通过网链状的供应链体系进行分工和交易，分享供应链带来的价值增值。

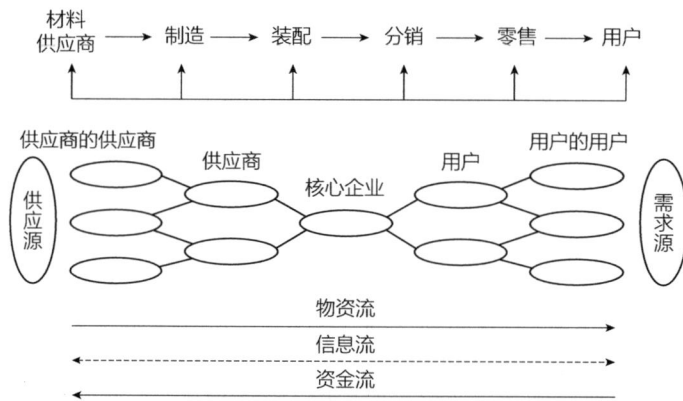

图 5-5 供应链概念示意图

供应链在宏观角度由三个"流"作支撑，即物资流、信息流、资金流，围绕着企业核心业务的供求选择、物权转移、交易支付、物品交付展开的一个链条形的结构，具体实施中不仅全面覆盖计划、采购、定价、销售、库存、仓储、物流、售后等各个环节，而且已延伸赋能到行业的上下游企业及合作伙伴。物资流是指物品交付，主要是商品的流通过程，物资流的方向是由供货商指向消费者，中间穿插厂家、批发与物流、零售商等中间环节；信息流是供应源与需求源之间的选择，是商品及交易信息的流程，信息流的方向是供货商与消费者之间的双向流动；资金流就是货币的流通，任何一个企业都离不开一个完善的资金流体系，其确保资金及时回收，保障企业的正常运作。

针对潜在需求的不同程度可以区分不同特性的产品，不同特性的产品需要通过不同功能的供应链来满足供给。所以，针对这种情况，供应链又分为效率性供应链（潜在需求不确定性低的产品一般具有品种少、批量大、较长生产周期的特点，对供应链的效率性要求高）和响应性供应链（潜在需求不确定性高的产品一般具有多样化、批量灵活、订货提前期短等特点，此时对供应链的响应性要求高），本书对二者进行了详细比对，如表5-1所示。

供应链特性比对表 表5-1

| | 效率性供应链 | 响应性供应链 |
|---|---|---|
| 主要目标 | 以最低成本满足需求 | 对需求做出快速响应 |
| 产品设计战略 | 以最低成本产生最大绩效 | 利用模块化方法，通过延迟实现差异化 |
| 定价战略 | 以价格为驱动力 | 价格不是主要驱动力，边际收益高 |
| 制造战略 | 通过高利用率降低成本 | 维持生产的柔性和供应的不确定性 |
| 库存处理战略 | 最小化库存降低成本 | 维持缓存的库存应对需求 |
| 提前期战略 | 缩短，不能以增加成本为代价 | 大幅缩短，不计较成本 |
| 供应商战略 | 根据成本和质量选择 | 根据速度、柔性和质量来选择 |

价值链、供应链和产业链之间存在着紧密的联系。价值链的应用有益于组织形成价值生成机制，这种系统方法可作为组织分析外部环境、增强自身竞争优势的工具[①]。与供应链相比，价值链并非独立于组织内部，而是可以进行外向延伸或连接，最终形成组织间的供应链连接和产业链的同步管理，形成组织的价值链的一体化连接。因此，可以说组织明晰自身的价值链是实施供应链管理的前提。对于产业链而言，产业链虽然产于宏观经济管理理论，但在组织运作上，产业链却是构筑组织的载体，产业链条的构筑依赖于组织与组织在经营上的有序连接。但是供应链与产业链存在差异，供应链连接可能是多向的，也可能发生在有限的产业范围内，而产业链条往往是垂直的和广范围的或者说是多环节的。供应链的连接是产业链生成的基础，而产业链条正是多重供应链条的复合体。

供应链与产业链相似，供应链注重整个链条的整体观，并逐步发展到强调供应链上各个环节的战略伙伴关系。产业链是供应链的物质基础，即供应链是针对某一产业链而言的。供应链能否有效地运作取决于供应链上的各个参与者能否建立起稳定的战略伙伴关系。否则，即便产业链依然存在，但供应链会处于断裂状态，链上的各个组织互不合作、各自为政，影响整个供应链的效率。对于任何供应链来讲，由于链内所有的物流、信息流、资金流高度集

---

① 黄静.浅谈企业价值链管理[J].海南广播电视大学学报，2007，8（2）：91-93.

成，由此产生大量的成本，对它们的管理至关重要。供应链管理就是对整个供应链中各参与者之间的物流、信息流、资金流进行计划、协调和控制，以最小的成本为客户提供最大的价值和最好的服务，从而提高整个供应链的运行效率和经济收益。

## 5.2　产品、流程、组织

在企业运营管理体系中，产品、流程与组织是至关重要的三大要素，它们相互关联、相互影响，共同推动着企业的发展与进步。产品作为企业生产经营活动的成果，直接面向市场和客户，其品质与特性决定了企业在市场中的竞争力；流程则是将各种资源转化为产品或服务的一系列活动的集合，它如同企业的血脉，贯穿于企业运营的各个环节，保障着业务的高效流转；组织则是承载产品研发生产与流程运作的实体架构，合理的组织架构能够充分整合资源，激发员工的创造力与协作精神。深入理解和把握这三者的内涵、特点及相互关系，对于企业制定科学的发展战略、优化运营管理、提升综合实力具有重要意义。

### 5.2.1　产品

产业是业务的对象、载体和结果。

产品的定义是"一组将输入转化为输出的相互关联或相互作用的活动的结果"，即"生产过程"的结果。在经济学中，产品也可理解为组织制造的任何制品或制品的组合，产品可以分为核心产品、基本产品、期望产品、附加产品、潜在产品。核心产品是指整体产品提供给购买者的直接利益和效用；基本产品即是核心产品的宏观化；期望产品是指客户在购买产品时，一般会期望得到的一组特性或条件；附加产品是指超过客户期望的产品；潜在产品指产品或开发物在未来可能产生的改进和变革。

以产品为基础的组织结构称为产品型组织，即围绕产品线或产品组织企业的部门或单位。通常情况下，每个产品线都成为组织内的一个独特实体，拥有自己的专门团队、资源和决策权。这种结构使组织能够专注地应对每个产品的独特需求、策略和挑战。产品型组织往往在企业内部建立产品经理组织制度，以协调职能型组织中的部门冲突。但是，产品型组织结构存在一定的缺陷，由于产品型组织结构缺乏整体观念，各组织部门之间常常存在局部的竞争关系，势必会影响部门间的整体协调性，会为保持各自产品的利益而发生摩擦。这种组织形式意味着企业随产品种类的不同而在任何一个特定的地区建立多个机构，导致机构设置重叠和管理人员的浪费，导致产品知识分散化。

针对这种情况，产品型组织会采用"一纵一横"模式的管理线条，如图 5-6 所示。"一纵"即组织的职能型结构依然存在，继续维持传统管理方式；"一横"即产品事业部从无到有，开始采取流程管理方式，横向管理线条的出现导致传统企业形态开始扁平化。大多数的产品型组织结构以纵向管理模式为主，横向管理模式为辅，保留了很多总部与分支机构的职权，因为转型初期需要维持业务发展的延续性。

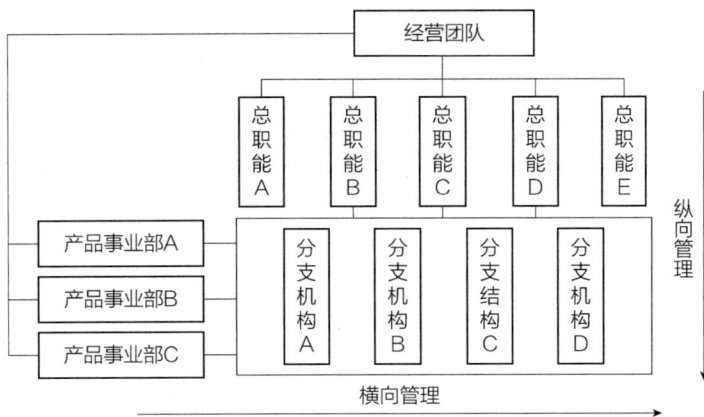

图 5-6　产品型组织结构示意图

## 5.2.2　流程

与传统流程不同，我们对流程做出如下定义：流程是衍射和反映人类各种活动过程的管理学术语；是描述组织行为之方式方法的规范化工具；是设计和构建转化机制，规划资源（人财物知识渠道思想等）输入和输出（产品服务和管理价值等）结果以实现价值增加满足客户需求的过程总和；流程成为计划和考核的基础，持续改进的基准，萃取经验的渠道，标准化以量化复制，对进程实施动态精准管控，通过构想、规划、设计、可视化、智能化实现优化，以防止组织产生风险和提升组织效率的思想、方法和工具。可以明确和肯定地指出：流程是组织业务的镜像，业务与流程的关系，是衍射与反映的关系。这在前言中就直接呈明了，是现实与虚拟的关系，是"物质与意识"的关系。认真领会本研究给出的定义，有利于澄清一系列谬误和讹传。

任正非曾在 2004 年说道："我们所有的目标都是以客户需求为导向，充分满足客户需求以增强核心竞争力。我们的工作方法，其实就是 IPD 等一系列流程化的组织建设，明确了目标，我们就要建立流程化的组织；有了一个目标，再有一个流程化的组织，就是最有效的运作了。"事实上，流程不是简单的审批，而是组织所做事情的概念化符号。流程是一组相关的活动，它们一起为客户创造有价值的结果。组织与流程的一致性被称为业务流程导向[①]（Business Process Orientation），或者简称为流程导向，以流程为导向的组织称为流程型组织[②]（Process–Oriented Organization）。在流程型组织里，由于流程成为业务活动的核心方式，受流程导向观念的驱动，组织从职能化的垂直结构转变为流程化的水平结构，围绕流程设计管理系统、完成部门间的跨职能协同、进行传递价值链等活动。这种模式下获得的组织绩效是显而易见的，首先流程型组织克服了职能化组织带来的"部门墙"问题，这样的设计使组织中的每位成员充分地意识到如何将单个任务组合起来生成流程，识别出流程中的关键节点予以重点执行和监测，从而生产出满足客户需求的优质产品。在人员关系上，流程型组织根据

---

① 李兴森，张玲玲. 业务流程导向知识管理 [J]. 软件世界，2007（1）：68–69.
② 岳澎. 流程型组织的构建研究 [M]. 北京：北京大学出版社，2009.

组织运营的各个关键环节来配置相应人员，通过人员之间的紧密协作，将组织的投入转化为最终产出。并且，能够更加精准地把握市场动态和外部环境变化，迅速响应市场的个性化需求。总而言之，流程型组织对组织业务进行全面、系统的设计和规划，确保每个环节紧密衔接，减少生产环节的冗余和延误，通过持续的监控和优化，使组织始终保持高效运作。

### 5.2.3 组织

随着组织理论的发展，在实践中也相应产生了不同类型的组织结构，例如职能（垂直）型组织、矩阵型组织、网络型组织等。实际上，只有极少数企业存在横向型、纵向型或者网络型的组织形式，绝大多数企业是以职能式组织结构为主，中间夹杂了一些加强横向沟通、协调的机制。在一些大型企业里，往往采用兼具几种组织结构类型的混合型组织结构特征。企业选择组织结构的标准主要以"高效率、高质量、低成本、快速响应"为目标，围绕目标进行组织设计与变革，最终寻找到适合自身发展实际的模式。

自20世纪90年代以来，流程再造理论的提出对企业管理产生了巨大影响，吸引大量学者关注新兴的流程型组织结构。流程型组织结构的核心是围绕工作流程来完成，具有以下运行特征：①以用户为导向，根据满足用户（内部或外部）需要的最佳方式规划端到端的流程，根据流程的运行需要配置资源、建设流程团队。②组织的各种管理维度和手段战略、绩效、职能、风险内控等，都是基于描述现实活动的流程形成一个相互关联的整体。③各个流程型团队都整合了多个职能部门的组织成员，在市场需求的驱动下实现组织的自我运转、自我管理。在流程型组织中，职能部门转变为支持组织服务用户的角色存在，这在某种程度上削弱了纵向权力结构的束缚，强化了组织的横向协调。④形成了有效执行、评价和持续优化的反馈机制，流程中的各个关键节点的精准执行。流程型组织本质上也是一种矩阵结构，在一些研究著作中把矩阵结构和流程型结构统称为横向型结构。如图5-7所示，将职能型组织和流程型组织的组织关系进行对比，可以很明显地看出"段到段流程"到"端到端流程"的转变，消除了"局部最优，整体次优"的尴尬状况。那种不能确保总体目标实现的局部最优，并非管理追求的理想情景。"手术很成功，人却没抢救过来"的悖论不能再持续不断地重演了。

在职能型的组织中，组织在运营过程中的职能被相应地划分为相对独立的部门，各个独立部门再进行职能的划分，直至细分到一个班组或个人。这种组织结构存在一定缺陷，每个组织成员只负责职责范围的业务流程，组织成员更注重通过提高自身专业化技能的方式，来

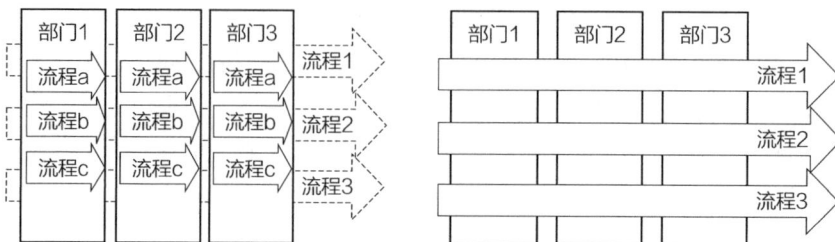

图5-7　职能型组织和流程型组织关系对比图

提升职责内的业务效率，实际结果只是实现了局部效率的最优，而不是企业整体流程绩效的最大化。而流程型组织就是将这些被割裂的过程重新连接起来，使其成为一个连续的过程，再通过优化、整合，实现对客户需求、成本和效率的全局最优化。将职能型组织与流程型组织进行对比分析，如表 5-2 所示。

职能型组织与流程型组织对比分析表 表 5-2

| 维度 | 职能型组织 | 流程型组织 |
| --- | --- | --- |
| 侧重点 | 领导 | 客户 |
| 主要关系 | 命令 | 客户—供应商 |
| 导向 | 等级 | 流程 |
| 决策者 | 管理者 | 全员参与 |
| 风格形式 | 领导授权 | 以目标为导向，问题启程，推进进程 |
| 工作方式 | 缺少流程和标准，靠领导指派 | 有明确的标准和流程，按部就班工作 |
| 责任机制 | 人管人，个人不对工作负责 | 人管事，个人对流程结果负责 |
| 绩效评价 | 依靠领导打分或民主测评 | 依据个人在流程中的工作情况评价 |
| 组织形态 | 金字塔型，管理成本高 | 扁平化的组织结构，管理成本低 |
| 核心竞争力 | 对组织成员的个人能力要求高 | 流程和标准是核心竞争力 |
| 运营效果 | 部门分立，协同不畅 | 价值链协同，高效运营 |
| 市场表现 | 面对市场变化和需求响应速度慢 | 面对市场变化和需求快速响应 |

实现产品、流程、组织的有机协同，是组织变革的核心驱动力。以建筑业为例，建设"好房子"的目的在于顺应人民群众的高品质居住需求，其目标是实现从功能型房屋向品质型房屋的跃迁[①]。如图 5-8 所示，建设围绕标准、科技、机制开展三重创新，重构住房结构体系。这种变革不仅需要技术突破，更需要建立覆盖"研发—生产—监管—使用—评价—优化"的全链条创新生态。这既是从"住有所居"到"住有优居"的跨越，更是建筑业摆脱"高周转"模式、转向新时期高质量发展的必然选择。

深入解析可知，"好房子"的建设本质实则是一场产品、流程与组织深度耦合的系统性变革。"好房子"作为核心产品创新，突破了传统住房的功能定位，融入智能家具、数字化系统等新产品、新技术，极大地提升了房屋价值和用户体验舒适度。从研发到优化的全过程链式建设是与产品同步的流程再造与优化。组织是支撑产品与流程变革的载体，为二者提供更优的架构配置和资源保障。产品、流程、组织达成的耦合效益，是实现"好房子"目标的必然结果，更是组织构建敏捷适应力的典型范本。

---

① 王广斌.以"好房子"建设为核心抓手 推动新时期住房高质量发展 [Z].2025.

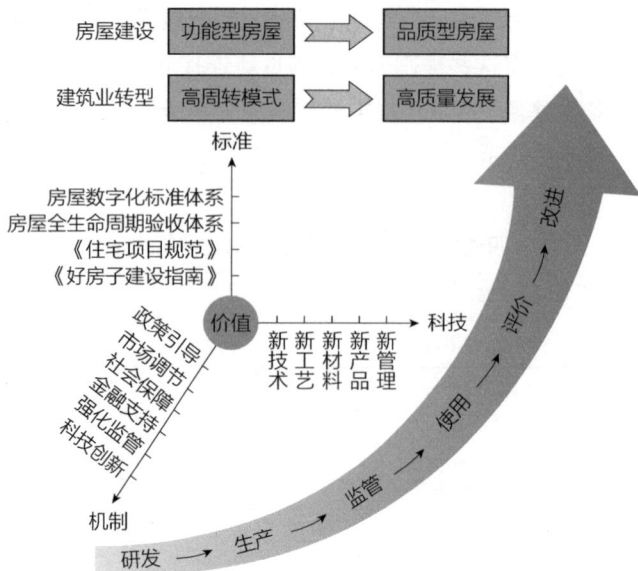

图 5-8　建设"好房子"的变革逻辑

# 5.3　内控与组织内部环境

　　组织的内控是确保组织运营有序、高效、合规的重要组成部分。内控，即内部控制，是组织为了提升运营效率，通过制定内部控制政策和程序，对组织内部的风险进行识别、评估、管理和监控等一系列措施的总称[①]。组织内控的效果受内控环境的影响很大，内控环境是组织内部的一系列因素和条件，是体现组织开展内部控制的氛围和基调。它包括组织决策者的态度、组织结构、人员素质、道德伦理水平、内外部信息体系、内部审计、监管机构等。这些因素和条件相互作用，共同构成了一个有利于有效控制和规范组织运作的环境。这种环境对加强或削弱内部控制系统产生的各种因素的影响具有主导作用，直接影响着组织内部控制的贯彻执行、组织经营状况及整体战略目标的实现。组织的内部环境更是其他所有风险管理要素的基础，为其他要素提供规则和结构。内控环境涵盖了组织文化、战略目标、组织结构、组织机构、组织权责、内部审计等要素，如图 5-9 所示。

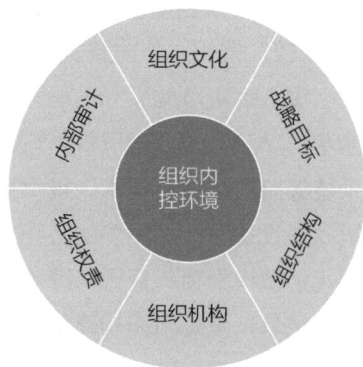

图 5-9　组织内控环境要素图

　　1. 组织文化

　　由于内部控制是由人建立、执行和监督的，所以内部控制的有效性受到组织文化的影响。组织文化是指组织在其生存和发展过程中形成的用于指导和规范该组织自身及组织成员行为的独特价值取向或文化观念，是组织内部普

---

① 　周苗 . 企业内部控制管理的重要性与优化措施 [J]. 新金融世界，2022（4）：157–160.

遍认可并自觉遵循的共同价值观，是组织的精神支柱，会间接影响其他内部控制构成要素的设计、执行和监督。

**2. 战略目标**

组织内控与组织战略目标相互结合，帮助组织更好地管理风险、消除模糊、实现目标和提升整体绩效。组织管理者应当重视内部控制制度的建立和完善，加强关键风险节点识别和内部控制措施的制定，确保其与战略目标相一致并能够有效支持组织战略的实施。组织的战略目标通常包括市场目标、客户目标等，目标需要是可衡量的，以便评估内部控制的有效性。基于关键风险和组织目标，设计并实施有效的内部控制措施，帮助组织监测和管理风险，确保资源的有效利用。最后，为了贯彻组织的战略目标，内部控制制度需要不断监督和改进，及时调整和改进控制措施，以适应外部环境和内部变化。

**3. 组织结构**

组织结构是有效实现战略目标的重要因素，当组织结构与其他要素紧密结合时，就能推动组织的业务目标和战略目标的顺利开展。组织结构基本分类：简单结构、职能型结构、多分布结构、控股公司结构、矩阵式结构。职能型组织结构允许职能分工，从而方便各个职能部门内部的知识分享，有助于职业前景的推进，也有助于专业人员的业务发展。在某些情况下，组织结构能影响当前的战略行为，以及对未来战略的选择。组织结构的调整受到不断变化的组织战略的影响，当组织战略发生较大转变时，决策者必须考虑组织结构的调整，提升组织结构与组织战略的匹配度，为组织在激烈的竞争环境下带来优势。

**4. 组织机构**

组织机构设置的控制目标为企业建立合适的组织架构，保证机构设置必须既要能够满足组织经营的基本需求，又要保证信息的流转通畅，机构设置的主要控制点为组织运行环境与组织战略目标保持一致，并为组织提供必要信息。同时，组织机构设置的合理性直接决定了组织管理者获得与其责任和权限有关的信息，保证了组织生存的适应性。

**5. 组织权责**

责权分配的控制目标为组织完成适当的职权与职责分配。职责的分配、职权的下放和相关政策的制定为确立权力和义务、内部控制责任以及明确组织成员的角色分工奠定基础。组织责权分配的关键控制节点是进行适当的分配职责并赋予职权和构建职责分配体系。在进行机构和部门的设置时，利用"责、权、利"统一的原则对机构和部门的责任和权限进行界定；建立授权体系，并检查和监督履行情况，对越权行为按规定进行惩罚；明确不同岗位的职责、权力和任职资格，授予合适级别的组织成员纠正问题或是实施改进的权力，明确所需的能力水平和权力界限。

**6. 内部审计**

组织内部审计一般具有风险导向性。内部审计人员在对风险内部控制系统进行充分掌握和评价的基础上，分析出组织风险发生的可能性及其影响程度，建立审计风险模型和风险评级标准，并制定与之相适应的内部审计策略、审计计划和审计程序，将审计资源重点配置在高风险领域，从而将内部风险降低至可接受的水平。

## 5.4 耦合机制

第2章详细讨论了耦合定义和耦合思维。"耦合"一词来源于物理学，指物理系统中两个或多个子系统通过各种相互作用相互影响的现象。应用到社会、经济与管理学等学领域中，耦合机制常常重在说明在一定的社会组织或经济体中，各构成要素之间相互联系和相互作用的关系及其功能。在社会经济领域，耦合机制常用于描述不同经济要素之间的相互关系和作用，如分析区域创新、生态和经济系统之间的相互作用和协调发展路径等。在人工智能领域，耦合机制常用于描述不同模型或系统之间的相互作用。如神经振荡交叉节律耦合（CFC）现象反映了不同脑区神经元集群活动相互影响、彼此调控的复杂作用关系。

从组织管理角度来讲，耦合是将多个要素组合为一个组织结构基础上呈现的完整系统，达到系统内的所有要素相互联系、相互作用的效果。机制通常表示有机体发生生理或病理变化时，各器官之间相互联系、作用和调节的方式。

因此，耦合机制可以定义为导致事物或系统发生方向性变化的，存在于关联事物或关联系统之间的非线性、复杂作用关系。根据耦合方式的不同，耦合机制可以分为决策机制、整合机制、融合机制、协同机制和转换机制，如表5-3所示。

不同类型的耦合机制的机理作用分析表                              表5-3

| 类型 | 耦合机制的机理作用 |
|------|------|
| 决策机制 | 决策机制通过决策组织形式、决策体系、调控手段等互相衔接，设计形成一套需求耦合机制，精准定位需求，科学决策 |
| 整合机制 | 通过整顿、协调、合并重组等工作，消除不同因素和部分存在的分离状态，使之成为统一整体的过程 |
| 融合机制 | 通过各个要素在社会、产业、资源等各层面充分整合协调、相互促进、完全融合，完成体制、项目、操作三对接，形成各要素的有序结构 |
| 协同机制 | 按照实际情况建立相应的协调机制，主要涉及领导、组织、执行、督察、考评、奖惩等方面的规则建立与运行 |
| 转换机制 | 转换机制是将各要素从一种形式变成另一种形式的结构关系和运行方式，实现组织、任务、资源、信息等的有机一体化 |

组织是一个典型的"人—机—环"复杂系统，有系统的观点，系统科学的方法和系统理论的指导。套用钱学森所言：组织是一个开放的复杂的原系统巨系统，怎样地探测这个组织系统，明确其功能状态，始终是难题。这里的"人"是一群利益攸关的共同体，"机"是除了厂房、机器、资金等有形之外还包括无形的："机制、制度、知识能力等无形资产"，环境则同样除了气候、地理、交通等"硬"环境之外，还包括软环境包括："政策、经济、社会、技术、竞争和时间地域特性=PESTecl"。借鉴"人—机—环系统工程"研究成果体系，最要紧的就是建立认知组织管理体系的系统工程观念。

人—机—环系统工程的研究内容主要包括七个方面："人的特性研究、机的特性研究、环境的特性研究、人—机关系的研究、人—环关系的研究、机—环关系的研究和人机环境系统总体性能的研究"，其"系统最优组合的目标是达到安全、高效、经济"。同样，对于工商组织来说，其研究的内容也应包括组织特性、耦合机制与方式、总环境特性。从图 5-10 可以看出，工商组织比航天系统的人机环境系统要更为复杂。

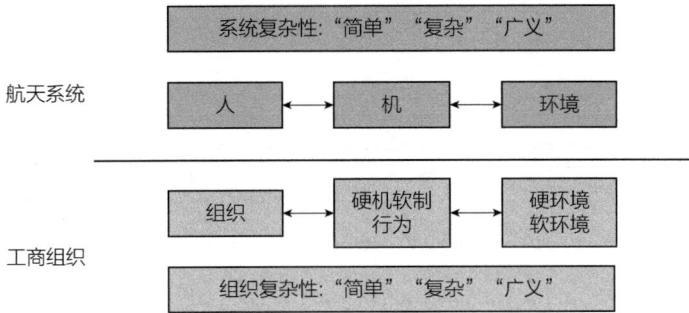

图 5-10　借喻人机环境系统的组织耦合思维图

全书详尽阐述耦合思维、耦合方法，目的就是要澄清"组织生存于环境之中"必须具有的维系组织和环境协调的"能力"，这个能力就是耦合机制所产生的深度交叉、融合、关联的能力。现实中不少成功的企业就是根据实际情况的不同，在正确的时间选择合适的耦合机制确保组织的需求与供应之间的协调一致，将组织管理的"科学性和艺术性"完美融合。例如：海尔构建了具有敏捷适应力的"人单合一"模型，如图 5-11 所示。该模型的核心价值在于揭示"人为中心"的运营的多元多重"关联性"，即"合一的时空同步性""内在一致性""责益等同性"，把"人""知""行""金"要素进行耦合，是海尔取得成功的关键。

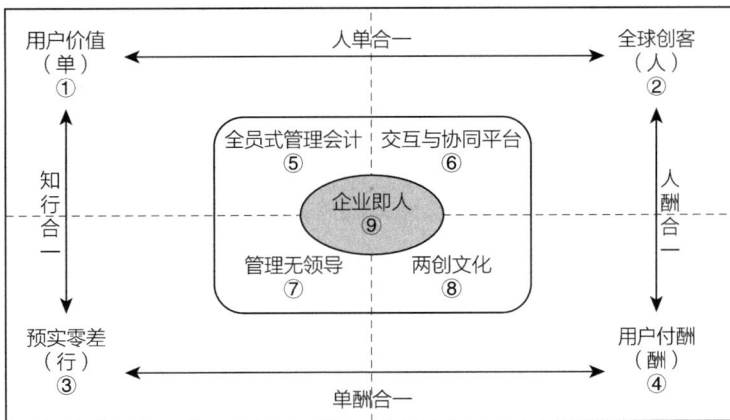

图 5-11　海尔"人单合一"模式图

同样，华为的成功首先依靠的是企业本身的前瞻性高科技决策、支撑整合协调的流程体系、组织成员高效的执行效果、企业超前的服务意识和服务能力。更为关键的是，华为首先强调改变"人"（改变人的观念、意识和行为），将这个改变过程称为"转人磨芯"。"转人"指在"人"的知识技能上不断学习，不断适应新形势、新岗位，转变能力；"磨芯"则是注重对"人"的思想、意识的转变，坚持自我批判和自我修正，从而跟上企业不断发展的步伐。经过 20 多年变革实践的积累，华为耦合了成员沟通、组织文化、绩效激励等多个管理变革的关键要素，沉淀出一套"改变人"的结构化变革管理方法——变革管理"船模型"[①]，如图 5-12 所示。

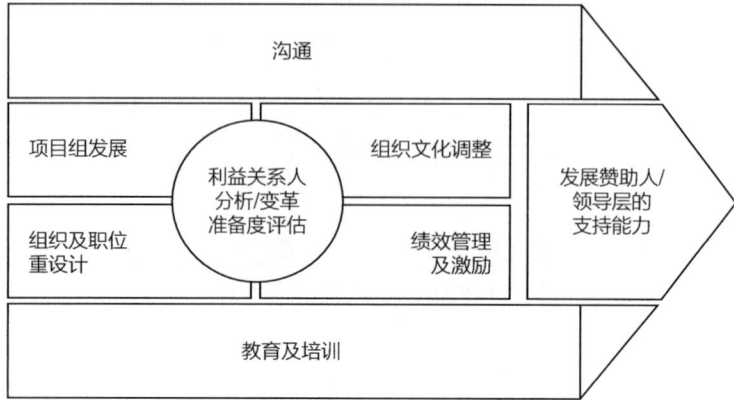

图 5-12 变革管理"船模型"

变革管理"船模型"的基本逻辑是把"船头"看作"发展赞助人 / 领导层的支持能力"，用于引领组织变革。将组织的沟通、教育及培训作为改变或提升组织成员意愿和能力的主要手段，贯穿于整个组织变革的始终，构成了"船模型"的"船帮"。"利益关系人分析 / 变革准备度评估"则是"船模型"的核心，完成全部过程的"转人磨芯"，挖掘变革障碍或阻力的根因，才能真正地制定相应策略并有效开展变革工作。当然，华为的组织变革操作实施离不开变革核心团队，即变革项目组的构建和发展，改变人的长效机制则需要对现有组织的职位、文化、绩效管理等进行相应调整，并适时对改变进行牵引和激励。

从海尔和华为成功的经验来看，两者都是世界级的成功企业，但是海尔和华为在组织的流程与人的定位上，几乎是截然相反的处理方式，两个案例也诠释了"法有定则，法无定法"的道理。可以说，在多重、多元、多域系统要素的"耦合"机制里，关键要素并不需要一致，精髓在于外部与内在的"协调耦合"。

---

① 华为公司企业架构与变革管理部 . 华为数据转型之道 [M]. 北京：机械工业出版社，2022.

# 第6章
# 状态跃迁

━━━━━━━━━━━━━ **本章逻辑图** ━━━━━━━━━━━━━

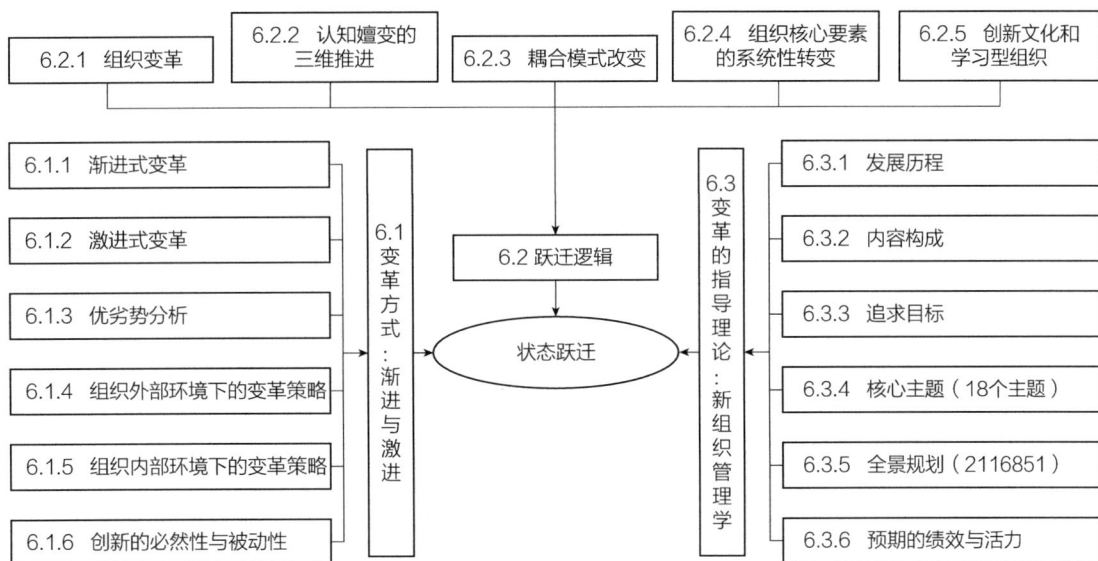

图 6-1　第 6 章逻辑图

　　"从企业发展的角度看，影响企业发展的重要因素一个是制度环境，一个是组织能力。"[①] 我们所谓的组织变革的被动性，是基于"制度环境"的刚性较强、可变性差这样的角度，往往是通过改进组织以适应外部环境，以及调整和改善组织内部控制的能力，以弥补由于外部环境的变化导致的组织力的下降。这种适应与调整具有相对的被动性。除此之外，组织的"怠惰化"也是导致变革的被动性原因。尽管组织具有内生的变革需求和能力，但是天生"离开舒适区"寻求变革的组织，相对是有限的。"战略、组织、客户、低效"等致变因素所具有的主动性，远远不及制度环境所带来的动因来得强烈。在数十年的经济发展历史上，多次实践证明了这一点。可以说，不确定的权重大概率来自于政策制度环境的变化。

---

① 武常岐.轻舟已过万重山：中国管理学发展三十年 [J].管理学季刊，2022（1）：27–34.

因此，建立应对不确定的理念和感知预案与防范措施，具有敏捷适应性且能够化被动影响因素为主动变革动力，是组织文化中需要加强的。

## 6.1　变革方式：渐进与激进

本章深入探讨了组织变革的两种方式：渐进式和激进式。渐进式变革是通过一系列小规模的、连续的改进实现，强调稳步发展和适应性；而激进式变革则是通过迅速、根本性的转变来应对重大挑战或危机。本章分析了两种方式的优缺点，并讨论了在不同组织环境和情境下（组织环境、组织内部）如何选择和应用这些变革策略，以促进组织的持续成长和成功。

周三多和陈传明认为，按照变革的程度与速度不同，可以分为渐进式变革和激进式变革[①]。

### 6.1.1　渐进式变革

渐进式变革是一种温和且持续的变革方式，其允许组织在较长的时间内，通过一系列小的、连续的步骤和改进来实现其变革目标。该方式不追求一蹴而就的颠覆性改变，而是在保持组织结构基本稳定的前提下，对现有流程、策略和文化进行逐步优化，其特点包含以下内容：

（1）变化幅度小。渐进式变革不像激进式变革那样产生剧烈变化，其变革步伐较慢，变化程度也相对较小，有助于减少组织内部的抵触情绪，降低变革过程中的风险。

（2）逐步实施。渐进式变革强调分阶段、按步骤地进行，每个阶段都有明确的目标和任务，确保变革的每一步都能得到有效的执行和监控。

（3）高度适应性。在渐进式变革的过程中，组织能够根据实施过程中的反馈和外部变化，灵活调整变革策略和计划，这种高度的适应性有助于组织更好地应对不确定性和挑战。

（4）员工接受度高。由于变革速度较慢，员工有更多机会去理解、接受和适应新的变化。这种方式有助于减少员工的焦虑感和抗拒心理，提高其对变革的参与度和支持度。

总而言之，渐进式变革是一种注重连续性和稳定性的变革方式，它通过小幅度、逐步实施的改进，使组织在保持高度适应性的同时，确保员工对变革的广泛接受，从而实现组织的持续发展和优化。

---

① 周三多，陈传明. 管理学 [M]. 北京：高等教育出版社，2010：209–210.

## 6.1.2　激进式变革

激进式变革是一种在较短时间内对组织进行根本性、大规模改造的策略，其旨在迅速适应外部环境的聚变或内部条件的重大挑战，其特点包含以下几个关键方面：

（1）变化幅度大。激进式变革追求的是革命性的改变，其步伐迅速，变化程度深远，往往涉及组织的核心结构和基本运作方式，此变革不仅局限于表面的修修补补，而是对组织进行彻底的重塑。

（2）快速实施。激进式变革强调在有限的时间内集中力量完成变革任务，以迅速解决组织面临的问题或抓住市场机遇。这种快速的行动有助于组织在竞争激烈的环境中保持竞争力。

（3）风险较高。由于变革幅度和速度，激进式变革往往伴随着较高的不确定性和风险。组织常常会面临资源分配、员工适应、技术更新等方面的挑战，这些都会影响到变革的成败。

（4）员工抵抗性强。激进式变革的快速性和根本性往往导致员工感到不安与威胁，从而产生强烈的抵抗情绪，这些抵抗可能会形成变革的障碍，增加变革难度。

综上所述，激进式变革是一种旨在快速、彻底改变组织的策略，通过大规模的重组和革新，以应对紧急的内外部挑战，然而，由于其变化幅度大、实施速度快、风险高以及员工抵抗性强等特点，激进式变革需要组织领导者具备高超的变革管理能力和敏锐的洞察力，以确保变革能够顺利实施并取得预期的效果。

## 6.1.3　优劣式分析

为帮助组织领导者全面理解不同变革策略的特点和潜在影响，帮助决策者在面对复杂多变的外部环境时，能够根据组织的实际需求、资源和能力，选择合适的变革路径。进行渐进式变革和激进式变革的优劣势分析十分必要（表6-1）。

优劣势分析表 表6-1

| 方式 | 渐进式变革 | 激进式变革 |
|---|---|---|
| 优势 | 较低层次的不确定性和极少脱离本意的结果；减少时间方面的压力；拉大重大变革的间距；减少对资源的要求；员工更容易接受抵触情绪较小；能够根据实际情况进行调整，适应性较强。<br>对组织产生的震动较小，而且可以经常性地、局部地进行调整，直达目的 | 快速，成果具有彻底性；有利于摧毁改革中可能出现的"可逆转性"，避免改革过程中出现逆转和反复 |
| 劣势 | 导致企业组织长期不能摆脱旧机制的束缚 | 平稳性差，严重的时候会导致组织崩溃；忽视了既有利益集团对改革的阻挠以及为此付出的经济代价，改革风险很大；员工可能难以接受，抵触情绪较强；一旦实施，调整空间较小，适应性较弱 |

通过对变革方式的对比分析（图6-2），可以更好地预测和规避变革过程中可能遇到的风险，确保变革能够平稳推进，同时激发组织的活力，促进长期的稳定发展。

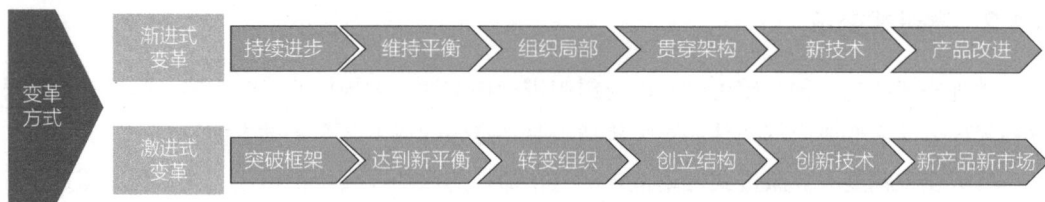

图 6-2 变革方式对比图

渐进式变革的优势在于减少了变革的冲击和阻力，使组织成员更容易接受和适应变化。它提供了一个学习和成长的过程，为组织成员提供了机会逐渐适应新的工作方式和文化。此外，渐进式变革有助于组织逐步培育出一种持续的变革能力，从而更好地准备应对未来可能出现的各种变化。劣势在于其过程较为缓慢，可能导致组织在快速变化的环境中反应迟缓，错过关键的市场机会。同时，这种变革方式可能无法激发足够的紧迫感，使组织成员对变革的投入和热情不足，进而影响变革的深度和广度，最终导致组织在变革过程中逐渐落后于竞争对手。

激进式变革的优势在于其快速执行力，能够迅速带来显著且深远的影响。能够彻底颠覆传统的框架和既定模式，为组织开辟新的发展道路，带来前所未有的机遇，并显著增强组织的市场竞争优势。劣势在于其迅猛的步伐可能引发组织内部的强烈抵触和混乱，员工可能因为变化过快而感到不安和失去方向。此外，快速的变化可能导致决策失误，因为缺乏足够的分析和评估时间，这些错误可能会对组织的长期稳定和发展造成严重后果。

综上所述，无论是渐进式变革还是激进式变革，都各有其优势和劣势。组织在选择变革路径时，需考虑自身的实际情况、市场环境以及员工的接受能力，以找到合适的变革策略。只有平衡好变革的速度与深度，确保组织成员的积极参与与适应，才能在变革中实现持续发展，保持组织的竞争力。

## 6.1.4 组织外部环境下的变革策略

在应对复杂多变的外部环境时，组织需灵活选择和应用变革策略。首先，组织应深入分析政策（Policy）、经济（Economy）、社会（Society）、技术（Technology）、自然环境（environment）、竞争（competition）和时空（location）七大环境因素，即 PESTecl[①]，以确定变革的必要性和紧迫性，已经在第 4.3 节详细阐述。

1. 政策

组织需评估当前和未来的政策趋势，包括法律法规、政策稳定性、政府干预程度等，在政策环境稳定的情况下，渐进式变革能够帮助组织逐步适应轻微的政策调整，然而，若政策变动较大或预测未来会有重大政策变化，激进式变革则成为必要，以便快速适应新政策。建立有效的政策监控机制，组织可以及时调整战略和运营以符合政策要求。

---

① 卢锡雷. 精准管控效率达成的理论与方法——探索管理的升级技术 [M]. 北京：中国建筑工业出版社，2022.

## 2. 经济

考察经济周期、市场需求、通货膨胀率、汇率等经济因素对组织的影响，在经济稳定期，渐进式变革有助于组织的稳步增长，反之，在经济危机或市场剧变时，激进式变革可能是必要的，以快速调整成本结构，投资计划和市场定位，确保组织的生存和发展。

## 3. 社会

了解社会文化、人口结构、消费者行为和生活方式的变化，对组织的运营有着深远的影响。在社会变化缓慢时，渐进式变革可以逐步适应，而社会快速变革时，激进式变革则更合适。可通过调整产品和服务，以满足不断变化的社会需求。

## 4. 技术

评估技术发展的趋势、创新速度和技术的颠覆性潜力是组织必须考虑的，在技术变革缓慢时，渐进式变革更新可以保持竞争力，然而，在技术革命时期，需要激进式变革以保持行业地位。

## 5. 自然环境

自然环境状况、环境法规等可持续性要求对组织的影响日益增加，在环境压力逐渐增加时，渐进式变革可以帮助组织逐步转向可持续的实践，面对环境危机时，激进式变革则尤为紧迫。通过绿色策略，组织可以显著减少环境影响。

## 6. 竞争

监控竞争对手的动向、市场份额和行业竞争格局对组织至关重要，在竞争稳定时，渐进式变革可以增强竞争力，当竞争激烈，特别是出现颠覆性竞争对手时，激进式变革更为必要。

## 7. 时空

地理位置、市场覆盖范围和时间因素是组织考虑变革策略时不可忽视的方面。在地理位置分散或市场覆盖广泛的情况下，渐进式变革可以帮助组织逐步扩张，在需要快速市场渗透或时间敏感的情况下，激进式变革能够更有效地帮助组织把握机遇。可通过利用数字化和全球化来跨越时空限制。

## 6.1.5 组织内部环境下的变革策略

在当今快速变化的市场环境中，组织必须不断适应和引领变革以保持竞争力，组织内部环境下的变革策略是确保组织能够有效应对外部挑战、抓住机遇并实现长期成功的关键。

### 1. 组织结构

组织结构是变革的重要基础。为了适应外部环境的变化，组织需要调整其结构，以提高灵活性、减少层级、促进跨部门合作或增强决策效率。渐进式变革涉及优化现有流程和职责分配，而激进式变革需要彻底重组或扁平化管理。

（1）渐进式变革：逐步调整部门职责，优化流程，提高效率。

（2）激进式变革：进行大规模重组，建立新的组织架构。

## 2.组织文化

组织文化是员工共同价值观、信念和行为规范的集合。变革组织文化是提升组织内部凝聚力和外部竞争力的关键。

（1）渐进式变革：通过培训和沟通逐步改变员工的思维模式和行为习惯。

（2）激进式变革：推动文化重塑，引入新的核心价值观和行为标准，迅速改变组织氛围。

## 3.人力资源

人力资源是组织变革的核心力量。有效的变革策略需要关注人才的吸引、发展和保留。

（1）渐进式变革：通过持续的职业发展和培训计划，逐步提升员工技能。

（2）激进式变革：重组人力资源，引入新的人才，快速提升组织能力。

## 4.领导和管理

领导和管理是组织变革成功的关键因素。有效的领导和管理策略能够确保变革的方向正确、执行力，并能够激励员工积极参与。

（1）渐进式变革：通过提升现有领导者的变革领导力，逐步推动管理体系的改进。开展领导力发展项目，培养领导者适应变革的能力；实施绩效管理系统，以激励员工支持并参与变革过程。

（2）激进式变革：引入新的领导团队和管理理念，快速适应组织变革的需求。重组领导层，选拔具有变革经验和视野的领导者；推行新的管理流程和方法，如敏捷管理或精益管理，以提高决策速度和灵活性。

## 5.技术和设备

技术装备是组织运营的基础，也是提升效率和竞争力的关键。随着技术的发展，组织需要不断更新和升级其技术装备。

（1）渐进式变革：通过逐步升级和优化现有技术和设备，提高组织的运营效率。定期评估和升级技术基础设施，确保技术的最新性和兼容性；实施技术培训，帮助员工适应新的技术工具和流程。

（2）激进式变革：采用前沿技术和先进设备，实现技术跨越和组织转型。投资于自动化、人工智能等顶尖技术，重塑业务流程和工作方式；淘汰过时设备，全面更新生产或服务设施，以支持组织的快速发展和创新。

## 6.信息系统

信息系统是组织决策和沟通的支柱，对于组织效率和响应能力至关重要。

（1）渐进式变革：改进和集成现有信息系统，提高信息流通效率。优化数据库管理和数据分析能力，确保数据质量和可用性；逐步实现系统间的无缝衔接，减少信息孤岛，提升协同工作能力。

（2）激进式变革：实施全新的信息系统，支持组织的快速决策和灵活运作。引入先进的 ERP 或 CRM 系统，全面改造信息处理和业务管理流程；采用云技术和移动解决方案，实现随时随地访问关键信息和应用程序。

### 7. 内部流程

内部流程的优化能够显著提升组织的运作效率和客户满意度。

（1）渐进式变革：持续改进现有流程，减少浪费，提高效率。实施精益六西格玛等持续改进方法，逐步消除流程中的瓶颈和浪费；鼓励员工参与流程优化，收集并实施他们的改进意见。

（2）激进式变革：重新设计核心业务流程，实现流程的彻底优化。进行全面的流程再造，简化复杂流程，缩短周期时间；采用自动化和数字化手段，大幅度提升流程执行的速度和准确性。

### 8. 创新能力

创新能力是组织持续发展和保持竞争力的关键所在。

（1）渐进式变革：鼓励和支持小规模的创新项目，逐步建立创新文化。

（2）激进式变革：建立创新中心或实验室，推动颠覆性创新。

综上所述，组织内部环境下的变革策略涵盖了组织结构的调整、文化重塑、人力资源的发展、领导力的提升、技术设备的更新、信息系统的优化、内部流程的改进以及创新能力的增强。通过这些策略的实施，组织不仅能够适应外部环境的变化，还能够激发内部潜力，实现可持续的发展和成长。通过渐进式变革作为基础，建立变革文化和机制，激进式变革作为推动力，加速组织的转型进程。

## 6.1.6　创新的必然性与被动性

基于上述对制定相应变革策略的认知，在此基础上，本节进一步探索创新的必然性与被动性，作为对变革策略深层次的补充与延伸。

创新，作为一种本质上的变革，其必然性根植于组织发展的内在逻辑。它是组织适应不断变化的环境、实现自我更新的根本要求。

创新必然性是组织在面对不断变化的市场环境和技术进步时的一种内在需求，它根植于组织追求持续发展和保持竞争力的本质要求。在当今时代，创新不再是一种可选的附加项，而是组织生存和发展的决定性因素。它体现在组织对现有知识、技术、流程和机构的持续挑战和超越，是推动组织向前发展的根本动力。

创新必然性源于对技术变革的适应和市场动态的把握，它要求组织在思维方式、运作模式上不断突破传统框架，寻求新的增长点和效率提升途径，在这个过程中，创新不仅是技术层面的突破，更是组织文化、管理理念和战略规划的全面更新。它使得组织能够预见并引领行业趋势，而非仅仅跟随或被动应对。

创新是组织应对市场需求的波动、技术进步的迅猛以及社会发展的变迁的唯一路径。其必然性体现在对组织外部环境的适应能力以及对内部潜能的激发作用上。在外部环境中，市场的不确定性。技术的快速更新迭代，以及消费行为的不断演变，都迫切要求组织通过创新来维持其竞争力。创新使得组织能够灵活应对市场变化，从而建立起竞争优势。同时，在内部环境中，组织结构的僵化、文化的固定性以及流程的过时，同样呼唤创新的介入，以提升运营效率和相应市场的灵活性。创新不仅促进了资源的有效配置，还激发了员工的潜力。在复杂多变的环境中，创新成为组织保持活力和实现持续成长的关键。它不仅是组织生存的基本要求，更是推动组织发展的核心动力。创新贯穿于渐进式变革与激进式变革之中，成为变革策略与实际成效之间的纽带，确保组织在变革的浪潮中不被淘汰，它是组织生命力的源泉，也是其在激烈竞争中稳固立足的根本。

在深入探讨了创新的必然性之后，我们不应忽视这样一个现实：在许多情况下，组织创新的步伐并非总是由内在动力驱动，而是受到外部压力和挑战的推动，而这离不开创新的被动性。

创新的被动性是组织在面临外部压力和内部挑战时一种无奈选择，它揭示了组织在适应和引领变革的过程中的局限性。在激烈的市场竞争和快速的技术迭代面前，组织可能因为未能及时预见变化或缺乏足够的准备，而被迫走上创新的道路。这种被动性创新往往发生在组织的既有模式已经无法满足新的市场需求或技术标准时，它是一种应对危机的应急反应，而非基于长远规划的主动出击。

创新的被动性可能表现为对新技术的追赶，对市场趋势的适应，或对竞争对手行动的模仿，在此过程中，组织可能缺乏足够的创新自信和方向感，其创新活动更多是为弥补差距，而非创造新的价值。

尽管被动创新能够为组织带来一时的缓解，但它难以从根本上解决组织面临的深层次问题，也无法确保组织在长期竞争中保持领先地位。因此，创新被动性凸显了组织在持续变革的时代背景下，必须从被动应对转向主动引领的重要性，通过建立创新驱动的发展模式，确保组织能够持续适应引领环境的变化。

基于上述认知，我们清晰地认识到，创新不仅是组织发展的催化剂，也是其不断变化的市场环境中生存的必要条件。必然性强调了创新的重要性，而被动性则揭示了组织在创新过程中的挑战与困境。最终，组织必须学会在必然性与被动性之间找到平衡，将创新的被动应对转变为主动出击，以此构建起一个持续创新、适应性强，充满活力的组织文化，确保在未来的竞争中立于不败之地实现可持续的繁荣与发展。


## 6.2 跃迁逻辑

组织变革的本质逻辑——耦合模式的转变（图6-3），强调在特定环境下，组织应如何通过颠覆性跳跃实现质的飞跃，揭示跃迁逻辑在推动组织快速适应和引领市场变化中的重要作用。

### 6.2.1 组织变革

运营→观察现象（存在问题）→分析原因→提出策略→变革策划→实施变革→对标与评价，这是创新变革、重塑组织的基本逻辑。

组织变革总逻辑

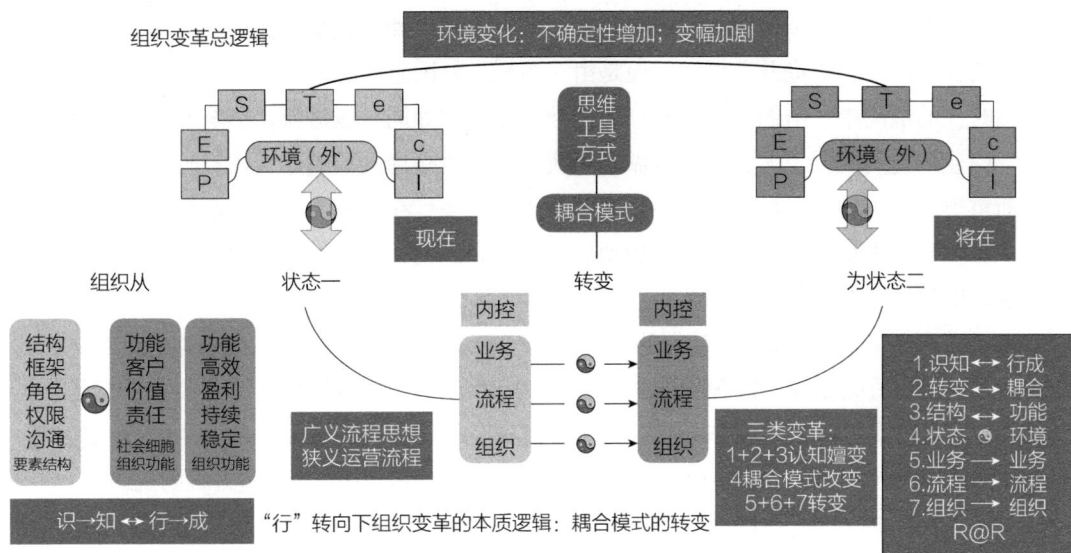

图6-3 组织变革状态跃迁总逻辑

（1）运营：组织的日常运作是观察和识别问题的起点，在这一阶段，管理层必须保持高度警觉，对运营流程中的细微变化保持敏感，以便及时捕捉到可能影响组织效率和效能的潜在问题，通过持续监控有助于确保组织能够在问题扩大之前采取相应措施。

（2）观察现象（存在问题）：通过定期的监控和评估，管理层应当识别出运营中的各种问题，这些问题可能包括生产效率低下、员工工作积极性的衰退、客户满意度下降等，对于这些因素的识别是后续问题解决的前提。

（3）分析原因：在识别问题之后，管理层需进行深入的原因分析，这一过程涉及广泛的数据搜集、员工访谈、流程审计等工作手段，旨在揭示导致问题的根本原因，而不仅仅是处理表面症状，从而为制定有效的解决方案奠定基础。

（4）提出策略：基于原因分析的深刻洞察，管理层应提出一系列针对性的解决策略。这些策略需具备操作性和针对性，能够有针对性地解决已识别的问题，并促进组织结构和运营模式的优化。

（5）变革策划：在确定变革之后，需制定详细的变革计划。该计划应包括变革的具体目标、实施时间表、资源分配方案、潜在风险评估及相应的预防与应对措施，以确保变革的有序推进。

（6）实施变革：变革实施是整个变革过程中的核心环节，其要求将前期策划阶段的计划转化为实际行动。在这一阶段，有效的沟通和强有力的领导至关重要，以确保所有利益相关者都能理解变革的重要性，并积极参与到变革过程中。

（7）对标与评价：变革实施后，需定期对变革成果与预设目标进行对比评价。这一步骤有助于评估变革的成效，识别实施过程中出现的未曾预见的挑战，并根据评价结果对变革策略和计划进行必要的调整和优化。

通过对上述组织变革的逻辑路径的理解，为组织适应和引领变化提供了清晰的思路，然而这一路径的启动和推进并非偶然，而是由一系列内外因素所驱动。

在时代的浪潮中，组织变革的驱动力无处不在。它如同一股潜流，影响着组织的每一步发展。商业环境的变化，尤其是市场需求的演变、竞争格局的重组以及法规政策的调整，都在不断重塑着组织的生存环境，侵蚀着原有的竞争优势。在此背景下，企业必须时刻保持警觉，一旦发现原本稳固的市场份额开始动摇，或者利润增长不再符合预期，这些外部压力便成为推动组织变革的催化剂。

市场需求变化无常，消费者偏好的转移、新兴市场的崛起以及技术的更新迭代，都要求组织必须具备快速适应能力。竞争格局的重组则意味着组织必须不断创新，以维持其在行业中的地位，而法规政策的调整，更是对组织运营提出了新的要求，合规性成为变革的重要考量因素。这些外部环境的变化，不仅对组织的运营提出了挑战，也为组织提供了转型升级的机遇。

与此同时，内部的动力也在不断积聚，成为推动变革的另一股力量。领导者的雄心壮志，对于组织未来愿景和目标，往往能够激发起整个组织的变革热情，员工对于职业发展的渴望，对于个人成长和成就的追求，也是推动组织变革的重要动力。此外，对于现状的不满与沮丧，尤其是在面对效率低下、流程繁琐、创新能力不足等问题时，组织内部激发出对变革的强烈渴望。

这些内外因素交织在一起，形成了一股不可忽视的变革力量，推动着组织向着更加适应环境、更加高效和创新的方向发展。组织变革不再是可有可无的选择，而是关乎生存和发展的必然路径。为了追赶技术的步伐，组织必须不断更新自身的知识库和技术能力，提升产品和服务的质量。为了满足日益苛刻的市场需求，组织必须优化客户体验，提升品牌形象，增强市场竞争力。

在正视这些驱动变革的原因后，组织必须采取行动，首先需要建立一套完善的变革管理体系，确保变革的每一步都有章可循，其次要加强领导力建设确保变革的领导者和执行者都能明确变革的方向和目标。同时，组织还需培养一种支持变革的文化，鼓励员工积极参与，为变革提供智力支持和情感动力。最后组织必须建立有效的沟通机制，确保变革的信息能够及时、准确的传递给所有利益相关者。

在激烈的市场竞争中，只有那些及时响应变革需求、有效实施变革策略并持续优化自身能力的组织，才能保持领先地位，实现长期的可持续发展。因此，组织变革不仅是应对当前挑战的必要手段，更是预见未来，引领未来的战略选择。通过不断的自我革新，组织可以在变化中找到新的增长点，实现从优秀到卓越的蜕变。

综上所述，通过深入探讨组织变革的逻辑路径及其驱动力，我们得以揭示在当今复杂多变的市场环境中，组织如何通过系统性的变革来维持其竞争力和可持续发展。运营的持续观察、问题的精准识别、原因的深度分析、策略的针对性提出、变革的周密策划、实施的坚决执行以及成果的客观评价，这一系列逻辑步骤构成了组织变革的坚固框架。同时，内外因素的交织作用构成了变革的强大动力，推动者组织不断向前。最终，组织变革不仅是一种应对挑战的被动选择，更是一种主动寻求成长和进步的积极姿态，只有那些能够敏锐洞察变革需求、有效实施变革策略并持续优化自身能力的组织，才能在激烈的市场竞争中立于不败之地，实现长期的成功和繁荣。

## 6.2.2 认知嬗变的三维推进

### 1. 识知到行成

从理论认识到实践行动的转变，是组织管理中至关重要的一环。在此过程中，组织成员的观念和知识需要转化为具体的操作和行为，以实现组织目标。

首先，组织应重视对成员进行系统性的培训和教育，使他们充分理解组织的目标、战略和文化，通过培训，提高成员的专业素养，为实践行动奠定基础。通过搭建实践平台，为成员提供实践的机会和场所，让他们在实践工作中运用所学知识，锻炼能力。同时，通过实践，成员可以不断总结经验，完善自己的知识体系。其次，建立健全激励机制，鼓励成员将理论知识转化为实践行动，包括物质激励和精神激励，以激发成员的积极性和创造力。再次，需加强沟通与协作，组织内部要形成良好的沟通氛围，促进成员之间的交流与合作。通过沟通，成员可以更好地理解组织目标，明确自己的职责，从而提高效率。最后，组织应关注成员在实践行动中的表现，及时给予反馈，帮助他们发现问题，寻求改进方法，同时，组织要根据实际情况调整战略和目标，以适应不断变化的环境。

综上所述，识知到行成的转变是组织管理成功的关键所在。通过系统性的培训、搭建实践平台、建立健全激励机制、加强沟通与协作以及关注成员实践表现，组织能够将成员的理论知识有效转化为实践行动，从而推动组织目标的实现，在此过程中，组织不仅要持续优化内部管理，还要适应外部环境的变化，确保理论与实践的紧密结合，为组织的长远发展奠定坚实的基础。

### 2. 转变到耦合

在组织管理中，转变到耦合是指组织内部的变革不再是孤立的环节，而是各个部分相互联动、协同作用的过程。

首先，应树立耦合观念。组织成员需认识到各部门、各环节之间的联系和依赖，形成整体大于部分之和的共识。这种观念有助于消除部门壁垒，促进资源共享和协同发展。组织要根据战略目标和业务需求，调整和优化内部结构，使各部门之间的职能划分更加合理，减少重复和冲突。同时，加强跨部门协作，提高组织整体效能。其次，建立协同机制。组织要制定一系列协同工作的规章制度，明确各部门在协同过程中的职责和权益，以及搭建信息共享平台，确保各部门在关键时刻能够迅速响应，形成合力。再次，组织领导者要具备跨部门协调能力，站在全局高度，统筹兼顾各方利益，推动组织内部变革，同时，领导者要善于激发成员的积极性和创造力，为组织发展注入活力。最后，组织要培育一种积极向上的企业文化，强调团队精神和协作意识，通过文化建设，使成员价值观、行为规范等方面形成共识，为组织内部变革提供精神动力。

总之，组织管理的转变到耦合，确保了内部变革的协同性和效率，通过树立耦合观念，建立协同机制和培育团队文化，组织将迈向更加紧密和高效的发展之路。

### 3. 结构到功能

结构与功能不是简单的关系，一方面结构决定功能，尤其是组织结构决定组织功能；另一方面功能需求驱动结构进化和改变，功能失调促使结构变革。

结构决定功能，组织结构的设计直接影响其运作效率和效果，合理的结构能够促进功能的充分发挥；功能需求驱动结构净化，随着组织目标的变化和外部环境的需求，组织功能的需求不断演变，推动结构进行相应的调整。

组织管理从结构到功能的转变，实质上是对组织运作本质的深刻理解和实践应用的升华。

1）功能导向的管理理念

组织管理核心应当是功能的实现，即确保组织能够有效执行其预设的职能，以满足市场需求和内部运营的要求。功能满意意味着组织输出的产品或服务能够达到或超越客户的期望，同时组织的内部流程能够高效、顺畅地运作。

2）超越结构的形式主义

成功的组织不会过分迷恋于结构的完美，而更注重实际效果的达成。结构应当作为实现功能的手段，而非目的本身，组织结构的设计和应用应当以能否促进功能实现为衡量标准。

3）结构与功能的相互塑造

结构决定功能，组织结构的设计影响着信息流、决策流程和资源配置，从而决定组织的功能表现；功能需求驱动结构进化，随着市场环境的变化和技术的发展，组织需要不断调整结构以适应新的功能需求；功能失调引发结构变革，当组织现有的结构无法满足功能需求时，功能失调会促进组织进行结构上的调整和优化。

4）实践中的平衡艺术

组织需求在结构建设和功能实现之间找到平衡点，避免过度结构化导致的僵化，同时确保功能的灵活性和适应性。此外，管理者应当具备洞察力，识别哪些结构元素是必要的，哪些是可以简化的，以减少资源浪费和提高效率。

5）持续的功能优化与结构创新

组织应当持续评估和优化其功能表现，通过技术创新、流程改进和人才培养等手段提升组织能力；结构创新是组织持续发展的关键，它要求组织具备前瞻性思维，能够预见并适应未来的变化。

通过上述结构到功能的转变，组织能够更加聚焦于其存在的根本目的——创造价值、满足用户、实现战略目标，从而在激烈的市场竞争中保持优势，实现可持续发展。

在组织架构上，企业采用模块化设计，将业务划分为若干个子系统，使各部门能够专注于自己的领域，同时又能相互支持，当市场需求发生变化时，企业能够迅速调整资源配置，以满足客户需求，赋予不同角色相应的权限，确保他们在履行职责时能够充分发挥作用。

在角色定位上，企业要明确各个角色的责任，使员工认识到自身工作对企业、客户的价值贡献。同时，通过培训和提升客户满意度，建立有效的沟通机制，确保信息在各角色顺畅流通，减少信息不对称，提高决策效率。

在权限分配上，企业要遵循权责对等原则，确保每个角色在行使权力的同时，承担相应的责任，如此，既能激发员工的积极性，又能防止权力滥用。继而建立监督机制，对权力运行进行有效监控，确保企业运营稳定。

在沟通方面，企业要搭建多元化沟通平台，鼓励员工与客户、同事进行充分交流，以了解客户需求、挖掘潜在价值。同时，通过内部沟通，强化各部门间的协同作用，共同承担企业责任。

## 6.2.3　耦合模式改变

在当今快速变化的世界中，组织与外部环境的耦合模式正经历着前所未有的转变。环境的变化带来了不确定性的增加和波动幅度的加剧，这对组织生存和发展提出了新的挑战，为适应这种变化，组织必须从传统的耦合模式转向更为灵活和动态的耦合策略，以下是对状态一与环境的耦合以及状态二对环境的耦合模式的深入探讨，旨在揭示组织如何在不同环境下实现有效耦合。（状态一和状态二可参见图6-3）

1. 状态一与环境的耦合

1）政策耦合

组织遵循现有政策法规，与政府保持互动，确保运营活动合法合规。组织通过设立专门的政策研究部门，持续监测政策动态，确保所有业务活动符合政策要求。此外，组织积极参与政府举办的公共活动，与政策制定者建立良好的关系，以便在政策变化时能够快速做出反应。通过政治耦合，组织能够在政治稳定的环境中保持运营的合法性，减少政策风险。

2）经济耦合

组织与经济环境的耦合表现为对市场经济的敏感性和适应性。组织通过经济分析预测市场趋势，制定相应的财务策略，如成本控制、投资规划和收入多元化，以应对经济波动。同时，组织通过稳健的财务管理，确保在经济衰退时有足够的流动性和抗风险能力，从而在经济环境中保持竞争力。

3）社会耦合

组织与社会环境的耦合体现在对消费者需求和社会价值观的深刻理解上。组织通过市场调研和社会责任项目，确保产品和服务与社会期望相符。此外，组织通过公共关系和品牌建设，增强与社会各界的联系，提升企业形象，从而在社会环境中获得支持和认可。

4）技术耦合

组织对现有技术的有效利用和对新技术的持续关注。组织通过技术升级和创新，提高生产效率和产品质量，同时，通过技术合作和研发投资，保持技术领先地位，以适应技术快速变化的环境。

5）自然环境耦合

组织与自然环境耦合体现在对环境保护的承诺上。组织遵守环境法规，实施节能减排措施，推动可持续发展。通过环境管理体系的建立，组织不仅减少了环境的影响，还提升了公众对其环保努力的认可。

6）竞争耦合

组织在市场上与竞争对手保持竞争关系，竞争策略相对稳定。组织通过市场定位和竞争策略，如差异化服务或成本领先，来巩固市场地位，同时，组织通过监控竞争对手动态，及时调整自己的市场行为，以保持竞争优势。

7）时空耦合

组织与时空环境的耦合体现在对地理位置和时间因素的优化利用上。组织在选择办公地点和工厂布局时，考虑交通便利性和资源可获得性，通过高效的时间管理和物流规划，提高运营效率和市场响应速度。

2. 状态二与环境的耦合

1）政策耦合

组织与政治环境的耦合转变为更为主动和前瞻性的策略。组织不仅遵循政策法规，还积极参与政策制定过程，通过行业联盟或专业建议影响政策方向。此外，组织在国际政治环境中扮演更为活跃的角色，通过跨国合作和外交手段，为组织在全球范围内的运营创造有利条件。

2）经济耦合

组织与经济环境的耦合体现在更加灵活和多元化的经济策略上，组织通过全球化布局和跨行业投资，分散经济风险，同时，利用数字化和智能化手段提高经济效率，增强对经济周期的适应性和抗风险能力。

3）社会耦合

组织与社会环境的耦合转向更为深层次的社会价值共创。组织不仅满足社会需求，还通过创新引领社会趋势，通过教育和公益活动提升社会福祉，从而在社会环境中建立更加牢固的信任和忠诚度。

4）技术耦合

组织与技术环境的耦合表现为技术领导地位的巩固。组织通过持续的技术研发和创新，不仅适应技术变革，还成为技术发展的推动者。通过开放创新平台和生态系统，组织与技术环境形成紧密的互动和共生关系。

5）自然环境耦合

组织与自然环境耦合转变为可持续的领导角色，组织不仅遵守环境法规，还通过绿色技术创新和可持续发展战略，成为环境保护的先锋，通过减少碳足迹和推广循环经济，为环境可持续性作出贡献。

6）竞争耦合

组织与竞争环境的耦合体现在更为动态和战略性的竞争策略上。组织通过战略合作、并购和商业模式创新，重塑竞争格局，同时，通过持续的市场洞察和快速响应，保持对竞争环境的领先优势。

7）时空耦合

组织与时空环境的耦合转变为对全球化的及时性的全面适应，组织通过全球网络布局和即时信息共享，实现资源的全球配置和市场的快速响应，通过智能化的供应链管理和远程协作，提高组织在时空环境中的灵活性和效率。

综上所述，组织与外部环境的耦合模式在状态一和状态二中应当表现出显著的适应力差异。状态一下的耦合更多是基于稳定性和适应性，而状态二则要求组织具备更高的前瞻性、创新性和灵活性，这种差异是组织进步的标志。随着环境不确定性的增加和波动幅度的加剧，组织应当采取不断调整和优化的灵活耦合策略，以实现与政治、经济、社会、技术、自然环境和竞争环境的有效交互、融合和深度嵌套。通过这种转变，组织不仅能够在复杂多变的环境中保持竞争力，还能够成为推动行业进步和社会发展的积极力量。因此，未来的组织必须持续审视和重塑其与环境的关系，以确保在日益动荡的市场中实现可持续成长和长期成功。

## 6.2.4　组织核心要素的系统性转变

### 1. 业务到业务

由业务到业务的转变指组织的业务（产品或服务）从原有的形态升级到新的形态。这种转变通常是由于市场需求的变化、技术的进步或竞争的压力导致的。另一层面也意味着业务经历了一次质的飞跃，从原有的基础形态升级为更加先进、更具竞争力的新形态。

具体来说，创新产品设计是这一转变的关键，组织通过引入新技术、新材料或新理念，对产品进行颠覆性的改造，以满足消费者日益变化的个性需求。在此过程中，耦合思想体现在不同组件或功能之间的紧密协作，使得产品的各个部分能够相互配合，形成一个高效运作的整体。例如，通过集成设计，让硬件和软件之间的配合更加紧密，提升产品性能。同时，解耦思想也被巧妙地运用，采用模块化设计，使得产品的各个组件可以独立升级或替换，降低产品各部分之间的依赖性。这样，在市场需求变化时，可以快速调整产品配置，而不影响整体功能。

增加产品附加值也成为转变中的重要策略，通过提升优质的售后服务、个性化的定制服务等，提升产品的整体价值，增强消费者的忠诚度。此外，产品线拓展也是转变的一部分，组织根据市场细分的结果，拓宽产品线，以满足不同消费者群体的需求，从而在更广阔的市场中占据一席之地。这一系统性的转变，不仅提升了组织的市场竞争力，也为组织的持续发展奠定了坚实的基础。

### 2. 流程到流程

由流程到流程的转变是指组织的内部运作流程从传统模式转变为更加高效、灵活的模式，体现了组织对内部运作效率和质量提升的深刻追求。这一转变意味着组织正在从传统的运作模式跃迁至一个更加高效、响应迅速的新阶段。

流程业务再造是这一转变的先锋，它涉及对现有流程的全面审视和彻底重构，在此过程中，耦合思想发挥着重要作用，强调不同流程之间的协同效应，通过流程间的紧密配合，提升整体运作效率。例如，将销售生产和物流流程紧密结合起来，实现快速响应市场需求。此外，解耦思想被应用于流程优化中，通过分解复杂的流程为若干简单的子流程，降低流程间的耦合度，使得每个子流程可以独立优化，提高问题解决的针对性。同时，这也有助于减少一个环节的问题对整个流程的影响。

精准管控思想的引入，则是组织在流程转变中的又一重要举措。精准管控思想强调对生产和管理过程中的每一细节进行精确控制和优化，确保资源的合理配置和高效利用。精准管控不仅关注生产效率的提升，也注重通过数据分析和科学决策，减少变异性和不确定性，以达到成本控制和质量提升的双重目标。此外，自动化和智能化的推进，为流程转变注入了现代技术的力量。组织通过引入先进的信息技术和自动化设备，不仅实现了流程的自动化，还通过智能化分析，预测和优化流程中的各个环节，大大减轻了人力负担，提高了操作的准确性和效率。

### 3. 组织到组织

从组织到组织的转变是指组织的结构、文化和运作模式从传统形态的转变为更加适应现代企业发展的形态，也是企业在面对快速变化的市场环境和技术进步时，为了保持竞争力而进行的一场深刻变革。

组织结构优化是这场变革的基石，它要求组织根据自身的战略目标和市场需求的演变，对原有的层级结构进行重新设计，使之更加扁平化和灵活。该过程蕴含的耦合思想体现在强化跨部门、跨团队的协作，促进资源共享和信息流程，使得组织作为一个整体更加紧密地运作。解耦思想在组织结构优化中也扮演着关键角色通过去中心化、提高自治性来降低部门之间的依赖，使得每个部门或团队可以更加灵活地应对市场变化。此外，还体现在减少管理层级，提高决策效率上。

企业重塑则是对组织灵魂的深度触碰，它意味着要构建一种以创新、协作、学习为核心的新企业文化。这种文化能够激发员工的创造力和潜能，提升组织的凝聚力，为组织的长远提供源源不断的动力；管理模式的创新则是这场转变的关键一环。通过引入目标管理、绩效管理等科学、人性管理方法，组织能够更有效地激励员工，提高工作效率和效能，这种管理模式强调结果导向和过程公平，有助于构建一个既高效又和谐的工作环境。

综上所述，组织核心要素的系统性转变——从产品到产品、流程到流程、组织到组织，是企业在面对激烈市场竞争和快速变化的外部环境时，实现持续发展和保持竞争力的关键所在。这一变革过程不仅要求组织在产品、流程、结构和文化等方面进行深入的创新与优化，而且需要巧妙地融合耦合思想与解耦思想，以实现内部协作与灵活性的平衡。通过这种系统性的转变，组织能够更好地满足市场需求，提升运作效率，激发员工潜能，增强企业的整体竞争力。

## 6.2.5 创新文化和学习型组织

### 1. 创新文化的培育

创新文化是指在组织中形成的一种鼓励创新、支持创新、奖励创新的氛围和价值观，其对组织变革的重要性不言而喻，因为创新是推动组织持续发展的动力源泉。创新文化能够激发员工的创造力，促使他们不断寻求改进和突破，从而推动组织在激烈的市场竞争中保持领先地位。

在实际工作中培育和推广创新文化，首先，领导层需要树立创新意识，成为创新文化的倡导者和实践者，其次，要建立一套完善的创新机制，对员工的创新行为给予物质和精神上的奖励。再次，营造开放、包容的氛围。鼓励员工勇于尝试、敢于失败，将失败视为创新的必经之路。此外，组织应提供必要的资源支持，如培训、技术支持等，帮助员工提升创新能力。最后，通过举办创新活动、分享创新成果等方式，不断强化创新文化的传播和实践。

2. 学习型组织的构建

学习型组织是指能够持续学习、不断适应和创造新知识的组织。其特征包括：成员具有共同愿景、善于团队学习、强调个人成长、鼓励创新和持续改进。在跃迁逻辑中，学习型组织能够帮助组织快速适应外部环境变化，实现知识和能力的持续更新。

构建学习型组织的策略和方法包括：首先，确立共同愿景，使组织成员明确学习目标和发展方向。其次，建立学习机制，如定期举办培训、研讨会、工作坊等，鼓励员工分享知识和经验。再次，优化组织结构，减少层级，提高信息流通效率，为学习创造有利条件。此外，领导层要重视人才培养，为员工提供成长空间和机会。最后，建立反馈机制，及时调整学习策略，确保学习成果能够转化为组织绩效。

3. 创新文化与学习型组织的互动关系

创新文化与学习型组织之间存在着密切的相互作用和影响，如表6-2所示。创新文化为学习型组织提供了动力和氛围，而学习型组织则为创新文化的落地提供了土壤和保障。

创新文化与学习型组织互动关系表 表6-2

| 创新文化特征 | 学习型组织特征 | 互动作用 | 结果 |
|---|---|---|---|
| 创新激励 | 持续学习的氛围 | 创新文化鼓励员工不断学习，提升技能 | 员工能力提升，创新思维增强 |
| 开放性 | 开放的知识共享系统 | 创新文化促进信息透明，知识共享 | 知识传播加快，创新能力提高 |
| 风险容忍 | 容错的学习环境 | 创新文化允许试错，学习型组织提供反馈机制 | 员工敢于尝试，快速从失败中学习 |
| 跨部门合作 | 跨功能的学习团队 | 创新文化打破部门壁垒，促进团队合作 | 多元化视角，协同创新 |
| 创新的愿景和目标 | 学习动力 | 学习型组织为员工提供学习的目标和方向 | 员工学习动机增强，目标导向明确 |
| 创新的流程和方法 | 学习机制 | 学习型组织建立有效的学习流程和工具 | 创新效率提升，学习成果转化快 |
| 创新的资源和平台 | 学习资源 | 学习型组织提供必要的资源支持，如时间、资金 | 创新项目得到资源保障，学习活动丰富 |
| 创新的成果和反馈 | 学习成果 | 学习型组织鼓励将学习成果转化为创新实践 | 创新成果显著，学习成为组织发展的驱动力 |

在创新文化与学习型组织的互动中，创新文化激发了员工的学习热情，使他们不断探索新知识、新技能的过程中，为组织创造价值。而学习型组织通过持续学习，为创新文化提供了丰富的知识储备和人才支持。案例分析表明，许多成功的企业，如谷歌、阿里巴巴等，都高度重视创新文化与学习型组织的建设，通过二者互动，实现了组织的持续发展和创新。

总之，创新文化与学习型组织相辅相成，共同推动组织在变革中不断前进。组织应充分认识到二者之间的关系，采取措施促进它们的良性互动，以实现组织的长远发展。

## 6.3　变革的指导理论：新组织管理学

本书强调和坚持的内容，即变革需要循着七步逻辑：理论引领、目标导向、问题启程、流程牵引、工具支撑、实践验证、绩效评核。

### 6.3.1　发展历程

"新组织管理学"是作者卢锡雷率领的团队，经过30多年思考、20多年研究，形成的系列成果。其是在基于"管理落后，是战略落后"及"管理一步，效率大步"的论断下，分析组织"管理理论脱离实践、西方管理知识体系的适应性、本土管理实践的丰硕积累、新智能时代的ICT技术环境触动、新应用场景场域拓展需要和管理实践中问题"基础上，围绕管理以"行"致"成"的核心理念，构成"识知行成变"的新管理思想而发展起来的，如图 6-4~图 6-6 所示。

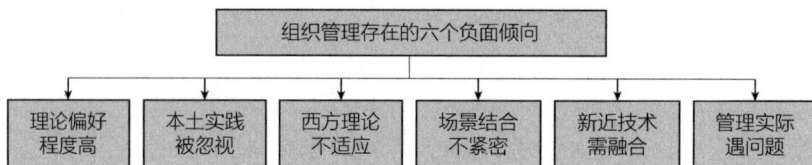

图 6-4　组织管理存在的六个负面倾向

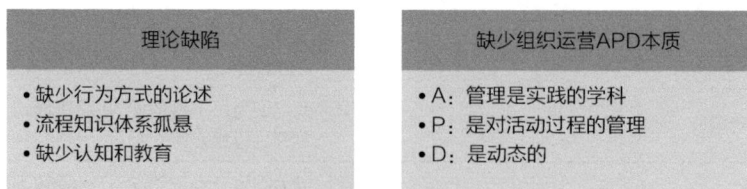

图 6-5　组织管理存在的问题

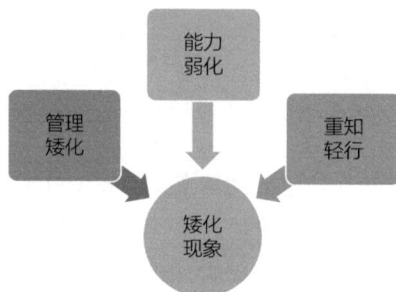

图 6-6　组织管理存在的三个矮化现象

## 6.3.2 内容构成

内容包括已经完成的五部专著——"流程牵引""精准管控""任务绩效"和"认知思维""敏捷教育",以及本书"组织重塑",共六部著作。对于理解和应用管理理论和手段,通过提高认知水平,开拓思维方法,提升持久的组织敏捷学习能力,促进组织整合资源实现目标、消除模糊减少浪费持续改进、保证岗位执行力以获得高绩效,构建具有敏捷适应能力的新型组织能力。已完成的五部著作,如图 6-7 所示。

图 6-7 "新组织管理学"已完成的五部著作

## 6.3.3 追求目标

"新组织管理学"的追求目标是推动管理的"行转向",即管理是"行"的,管理是"行动"的,管理是"识知行成变"的三重意义上,将管理理论技术方法更深切地结合实践,推向摆脱脱离实践倾向越来越严重的新高度,致力于快速提升各类型组织的管理水平(图 6-8)。

在这一目标的指导下,管理不再仅仅是静态的规划与控制,而是转变为一种灵活应对、不断创新的行动过程。管理者应具备敏锐的洞察力,能够准确识别环节变化和组织内部需求,进而采取有效行动。同时,鼓励管理者在实践中学习,实现理论与实践的深度融合。此外,"新组织管理学"还强调管理技术方法的重要性,提倡运用现代科技手段,如大数据、人工智能等,提升管理效率和质量。通过这些努力,旨在将管理推向一个更为科学、高效、人性化的新高度,为组织的发展注入持续动力。

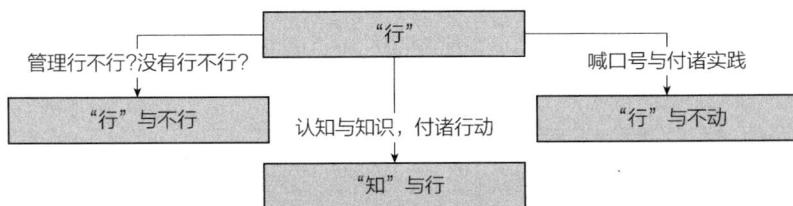

图 6-8 现代管理亟需的三个转向或回归

### 6.3.4 核心主题（18 个主题）

图 6-9 是关切组织生存发展的核心主题，也是"新组织管理学"重点阐述的内容。

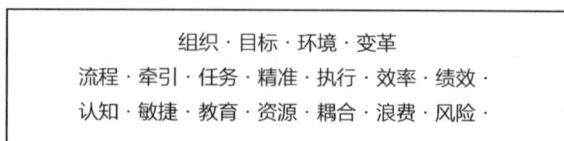

组织·目标·环境·变革
流程·牵引·任务·精准·执行·效率·绩效·
认知·敏捷·教育·资源·耦合·浪费·风险·

图 6-9 新组织管理学 18 个核心主题

"新组织管理学"的核心主题涵盖了 18 个关键领域，每个领域都在现代管理组织中扮演着至关重要的角色。

组织：研究组织的本质、环境、结构、功能、机制、能力等及其在现代社会中的作用。目标：明确组织的目标和愿景，确保所有活动都朝着共同的方向努力。环境：分析组织所处的内部和外部环境，包括市场、技术、社会和文化因素。变革：探讨组织如何适应变化，包括技术进步、市场变化和内部重组，突出 BOP（业务、组织、流程）重塑的方法和工具。流程：优化工作流程以提高效率和生产力。牵引：揭示内部运营动力，强化目标感和目的性，引导和鼓励员工朝着组织目标努力。任务：阐述组织运营基本单元，合理分配和管理工作任务，确保其与组织目标一致。精准：强调决策和行动的精确性，避免资源浪费。执行：关注计划的实施和执行，提供执行力提升方法，确保目标得以实现。效率：衡量和提升组织的绩效，确保持续改进。绩效：组织业务翻倍的具象表征，包括组织绩效、流程绩效、岗位绩效。认知：提升员工和管理者的认知能力，以更好地应对复杂问题。敏捷：培养组织的敏捷性和适应性，快速响应市场变化。教育：通过改进知识组织和传播方法，提供持续的学习和发展机会，提升员工技能。资源：有效管理和分配组织资源，包括人财物知识渠道和思想资源等。耦合：创新耦合思维，加强交互、沟通效果，加强组织内部各部门和团队之间的协同工作。浪费：识别和减少组织中的浪费，提高资源利用率。风险：评估和管理组织面临的各种风险，确保稳定发展。领导和激励具有重要和核心作用，鉴于研究者众多，载文浩如烟海，而且，领导和激励都反映在行动的过程中，这里不做强调。

这些主题共同构成了"新组织管理学"的理论基础，旨在帮助组织在快速变化的现代环境中保持竞争力，实现可持续发展。

### 6.3.5 全景规划（2116851）

2 个论断，1 个认知，1 套规制，6 部专著，8 个智库，5 项目，1 平台，如图 6-10 所示。2 个论断包括"管理落后是战略落后、管理一小步效率一大步"。1 个认知指管理是"基于实践的动态的过程"活动。1 套规制包括"识知行成变"的学术理念，"致广大而精细微"的方法论，推动管理"行"转向的思潮追求，"KTD：从知道到行动的口号"获得效率倍增的成果，以增强组织的力量和释放组织的能量。6 部专著包括"认知思维""流程牵引""精

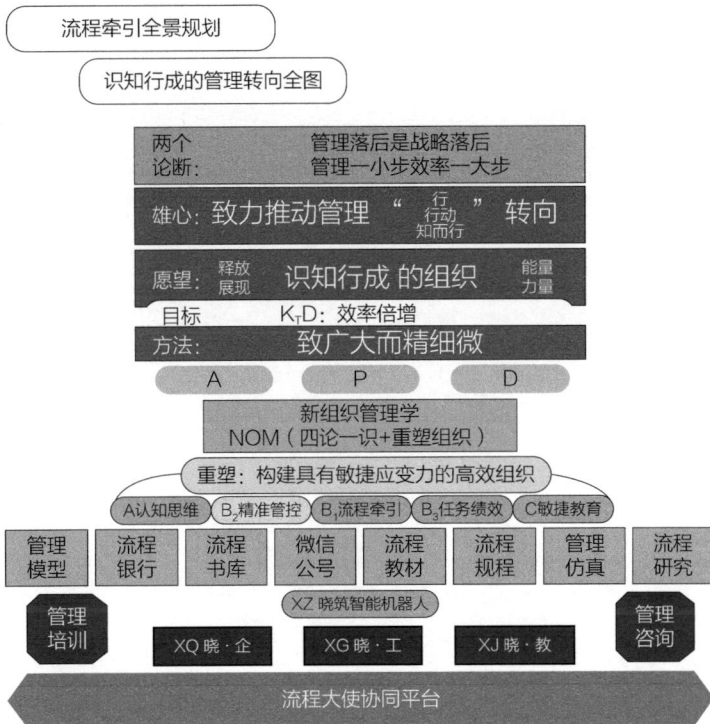

图 6-10 "新组织管理学"的支撑研究与全景规划

准管控""任务绩效""敏捷教育""重塑组织",将组织管理前端拓展到认知与思维,后端深入至教育及学习,管理则全面覆盖组织战略、行动体系、岗位执行,以 18 个组织管理的核心概念构成解决组织最需要的关键问题能力体系。8 个智库,包含"管理模型""流程银行""流程书库""科普公众号""流程教材""流程规程""管理仿真"和基础研究,目前分别获得了进展。5 项目是指三类五种项目。1 个平台指称为"流程大使敏捷协同平台"。截至目前取得:构建管理模型 520 个,流程银行库存流程 3100 条,流程书库清单 560 本,自有 200 本,科普公众号发文 408 期(2025 年 3 月 10 日止),"流程管理学"研究生教材出版中等进展。

## 6.3.6  预期的绩效与活力

这些思想,从解决实践问题而来,经过凝练、拓展,历时 30 余年,逐渐形成。"新组织管理学"具有明确的学术渊源和明晰的学术追求。"新组织管理学"不是停留在纯粹研究上的,而是一个活跃为产业服务,并接受开放式检验的整合知识体系(思想、方法、技术和工具),是为了解决组织管理,为构建敏捷适应力的组织提供高效系统性解决方案和实施策略的。

# 3

第 篇

变革方法：动力博弈

# 第 7 章
# 管理的"行"转向

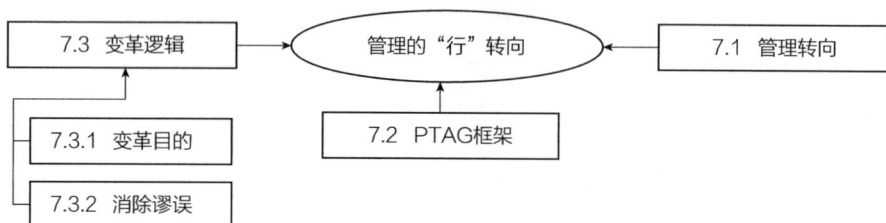

图 7-1　第 7 章逻辑图

问题启程是组织运营的关键与目标。因此，在管理转向前需要明确为何要转向，即先进的组织管理存在什么问题，进而可以设定转向完成后需要形成怎样的结果。当然，在转向之前也需要验证能否转向进而再确定用什么方法转。

## 7.1　管理转向

管理，是在发现质量、进度、成本等问题的情况下选用合适的方法、手段进行解决，以更好达成目标。

作者在《流程牵引目标实现的理论与方法——探究管理的底层技术》一书中罗列了上百条先进的管理方法、要素等，例如 PMA 黄金定律、霍桑效应、拓扑心理学、X 理论、Y 理论等，而 PDCA、STWO 分析法、JIT 等更是被当今中国的各类型组织奉为圭臬。一方面引进和消化吸收西方管理理论的低度热潮仍然继续，另一方面原创理论努力突破虽未形成重大影响，但都标志着理论脱离实践的程度还在提高。在社会舆论和评价体系中，管理理论研究成果往往更容易受到关注和认可。学术论文的发表数量、学术著作的出版情况等常常被作为衡量管理学者和研究机构水平的重要指标。我们应该认识到，管理与在实验室中做实验、拿数据并不相同，实践出真知是管理的本质属性。再者从摄入管理知识的角度来讲，在课程设置上，理论课程占据了较大比重，包括管理原理、组织行为学、市场营销理论等，而实践课程则大大缺失。可能该理解较为片面与偏激，但在当前的管理研究中依然是常有现象。特殊情况下管理学研究中的天然复杂性、关联性、耦合管理，以及管理演化历史下的管理实践，未能被吸纳、消化和融入管理理论方法之中，情况还较为严重。迫切呼吁基于本土实践的原创思考浮出水面。

近些年，随着 AI、大数据、物联网等新兴技术快速出现与发展，管理的方法与手段更加多样化起来。但在应用过程中不难发现，新技术与组织管理的融合只停留在浅层无法深化。快速发展的 ICT 技术，如云计算、大数据、物联网、移动通信、人工智能、区块链和元宇宙等大集成快速运算精准管控技术，导致提高效率的途径与技术发生了较大的改变。管理急需引入和融合新近发展与成熟的技术。例如简单的人脸考勤可以与智慧工地搭上边，但却缺少对任务执行人员压力、动作的观测与识别。技术应用的成本和难度较高是其较为重要的一部分，在传统组织管理与新兴技术融合的过程中，不仅需要购置相关设备和软件，还需进行人员培训、系统整合等，这对组织的资金实力和技术能力要求颇高。一些组织尤其是中小企业，可能因资源有限而难以承担这些成本，或者在技术应用过程中遇到技术难题无法有效解决。再者，组织内部的人才结构不合理。新兴技术的应用需要既懂技术又懂管理的复合型人才，但目前这类人才相对稀缺。组织内现有的管理人员和技术人员往往缺乏跨领域的知识和技能，难以推动新兴技术与管理的深度融合。

从形而上来说，西方管理理论往往是在其自身的文化和社会背景下发展的管理哲学与管理科学的结合。因为中国文化的独特性，使得西方单纯基于实证逻辑等产生的管理哲学与中国传统的"悟道"式的哲学存在差异。比如中国传统文化强调的是一种宏观的、抽象的管理之道，无法简单与西方基于微观分析得来的管理理论相匹配，导致在实践中如果直接应用西方管理理论会出现操作层面不知如何植入的问题。大量引入的西方管理理论，基于初始条件不同、研究侧重的实用主义、解读和消化吸收肤浅等原因，经过 30 年大量的实践经验，证明照搬照抄无法很好解决我们的现实管理困惑和难题。因此，中国应当更加重视本土实践，"中国特色社会主义道路"已经为本土组织管理指明了基本方向。

落于组织管理实践中，中国组织管理呈现的景象则是"空有框架，难以落地"。中国的组织类型、规模、行业鳞次栉比，行业有行业规矩，企业有企业文化，极具指导性的大框架难以在各个小组织中发挥出全部功效。一些组织盲目追求所谓的"先进模式"，而忽视了自身业务的特点和需求。新的社会和经济形态（如器具自动化、AI 发展等）造就了诸多新管理场景和新管控需求，这些新场景与传统中外理论的假设与模型吻合度不高，促使新的管理思想、技术和方法工具的创新趋向深度场景的结合。比如，在一些需要快速响应市场变化的行业，却采用了层级过多、决策流程冗长的传统架构，无法适应灵活多变的业务场景，降低了组织的运营效率。组织中往往会请大咖进行一些管理方法与手段的宣讲，但更多的情况是缺少后续动作，例如没有专门人员细化框架并对接企业设计场景。这也将会导致在实际管理中遇到许多问题。不确定的 VUCA、BANI 时代，飞速发展着的经济社会，管理实际存在种种的困惑和问题，矛盾也时时困扰着管理实践者。环境污染、资源匮乏、高碳排放、低效运行、质安事故、社会矛盾等，从战略到实务无时无刻不呼唤高水平管理。

通过上述分析，本书将当今组织管理存在的问题总结为图 6-4 所示的六点。

因此，由于上述六点负面倾向的存在，使得现今在解决实践问题和学制教育场景中，已经明显地存在三矮化现象（图 6-6）：①管理矮化，认为管理无用，管理可替代，取消工程管理专业；②能力弱化，大学生、研究生、博士生的管理能力，严重削弱能力，技术专才极速转型管理干部的普遍困境；③重知轻行，教的都是碎片的理论知识，管理实践几乎没有一席之地。

上述现象的存在深刻反映出中国组织管理存在两大缺陷。

首先，组织中理论存在的缺陷有三点：

（1）缺少行为方式。通过图 7-2 可知，组织行为学的初始研究便侧重在"组织"而非"行为"上，且依据个体到群体再到组织的演变，研究最终定位到对"组织"的研究，至于"行为"，在源头便未被着重强调。与此同时，此后组织行为学的研究均围绕这一研究体系展开，"行为"因此被忽视。同时，我们收集并归纳了组织行为学知识体系的维度图，如图 7-3 所示，图中可以明显看出，在行为过程中，行为方式的研究和成果缺失，以及行为知识方面与流程管理知识的融合度不够。

（2）流程知识体系孤悬。在组织管理实践中，流程只是"挂在嘴边"的、用来"走"的，很少有组织管理者去深挖它和组织其他管理要素的联系。这将导致流程的知识体系没有紧密结合组织的具体业务场景和实际需求进行设计和优化，也无法与其他相关的知识体系（如战略知识、人力资源知识、技术知识等）之间进行有效的沟通和整合，导致信息孤岛的产生。

（3）缺少认知和教育。认知是一切思维和行为的来源，教育则是传递方式方法的工具。我们要在认知过程中明晰什么是认知、认知的对象是什么、如何去认知，才可以对组织管理有更加深入的理解；而组织可以赓续长存的重要原因就是知识的传递与传承，但现

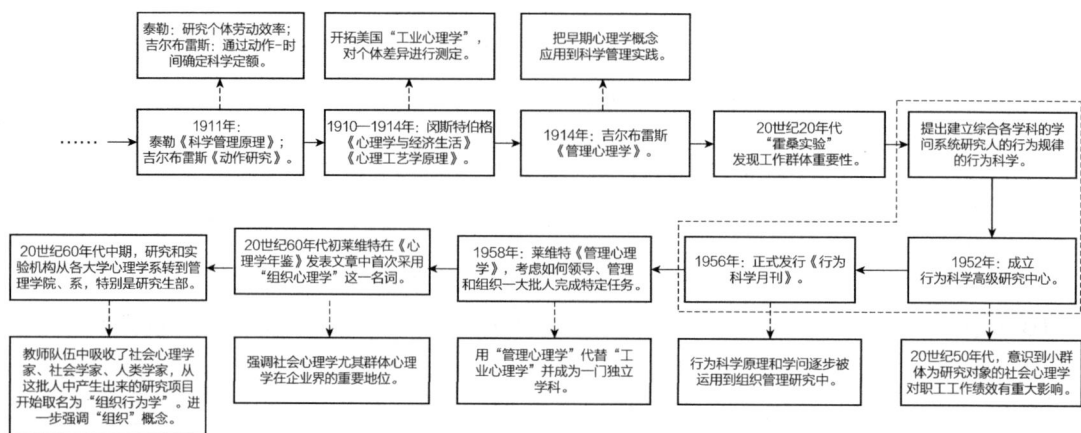

图 7-2 组织行为学溯源图

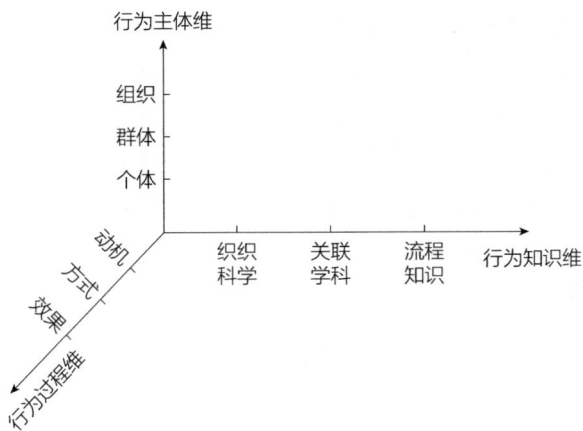

图 7-3  组织行为学知识体系维度图

今组织管理中的师傅带徒弟只是指哪打哪，很少会对整件事的逻辑进行完整分析与讲解，导致受教育者一知半解。

其次，组织运营缺少 APD 的本质。从哲学角度看组织运营需要的"行动哲学、过程智慧和动态能力"的内在动力来源于"行动方式和效率""过程融合与管控""动态调整能力"构成的运营能力体系，需要更进一步关注组织运营内在机理，关注所指称效果，必须确保组织运行在"行动、过程、动态"的本质性轨道上。

分析中国管理存在六不足、两缺失、三矮化形成的本质性原因，其一是理念上"行"的缺失，其二是"行"的工具缺失，其三则是"行"转化方法缺失。

因此，为了迎接当今管理中"行"的确实，或是重新迎接"行"的回归，我们提出应当进行三个转向或回归，如图 6-8 所示。

（1）管理行不行？没有行不行？需要在理念上确定管理的"行"，进而将"行不行"问题转向实践性高效解决问题的实用之"行"。

（2）认知与知识，付诸行动。回归管理是动态行动的，而不是囿于理论的、书面的静知，即转向行动之"行"，要求我们建立行转化方法与路径。

（3）喊口号与付诸实践。在追求和构建知识体系方面的步伐与成果相对丰硕下，如何去做的知识却缺乏，转向实现、过程与动态，要求我们认清怎么做，并有效利用做的工具与理论。

当分析完"大框架"后，我们应当落实于实践。建筑企业作为当今规模异常庞大、要素过于复杂的典型组织，其内部存在一系列较为显著的问题，不做详细阐述。

读者可以对照本书的"敏捷"方法以及"三行转化"的内在逻辑解决相应问题。

在此，我们引入七步战略思维方法，七步战略思维方法是一种系统的思考和决策模型，旨在帮助个人或组织从理论到实践的过程中，逐步推进战略目标的实现。其核心步骤包括：

（1）理论引领：这是战略思维的起点，指的是通过理论框架和知识体系的指导，确保战略的思想基础正确。例如，借鉴战略管理、经济学或行业相关的理论，帮助理解宏观环境和行业趋势。

（2）目标导向：明确战略目标是成功的关键。这一步要求设定清晰的短期和长期目标，并确保目标具有可衡量性、可实现性和时间可控性。目标为整个战略过程提供方向。

（3）问题启程：在战略规划的过程中，必须识别并明确当前面临的问题。这包括组织内部和外部的挑战，只有通过深入分析问题，才能提出切实可行的战略方案。

（4）流程牵引：一旦目标和问题明确，就需要通过制定清晰的流程和行动计划来推进战略。这一步涉及分解任务、制定执行计划，并安排时间节点，确保每一步都有具体的操作路径。

（5）工具支撑：为了确保战略能够顺利实施，需要选择合适的工具和方法论。这些工具可以是数据分析工具、管理方法、信息系统等，帮助提高决策的科学性和执行的效率。

（6）实践验证：通过实施战略方案，进行实时监控和调整。这一步骤强调实践中的反馈和验证，通过不断修正和完善策略，确保战略方案能够适应不断变化的环境。

（7）绩效评估：定期对战略实施结果进行评估，衡量其与既定目标的差距，评估绩效的高低。绩效评估可以帮助总结经验教训，确保下一步战略制定和调整更加高效。

作为一套科学高效的问题解决方法，通过理论引领、目标导向、问题启程、流程牵引、工具支撑、实践验证、绩效评估帮助组织系统化地识别和解决管理实践中的复杂问题。这种方法不仅适用于建筑企业，也适用于其他行业的组织管理实践。

## 7.2 PTAG 框架

在明晰为何要"行"转变的条件下，需要明确行的方法。流程牵引理论（PTAG）作为作者提出的理论，其在组织管理实践中具有十分有利的地位。具体结构如图 7-4 所示。本节将对这些内容进行介绍。

（1）环境感知：组织，尤其是经营型的企业，都是处于开放的环境系统中，否则将因不断的熵增，导致企业组织成为无序组织而破产。宏观环境包括外部的客观环境和外部的客户需求。外部环境制约着内部战略，客户需求引导着内部战略。灵敏的环境感知可以使得组织快速应对外部不确定性，把握市场机会、助力战略规划与调整，同时提升组织适应性与灵活性，促进组织创新。本书所提出的环境感知指 PESTecl 分析法：政治（Policy）、经济（Economy）、社会（Society）、技术（Technology）、自然环境（environment）、竞争（competition）、时空（location）。"PESTecl"七大要素融合在一起，组成了错综复杂的组织外界环境，这些要素虽然不直接参与组织活动，但却时刻影响着其走向，潜移默化地改变着组织管理。

（2）战略决策：战略决策是组织管理中一个高度结合内外部环境进行决策的过程，要求管理者在明确目标的基础上，通过合理的组织结构、有效的绩效评估机制和健全的风险管理策略，做出能够引领组织长期成功发展的关键抉择。这不仅考验管理者的智慧和远见，也体现了组织整体的适应性和竞争力。企业在进行战略决策时应综合考虑动态变化的外部环境，

PESTecl 环境感知 机会判断 生态链 价值链 资源 能力

因为有对流程的特殊认知，产生业务绩效和岗位绩效，以及流程自身绩效的评价两大类，也产生了变革类型包括流程再造和业务再造以及组织再造两大类，根本上，就是实体运营与映射在虚拟世界的流程运营两大类。本质上，这是意识对物质反作用的反应。

目标 组织 规模 风险 战略决策

组织结构 组织建设 行为功效

产品 定价 时段 地域 规模 业务布局 流程构建 架构 系统 要素

真实 组织 运营

业务变革 耦合 耦合 流程变革

系统定义 体系设计 验证 版本演进

创新变革 运营 自善

组织变革

合并 删除 分拆 增设 改线 流程优化 绩效管控 业务绩效 流程绩效 岗位绩效

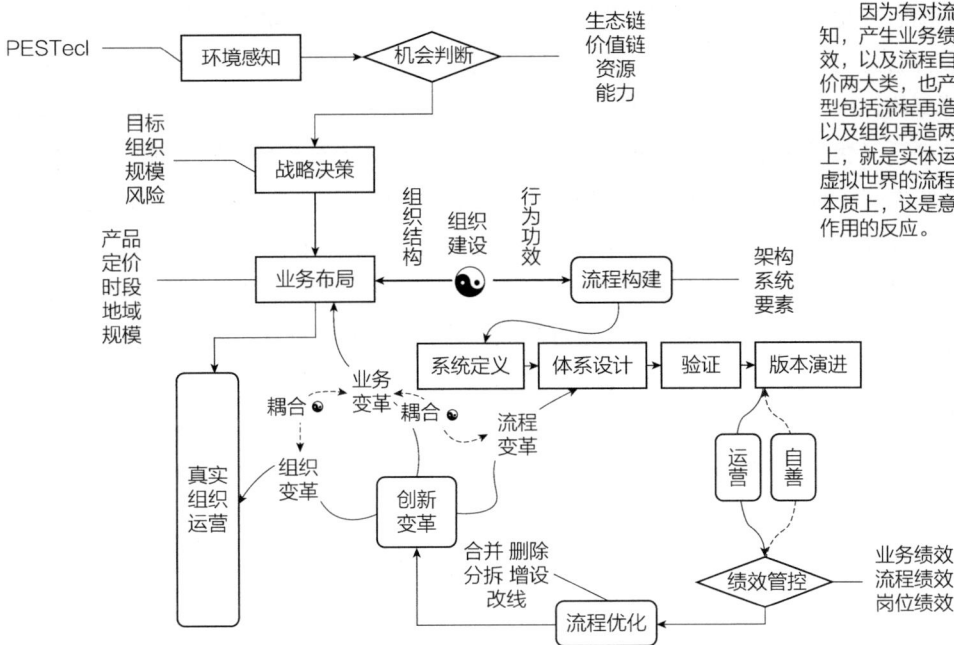

图 7-4 PTAG 框架结构图

并从明确目标与优先级、建立灵活的组织结构、持续沟通与信息共享、建立动态战略管理模式以及持续改进与优化等多个方面入手。这有助于提升组织的敏捷适应能力，使其能够更好地进行业务布局与构建流程。

（3）业务布局与流程构建：顶层设计的出挑结合易于落地的执行才可将其优势完美展现。因此在组织管理中，将顶层设计进行初步分解后可形成一定的业务布局以指导每个部门、每个小组以及每个人执行，但依旧缺少执行的方式方法以及路径，而流程恰好提供了十分理想的解决方案。流程牵引理论中的"流程"关注每一项任务的执行人、执行要求以及执行期限等，囊括了管理中的"人事物"，以简化执行。进一步地，组织需要关注如何将业务转化为流程，其实也就是理解结构与功能如何耦合。管理就是追求"满意的决策"，不断地进行优化选择和变化后的调整，就构成了"过程管理"的独特机制，类似于运筹学的优选过程，其实就是流程。不断选择（构建）结构，满足（实现）功能的过程，以完成目标。图 7-4 中的耦合是组织管理者真正能力的体现。同时，流程理念突出了人类活动的"行动、过程和动态"三个重大主题，特别是行动（Action）衔接了与工商组织的业务形态结构以及取得绩效的路径和方法。

（4）流程构建：在当今复杂多变的数字化环境中，流程构建绝非一项简单任务，它宛如一场精心策划的宏大工程，涉及诸多关键步骤与丰富多元的内容，每一个环节都紧密相连，共同铸就一个高效运转且具备持续进化能力的系统。

流程构建应当遵循以下流程。系统定义作为起点，需要深入探寻系统的核心目标，精准圈定其边界范围，细致梳理各项功能需求。不仅要洞察内部运作的微妙之处，更要密切关注外部环境的动态变化，为后续的构建工作绘制出清晰无误的蓝图。其次体系设计环节要求构建者充分发挥智慧与创造力，从架构、系统以及要素等多个维度进行全方位考量。精心雕琢系统的整体架构，使其兼具稳固性与灵活性，犹如搭建一座宏伟的建筑，每一根梁柱都承载着特定的使命，又相互支撑，共同构建起一个层次分明、错落有致的整体。系统层面需要确保各个子系统之间能够默契配合、协同共进，实现数据的顺畅流通与深度共享。而对于要素，无论是人员的合理调配、设备的精准选型，还是数据的科学管理，都要进行细致入微的规划，让每一个要素都能在系统中找到最恰当的位置，发挥出最大的效能。再次，验证步骤需要对系统展开全方位、无死角的测试与验证。通过模拟各种复杂的实际场景，输入海量真实数据，让系统在实战中接受检验；仔细排查系统是否符合预先设定的功能与性能标准，及时揪出并修复潜藏的问题与漏洞，确保系统的可靠性与稳定性。最后，版本演进作为流程构建的持续动力，犹如为系统注入了源源不断的生命力。随着业务的蓬勃发展和技术的日新月异，系统不能固步自封，而要像不断进化的生物一样，持续更新升级。这需要密切收集用户的反馈意见，敏锐捕捉市场的细微变化，以开放的姿态接纳新的理念与技术，对系统架构、功能以及性能进行持续优化。让系统始终紧跟时代步伐，在激烈的竞争中保持强大的竞争力。

流程构建的内容丰富繁杂。架构方面，它是系统的骨骼框架，决定了系统的基本形态与支撑能力。合理的架构设计能够确保系统在面对复杂业务需求时依然有条不紊地运行，具备应对各种挑战的韧性与弹性。系统层面则更像是一个有机的生态系统，各个子系统如同生态中的不同物种，相互依存、相互作用。它们通过精心设计的交互机制，实现信息的高效传递与资源的优化配置，共同推动整个系统的良性运转。要素作为这幅画卷中的细腻笔触，涵盖了人员、设备、数据等多个关键领域。人员是系统的灵魂，其专业素养与协作能力直接影响系统的执行效率；设备是系统的硬件基础，先进可靠的设备为系统的稳定运行提供坚实保障；数据则是系统的血液，流动于各个环节之间，为系统的决策与运行提供关键依据。

只有对流程构建的步骤和内容进行全面、深入的理解与把握，运用丰富多样的方法和手段，精心雕琢每一个细节，才能打造出一个真正满足需求、高效可靠且充满活力的流程体系，使其在不断变化的环境中绽放出独特的魅力与价值。

（5）绩效管控：绩效管控与考核的作用不仅是为了激励员工工作、提升团队写作等，更重要的是其是业务能否继续发展的重要指标。作者在《提高任务成熟度的模型与方法——保障绩效的执行力提升技术》一书中指出组织可以分为业务绩效、流程绩效与岗位绩效；同时，流程是任务的有序组合，多条流程的组合又可以达成组织目标。因此，对于绩效管控可以使得组织自上而下的管理井然有序。

（6）流程优化与变革：人们选择在企业变革业务流程的过程中，用一种较为缓和的、循序渐进的流程改进方法替代流程的彻底颠覆与全新设计，以达到流程变革的目的。为此，流程优化的概念应运而生。流程优化应当是持续进行的"工作"，在P、D、C、A中属于C、A阶段，任何一个阶段的停顿或中断，将导致组织对环境适应能力的过大跳跃。企业流程管理应设立成为专门的管理内容，以发挥其核心作用，并使其自身管理达到要求。流程变革则是对企业业务流程进行根本性的再思考和彻底性的再设计，从而实现显著的业绩改善。往往涉及打破传统的组织界限，重新设计工作方式。其实质是企业为了适应外部环境变化、提高运营效率而采取的一种重要变革方式。可见，无论是流程优化还是变革均需根据内外部环境进行不断变化采取相应措施，也即符合 APD 中的 D。

基于上述六点，PTAG 框架图涵盖了从上至下的所有要素，致广大而精细微。将 PTAG 作为行的理论指导，同时也可转化为实用的方法与工具指导行的实践。下述我们介绍流程牵引理论的构成。简单来说包括"五个一"：一个理念、一套理论、一具模型、一张图形以及一批应用。①流程理念突出了人类活动的"行动、过程和动态"三重重大主题，衔接了与工商组织的业务形态结构以及取得绩效的路径和方法。②流程牵引理论则将"流程"作为特殊因子，从众多组织要素中缀取出（从中挑选出）来，以"流程内容主题、流程原理原则、流程应用实践"三大部分构成理论的核心内容，而理论表述极为简单："组织以流程为牵引动力，整合资源，达成目标"，从组织的本质、环境、目标、资源和能力等方面，揭示了贯穿内在的"运营动力"机制。③建构了"E❷O4912"（L 模式）；"L 模式"作为流程牵引理论的核心成果，将会在后文具体进行介绍。④流程图的作用可谓大也！将"无形的管理行为"可视化、结构化为流程并以流程图示人，能够将思想和理论外化，借助于模型建立架构，按照流程"亦步亦趋、按部就班"达成目标。⑤一切理论以经得起实践经验为准则，因由流程衍射和反映活动过程，其应用具有广泛适应性，应用案例也绚烂多彩，纷繁多姿。总结来说如图 7-5 所示。

流程牵引简括

| ·一个理念 | ·一套理论 | ·一具模型 | ·一张图形 | ·一批应用 |
|---|---|---|---|---|
| 无处不在 | 1.表达： | 1.模型概念 | 1.流程图 | 1.应用分类清单 |
| 无时不有 | 文本表达 | 2.L模式 | 2.基本符号 | 2.应用举例 |
| 不可或缺 | 图形表达 | 3.元模型 | 3.主要要求 | |
| 通过流程管理 | 2.理论假设： | 4.E❷O4912 | | |
| 可获组织改进 | 持续运营 | | | |
| 是思想技术方 | 管理理性 | | | |
| 法和工具 | 3.内容构成 | | | |
| | 概念体系（知识体系） | | | |
| | ——自定义，五维解读 | | | |
| | 原理原则 | | | |

图 7-5　流程牵引简括图

"L 模式"作为流程牵引理论的核心成果，其内在含义包括：E——组织环境拓展为"PESTecl"，更贴近组织的外在运营现实因素；❷——耦合机制，真正体现领导者及其领导的组织水平的是敏感体察外部环境，耦合内部目标、资源与管控能力的机制构建与运作的能力；O——组织的目标体系；4——四流程体系；9——九要素体系；1——沟通中心，无论新技术如何发展，沟通是管理及实现管理目标的重要甚至唯一途径，时代不同手段不同效率不同；2——智管平台，以基础数据为根本和全过程全资源管控的信息平台，体现算据、

L模式解读：E ☯ O4912

E环境；（P；E；S；T；e；c；l）
O目标；目标体系；（S、M、A、R、T；T、A、M；PIS）
☯耦合机制；（形式：单向、双向、交互）（因素：少因素、多因素）
4.0 全覆盖；全时段；全内容；关联性与耦合性
4.1 战略/目标流程
4.2 管理/职能流程
4.3 工艺/操作流程
4.4 自善/纠偏流程
9.0 流程要素（9.1编码 9.2名称 9.3依据 9.4资源 9.5组织 9.6职责 9.7信息 9.8各方 9.9成果）
1 沟通平台（1.1组织内容；1.2任务内容；1.3资源内容）
2.1 智撑——基础数据BIM
2.2 智撑——管控平台ERP

图7-6 "L模式"解读图

算法、算力，为追求组织效率、防范组织风险提供了新技术智能时代的保障。所有内容涵盖如图7-6所示。

PTAG框架的优越性在于自战略至个人任务都可涵括在内，同时也提供了理论指导、方法应用、实践工具。将PTAG作为行的方法具有较强的可行性、科学性与实践性。

## 7.3　变革逻辑

### 7.3.1　变革目的

组织变革是为了获得新环境下组织的卓越能力和比较优势，以在新的竞争中处于不败地位。组织成功实现变革后，应具备以下几个能力指标：①实现环境敏捷响应；②穿越经济周期；③人才队伍稳定；④营销定位精准；⑤供应链低成本；⑥产品质量好；⑦研发周期短；⑧资金周转快。与此同时，获得三重能力优势：①能力维度：思考能力，整合能力，执行能力；②变革类型：流程再造、业务重构、组织重塑；③业务逻辑：技术可靠，运作顺畅，商业优越。这是组织变革应当达成的基本共识。

以华为、海尔、美的为例，对比分析其在组织、业务、流程三方面变革的共性和差异性。

（1）在组织变革层面，华为采用了以客户为中心的矩阵式组织架构，通过不断优化组织层级，减少决策链，使组织更加扁平化，提升了响应速度。例如，华为的"铁三角"管理模式，将客户经理、解决方案经理、交付经理组成作战单元，直接面向客户，快速响应需求。海尔推行"人单合一"管理模式，将员工与用户需求紧密结合，打破传统的层次结构，形成自主经营体。每个经营体都像一个微型公司，拥有决策权、用人权和分配权，极大激发了员工的积极性和创造力。美的实行事业部制，根据不同产品和业务领域划分事业部，给予各事业部充分的自主权。各事业部独立核算、自负盈亏，在产品研发、生产、销售等方面拥有高度的灵活性，能够快速适应市场变化。

三家企业都致力于打破传统层级结构，追求组织的灵活性和高效性。不同点在于华为侧重于以客户为中心的矩阵式管理，海尔突出员工与用户的融合，美的则强调事业部的自主经营。

（2）在业务变革层面，华为从通信设备制造商逐步拓展到 5G、云计算、人工智能等领域，通过持续的技术创新和市场拓展，实现业务多元化。例如，华为在 5G 技术上的领先，为其在全球通信市场赢得了更多份额，同时也为云服务、物联网等新兴业务奠定了基础。海尔从传统家电制造业向智慧家庭解决方案提供商转型，通过整合全球资源，构建智能家具生态系统。海尔的 U-home 平台，将各类家电产品连接起来，实现智能化控制和场景化服务，满足用户对智慧生活的需求。美的在巩固家电业务的基础上，向机器人与自动化领域进军。通过收购库卡等国际知名企业，美的快速提升在机器人领域的技术实力和市场份额，实现了从传统制造业向高端智能制造的跨越。

三家企业都在积极拓展新业务领域，寻求多元化发展。华为依靠技术创新驱动业务拓展，海尔围绕用户需求构建生态，美的通过并购实现产业升级。

（3）在流程变革层面，华为引入集成产品开发（IPD）、集成供应链（ISC）等先进流程体系，从产品研发到生产交付全流程进行优化。IPD 流程确保产品从概念产生到上市的全过程高效协同，ISC 流程则提升了供应链的响应速度和效率。海尔通过搭建 COSMOPlat 工业互联网平台，实现了从用户需求到产品设计、生产、交付的全流程数字化。用户可以在平台上参与产品定制，企业根据用户需求进行柔性生产，大大缩短了生产周期，提高了用户满意度。美的开展"632"战略，即构建 6 大运营系统、3 大管理平台和 2 大技术平台。通过数字化转型，美的实现了业务流程的标准化、自动化和智能化，提升了运营效率和管理水平。

通过对比分析可知，三家企业都非常重视流程变革，并借助数字化手段提升流程效率。不同之处在于华为侧重引入国际先进流程体系，海尔专注打造工业互联网平台实现柔性生产，美的通过全面数字化转型构建一体化运营管理体系。

组织成功实现变革目标表现在其状态的跃迁。如本书第 6.2 节中分析的，组织已然具备了敏捷适应新环境中各种不确定性的能力，凭借对待创新变革已经生成的深刻认知，通过在思维、工具、方法上的焕然一新，实现组织结构与功能耦合模式的转变，以及对产品、流程组织的内控。

当然，变革逻辑不全然在于推动变革。组织运行管理中，有个规律称之为"行则有偏"，意思是在执行过程中一定会产生偏差。偏差有大小，（节点偏差大小）受三个因素的影响：机制设计完善程度、执行者执行如何、对偏差认知和控制程度。通过完善行动机制的设计、提高执行力和及时侦测与调整偏差，来减少变革是管理者应有的态度。偏差累积到不得不变的程度，是激发变革的"事件"。而变革的特点往往是"痛苦的、高成本的、长时间的"甚至伤筋动骨的。一个事实是：行动机制不可能完美、执行者总有高低，除了尽可能使之完美、使执行者具有更好的执行力，最应当加强的就是对过程偏差的测量和纠正，使得负面偏差积累得到控制，并避免累积到"不可收拾"：导致变革必须发生。这也是过程进行精准管控的意义所在。

现代企业的组织变革往往是响应外部环境变化和内部需求的结果。随着技术进步、行业竞争加剧以及客户需求的多样化，企业越来越意识到持续变革的重要性。其中，数字化转型成为一股强劲的变革趋势。企业借助技术创新，特别是人工智能、大数据、云计算等前沿技术的广泛应用，促使业务流程朝着自动化与数字化方向迈进。这一变革不仅深刻改变了企业的业务模式，还对组织内部的沟通交流、协作方式以及决策机制产生了深远影响。扁平化组织结构也是当下企业变革的重要走向。为了显著提升响应速度与决策效率，众多企业纷纷着手实施扁平化结构，大力削减管理层级，同时强化部门之间的协作。如此一来，极大地增强了组织的灵活性与适应性，使其能够更为敏捷地应对市场的风云变幻。灵活工作模式同样在企业中迅速普及，尤其是在当下，远程工作、弹性工作制等灵活工作方式被广泛采用。这一转变打破了传统的组织结构和工作流程，为企业管理和员工工作带来了全新的模式与体验。此外，以客户为中心的理念深入人心，越来越多的企业将满足客户需求置于首位，通过对组织结构和流程进行针对性调整，全力提升客户体验，进而有力地推动组织变革。这些组织变革的趋势，正深刻重塑着现代企业的发展格局，助力企业在激烈的市场竞争中赢得先机。

组织变革虽为推动企业发展的关键力量，但在实际推进过程中，众多企业遭遇了一系列棘手难题。变革抵抗便是其中一大阻碍。组织内的员工与管理层常常对变革持有抵触态度。员工或许担忧自身工作不保，或是职责发生变动，而管理层则可能惧怕失去掌控权。这种变革阻力极有可能致使变革计划功亏一篑，或是在实施过程中困难重重。再者，缺乏战略一致性也是不容忽视的问题。部分企业在开展组织变革时，未能确立清晰明确的战略目标，也没有制定连贯一致的执行计划，致使变革方向模糊不清，跨部门协作难以有效开展，资源亦无法得到合理配置。沟通不足同样给组织变革带来诸多困扰。组织变革通常需要各个部门与层级之间紧密协作，然而，倘若在变革过程中沟通不畅，员工便无法领会变革的必要性与目的，进而在执行过程中出现衔接断层或秩序混乱的状况。此外，领导力缺失亦是变革道路上的绊脚石。变革需要具备高瞻远瞩能力的领导者引领方向，若缺乏足够的变革型领导者，或者领导者在决策与执行方面能力欠缺，那么变革进程极易陷入停滞状态。这些问题犹如一道道关卡，考验着企业推进组织变革的决心与能力。

现代企业因外部环境变化和内部需求，日益重视持续变革。数字化转型、扁平化组织结构、灵活工作模式以及以客户为中心等变革趋势，正重塑企业发展格局，助力其在竞争中抢占先机。然而，企业在推进组织变革时，面临变革抵抗、缺乏战略一致性、沟通不足以及领导力缺失等诸多难题，这些问题严重阻碍变革进程，考验着企业推动变革的决心与能力，企业需积极应对以实现成功变革。

### 7.3.2　消除谬误

我们提出，组织重塑应当包含组织、业务、流程三个方面。业务是组织的存在方式，流程是组织的行为方式，业务与流程之间互为镜像关系。关于流程的认知，仍有不少组织者认为流程只是组织的一个要素，是业务的从属，对于这样错误的解读，我们认为，应当被高度重视、有效更正。

普遍认知，流程是把出入转化为输出的一系列结构化活动集合。我们特别强调，流程不只是组织的一个要素，它与业务是映射关系。业务发生改变，流程必定随之改变。反之，流程进行调整优化，业务也会相应地发生变动。经过对流程大量的理论与实际研究，总结了以下几点流程的谬误及正解：

1. 流程是组织的一个要素（图 7-7）

流程的地位远非组织的一个要素这么简单，流程是衍射和描述组织运营活动的管理学术语。流程地位的详解参见本书第 10.1 节。

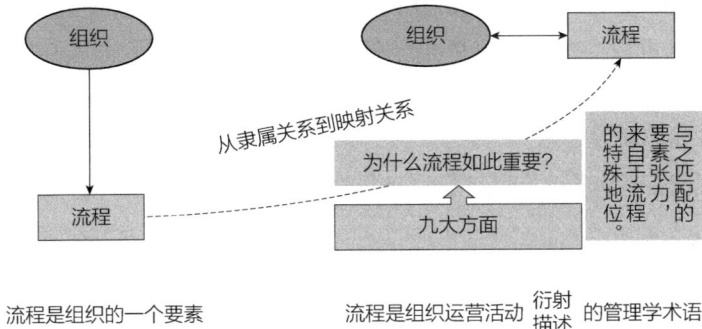

图 7-7 "流程是组织要素"之正解

2. 先有业务再有流程（图 7-8）

业务与流程是并行关系。业务是组织的本质，业务一旦开展，流程便同时启动了。

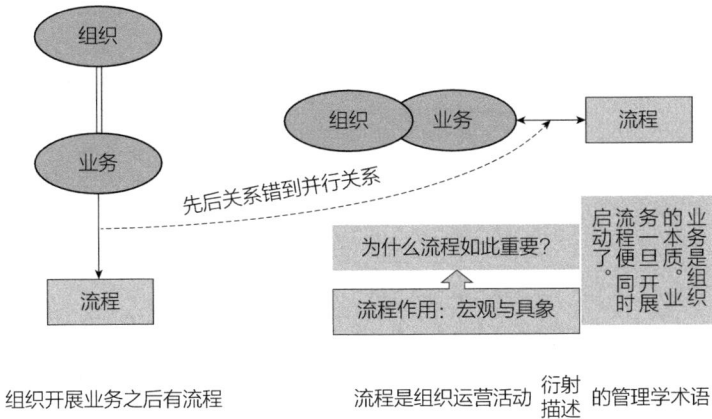

图 7-8 "先有流程再有业务"之正解

3. 业务与组织是隶属关系（图 7-9）

业务与组织是浑然一体的关系。

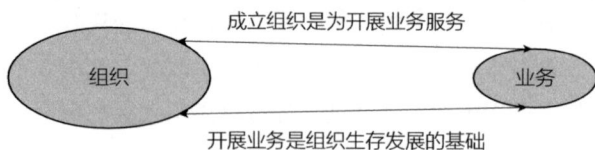

图 7-9 "业务与组织是隶属关系"之正解

### 4. 流程是个普通要素

流程不是一个普通要素，流程：①无处不在，无时不有；②是导向组织目标的路径；③是达成目标的内在动力；④是组织一切运营要素的载体；⑤是组织计划基础与考核标准；⑥是 RSW–X 协同的渠道与方式；⑦是组织行为的可视化表达；⑧是组织标准化的核心；⑨是消除模糊明晰责任持续改进的基准与工具；⑩是组织的行为方式；⑪是任务的有序组合；⑫是有序组合任务的进程；⑬是不确定性的预见性安排；⑭是结构与功能的耦合机制。

### 5. 流程变革知识流程变革

变革，类不同，功有异，包括三类，如图 7–10 所示。

| 变革类型 | 变革内涵 | 变革目的 | 变革路径 | 变革内容 |
| --- | --- | --- | --- | --- |
| 流程变革 | 行为 | 持续顺畅 | 提高优度 | 分析优化再造 | 逻辑 任务化 责任 成熟度 |
| 业务变革 | 职能 | 稳定获利 | 增值能力 | 战略职能 操作自善 | 产品布局 定价策略 |
| 组织变革 | 组织 | 久远生存 | 敏捷韧性 | 体制机制 制度流程 | 结构权限角 色沟通协同 |

图 7-10 变革类型与内容矩阵：不能混淆的运营变革

### 6. 简化流程概念主题级别

流程在组织中的主题级别概念如图 7–11 所示。

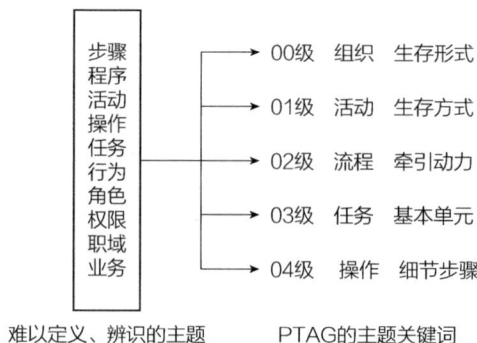

图 7-11 便于理解和普及的流程主题词

### 7. 流程图就是流程

流程是一整套体系性思想。流程图是用图形表达流程的一种方式（图 7–12 ）。

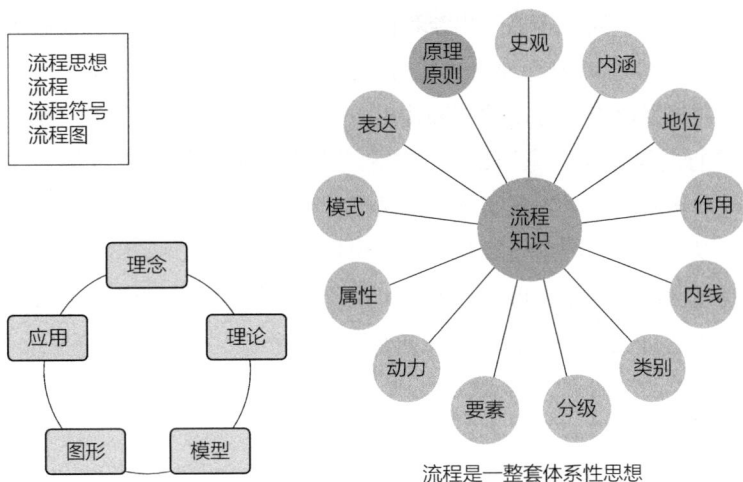

图 7-12 "流程图就是流程"之正解

## 8. 流程变革是一把手工程

凡是领导层（一把手）不是主责的一切变革，应当策略性地推进（图 7-13）。

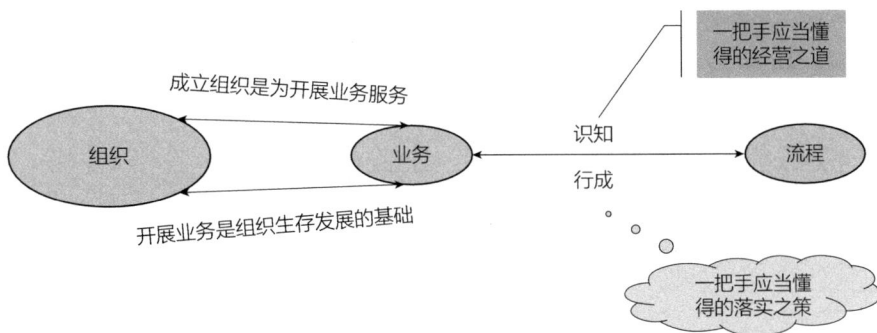

图 7-13 "流程变革是一把手工程"之正解

## 9. 流程与制度的区别联系

流程与制度的区别联系如表 7-1 所示。流程将逐步代替制度。

流程与制度的区别联系 表 7-1

| 制度 | 流程 |
|---|---|
| 本质是：规定行为方式和标准 | 本质是：组织的行为方式，创造价值满足客户 |
| 认知的 | 行动的 |
| 间断的 | 连续的 |
| 散点的 | 精准的 |
| 文本的 | 载体的 |
| 限定的 | 目的的 |
| 静态的 | 动态的 |

基于对流程的深刻研究，本书提出流程的全新定义：流程是衍射和反映人类各种活动过程的管理学术语；是描述组织行为之方式方法的规范化工具；是设计和构建转化机制，规划资源（人财物知识渠道思想等）输入和输出（产品服务和管理价值等）结果以实现价值增加满足客户需求的过程总和；流程成为计划和考核的基础，持续改进的基准，萃取经验的渠道，标准化以量化复制，对进程实施动态精准管控，通过构想、规划、设计、可视化、智能化实现优化，以防止组织产生风险和提升组织效率的思想、方法和工具。

流程管理通过设计、优化、再造，实现可视化、智能化、端端体现系统化，为组织运营带来满足客户、创造价值，各方满意的高效运作。流程思想从亚当·斯密编著的《国富论》中便已有体现，以及动作研究、《御题棉花图》、屠宰场流水线、网络图等等历史源流中，都表现出目标管理、精准管理的系列思想。

我们认为，流程的功用在于预见、预告、预备三大维度。预见：预设达到目标的路径、责任、沟通。预告：从知道到公平、透明。预备：预防措施、为"行"而备。主要表现为提升运营绩效，提高生产力。流程无时不有，无处不在，如西门子通用数字化高效的流程设计、宝马的生产流标标准化和支持流程优化、利洁时的整合卓越流程＋流程挖掘＋流程自动化、百事可乐应收账款和应付账款流程、卡迪那订单管理、强生供应链、通用电气医疗—财务流程……各行各业、大小案例，无一不涉及。组织运营的所有职能，运作的所有环节，均可以结合流程的方式，并引入新技术、新思想以改进组织的运营。

# 第8章
# 动力博弈

━━━━━━━━━ 本章逻辑图 ━━━━━━━━━

```
┌─────────────────────┐      ╭──────────────╮      ┌─────────────────┐
│ 8.3 生死存亡（风险）│ ───▶ │   动力博弈   │ ◀─── │  8.1 创新动力   │
└─────────────────────┘      ╰──────────────╯      └─────────────────┘
         ▲                          ▲                       ▲
┌─────────────────────┐   ┌──────────────────┐   ┌─────────────────────────┐
│ 8.3.1 系统性变革策划│   │  8.2 变革阻力    │   │ 8.1.1 组织需要变革的原因 │
└─────────────────────┘   └──────────────────┘   └─────────────────────────┘
┌─────────────────────┐                          ┌─────────────────────────┐
│ 8.3.2 变革的有效路径│                          │ 8.1.2 行业生态容量       │
└─────────────────────┘                          └─────────────────────────┘
┌─────────────────────┐                          ┌─────────────────────────┐
│ 8.3.3 变革的筛选机制│                          │ 8.1.3 创新动力           │
└─────────────────────┘                          └─────────────────────────┘
```

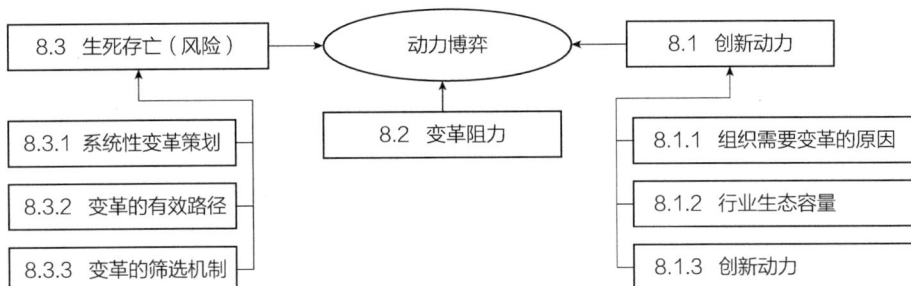

图 8-1　第 8 章逻辑图

## 8.1　创新动力

### 8.1.1　组织需要变革的原因

自序中讨论过图 2 具体的导致变革的因子，这里从理论深度，继续讨论组织变革的原因。当然，真正的变革，应当"问题启程"，以解决问题、消解痛点为切入点。但是，这无可否认地仍然需要强调深化理论的必要性。

组织构建的目的在于实现创建者们的共同目标，经济的、文化的、社会的等等。外部环境处于持续动态变化的状态，市场需求不断迭代、消费偏好多元转向、政策法规持续调整……组织需要及时掌握并适应行业的发展动向，调整战略定位并制定应对措施，可以说，变革是目标驱动的结果。以组织自身来讲，沟通是组织内部的核心要素，传统的组织架构往往是层级分明的金字塔式结构，信息传递缓慢且容易失真。同样需要通过变革优化内部管理模式，提高资源分配效率，提升任务执行的协同能力以及激发员工的持续创新能力。

变革对于任何希望长期生存和发展下去的组织都是必不可少的。它使组织能够灵活敏捷地应对内外部环境的变化，抓住新的时代机遇，克服潜在风险。本研究的宗旨，就在于帮助组织创建者构建具有敏捷适应能力的高效组织。

组织创立之初往往依托于创建者们的激情、市场洞察力以及高效的执行能力，迅速占据市场份额以在行业领域建立根基。彼时，团队内部成员间应是协同紧密，信息交互无阻，各项任务都能即时贯彻落实。然而，伴随时间的线性推移，在市场环境骤变以及内部惰性使然的双重影响下，组织原有的"静态平衡"不再足够支撑因适应动态变化需要的运营能力。察看当下组织普遍存在的惰化现象，归纳以下几点断论：

（1）效率下降：资金利用、任务执行、资产效益、周材周期、流程速度等等呈现明显下降或趋势的现象。

（2）绩效降低：组织、部门和岗位的目标绩效体系，在评价周期内核心指标有所降低的现象。

（3）士气低落：激昂的创业斗志、克服困难的勇气、勇敢开拓的精神，消磨在激烈的市场竞争中，产品研发的长程付出中，遇到挫折的沉闷里，士气低落，唱衰组织的言论不绝于耳。

（4）客户差评：产品或服务未能得到内外客户的总体认可，返修率、获客度、销售额、产良率等均处于负评区域，持续下去将严重影响组织生存。

（5）风险增加：质安环、资金链、合规性、新备品、人才密度、知识储备各方面，所谓研发周期长、生产优质率低、成本均平度高、对环境的把握度模糊，未来前景难以明确等等现象，均预示着风险在增加。

现象是内部问题暴露后表现出来的外部形态和联系，其背后的原因如组织内部的管理隐患往往更值得深究。前文已有强调，环境的骤变和内部的惰性都是驱动组织变革的关键性因素，从组织视角具体分析变革产生原因，如图8-2所示。

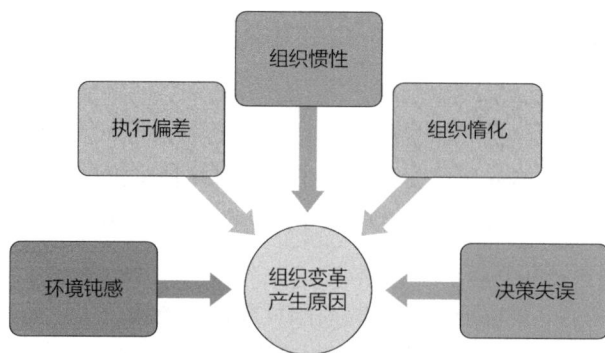

图 8-2 组织变革原因分析图

环境钝感：对环境变化的数据感知、分析判断，随着"成功度增加""组织变大""影响力扩大"，变得迟钝、执拗、固化，在乌卡·巴尼时代，是导致组织"效率下降、绩效降低、士气低落、客户差评和风险增加"的根本原因。

执行偏差：数学规则有例外。工商组织执行过程中积累的偏差，构成"执行偏差"，达到一定程度，便会出现较大地偏离组织目标的现象，甚至影响初衷愿景，以至于无法履行使命，导致组织生存达到危险的"边界"。

组织惯性：每个组织沿着自身发展过程中形成的习惯性前行，是出现常见上述组织惰化现象的原因。组织不可能一直处于最优最佳状态，相当程度上，组织总是"处于亚健康"带病工作的状况，病症惯性使然。

组织惰化：应对工作多样化、审美疲劳、沟通劣化等导致组织惰化，既有规律可循，也符合常情。"组织熵增"就是无序程度增加的过程，注入新要素、增加激励强度、增强组织内觉力、表述和传达生存围压以减少和延缓组织惰化，是主要解决方法。

决策失误：决策在检验之后，才能得到正确与否的评价，变革是为了纠正全部或者部分失误，调整策略更换发展路径（组织方式、产品结果、流程体系）以止损。

组织变革是为了解决组织存在的管理诟病以实现可持续发展，基于对惰化现象以及变革原因的分析，归结起来，组织需要变革的关键因素如下：

（1）适应市场变化：市场条件是不断变化的，包括客户需求、技术进步、竞争对手的行为等。为了保持竞争力，组织必须调整其策略、产品或服务。

（2）提高效率和生产力：通过引入新的工作方法、技术或管理实践，组织可以提高工作效率，减少浪费，从而增加利润。

（3）应对经济波动：全球经济环境不稳定，汇率、利率、通货膨胀等因素都会影响企业的运营成本和市场需求。适时的变革可以帮助企业更好地应对这些挑战。

（4）技术革新：信息技术和其他高科技领域的发展迅速，迫使各行业内的公司更新设备和技术，以维持或提升其市场份额。

（5）法规遵从性：随着政府对环境保护、劳工权益保护等方面的立法越来越严格，企业可能需要改变内部政策和操作流程来确保合规。

（6）文化和社会趋势的影响：社会价值观的变化也会影响消费者偏好和员工期望，例如对可持续发展的关注、多元化与包容性的重视等，这要求企业在战略上做出相应调整。

（7）内部问题解决：当组织内部出现如沟通不畅、部门间冲突、人才流失等问题时，也需要进行变革来解决问题并优化组织结构。

（8）创新需求：为了在行业中保持领先地位，企业需要持续创新。这不仅涉及产品的创新，还包括商业模式、客户服务等方面的创新。

（9）全球化扩展：对于想要进入新市场的公司来说，了解当地文化和商业习惯，并据此调整业务模式是非常重要的。

这些关键因素涵盖领导决策、员工素养、外部竞争力等众多方面，相互作用，相互影响。对关键因素的清晰认识能够助力领导者制定更加精准的行动计划。尽管如此，变革一旦启动，所带来的影响既是广泛的，也存在诸多不确定性。基于变革系统性、目的性、复杂性、广泛性等特点，深入剖析变革可能带来的影响同样具有必要性，让组织能够提前预警，趋利避害。

变革就是为了克服组织惰化，改良组织取向正确的发展的路径，获得敏捷适应力。其一系列的积极影响包括如下几点：

（1）增强竞争力：通过引入新的技术和流程改进，组织能够更快、更有效地响应市场变化，提供更具竞争力的产品和服务。

（2）提高效率和生产力：优化内部流程、采用自动化技术或改善工作方式，可以帮助减少浪费、降低成本，并提高整体工作效率。

（3）促进创新：变革鼓励员工思考新方法解决问题，激发创造力，从而推动产品、服务和商业模式的创新。

（4）适应市场和技术的变化：随着科技进步和社会趋势的发展，变革使企业能够及时调整战略，以更好地满足客户需求和技术要求。

（5）提升员工满意度和参与度：当员工看到公司积极应对挑战并不断进步时，他们可能会感到更加自豪和投入。此外，参与变革过程还可以增加员工的责任感和归属感。

（6）改善组织文化：通过变革，可以建立一个更加开放、协作和支持性的企业文化，这有助于吸引和保留人才。

（7）强化风险管理能力：有效的变革管理可以帮助识别潜在风险，并制定相应的缓解措施，使得企业在面对不确定性和危机时更具韧性。

（8）更好的资源利用：重新评估和配置现有资源（如人力、资金、设备等），可以使这些资源得到最优化的应用，避免闲置或低效使用。

（9）法规遵从性与社会责任：确保组织符合最新的法律法规，并积极响应社会对企业责任的要求，比如环保、公平就业等，这不仅有助于规避法律风险，还能提升企业的公众形象。

（10）全球化扩展的成功率更高：对于计划进入国际市场的企业而言，适当的变革可以帮助它们更好地理解和融入当地市场，提高成功的概率。

总之，变革是推动组织向前发展的动力之一，它能帮助组织在快速变化的世界中保持相关性和活力。

成功实施变革需要清晰的目标设定、强有力的领导支持以及全体员工的理解和参与。

但是，一切变革并非是在保险箱里存货——高枕无忧，组织变革是一场知识、经验、逻辑，判断、时机、力度的综合"探险"，变革可能导致的负面影响，也不是不存在。

从员工层面来讲，员工的工作内容、工作流程以及工作要求往往会因组织变革而发生改变。首先，在企业引入新的信息技术系统进行业务流程再造时，员工需要学习新的软件操作和工作步骤。这要求他们必须在短时间内掌握新技能，同时还要改变原有工作思维以保证工作的正常进行，从而导致员工工作压力增加。长期处于高压力状态下可能影响他们的身心健康。其次，组织进行大规模变革带来的裁员、并购等情况会使得员工的忠诚度下降。他们认为自己的工作不再稳定而降低对组织的信任度。再次，组织变革可能会破坏原有的工作团队和人际关系。如果员工被调至新的岗位，他们需要重新建立工作关系和沟通模式，过程中出现的不适应不擅长工作等情况会导致员工对工作满意度降低。最后，人们通常习惯于原有的工作方式和组织环境。当变革来临时，员工可能会因为害怕未知、担心自身利益受损或者对变革必要性的认知不够而抵制变革。

从组织层面来讲，第一，短期绩效可能下降。在变革过程中，因员工适应新工作模式而产生的时间成本可能导致工作效率降低。同时，组织在变革期间需要投入的用于培训、沟通和协同的资源短期内也使得成本增加，而产出不会见效。第二，组织内部沟通不畅。与个人层面同理，组织变革可能会打乱原有的沟通渠道和层级关系。新的职能部门或工作流程设置可能会使得信息传递出现延迟、失真等问题，影响工作的协同开展。第三，组织文化冲突。当组织进行合并、收购或者引入新的管理理念时，不同的组织文化可能会发生碰撞。例如，一个以创新和冒险为文化核心的公司收购了一个注重稳定和传统的公司，两种文化在融合过程中产生冲突。员工对新的文化价值感到困惑和质疑，导致组织内部的凝聚力下降，甚至可能引发员工之间的矛盾和冲突。第四，变革程度因组织自身实际情况而异，可能使得原先可行的持续的工作流程或运营机制一并被改革。变革程度越高，需要承担的风险越大，一旦失败，面临的损失也越大，甚至失去行业竞争力。

组织变革对于个人、集体、组织无论正面影响或者负面影响，三者之间的关系和作用都是相互的。变革的最终目的是为组织谋取始终保持一线竞争优势的可持续生存之道，无论对于个人或是集体，应当摒弃短视的狭隘，立足高远，建立更高的认知和更强的共鸣，以前瞻性的战略视野谋篇布局。

## 8.1.2 行业生态容量

行业生态容量可理解为组织发展的规模需求，是在有限的已界定的行业生态系统中能够容纳的组织最大规模或极限值，包含市场容量、资源容量、技术容量等方面，也是衡量组织发展潜力和可持续性的重要指标。行业生态容量一定程度上划定了组织成长的边界，其构成如图 8-3 所示。

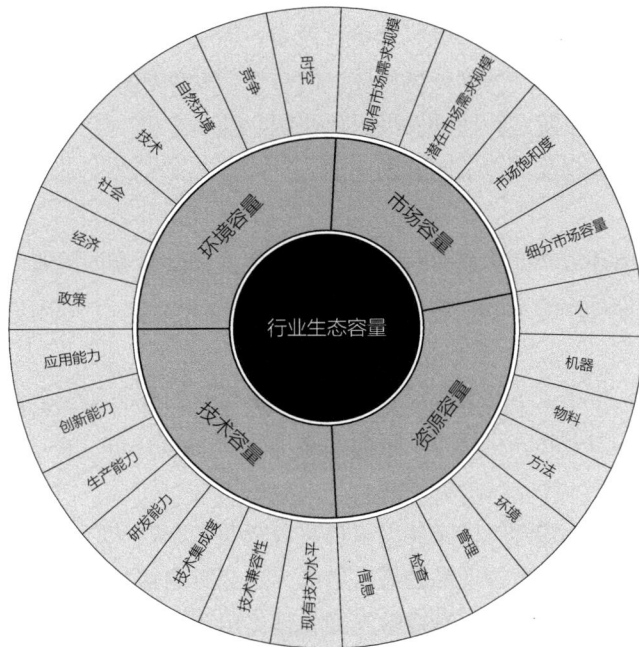

图 8-3 行业生态容量构成图

## 1. 市场容量

指市场上对某种产品或服务的需求量。它受到消费者需求、购买力、市场饱和度等因素的影响。以智能手机行业为例，其市场容量取决于消费者对手机品牌、功能、价格等方面的需求和接受程度。假设全球市场对于智能手机的年需求量基本稳定在12亿部，这就限定了企业的总体生产规模。若行业内企业总产能超过12亿部，即在供大于求的情况下，将会导致价格竞争愈发激烈，部分企业特别是新进企业可能会因为无法盈利而退出市场，因为市场竞争的激烈程度越大，对新进企业的容纳空间越有限，而行业生态容量则会通过市场机制进行自我调节。

## 2. 资源容量

组织发展需要考虑各种资源的可获得性和可持续性，包括人力资源、原材料、能源等。例如，新能源汽车行业的发展受到电池原材料（如锂、钴等）供应的限制，资源容量的大小会影响行业的发展速度和规模。从人力资源维度来说，企业的发展和扩张需要足够数量的专业人才来支撑，若该地区人才需求供应不足，相应地，企业发展就会受限。进一步深入讲，这与人才教育培训、行业发展趋势、政府政策扶持等息息相关，进入到环境容量的范畴。

## 3. 技术容量

行业内技术创新和应用能力被公认为是组织发展的核心，它反映了行业的技术水平和发展潜力。例如，人工智能行业的技术容量取决于算法的创新、数据的可用性和计算能力的提升。

## 4. 环境容量

指组织发展对环境的影响和环境所能承受的压力，包括污染物排放、资源消耗、生态恢复等方面。对于化工行业，环境对其行业生态容量有重要的限制作用。若排放的废水、废气、废渣等总量超过了地区自身的吸收和净化能力，即生态容量在环境维度突破上限，这会导致环境污染加剧，并引发一系列环境问题。同时也会受到环保政策的制裁，花费足够的时间和措施重新恢复生态系统，行业的发展因此受限。

行业生态容量的表现受到以下因素的影响：

## 1. 政策法规

政府的政策导向和法规要求会对行业生态容量产生直接影响。例如，环保政策的加强可能会限制某些高污染行业的发展，从而影响其生态容量。

## 2. 经济环境

宏观经济形势、市场竞争状况等经济因素会影响行业的发展和生态容量。例如，经济衰退时期，消费者购买力下降，市场容量可能会缩小。

## 3. 社会文化

社会价值观、消费习惯等社会文化因素也会对行业生态容量产生影响。例如，随着人们环保意识的提高，对可持续发展产品的需求增加，这会影响相关行业的生态容量。

掌握行业生态容量对组织的兴衰成败起到关键作用。在可持续发展方面，了解行业生态容量能够明确组织在行业版图中的占位，有助于领导者制定精准的发展战略，确保组织的可持续发展。在资源优化配置方面，通过评估行业生态容量，可以更好地分配资源，提高资源利用效率。在风险管理方面，行业容量的波动常伴随诸多风险，如市场需求锐减、原材料价格巨震等。组织通过分析行业生态容量变化规律能够提前预警危机，制定预防措施。在创新驱动方面，行业生态容量的研究可以激发企业的创新意识，推动技术创新和业务模式创新，以适应不断变化的市场环境。

综上所述，行业生态容量是一个综合性的概念，它涉及市场、资源、技术、环境等多个方面，持续驱动着组织的进化之路。对行业生态容量的理解和评估对于组织和政策制定者来说至关重要，它可以帮助他们做出更明智的决策，推动行业的健康发展。

## 8.1.3 创新动力

对于组织存在的惰化现象、导致变革产生原因的种种分析，既是当下的现状，又成为组织期望可持续发展的动力来源。

创新内在动力之一：创新开拓特质。组织持有的基本性质大同小异，能将这些特性发挥到何种程度需要组织不断去发现和拓展。首先达成团队一致认可的目标体系，职能部门、员工个人的目标都在总目标的指导下确定。而实际则是自下而上地执行，由一系列子目标的优先达成，再到组织总目标的最终实现，两者是辩证一体的关系，也即成功的管理必定追求整体最优。在试图营造开放包容的氛围里，组织成员应当被鼓励自由思考、大胆表达。不同部门、不同层级的员工敢于提出新颖想法，无论是产品改进、服务升级或是运营模式革新，这种多元观点的碰撞，正是组织孕育创新的强烈渴望。

创新内在动力之二：竞争压力感知。依据各人所长，设立专门奖励创新成果、鼓励变革尝试的激励机制，激发组织成员的主观能动性，既感受到同岗位的些许压力，又有驱动其将压力转化为创新能力的动力，即使在竞争环境里也能达到螺旋上升的状态。除组织内部之外，对外界同行竞争压力的感知也应具备相当的敏感度。体现在组织对所处市场环境中来自同行、替代品、潜在进入者等各方竞争威胁的敏锐觉察与深刻认知，这不仅是对当下竞争态势如市场份额争夺、价格比拼的直观感受，更是对未来竞争走向、技术革新冲击、客户需求变迁可能带来危机的前瞻性洞察，是驱动组织创新的强劲内生动力。

创新内在动力之三：持续经营导向。保持组织自身日常业务的现状维持，按部就班运作，是组织能够基于长远发展愿景，对未来市场机遇与挑战进行深度谋划的重要前提，一切创新与变革的实施都基于此。它意味着组织拥有清晰的战略眼光，深知在不同发展阶段要通过持续优化自身的产品、服务和管理模式等来适应动态变化的环境，实现长久稳健的运营。

组织自身的建设越丰满，推动创新的支撑力量便越充足。而无论创新或是变革，除内在动力之外，必然配合外在因素的共同作用。组织创新的外在动力归纳为组织与社会矛盾、产品与服务矛盾、价值与市场矛盾三方面。

组织与社会矛盾。社会发展促使大众对道德伦理、环保可持续、社会公平等价值观念有了新的认知和更高追求。同时，政府为保障公共利益、规范行业秩序频繁出台各类新规新政。组织若继续受传统经营思维束缚，缺乏前瞻性布局，过度追求短期经济利益而牺牲社会责任，其发展必将与社会价值观趋向背道而驰。社会需求与组织供给失衡是组织与社会矛盾的另一种表现形式。随着现代消费者生活品质提升，其对产品服务的期待已拓展至个性化定制、智能化体验、全生命周期关怀等维度。加之人工智能技术迅猛发展带来的冲击，以组织存在的反应迟缓、人才缺失、产品同质化严重等现象而言，组织难以再适配社会多元需求，只能在创新变革中谋求生路。

产品与客户矛盾。产品是面向市场的核心输出，客户则是产品的使用者和评判者。产品和客户之间既是相互矛盾的关系，又是相互促进的关系。客户需求变得愈发多样化、个性化，对产品品质、功能、体验等方面的期望持续攀升，组织现有的产品及服务难以迅速、精准地匹配这些新需求，可能存在功能滞后、使用不便、缺乏亮点等问题，导致客户满意度下降，市场竞争力减弱。反之，客户需求的多元化趋势又成为激励组织设计构想新产品的外在动力。组织在期望在竞争市场中占据相当份额的愿景下必定增强加快创新研发的意识和执行力，以求在短时间内快速满足客户需求，重新占据竞争优势。

价值与市场矛盾。组织的价值，为其所秉持的核心价值观、产品或服务所蕴含的内在价值和理念以及组织期望传递给客户的品牌价值等多个层面。市场则是以消费者需求、竞争对手动态、行业发展趋势等模块构成的复杂商业生态。两者之间的矛盾主要体现在三个方面：第一，价值认知差异。组织基于战略规划与自身专业判断而精心打造的产品或服务，对其赋予特定的价值主张，和市场消费者因背景、需求、偏好各异而不同程度地理解、接受该价值之间的矛盾。例如企业推出的高科技前沿产品，在企业自身看来是改变生活的革命性发明，但消费者可能因操作复杂、实用性不明而无法感知其价值。第二，价值传递受阻。假设组织能够精准锚定目标市场，明确产品价值定位，若在市场推广、营销渠道、客户沟通等环节存在短板，产品恐也只能局限于小众圈子，难以广阔释放价值潜能。第三，市场动态冲击价值稳定性。竞争对手更具性价比的替代品、消费者需求向新领域转移、行业智能化的升级迭代等新竞争、新需求、新技术的不断涌现，使得原本契合市场的产品价值迅速贬值。

如图8-4所示，内在动力和外在动力的耦合作用对于组织能够达到的创新级别具有重要影响。两者有基于感知与反馈的反应机制。组织成员凭借敏锐洞察力主动捕捉外部动态信号，将产生的矛盾即时反馈至组织决策层，决策层在组织长远规划导向下快速作出应对之策，并传递执行。

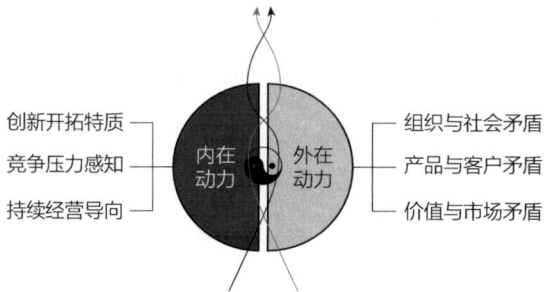

创新开拓特质 ——   内在动力   外在动力   —— 组织与社会矛盾
竞争压力感知 ——                        —— 产品与客户矛盾
持续经营导向 ——                        —— 价值与市场矛盾

图8-4 创新内外动力耦合示意图

以市场为纽带，当客户对产品或服务产生不满或差评时，组织能够及时重新掌握客户的最新需求和来自行业对手的竞争信息，挖掘内部创新潜力，投入资源进行产品创新。凭借对战略的重新调整与精准定位，再度赋予产品新的价值理念，投放到市场中。如此，在内外动力的紧密作用下，既能同时解决产品与客户、价值与市场产生的矛盾，又能丰富组织文化建设，推动运营持续导向目标。

通常受众群体越广泛的产品或服务体现的往往是组织的综合能力。组织应当充分认知自身特性，内部根植组织文化、目标共识、团队优势、个人特长、流程优化、分工协作、领导用人，外部聚焦政策扶持、社会需求、行业趋势、人才管理、技术创新等多维度。将压力、矛盾、冲突转化为创新变革的动力，在有限的空间和时间里投入与整合开阔的创新资源，推动组织成员发挥持续的想象力和创造力，长短相济，互为补充，既实现全局最优，又达到"1+1 > 2"的事半功倍。

## 8.2 变革阻力

组织变革过程中的阻力可能来自多个层面，包括个人、团队和组织整体。了解这些阻力是成功实施变革的关键。以下是变革中常见的阻力类型及其原因：

（1）习惯的力量：人们倾向于维持现状，因为熟悉的事物让人感到安全。即使是不理想的状况，也比未知的改变更容易接受。

（2）对失败的恐惧：变革意味着冒险，而员工可能担心新方法不如旧方法有效，或者害怕在变革过程中犯错。

（3）缺乏信任或信心：如果员工不相信管理层的动机或能力，他们可能会抵制变革。同样，如果他们对自己的技能是否适应新的要求没有信心，也会产生抵触情绪。

（4）资源限制：可能出现业务的下滑，或者转换时间段，就需要额外准备好时间与金钱等，否则可能使得变革计划受阻或执行不彻底。

（5）沟通不畅：缺乏清晰的沟通会导致误解，使得员工不了解变革的原因、目标和预期结果。这可能导致恐慌和不确定性，进而形成阻力。

（6）利益冲突：变革可能会影响到某些人的权力、地位或收入，这些人自然会反对任何威胁到他们既有利益的变化。

（7）文化和价值观的差异：组织的文化和价值观深刻影响着成员的行为模式。当变革与现有的文化或核心价值观相冲突时，它可能会遭到强烈反对。

（8）技术障碍：新技术的应用往往伴随着学习曲线，特别是对于不太擅长技术的员工来说，这可能是一个重大挑战。此外，技术系统的兼容性和稳定性问题也可能成为变革的绊脚石。

（9）外部因素：法律法规的变化、经济环境的波动以及社会和技术趋势的影响都可能成为变革的外部阻力。

（10）心理上的抗拒：有些人可能天生就比较保守，不喜欢改变，即使他们理智上理解变革的必要性，情感上仍然难以接受。

组织创新与变革的唯一目的是构建具有敏捷适应能力的组织，它是基于对组织本质的认知，围绕组织治理、业务结构、流程体系三方面，在复杂多变的内外部环境下、受到非常多主要及次要因素影响的氛围中经历的。这些阻力产生的现象背后往往有更深层次的致因，找出这些因子才能精准地制定解决方案。引用物理学中的力系原理，系统全面地剖析这些因素在创新变革过程中的作用，如图 8-5 所示。其中，内外在动力、行业生态容量在本书第 8.1 节中已有分析。

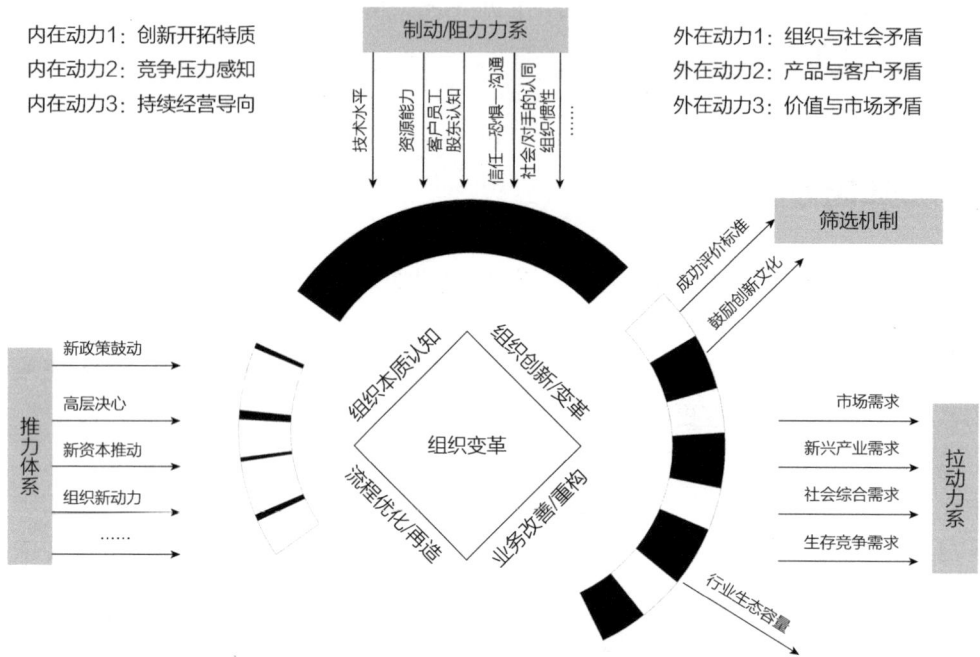

图 8-5　组织变革力系解析模型图

变革通常不限于组织内部的小幅调整，更多是对各方面如组织框架、文化、战略、流程等的重新设计，有可能导致短期内的绩效下滑。组织者做出发动变革的决策变得更加困难。新政策的出台扶持代表着政府的支持立场，对组织启动变革具有直接推动作用。组织高层的决心往往能够带动提升中层、基层所有成员的变革信心。新资本的注入、组织发展新动力更是对变革的锦上添花。由这四大因素组成的推力体系是促使组织发动变革必不可少的充分条件。

如同本节开头分析的，组织存在的不同程度缺陷：组织自身保持的技术能力约束、拥有和调配资源的能力限制、客户员工股东对创新变革的认知缺乏、习惯旧产品或服务模式的老旧观念、领导与员工以及员工与员工之间的信任和沟通程度、组织成员对变革不确定性的恐惧、社会或竞争对手对组织惯性的认同度和改变意识等等，都可能成为变革过程中的障碍因素，阻力力系极大增加了变革中的不确定性和风险，组织需要全方位考量这些阻力，针对性制定预案和策略，有效化解阻碍。

需求始终是促进组织实现可持续发展的拉动力系。对于组织创新来说，需求是组织发现新机会、激发创意的重要驱动力。对于组织变革来说，需求的变化能够引导组织进行战略变革、流程重塑。需求能够为组织的创新和变革提供反馈机制，激励资源投入，对于产品和服务的认可度评价以及平衡市场、新兴产业等各类需求与组织能力间的平衡均有积极作用。

面对推力、阻力、拉力力系所涵盖的众多要素，制定筛选机制是非常有必要的。其实质是自然的选择和组织行为的决策。当组织设定合理的成功评价标准时，一方面，它能够为组织创新与变革指明方向，确定目标；另一方面，它同样能够提高员工参与创新变革的积极性，让员工看到变革的积极成果和自身价值，如此激励更多的创新动力。鼓励创新文化能够营造一个宽松、包容的创新氛围，员工能够大胆尝试新的想法，也能够缓解对变革的抵触情绪。

阻力力系在变革之初有极大概率成为变革中的障碍，但若被辅以创新内外动力、推力、拉力的共同作用，障碍因素被转化为积极因素，这不仅能够助力变革成功，而且同步实现了组织内部的升级优化。对于组织创新与变革来说，无论推力体系、阻力力系、拉动力系、内外动力还是筛选机制，始终是一个深刻关联、相互影响的共同体，本质是为适应动态环境下的权变。各个力系需要充分发挥各自作用，借用物理学术语，即在大小、方向、作用点上找准自己的位置，通过拉动力、推动力、制动力的力系均衡，以最大合力助力组织实现高质量发展。

克服变革阻力是一个复杂但可以系统性解决的过程。为了克服这些阻力，组织需要采取一系列措施，如提供充分的信息和培训、建立有效的沟通渠道、确保领导层的支持和参与、制定合理的激励机制等。同时，理解并尊重员工的感受，给予他们足够的时间来适应变化也是非常重要的。通过这种方式，可以将阻力转化为支持，使变革更加顺利地进行。

以下是几种有效的策略和方法，可以帮助组织顺利实施变革：

（1）建立强有力的领导支持。领导层必须清晰表达对变革的支持，并积极参与到变革过程中。领导者应当成为变革的倡导者，为员工树立榜样，传递积极的信息。

（2）沟通与透明度。保持开放、诚实且频繁的沟通渠道至关重要。确保所有相关方都了解变革的原因、目标、时间表以及预期结果。让员工有机会提问和表达担忧，这样可以减少误解和恐惧，提升他们对变革的认识。

（3）参与和赋权。让员工参与到变革的过程中来，听取他们的意见和建议。通过赋予员工一定的决策权或影响力，可以增强他们对变革的责任感和归属感。

（4）提供培训与发展机会。为员工提供必要的培训和支持，帮助他们掌握新技能，适应新的工作方式。这不仅能提升员工的能力，还能增加他们对变革的信心，使得变革的进程更加顺畅。

（5）设定明确的目标和期望。制定具体、可衡量的目标，并向员工清楚地传达这些目标。同时，设立合理的绩效指标，以评估变革的效果和个人贡献。

（6）管理变革的影响。对于受到变革影响较大的部门或个人，提供额外的关注和支持。例如，可以通过一对一辅导、团队建设活动等方式，帮助他们更好地过渡。

（7）奖励和认可。建立激励机制，表彰那些在变革中表现出色的团队和个人。正面强化有助于鼓励更多人支持并参与变革。

（8）持续反馈和调整。变革不是一次性事件，而是一个持续的过程。定期收集反馈，根据实际情况灵活调整计划，确保变革措施的有效性和适应性。

（9）心理支持和文化建设。关注组织成员的心理健康，提供心理咨询或其他形式的支持。同时，努力塑造一种支持变革的企业文化，强调创新、灵活性和持续改进的价值观。

（10）处理抗拒情绪。对于那些强烈抵制变革的人，尝试理解他们的顾虑，并寻找共同点。有时可能需要进行个别谈话，探讨如何解决他们的具体问题。

（11）利用成功案例。成功的变革案例涵盖了多个行业和领域，展示了不同类型的组织如何通过创新和战略调整来应对挑战并取得显著成果。分享内部或其他组织的成功变革故事，展示变革带来的好处。这可以帮助打消疑虑，并激发其他人的积极性。

通过上述方法，组织可以在很大程度上减轻变革阻力，提高变革成功的可能性。重要的是要认识到，每个组织都是独特的，认清自身组织的"结构性"缺陷，根据具体情况定制适合自己的变革管理策略，以获得重塑组织的能力。

## 8.3 生死存亡（风险）

### 8.3.1 系统性变革策划

组织创新与变革具体内容如图 8-6 所示。组织变革需要协调各方关系，需要配合调动大量资源，需要组织上下全员通力协作。变革的程度越大，需承担的风险越高，变革失败的概率也随之提高。

早期组织变革多着眼于内部优化，外部联动少，多依赖经验、定性判断，在复杂多变局势下容易产生偏差。组织架构围绕固定流程搭建，部门职责边界清晰但死板。面对市场突发的颠覆性创新或需求骤变因部门间沟通成本飙升且决策流程冗长而无法快速调配资源响应。过度细化工作步骤，忽视员工情感、创造欲和自我实现需求，使得组织凝聚力下降。基于主观经验、常规做法的变革决策一旦进入复杂多变的信息时代便容易陷入误判，缺少与外部伙伴充分的沟通，局限于自身有限的能力圈，变革不乏缓慢，成果难显。归结到本书第 8.1.1 节中分析的，组织存在的环境钝感、执行偏差、组织惯性、组织惰化、决策失误这些诟病，既是导致变革失败的原因，更是组织需要发动变革的原因。

组织创新与变革迫切需要寻找新的空间克服当下的痛点难点。应当着眼于目标、方向、内容、策略、风险、过程，挖掘突破口、赋能员工、依托数据、调试架构，找准变革的方向，实现全过程的精准控制。与此同时，组织进行系统性变革前需要具备必要的前提条件和基本规定。在组织文化的建设与宣贯中，组织成员必须达成价值观上的高度共识，战略规划同组织愿景、个人使命相联系。目标一致下，建立目标绩效的表达、内容、指标，组织力量才能聚集到一起。领导层、决策层、组织层以及组织层级之间还需要建立起高效畅通的沟通体系，

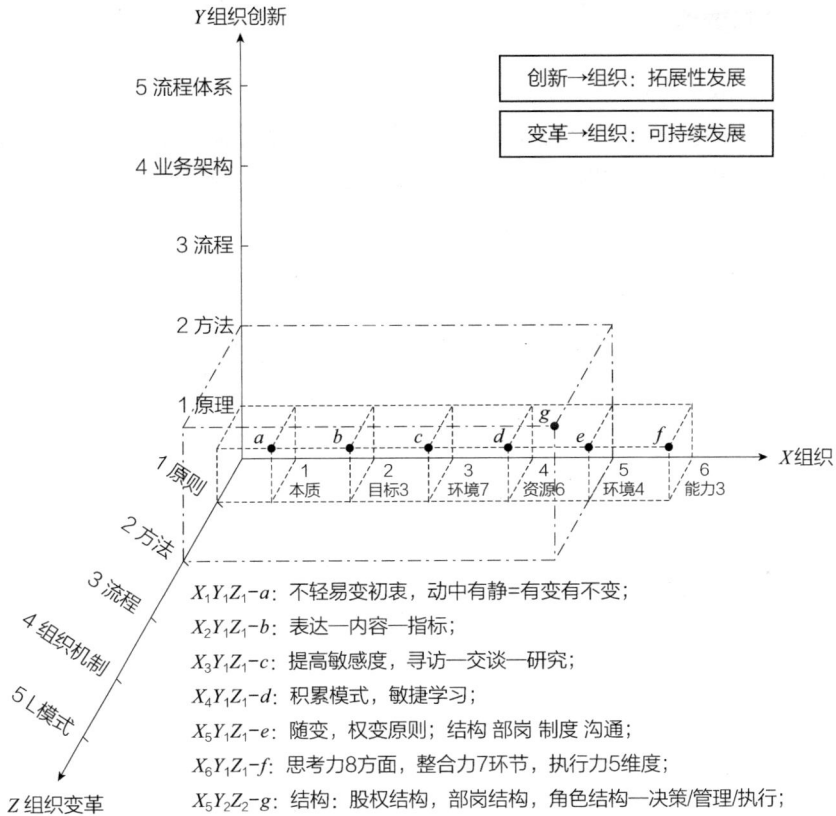

图 8-6 组织创新与变革内容三轴图

考虑通过建立流程型组织解决因部门墙、沟通断链使得沟通受阻而导致执行力下降的问题。

图 8-7 为组织系统性变革策划逻辑思维，从理论引领、确立目标到验证评价、提升绩效构成一套完整的闭环体系。

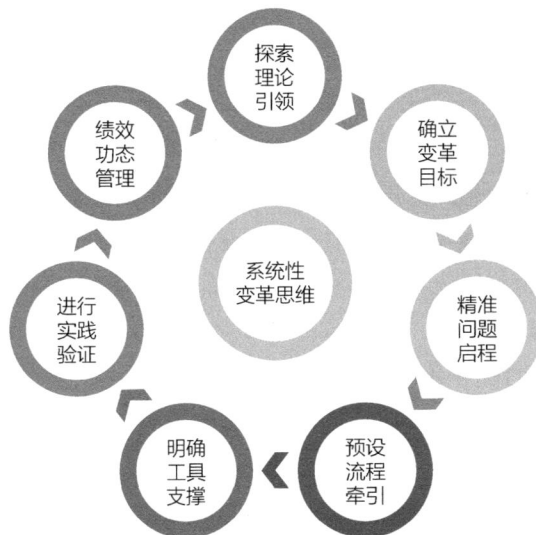

图 8-7 组织系统性变革策划逻辑思维图

## 8.3.2 变革的有效路径

### 1. 实施变革一般步骤与时间规划

具体实施变革的步骤可以分为几个关键阶段，每个阶段都有其特定的任务和目标，如图 8-8 所示。这是基于最佳实践的一个较为通用的变革管理框架。

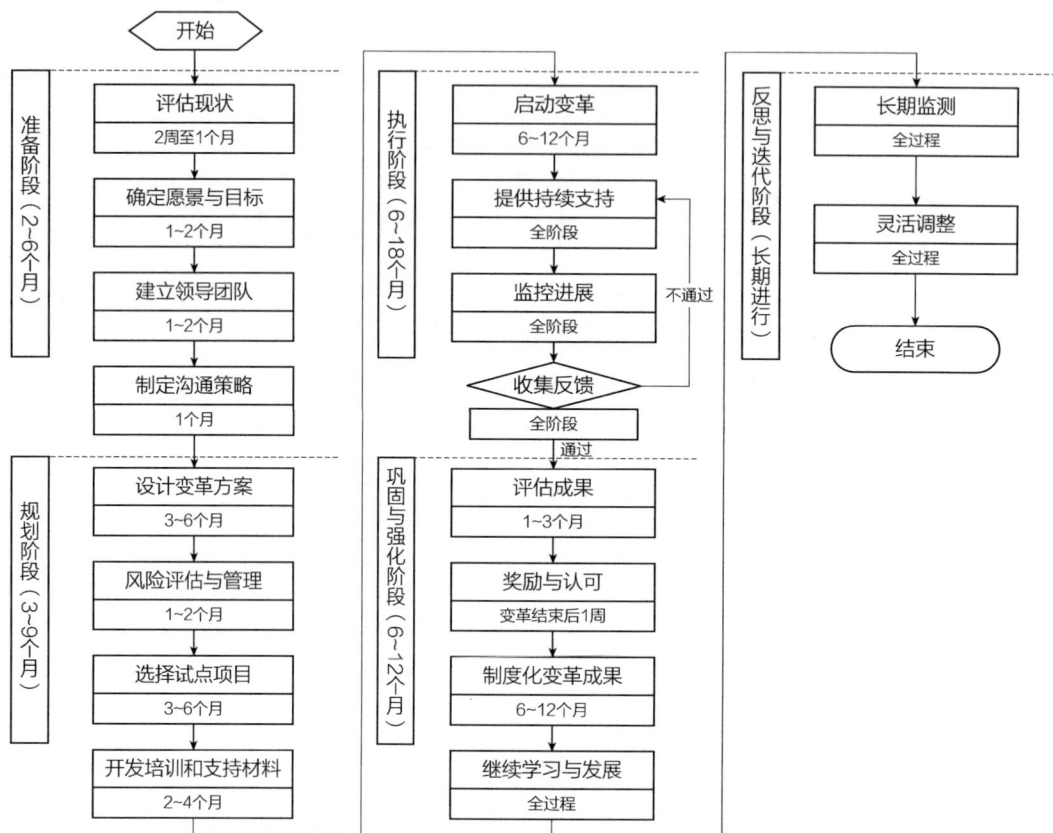

图 8-8 组织变革实施流程图

取决于多个因素，包括组织的规模、行业特性、变革的复杂性以及内部和外部环境的变化速度，将变革时间一并呈现在流程图中。虽然没有一个固定的"标准"时间表适用于所有情况，但可以根据变革的一般流程提供一个大致的时间框架作为参考。

1）准备阶段（2~6 个月）

评估现状：对当前的业务状况进行全面评估，识别需要改进的地方以及可能面临的挑战。这一步骤通常需要 2 周到 1 个月的时间来收集数据、分析问题，并确定变革的需求。

确定愿景与目标：明确变革的目的、期望达到的结果，并设定清晰可衡量的目标。高层管理者之间达成共识并明确变革的方向，这个过程需要 1~2 个月。

建立领导团队：组建一个由高层管理者组成的变革领导小组，确保他们理解并全力支持变革计划。选择合适的成员加入变革领导小组，同时确保他们接受必要的培训和支持，预计需要 1~2 个月。

制定沟通策略：规划如何向所有利益相关者传达变革的信息，确保信息透明度。设计并测试沟通计划，确保信息能够有效地传达给所有利益相关者，约需 1 个月。

2）规划阶段（3~9 个月）

设计变革方案：详细规划变革的具体内容，包括时间表、资源分配、责任分工等，根据变革的复杂程度，可能需要 3~6 个月。

风险评估与管理：识别潜在的风险点，并为每个风险制定相应的缓解措施，该过程需要 1~2 个月。

选择试点项目：如果适用的话，可以选择一个小范围内的部门或区域作为试点，测试变革的效果和可行性，试点周期可以是 3~6 个月。

开发培训和支持材料：根据新流程或技术的要求，准备必要的培训课程和其他支持材料，预计需要 2~4 个月。

3）执行阶段（6~18 个月）

启动变革：正式宣布变革开始，并按照预定的时间表逐步推行各项措施，具体时长取决于变革的内容和规模，一般为 6~12 个月。

提供持续支持：在变革过程中，持续为员工提供指导和技术支持，帮助他们适应新的工作方式，这贯穿整个执行期。

监控进展：密切跟踪变革的进展情况，及时调整计划以应对意外情况，这是一个持续的过程。

收集反馈：通过调查问卷、焦点小组等方式收集来自不同层级员工的意见和建议，以便优化变革过程，这是一个持续的任务。

4）巩固与强化阶段（6~12 个月）

评估成果：对照最初设定的目标评估变革的实际效果，总结成功经验和不足之处，预计需要 1~3 个月。

奖励与认可：表彰那些在变革中表现突出的团队和个人，激励更多人积极参与未来的变革，这项活动可以在变革结束后的短时间内完成。

制度化变革成果：将成功的做法融入到日常运营中，使之成为组织文化的一部分，这一过程可能需要 6~12 个月。

继续学习与发展：鼓励员工不断学习新技能，保持组织的灵活性和创新能力，这是需要长期进行的工作。

5）反思与迭代（长期进行）

长期监测：即使变革已经完成，也应该定期审查其长期影响，确保变革带来的改进是可持续的，这是一个长期的任务。

灵活调整：根据市场变化和技术进步等因素，适时调整策略，使组织能够持续适应环境的变化，这同样是一个持续的过程。

实际操作中，上述时间只是一个大概的估计，具体的进度可能会因为各种不可预见的因素而有所调整。重要的是要保持灵活性，根据实际情况动态调整时间规划。对于某些关键节点或突发状况，需要更快地做出反应，因此应当预留一定的弹性空间。总之，变革的时间规划应该紧密围绕组织的具体需求和发展战略，同时也要考虑到内外部环境的变化。有效的变革管理不仅关注短期成果，更注重长远发展和持续改进。

变革过程中应当注重以人为本。在整个变革过程中，始终关注人的因素，尊重员工的感受，给予足够的支持和理解。领导层应当兑现承诺。高层管理者的坚定支持和积极参与对于变革的成功至关重要。同时应当保持开放透明的沟通渠道，确保所有人都能理解变革的意义及其对自己工作的具体影响。

以上步骤可以根据具体的组织背景和变革性质进行适当调整。重要的是要灵活运用这些原则，结合实际情况制定出最适合自己的变革实施方案。

### 2. 变革有效路径

组织的创新、变革几乎成为常态，已成为企业求生存、谋发展的必由之路。市场竞争的白热化、技术迭代的加速以及客户需求的日益多元，不断冲击着传统组织的边界。探索有效的、适合组织自身实际的变革路径，是组织期望取得变革成效的前提条件。

#### 1）从选人开始

选拔人才绝非简单的人员招聘，而是一个深度嵌入组织战略愿景的精细流程，其精准与否直接关联到后续变革推进的顺畅程度。企业首先应当构建基于全组织的人才结构分解图。组织每一层级的人才数量、配置以及在整体中的地位等要素都清晰呈现，如个体结构（知识、智力、能力），群体结构（专业、知识、智能、年龄），社会结构（行业、职能、地区、民族）。如此，任何有人员需要新增、减少、调整的地方也自然显露。在发布正式的招聘信息之前，企业基于战略人才需求描绘出具象化的人才画像，包括具备快速学习新知识、跨部门无障碍沟通、敢于创新突破传统思维等特质。例如一家传统建设业向智能建造转型的企业，不仅需要精通新兴技术的工程师，还需要选拔有变革管理经验，能引导团队接纳新流程的管理者。

为了满足创新变革多元需求，组织不能局限于固有招聘渠道与熟悉领域选人。一方面，利用数字化平台挖掘全球范围内的潜在人才，新兴社会招聘、专业技术论坛汇聚着各类"隐藏高手"。另一方面，关注跨界人才引入。科技变革浪潮下，如建设公司若能吸纳互 IT 人才，融合不同行业优势，为服务创新、流程优化赋能，对于业务拓展同样有直接助益。这种跨领域、跨地域的选人策略能够为组织变革带来全新视角与活力碰撞。

对于选拔人才，构建以文化适配为核心的选拔机制极为关键。组织文化是变革的核心支撑，选人时要确保新成员与重塑中的组织文化达成高度共鸣。在面试、测评环节设置团队合作模拟场景，观察候选人协作风格是否与倡导的开放、共享文化一致，询问过往应对变革案例，判断其对不确定性的接受态度，这些都可以作为文化适配考察的判据。精准的人才配置能够在变革推进中凝聚组织向心力，不仅能够发挥个人优势，并且带动提升团队优势，同时为后续架构调整、流程优化、技术升级等系列重塑行为提供可靠的人力根基。

2）从组织构建开始

变革氛围下，组织构建应当始终保持统一思想。第一，确保沟通的顺畅无阻。组织需要建立更加高效协同的组织架构来支撑建立有效的沟通机制。如本书第3章所介绍的四层级组织运营体系，传统组织通常采用垂直管理结构，强调层级和命令控制，而流程型组织则倾向于扁平化结构和横向协作，增强了沟通的灵活性和快速响应速度。第二，针对变革核心内容，组织可开展专题培训课程。开设相关业务知识和技能培训，让员工熟悉新的业务结构，掌握新的工作流程，以此削弱变革带来的不确定性。第三，领导者需要展现出对变革的坚定信念和决心，善于规划战略蓝图，及时解决员工在变革过程中遇到的问题。给予充分支持和创造空间，引领团队突破变革障碍，实现统一目标。第四，塑造积极适应变革的文化氛围。强调创新、协作、开放的工作理念，鼓励员工勇于尝试新事物，让组织成员在潜移默化中接受并融入变革的思想体系。

统一思想是塑造组织成员统一的价值理念，属于思维层面的转变。行为层面，关键在于流程的统一。流程是组织的行为方式。组织从制定战略开始到实现目标的全过程，应建立一套敏捷高效的标准化流程体系。以组织使命愿景为核心构建战略流程，以项目管理逻辑为主构建全生命周期管理流程，以产品／服务技术逻辑为主构建全过程工艺流程，以监督改进逻辑为主构建指向目标、管理、工艺的自善流程。以"事"贯穿各职能部门，以任务为基本单元，以流程为牵引动力，以目标指导执行，将人、事、物一并关联。

3）杀伐果断的活术

领导的果断决策在组织变革中处于决定地位，特别是当面临战略方向的抉择、重大资源的投入等关键节点时，犹豫不决只会让组织错失机遇，陷入困境。然而，果断决策也并非冲动盲目，一味追求"利索"，是基于对市场现状、发展趋势及组织自身能力精准洞察下的理性判断。在信息差时刻存在的当下，领导者需要凭借自身的经验、智慧和勇气作出能够引领组织不断前行的决策，在关键时刻敢于拍板，指明方向。

用人的辞退。尽管已有诸多措施应对员工面对变革时的各种障碍，但仍会有部分员工或因知识结构老化难以掌握新的管理理念和生产技术，且经过多次培训仍无法达到要求。此时，果断辞退那些阻碍组织发展的人员，成为保证变革顺利推进的必要选择。这是企业追求高质量发展所需经历的过程，并非违背人道主义，而是考虑了整体利益后的理性选择。尽管如此，辞退决策仍然需要领导者保持公正的态度，确保辞退过程合法合规、公平公正，并且妥善处理好被辞退员工的后续问题。

冲杀市场的营销。市场竞争日益激烈，机遇转瞬即逝，营销策略必须拒绝畏首畏尾，组织需要精准定位目标客户群体，敢于投入大量资源进行产品推广和品牌建设，坚定不移地执行，不放过任何一个可能的市场机会。

临危处置的任性。"任性"并非随意行为，而是在面对突发危机时，组织能够敢于打破常规思维，以灵活、果断的方式化解危机。管理层能够在短时间内评估当下形势，利用生产技术和资源优势果断改变业务方向，缓解自身经营压力。这要求他们已经具备敏锐的危机洞察能力和快速反应机制，能够在关键时刻迅速制定应对之策并有效执行。

无论实施哪一种变革策略，组织都必然经历制定战略、领导协调、人员调配、全局应变的过程，运营的宏观框架不会改变。这其中内含的定位准确、决策果断、用人精准、执行坚定、应变灵巧，依旧是实现变革必须要遵循的共性原则。统一目标，统一流程，人员适岗，刚柔并济，最大程度发挥各方价值，让变革具备源源不断的前进动力。

4）随缘顺命

从宏观经济周期来看，在经济上行期，市场需求旺盛，组织可顺势扩张，加大投资，拓展业务，以实现快速增长。反之，在经济下行期，组织应采取稳健策略，聚焦核心业务，保持企业平稳发展。回顾世界500强企业的更替变换，柯达公司因未能及时洞察数码技术对传统影像行业的颠覆性影响，在组织变革上犹豫不决，最终错失转型良机，从500强榜单中没落。苹果公司在捕捉到消费者对移动智能设备的潜在需求后，通过一系列大刀阔斧的变革措施，推出iPhone等具有划时代意义的产品，成为全球市值最高的公司之一。变革百分百成功的案例或许不多，但若想成功，就必须遵循时代经济的发展规律，保持对市场趋势的敏感度，积极主动地开展变革。

当组织穷尽所有办法仍不能改善运营现状时，大概就需要顺应时代规律，及时止损，做出关停或是资产重组的决策。观之当前，一些企业在市场中占有少量份额，虽有小体量业务仍在运转，但整体发展已陷入僵持，当前业务已不足以扭转经营颓势，财务状况持续恶化。部分企业甚至已面临业务停滞，资金储备与债务压力呈反比例增长，无力支撑日常运营，已逼近破产清算边缘。对于企业，经营成为煎熬，工资拖欠，对于员工，职业前景不再。若再坚持，既消耗民财，又消耗政府资源，甚至会迫使企业负责人在合法合规边缘打擦边球。选择关停企业，或是资产重组，尝试进入新的赛道，会是更好的选择，这同样是社会的活力表现。

5）借力新技术

变革中的战略调整、业务开发、流程优化、组织进化都在组织管理的领导下进行。管理首先来源于思想，利用工具被显化为文字、流程图等形式，形成具象化的实施办法。传统管理模式多以会议或者工作文档形式传递信息并下达指令，以现场监督和结果反馈为据施以激励和惩罚措施。借助人工智能、信息化平台等新技术能够为组织带来全新的管理模式。云计算、移动互联等技术使组织内部沟通与协作变得更加便捷高效，大数据分析技术帮助组织分析来自市场、客户、竞争对手等多方数据，观察需求等细致变化，人工智能算法对未来发展动向进行预测，为组织提供战略方向指引……新技术贯穿于组织变革全过程管理，深刻影响着组织建设、风险管理、人才管理、流程再造等方面的运营，对提升员工任务执行力，提升组织管理水平有极大助益。

变革路径多且杂，技术资源广而深，组织需要结合自身、市场、客户、对手等多方要素找到最适合自己的一条。面对骤变的世界经济局势，保持稳定向前，静以制躁，坚守自身优势，在灵活调整的策略下动态适应不断变化的市场环境，以实现组织的基业长青。

### 8.3.3 变革的筛选机制

认为组织满意度只是局限在客户满意的观点，或者过于强调满足客户需求，为客户创造价值的观点，当然不失为取巧和愉悦购买及使用组织产品的人，但是这个观点没有系统性，过于偏颇！实际上，组织的满意度构成如图8-9所示。整体而言，因为有企业家的"雄心抱负"才创立了组织，作为特殊的"员工"，与股东、客户构成了内部满意度体验和评价的一方，并且，在任何国家和地区，国家、社会以及自然环境对组织的接受程度，构成了满意度检验和评价的外部一方。这么分析，由于国家政策和社会接受程度的差异，组织成功或失败的例子比比皆是，自然环境接受或者不接受，也是如此。这些"要求"代表公共利益方，持久经营与否应当考量外部和内部的各种因素，满意与否。从产品的生命周期而言，客户属于组织"内部"，就生产、管理、销售而言，客户属于外部，需要相对来看。

图 8-9 组织满意度构成图

具有代表性的成功变革案例汇总于表8-1中。

国内外组织变革成功案例       表 8-1

| 国外 | 国内 |
| --- | --- |
| 1. 苹果公司（Apple Inc.）<br>苹果公司在2007年推出iPhone，彻底改变了智能手机市场。这一产品不仅革新了手机的设计和用户体验，还引领了移动互联网时代的到来。iPhone的成功使得苹果成为全球最有价值的公司之一，并推动了一系列后续产品的开发，如iPad等。 | 1. 阿里巴巴集团（Alibaba Group）<br>阿里巴巴创造的"双11"购物节已成为全球最大的电商购物狂欢活动。通过创新营销策略和技术手段，阿里巴巴不仅刺激了消费者的购物热情，也促进了中国乃至全球零售市场的繁荣。 |
| 2. 亚马逊（Amazon）<br>从一个在线书店成长为全球最大的电子商务平台和服务提供商，亚马逊不断扩展其业务范围，推出了包括云计算（AWS）、物流服务、Prime会员计划等多项增值服务。特别是亚马逊正在研发的无人机配送技术，预示着未来快递行业的巨大变革。 | 2. 腾讯（Tencent）<br>微信支付是腾讯在移动支付领域的突破性成就，它极大地改变了中国的支付格局。凭借便捷的支付体验，微信支付迅速获得了大量用户的青睐，成为中国移动支付市场的领导者。 |
| 3. 谷歌（Google）<br>谷歌以其搜索引擎闻名，但该公司持续投资于自动驾驶汽车、人工智能等领域，探索未来的交通方式和技术发展。谷歌的Waymo项目是无人驾驶技术领域的先锋，为交通运输业带来了革命性的变化。 | 3. 海尔集团（Haier Group）<br>海尔从传统的家电制造商转型为以用户需求为导向的企业，实施了一系列内部改革，比如"人单合一"的管理模式，实现了企业与用户的直接连接。此外，海尔还通过收购国际品牌扩大市场份额，加强全球化布局。 |
| 4. 特斯拉（Tesla Inc.）<br>特斯拉作为电动汽车制造的先驱，将数字化技术深入到驾驶体验中，重新定义了汽车行业。特斯拉不仅仅是一家汽车制造商，更是一个能源创新公司，它的成功推动了整个汽车行业向电动化和智能化转变。 | 4. 蒙牛乳业（Mengniu Dairy）<br>在数字化转型方面，蒙牛利用零代码平台快速实现业务需求迭代，搭建了销售管理、行政管理等多个应用系统，提高了工作效率和管理水平。同时，蒙牛还通过引入先进的供应链管理和生产质量控制系统，增强了企业的竞争力。 |

这些案例表明，成功的变革通常基于对市场需求的深刻理解、技术创新的应用以及用户体验的关注。它们都体现了变革者敢于突破传统思维框架，勇于尝试新事物的精神。对于其他寻求变革的企业来说，这些都是宝贵的经验和启示。

评估变革各阶段的成果是确保变革成功的关键步骤。案例中已有启示，变革周期长，涉及相关方多，有效的评估可以帮助组织了解变革进展，识别问题并及时调整策略。表8-2是针对每个变革阶段的具体评估方法和指标。

**组织变革各阶段评估内容**　　　　　　　　　　　　　　　表8-2

| 变革阶段 | 评估对象 | 评估内容 | 评估指标 |
|---|---|---|---|
| 准备阶段 | 目标设定与共识达成 | 检查是否有明确的愿景、目标和行动计划，并确认所有关键利益相关者是否达成了共识 | （1）愿景和目标清晰度：如使用问卷评分<br>（2）领导层参与度：会议出席率、决策支持等<br>（3）员工对变革的理解和接受度：满意度调查 |
| | 领导团队的有效性 | 评估领导团队的组建情况，包括成员的专业背景、技能匹配度以及他们对变革的支持程度 | |
| | 沟通效果 | 通过员工反馈调查或焦点小组讨论，评估信息传达的效果，确保员工理解变革的目的和意义 | |
| 规划阶段 | 计划完整性 | 审查变革方案是否涵盖了所有必要的方面，如时间表、资源分配、责任分工等 | （1）变革计划的详细程度：如任务清单完成百分比<br>（2）风险管理计划的有效性：实际发生的风险与预测对比<br>（3）试点项目的成功率：达到预定目标的比例<br>（4）培训后的知识掌握水平：考试成绩、模拟操作表现 |
| | 风险管理和应对措施 | 评估风险的全面性和有效性，确保有适当的缓解措施到位 | |
| | 试点项目的成功率 | 如果进行了试点项目，评估其执行情况和取得的结果，作为全面推广的参考依据 | |
| | 培训和支持材料的质量 | 测试培训课程和其他支持材料的有效性，确保它们能够满足员工的需求 | |
| 执行阶段 | 进度跟踪 | 定期监控变革实施的进展情况，确保按照预定的时间表推进 | （1）关键里程碑的实现情况：按期完成比例<br>（2）问题报告和解决方案的数量及平均解决时间<br>（3）员工对新系统的适应程度：使用频率、错误率降低<br>（4）主要业务指标的变化趋势：同比或环比 |
| | 问题解决效率 | 评估在遇到问题时解决问题的速度和质量，确保不影响整体变革进程 | |
| | 员工适应性 | 观察员工对新流程或技术的适应情况，了解他们的态度变化 | |
| | 绩效改进 | 分析变革前后关键业务指标的变化，如生产率、客户满意度、成本控制等 | |
| 巩固与强化阶段 | 成果固化 | 检查变革带来的改进是否被制度化，成为日常运营的一部分 | （1）新流程或政策的采纳率：正式文件更新、系统集成<br>（2）改善建议的提出数量和采纳率<br>（3）员工对变革结果的满意度：调查评分<br>（4）组织文化的定性评价：行为观察、案例研究 |
| | 持续改进机制 | 评估是否有机制来不断优化变革成果，确保长期效益 | |
| | 员工认可度 | 测量员工对变革结果的认可和支持，这可以通过内部调查或访谈获得 | |
| | 文化转变 | 评估组织文化是否发生了预期的改变，例如变得更加创新或以客户为中心 | |

| 变革阶段 | 评估对象 | 评估内容 | 评估指标 |
|---|---|---|---|
| 反思与迭代阶段 | 长期影响监测 | 持续跟踪变革对业务的长期影响，确保变革带来的优势得以保持 | （1）长期业务指标的稳定性：多年数据对比<br>（2）环境变化响应时间：从发现问题到采取行动的时间<br>（3）员工技能提升情况：认证获取、培训参与度 |
| | 灵活调整能力 | 评估组织对外部环境变化的响应速度和灵活性，确保能够迅速调整策略 | |
| | 学习与发展 | 检查是否有机制促进员工的学习和发展，为未来的变革做好准备 | |

为了有效评估变革各阶段的成果，组织应当建立一个包含定量和定性指标的综合评估体系。定量指标可以提供具体的数字证据，而定性指标则有助于深入理解变革背后的故事和人的因素。此外，定期收集反馈并进行数据分析至关重要，它不仅可以帮助判断变革的效果，还可以为未来的改进提供宝贵的经验教训。最后，重要的是将评估结果转化为实际行动，不断优化变革过程。

收集有效数据是评估变革成功与否的关键，它为决策提供了坚实的基础。为了确保数据的有效性和可靠性，以下介绍几种常见的数据收集方法及其注意事项。

1. 定量数据收集

1）调查问卷

（1）设计原则：确保问题清晰、简洁且无歧义；使用封闭式问题（如选择题）以方便统计分析。

（2）样本选取：选择具有代表性的样本，确保涵盖不同部门、层级和背景的员工。

（3）频率：可以定期进行（如季度或半年度），以便跟踪变化趋势。

2）关键绩效指标（KPIs）

（1）确定指标：根据变革的目标设定具体的KPIs，例如生产率、成本控制、客户满意度等。

（2）数据来源：从现有的业务系统中提取数据，如ERP、CRM系统，或者通过专门的数据收集工具。

（3）时间序列分析：对比变革前后同一时间段的数据，观察是否有显著改善。

3）实验与对照组

（1）设置实验：在小范围内实施变革，并设立对照组保持现状，以此来衡量变革的效果。

（2）数据分析：利用统计学方法分析两组之间的差异，得出可靠的结论。

2. 定性数据收集

1）访谈

（1）结构化访谈：准备一份详细的访谈提纲，确保每次访谈都围绕相同的核心问题展开。

（2）半结构化访谈：允许受访者自由表达意见，同时保留一些引导性问题。

（3）深度访谈：针对特定主题进行深入探讨，适用于获取详细见解或案例研究。

2）焦点小组讨论

（1）参与者选择：挑选有代表性但又能够开放交流的成员参与讨论。

（2）主持人角色：主持人应具备良好的沟通技巧，能够引导话题并确保每位参与者都有机会发言。

（3）记录方式：可以录音或录像，事后转录成文本进行分析。

3）观察法

（1）直接观察：亲自到现场观察员工的工作流程或行为模式，记录下任何值得注意的现象。

（2）间接观察：通过监控设备或其他技术手段收集信息，如视频监控、工作日志等。

### 3. 混合方法

结合定量和定性两种方法，可以获得更全面的理解。例如，先通过调查问卷了解整体情况，再对部分受访者进行访谈，深入了解背后的原因。

### 4. 数据质量保证

1）验证数据准确性

（1）交叉核对：使用多种来源的数据相互验证，确保信息的一致性和准确性。

（2）复查机制：建立数据复查流程，由独立第三方审核数据的质量。

2）保护隐私和伦理

（1）匿名处理：对于涉及个人的信息，确保采取适当的匿名化措施，保护受访者的隐私。

（2）知情同意：在收集敏感数据前，必须获得受访者的明确同意，并告知他们数据将如何使用。

### 5. 技术支持

1）自动化工具

（1）数据采集软件：利用专业的数据采集工具提高效率，减少人为错误。

（2）数据分析平台：借助 BI 工具或大数据分析平台进行复杂的数据处理和可视化展示。

2）云存储和服务

安全云服务：选择可靠的安全云服务提供商，确保数据的安全存储和便捷访问。

需要注意的是，数据收集始终围绕变革的具体目标来设计收集方案，确保所收集的数据有助于回答关键问题。其次，并根据初步收集的结果调整后续的数据收集策略，使其更加精准和有针对性。过程中应当向所有利益相关者清楚解释数据收集的目的和方式，保持透明沟通，增强他们的信任和支持。

通过上述方法，组织可以有效地收集到高质量的数据，从而为变革的成功提供有力的支持。重要的是要灵活运用这些方法，结合实际情况制定出最适合自己的数据收集计划。

爱因斯坦有言：要解决问题，就不能依赖当初制造问题时同样的思维。企业应当建立以变革为中心的企业文化，鼓励员工大胆创新，不拘泥于传统旧制，敢于尝试，敢于突破。高层领导者应以身作则，积极参与到变革中去，给予员工高度的支持和容错的空间。同时，给积极主动的变革推进者赋予更多权限，让他们能够带动全员变革的主观能动性，高质高效地推进变革进程。

在新组织管理学即认知思维、敏捷教育、流程牵引、精准管控、任务绩效五大知识体系指导下，构建具备运营高效、强执行力、满意度高、价值感强、持续力好的高效组织是科学且可行的。

# 4

## 组织重塑：创新变革

**管理者需要建立如下的变革理念：**

（1）组织的新陈代谢，是日日需要、天天进行的活动，是动态中的稳定，是静态中的趋动。

（2）组织重塑的核心有业务、流程和组织本身三个方面。开展业务是组织生存发展的基础和方式，其重点是产品，物品器具、服务或综合；流程是组织如何行动的方法，即组织行为方式；组织从本质到环境、目标、资源、机制、能力，在前面章节已经详细阐述。运营是将组织一切相关的人事物行运转起来，达成组织预设目标，以实现抱负的综合内容。

（3）重塑包括创新与变革，程度有所轻重，但也千丝万缕，略加区别，以更清晰。业务结构变革包括产品创新和业务重构；流程体系变革包括流程优化和流程再造；组织架构变革包括组织改进和组织变革。领导力和激励，通过"行动"产生实效，体现组织的能力。本篇用3章阐述组织创新与变革，最后一章提出评价变革成果的方法。

# 第9章
# 业务结构变革

本章逻辑图

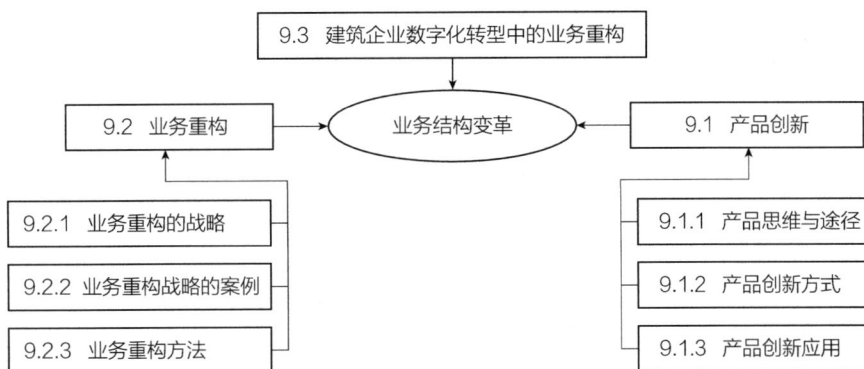

图 9-1　第 9 章逻辑图

## 9.1　产品创新

### 9.1.1　产品思维与途径

1.产品类型

产品（Product）是业务中直接面向用户的价值载体，可以是实物、服务或数字化解决方案。产品的核心是解决用户需求，是业务落地的具体抓手。

在产品创新的范畴中，产品的类型主要涵盖物件、服务与平台这三个重要方面，它们各自具有独特的特点与创新路径。

1）物件

物件作为最为常见的产品类型，是消费者能够直观感知和接触到的实体物品。物件创新通常侧重于功能、性能或材料等方面的改进。在功能创新上，以智能手机为例，从最初单纯的通信工具，不断发展出拍照、上网、支付、娱乐等丰富多样的功能，满足用户在不同场景下的多元需求，极大地提升了产品的实用性和吸引力。设计创新同样至关重要，苹果公司的产品向来以简洁美观、独具匠心的设计著称，其产品的外观线条、色彩搭配以及材质质感等方面都经过精心雕琢，不仅符合人体工程学原理，还引领了消费电子产品的设计潮流，增强了产品的辨识度和用户的喜爱度。材料创新也为物件带来新的活力，如在航空航天领域，新型复合材料的应用使得飞机零部件更轻、更强，有效提高了飞机的性能和燃油效率，降低了运营成本。

2）服务

服务产品具有无形性、不可储存性和生产与消费的同步性等特点，其创新侧重于提升用户体验和优化服务流程。在用户体验方面，海底捞以其卓越的服务品质闻名遐迩，从热情周到的接待、贴心的就餐服务，如为顾客提供免费美甲、儿童游乐区等个性化服务，到及时响应顾客需求，极大地提高了顾客的满意度和忠诚度，使服务成为其核心竞争力。服务流程的优化也是创新的关键，许多银行通过引入智能排队系统、线上业务办理平台等方式，简化了业务办理流程，减少了顾客等待时间，提高了服务效率和便捷性。同时，服务创新还体现在服务模式的拓展上，如共享经济模式下的共享单车、共享汽车等服务，通过整合闲置资源，为用户提供了新的出行解决方案，改变了传统的交通出行方式和消费观念。

3）平台

平台产品在互联网时代发挥着至关重要的作用，它连接着多个用户群体或业务主体，促进了资源的共享与交互。以电商平台为例，淘宝、京东等平台汇聚了海量的商家和消费者，为商家提供了广阔的销售渠道，为消费者提供了丰富多样的商品选择。平台的创新主要体现在功能完善和生态建设上，不断增加的支付安全保障、物流信息实时跟踪、商品推荐算法优化等功能，提升了用户的购物体验。在生态建设方面，平台鼓励第三方开发者接入，丰富平台的应用场景和服务内容，如微信平台上的小程序，涵盖了生活服务、娱乐、办公等众多领域，形成了一个庞大而活跃的生态系统，增强了平台的黏性和竞争力，使其成为用户生活和工作中不可或缺的一部分。

综上所述，物件、服务和平台这三种产品类型在创新过程中各有侧重，但它们都围绕着满足用户需求和提升用户价值这一核心目标，推动着产品创新的发展与进步。在现代产品创新的过程中，物件、服务与平台的结合已成为常态，企业需通过跨领域的整合，形成全面的创新策略，以确保能够在激烈的市场竞争中脱颖而出，满足日益多样化的用户需求。

2. 产品创新的必要性

在当今竞争激烈的市场环境中，产品创新已成为企业保持竞争力、促进持续发展的核心驱动力。随着技术不断发展、消费者需求不断变化，企业若不进行创新，便可能会被市场淘汰。因此，产品创新不仅仅是企业保持市场份额的手段，更是其生存和发展的根本所在。

首先，产品创新能够适应市场需求变化，市场需求是动态变化的，消费者对产品的需求、偏好以及购买行为随着时间推移不断发生变化。创新能够帮助企业及时发现并应对这些变化，推出符合市场趋势的新产品或改进现有产品，满足消费者的不断变化的需求。其次，产品创新能够提高竞争力，促进技术进步和效率提升。随着全球化进程的推进，市场竞争愈加激烈。产品创新能够帮助企业区别于竞争对手，提供独特的产品或服务，建立品牌优势。通过创新，企业不仅能吸引现有客户，还能开拓新市场，增强企业在行业中的竞争力。比如苹果通过产品创新不断推出具有突破性设计和功能的产品，如 iPhone、iPad 等，不仅塑造了其强大的品牌影响力，还在全球市场占据了重要地位。创新也推动技术进步，不仅能够为企业带来新的竞争优势，还能够提高生产效率，降低成本。通过创新的产品设计、生产流程和管理模式，企业能够提升生产力，并获得更高的经济效益。例如智能制造和自动化技术的引入使得许多企业能够提高生产效率，减少人工成本，从而在市场中获得更大的盈利空间。与此同时，产品创新有助于企业在面对外部环境变化（如经济衰退、市场饱和、行业萎缩等）时依然能够找到新的增长点，保证其长期的可持续发展。没有创新的企业容易陷入停滞状态，甚至可能遭遇破产。例如，Netflix 最初是一家 DVD 租赁公司，但通过不断创新，发展出流媒体视频平台，并成为全球领先的娱乐内容提供商。

### 3. 产品创新理论

产品创新是企业保持竞争力、满足市场需求的关键，它不仅仅是技术上的进步，还涵盖了多学科的理论框架。这些理论为企业在实施创新时提供了不同的视角和方法。

#### 1）IPD（集成产品开发）

IPD（集成产品开发）是一种强调跨部门合作、并行工程和客户导向的产品开发模式。在这种模式下，不同职能部门（如研发、市场、生产和采购等）紧密协作，共同参与产品开发，以确保各方面需求和资源的平衡与优化。与传统的线性开发模式不同，IPD 通过并行工程确保多个开发环节同时推进，从而缩短产品开发周期并提高效率。IPD 还强调以客户需求为导向，确保产品设计和开发始终围绕市场需求和用户期望展开，增强产品的市场竞争力。此外，团队成员之间的协作和信息共享使得决策更加透明，减少了开发过程中的冲突和误解。同时，IPD 关注产品的全生命周期管理，从设计到制造，再到售后服务，确保产品的长期质量和可持续性。在具体方法上，IPD 通过明确产品需求和目标、模块化设计以及风险管理等手段，有效应对市场变化和开发挑战，保障开发过程的稳定性和顺利进行。

IPD（集成产品开发）旨在通过跨部门团队协作、结构化流程以及并行工程等方法，高效地将市场需求转化为具有竞争力的产品。在 IPD 体系中，市场、研发、生产、销售、财务等多部门人员共同组成集成产品开发团队（IPMT）。这种跨部门协作打破了传统的部门壁垒，确保在产品开发的各个阶段都能充分考虑到不同方面的需求与意见。例如，市场部能提供准确的市场趋势和客户需求信息，使研发方向紧密贴合市场期望；生产部门提前介入，可在设计阶段就考虑到生产工艺的可行性与成本控制，避免后期因设计不合理导致的生产难题和成本增加。

IPD 遵循结构化的产品开发流程，通常分为概念、计划、开发、验证、发布等阶段，每个阶段都有明确的输入、输出和关键控制点。在概念阶段，重点是进行市场调研和产品定义，明确产品的目标市场、核心功能和竞争优势；计划阶段则详细规划项目进度、资源分配和风险管理方案；开发阶段按照预定计划进行产品设计与开发工作；验证阶段对产品的功能、性能、可靠性等进行全面测试与验证；发布阶段确保产品顺利推向市场，并做好后续的支持与维护准备。并行工程是 IPD 的重要特点之一，它允许不同阶段的工作在一定程度上重叠进行，从而缩短产品开发周期。比如在产品设计的同时，就可以开展原材料采购、生产工艺准备等工作，而不是传统的顺序式开发，有效提高了开发效率，使企业能够更快地响应市场变化，推出新产品，抢占市场先机，增强企业在市场中的竞争力。

当前 IPD 最佳实践的策略是市场销售与产品服务职能的前置，而不是刻板地"串联"。

2）颠覆性创新（Disruptive Innovation）：低端破局与新市场开拓

克莱顿·克里斯坦森提出的颠覆性创新理论，犹如一颗投入平静湖面的石子，激起了行业变革的涟漪。颠覆性创新通常从低端市场或未被服务的群体起步，满足那些现有市场主流产品忽视的需求，吸引价格敏感或功能需求较低的客户。最初，颠覆性创新可能在性能上不如高端产品，但通过提供更低价格、更简单的使用方式或独特的价值主张，吸引了对高端产品不感兴趣的消费者。随着时间的推移，颠覆性创新不断提升其性能和功能，逐渐吸引主流市场的消费者，并最终取代现有产品或服务，改变行业格局。创新的过程通常伴随成本降低，通过技术进步、规模效应或独特的商业模式，使得成本逐步降低，从而进一步增强其市场竞争力。新进入者凭借敏锐的市场洞察力，发现了被行业巨头忽视的低端市场或全新市场需求。他们以简单、便宜或便捷的产品或服务为切入点，打破了现有市场的格局。例如，在传统零售行业中，电商平台的兴起便是典型案例。早期的电商企业瞄准了中小城市及乡村地区消费者对价格敏感、商品种类丰富但购买渠道有限的痛点，以较低的运营成本和便捷的购物方式，迅速积累了大量用户，对传统实体零售巨头构成了巨大挑战。这种创新模式并非一蹴而就，而是在长期的市场培育中，逐步提升产品性能和服务质量，进而向高端市场渗透，实现对整个行业的重塑。

3）开放式创新（Open Innovation）：内外协同的价值共创

亨利·切萨布鲁夫的开放式创新理念，打破了企业创新的传统边界。企业在开放式创新理念下不再仅依赖内部研发，而是通过引入外部的技术、创意和合作伙伴（如大学、研究机构、其他企业等）加速创新过程，从而拓展创新的边界。同时，企业也可以将自身未充分利用的技术或知识通过授权、许可、合作或出售等方式向外部市场开放，并从外部获取新技术来推动创新。这样，技术的流动不仅限于企业内部的研发，外部渠道也成为创新的重要来源。与传统的"闭门造车"不同，开放式创新打破了创新的封闭性，强调信息、知识和技术的自由流动，促使企业与外部生态系统互动，创造了更加灵活和开放的创新环境。例如，制药企业与知名高校的生物实验室合作研发新药，高校提供前沿的科研成果和专业人才，企业则提供资金和产业化经验，双方优势互补，加速了新药的研发进程。同时，企业还将内部闲置或非核心的技术转让给其他有需求的组织，实现技术的二次价值创造。这种内外协同的创新模式，使企业能够充分利用全球范围内的创新资源，拓宽创新视野，提升创新效率，在复杂多变的市场环境中获取更多的发展机遇。

4）敏捷开发：快速响应的创新节奏

敏捷开发方法论在软件及众多产品开发领域掀起了一场效率革命。它强调快速迭代和持续反馈，将产品开发过程划分为多个短周期的迭代阶段。在每个迭代周期内，开发团队与客户紧密协作，根据客户反馈及时调整产品功能和特性。以手机应用开发为例，开发团队会先推出一个具备基本功能的版本，然后通过用户使用数据和反馈意见，迅速优化界面设计、增加新功能或修复漏洞。这种快速响应变化的开发方式，使产品能够更好地适应市场的动态变化，满足用户不断变化的需求，确保企业在市场竞争中始终保持领先一步。

5）精益创业：学习驱动的创新成长

埃里克·莱斯的精益创业理念为初创企业提供了一条高效成长的路径。它围绕构建—测量—学习的反馈循环展开，企业在创业初期快速构建一个最小可行产品（MVP），投入市场进行测试。通过收集用户行为数据和反馈信息，对产品的市场契合度进行精确测量。根据测量结果，企业深入分析用户需求和市场趋势，学习如何优化产品和商业模式。例如，一些在线教育初创企业最初推出简单的课程试听产品，通过分析用户的学习时长、留存率和反馈意见，不断完善课程内容、教学方法和平台功能，逐步打造出具有市场竞争力的教育产品和服务，实现企业的快速发展和壮大。

这些理论提供了不同的框架和工具，帮助企业在不同的情境下理解和实施产品创新。在实际的企业运营中，单一的创新理论往往难以应对复杂多变的市场环境。企业需要根据自身的行业特点、市场定位、技术实力和资源禀赋，灵活组合运用多种创新理论和实践方法，量身定制适合自己的创新策略。唯有如此，企业才能在产品创新的道路上不断前行，持续提升自身的竞争力，在激烈的市场竞争中屹立不倒，书写属于自己的商业传奇。

4. 创新战术

在竞争激烈的市场中，产品创新是提升企业竞争力的关键，帮助企业脱颖而出。创新产品满足消费者需求，吸引新客户并增强现有客户忠诚度，从而提升市场份额和品牌影响力。随着技术进步和消费者偏好的变化，产品创新使企业能快速适应市场变化，保持竞争优势。创新产品通常能提供更高附加值，满足未被满足的需求，提升盈利能力。同时，它为企业拓展市场提供机会，吸引不同消费群体，开拓新业务增长点，丰富产品线。最终，创新产品通过出色的设计和功能，提升客户体验，满足基本需求，并创造差异化价值，建立长期稳定的客户关系。

1）方法—功能集合

在产品创新过程中，"方法—功能集合"是一种有效的创新战术。这一战术强调将不同的方法和功能进行有机整合，从而创造出具有独特价值的产品。

从方法层面来看，它涵盖了各种解决问题和实现目标的方式。这些方法不仅包括传统的技术手段，还可能涉及创新的设计思维、敏捷开发模式、跨部门协作等方式。通过灵活应用这些方法，企业能够在产品设计和开发过程中更高效地识别用户需求、解决技术瓶颈、优化功能设计，从而提升产品的整体竞争力。

在功能层面，功能集合的核心是将多种功能模块整合到一个产品中，以实现综合性的价值提升。比如，智能家居产品不仅具备基础的控制家电功能，还能集成安防监控、能源管理、智能语音助手等多种功能。这种功能的叠加，不仅能为用户提供更便捷的使用体验，还能在同类产品中脱颖而出。

具体而言，这种方法可以分为几个关键步骤：

（1）用户需求导向：深入了解用户的需求、痛点和期望，通过市场调研、用户反馈等手段收集信息，以此为基础进行产品的创新设计①。例如，通过分析用户行为数据和上下文场景，可以预测用户需求并设计出符合个性化需求的功能。技术驱动：关注前沿科技的发展，将新技术应用到产品中，提升产品的性能、功能和体验。

（2）跨功能团队协作：在方法层面，跨部门协作尤为重要。设计、技术、市场、用户体验等不同领域的专家和团队需要共同参与产品开发。这种协作能够促使不同思维方式的交融，从而在功能整合和创新解决方案的制定过程中产生更高的创造力。

（3）创新功能的构思与筛选：在此阶段，团队通过头脑风暴、竞品分析和技术可行性评估等手段，提出可能的新功能或新的解决方案。这些功能不仅仅是对现有功能的简单改进，而是通过集成新的技术、设计理念或方法论来创造差异化优势。对于每个提议的功能，团队会进行优先级排序，选出最具潜力的功能进行深入开发。

（4）功能模块的整合与优化：将各个功能模块进行有机整合，是"方法—功能集合"战术的核心。这一过程需要对功能进行深度优化，确保不同功能之间能够无缝协作，而不会产生冲突或过度冗余。整合过程中，注重用户体验、操作便捷性和技术实现的平衡，确保最终的产品在各个方面都能达到最佳状态。

（5）迭代与持续创新：产品的创新是一个不断迭代的过程。在功能集合并经过初步验证后，团队需要持续关注市场变化和用户需求的演变，定期推出更新或新功能，保持产品的竞争力。通过持续的创新，产品可以在市场中占据领先地位，满足不断变化的用户需求。

2）新功能研发

新功能研发是指基于市场需求和技术进步，开发出全新的功能或特性，增强产品的差异化竞争力。这种战术可以帮助企业通过创新功能突破市场瓶颈，吸引新用户或提升现有用户的忠诚度。

新功能研发的一些常见方法如下：

（1）用户需求驱动法。

深度用户调研：通过问卷调查、用户访谈、焦点小组等方式，全面了解用户在使用现有产品或服务过程中遇到的问题、期望得到的改进以及潜在的需求。例如，在线办公软件的研发团队可以访谈不同行业的办公人员，了解他们在文件协作、沟通交流等方面的痛点，为新功能的研发提供方向。

用户行为分析：借助数据分析工具，收集用户在产品上的实际操作行为数据，如使用频率、使用路径、停留时间等。分析这些数据能够发现用户的行为模式和偏好，从而挖掘出有价值的功能需求。例如，短视频平台通过分析用户的点赞、评论、转发等行为，了解用户对不同类型内容的喜好，进而研发个性化推荐功能。

（2）技术推动法。

跟踪技术趋势：密切关注行业内外的技术发展动态，包括新兴技术的突破、现有技术的改进等。例如，随着人工智能技术的发展，许多企业将其应用于产品中，研发出智能客服、

---

① 叶必丰. 行政行为原理 [M]. 上海：商务印书馆，2019：5.

图像识别等新功能。研发团队需要定期参加行业研讨会、阅读技术报告、关注科研机构的成果发布，以便及时掌握新技术并探索其在产品中的应用可能性。

技术实验与创新：鼓励研发团队进行技术实验和创新，尝试将不同的技术进行组合或应用于新的场景。例如，一家智能家居企业在研发新产品时，将物联网技术与传感器技术相结合，开发出能够根据环境光线和人体活动自动调节灯光亮度的智能照明功能。

（3）敏捷开发法。

迭代式开发：将新功能研发过程划分为多个短周期的迭代，每个迭代都包含从需求分析、设计、开发到测试的完整流程。在每个迭代结束后，及时收集用户反馈和内部评估意见，对功能进行调整和优化。例如，一款移动社交应用在研发新的聊天互动功能时，通过多次迭代，不断优化功能的细节，如表情特效、语音消息的处理等，以提高用户体验。

快速试错：基于快速迭代的特点，敏捷开发允许在研发过程中快速试错。如果某个功能在测试阶段发现不符合用户需求或存在技术问题，可以及时进行调整或放弃，避免在错误的方向上投入过多的资源。这种方法能够加快新功能的研发速度，提高研发效率。

新功能研发不仅是一个技术创新的过程，更是与用户需求、市场动态和竞争态势紧密关联的战略活动。通过这一过程，企业不仅能够提升现有产品的竞争力，还能开辟出新的市场机会，吸引更多的用户，进一步巩固其在行业中的地位。最终，成功的新功能将为企业带来持续的增长动力，推动品牌的长期发展。

"方法—功能集合"和"新功能研发"是两种关键的创新战术，通过有效的整合和持续的技术突破，企业能够在激烈的市场竞争中保持领先地位。通过深入了解用户需求、跨功能团队协作、不断优化功能模块及敏捷开发等方式，企业能够在产品开发过程中提供差异化的价值。持续的功能创新和市场反馈也是保持竞争力的关键。

5. *产品创新的"三化"思维*

在竞争激烈的商业环境中，产品创新已成为企业生存与发展的关键。而产品创新绝非一蹴而就，从发现需求到成功推向市场，需要多种思维和逻辑的协同配合。其中，产品创新的"三化"思维在这一过程中扮演着至关重要的角色，为企业的创新之路提供了清晰的指引。

考察是否"真需求"[①]，是决定产品进入创新开发流程的关键。但是产品从发现需求到成功需要经历的过程，是"产品化思维""技术运营商业逻辑"和"商业思维"的全过程流程成功耦合的结果。只有当企业精准识别出市场和客户真正的需求时，后续的创新活动才有意义。这是一个基础且关键的环节，直接决定了产品创新的方向是否正确，是整个创新旅程的起点。

1）产品创新的"三化"思维

产品化是将结构、功能和价值凝聚到一个具体产品中的全过程，涵盖从概念策划到设计、开发、制造的各个环节。这一过程确保了产品不仅具备实用性和功能性，还能够为用户提供独特的价值。产品化不仅仅是一个技术或设计的挑战，更是从市场需求出发，结合消费者偏

---

① 梁宁. 真需求 [M]. 北京：新星出版社，2024.

好和企业资源进行的全面规划。它是企业实现创新、提升竞争力和扩大市场份额的核心方式之一。与之相对，项目化和任务化则是组织生产和运营的具体内容。项目化指的是企业在一定时间内围绕特定目标进行的一次性活动，通常涉及多部门协作，旨在完成特定的产品、服务或创新任务。而任务化则更加注重将大型目标分解成具体的小任务，明确责任、资源和时间安排，通过高效的执行来确保项目的成功落地。通过有效的产品化过程，企业能够在确保产品质量、功能完备的同时，结合项目化和任务化的执行方式，使得生产和运营更加高效有序，从而增强产品的市场竞争力，推动企业的长期发展。产品创新的"三化"思维如图9-2所示。

图9-2　产品创新开启的"三化"思维[①]

（1）产品化。

产品化指的是将一个创意、技术或解决方案转化为市场上可销售的最终产品的过程。产品化过程中需要关注产品的各个方面，确保其具备市场竞争力和可执行性。产品化的内涵和实施方法如下：

①功能化：产品必须具备满足市场需求和用户痛点的功能。产品化的核心是明确产品的功能需求，并通过技术和设计手段实现这些功能[②]。例如，智能手机的功能包括打电话、拍照、上网等，不同的手机产品会根据这些核心功能的不同，吸引不同的用户群体。

②结构化：产品的结构设计决定了其使用体验、制造成本及可持续性。结构化要求从产品的架构、组件设计、操作流程等方面优化，以确保产品具备高效的性能、易用性及可维护性[③]。例如，汽车的结构设计不仅关乎发动机和外形，还涉及车内控制系统、空气流动设计等。

③价值化：产品要有明确的市场价值，不仅仅是功能的实现，还要能在用户心中建立起品牌、质量和附加价值的认知[④]。价值化要求从用户需求和市场定位出发，确保产品在销售后能实现盈利。比如，某些品牌的手机虽然技术性能与其他品牌相似，但其品牌价值和用户忠诚度却能带来溢价。

（2）项目化。

项目化是将产品创新过程划分为具体的项目，通过项目管理的方式，合理调配资源，确保产品的研发和生产可以按计划、按质量标准完成。项目化思维注重过程中的各个环节、目标的设定及资源的有效利用，项目化的内涵和实施方法如下：

① 卢锡雷. 敏捷高等工程教育理论与方法：提升工程教育效率的路径与实践 [M]. 北京：中国建筑工业出版社，2023：95.
② 宋兴格，万浩，妥世花，等. 面向模块化设计的产品多层次创新设计策略研究 [J]. 机械设计与制造工程，2018，47（3）：91-96.
③ 柴丹蕾. 面向研发敏捷性的A公司机器人产品架构的创新策略研究 [D]. 北京：北京交通大学，2023.
④ 蔡瑞林，唐朝永，孙伟国. 产品设计创新的内涵、量表开发与检验 [J]. 软科学，2019，33（9）：134-139.

①目标化：每个创新项目都有明确的目标和成果要求，目标化要求项目团队在启动时就要清晰界定最终目标，确保每个阶段的工作都有具体的方向和指标[①]。例如，在一个新的智能设备项目中，目标化可以指向产品的性能目标、市场目标、销售目标等。

②资源化：项目的实施离不开资源支持。资源化思维要求在项目启动阶段就要对项目所需的各类资源（如人力、资金、设备、技术等）进行规划和配置，确保项目能够在资源允许的范围内高效推进。

③过程化：创新项目必须有清晰的执行过程，通过过程化来保证每个环节、每个阶段的任务都能够高效落实。过程化强调在项目执行过程中，不仅要达成阶段性目标，还要进行持续的监控和调整，以确保项目按时、高质量地完成[②]。

（3）任务化。

任务化是在项目化的框架下，进一步将大目标细分为小任务，并对每个任务进行详细的分解和管理。任务化思维强调明确任务的具体目的、责任划分和绩效考核。任务化的内涵和实施方法如下：

①目的化：每一项任务都需要有明确的目的和期望的成果。目的化强调通过任务明确每个环节的目标，避免任务执行过程中出现模糊和偏离原定目标的情况[③]。例如，在产品研发中，设计团队的任务目标可能是"完成产品原型设计并达到用户需求的80%"，每个团队成员都应明白自己具体的目标。

②责任化：任务分配时需要明确责任人，责任化要求每个任务的负责人都清楚自己在项目中的角色和责任，确保任务能够按照计划执行。每个环节都应有明确的责任人，不推卸责任，不分散注意力。例如，产品测试环节应明确由质量控制部门负责，设计环节由设计团队负责，避免责任不清晰。

③绩效化：绩效化强调对每项任务的完成情况进行考核和评价。通过量化的标准来评估任务的执行效果，进而激励团队成员提高工作效率和质量。绩效化不仅限于任务完成时间的考核，还包括质量、创新性、成本控制等多个维度的综合评估。例如，在研发过程中，除了关注任务的完成时间外，还需要考核产品的创新性、市场反馈以及生产过程中的效率。

"三化"思维是企业在产品创新过程中的一种系统化方法，通过功能化、结构化和价值化的手段提升产品竞争力；通过目标化、资源化和过程化的管理方式确保项目顺利推进；通过目的化、责任化和绩效化的任务管理来提高团队的工作效率和成果质量。这种方法有助于企业在激烈的市场竞争中保持优势，并实现可持续发展。

2）产品创新的三合逻辑

产品化说到底是技术逻辑，是发现需求到工程实现的必需条件。还需要运营逻辑（模式即是运营逻辑的固化），尤其需要符合商业逻辑，如图9-3所示。

---

① 杨耿强.M公司产品制造项目化管理研究[D].西安：西安建筑科技大学，2019.
② 周流畅，孙瑞婷."三化"工作实施方法探讨[J].船舶标准化工程师，2020，53（1）：91-94.
③ 李东亮，杨博，王珊珊.基于产品化思维开展研发工作的模式研究[J].科技资讯，2020，18（31）：96-99.

商业逻辑关注的是市场需求与商业模式的结合，核心目的是确保创新能够在市场中成功落地，具备可持续的商业价值。例如，企业需要考虑市场趋势、客户需求以及竞争对手的动态，从而制定出符合市场导向的产品策略[①]。

图9-3 产品创新成功的三合逻辑

商业逻辑的主要任务是：

（1）市场调研：通过对市场需求的深入分析，识别用户痛点、行业趋势和潜在机会，确保创新产品能够满足真实的市场需求。

（2）商业模式设计：根据市场需求和行业特点，设计可盈利的商业模式，确保产品的收入来源、定价策略和利润空间。

（3）价值：明确产品为用户创造的独特价值，并通过差异化竞争力在市场中脱颖而出。

（4）市场定位：精准地定义产品的目标市场，明确产品的定位和营销策略，确保创新能够获得足够的市场份额。

技术逻辑关注的是创新产品的可行性与技术支撑，其核心目的是确保产品创新具有技术上的可实施性，并能够提供高质量的产品性能。技术逻辑强调技术与市场的结合，通过技术进步来满足市场需求，并推动商业模式的变革[②]。例如，在数字经济时代，数据驱动的产品适应性创新成为一种趋势，企业可以通过大数据和人工智能技术来实时调整产品以适应用户需求的变化[③]。

技术逻辑的主要任务包括：

（1）技术研发：确保创新依托于先进的技术和可行的技术路径。通过技术创新，提升产品的功能性、稳定性和可维护性。

（2）技术可行性分析：评估技术实现的可能性，确保技术方案能够解决实际问题并满足用户需求。

（3）技术迭代与更新：不断推动技术的优化与升级，适应市场需求的变化，保持产品的技术竞争力。

（4）质量控制：通过技术手段保证产品的质量，确保其在用户使用过程中的稳定性与可靠性。

运营逻辑侧重于创新产品的执行力与资源优化，确保创新产品能够在实际操作中顺利落地，并通过高效的运营管理实现市场目标。运营逻辑要求企业在研发、生产、营销等各个环节中进行协调和整合，以支持创新活动的顺利进行。例如，构建创新运营体系可以帮助企业

---

① 江积海，阮文强. 新零售企业商业模式场景化创新能创造价值倍增吗？[J]. 科学学研究，2020，38（2）：346-356.

② 周馨怡. 技术创业企业技术创新与商业模式创新的互动关系机理研究 [D]. 南京：东南大学，2016.

③ 肖静华，胡杨颂，吴瑶. 成长品：数据驱动的企业与用户互动创新案例研究 [J]. 管理世界，2020，36（3）：183-204.

在业务方法层面和执行层面对创新发展做出直接响应[①]。

运营逻辑的关键点包括：

（1）产品交付与实施：确保产品从研发到交付的顺利过渡，包括生产、供应链管理、物流等环节的高效协调。

（2）资源配置与管理：根据产品的需求和目标，合理配置企业的内部资源（如人力、财力、物力），确保创新产品能够顺利实施。

（3）运营效率与成本控制：通过精细化管理提高运营效率，降低成本，确保创新产品具备良好的性价比。

（4）用户反馈与运营优化：在产品上市后，通过不断收集用户反馈，优化产品的运营策略和功能，保持产品的市场适应性和竞争力。

简单地，技术逻辑就是产品能不能够做出来，运营逻辑就是如何组织和持续运营起来（资源投入与产出的稳定开展），商业逻辑就是一个赚钱的模式（投入与产出逻辑）。产品只有在：技术逻辑、运营逻辑、商业逻辑自洽下，方能完成为客户创造价值，为企业组织带来价值的全环节。

3）《真需求》的表达

《真需求》是梁宁对产品创新与商业逻辑的一种深刻分析，她通过简化的框架帮助人们理解如何在复杂的市场中识别和满足用户的真实需求。在《真需求》一书中，梁宁提出了一个商业闭环的三要素极简模型，如图9-4所示。其中包含了"价值、共识、模式"这三个关键要素，此外，她还详细分析了价值的组成，提出"功能价值、情绪价值、资产价值"三个维度，以下是这三要素的具体含义和作用：

图 9-4 《真需求》的商业逻辑

（1）价值。

价值是商业闭环的核心，它代表了产品或服务能够为用户带来的真正利益。梁宁指出，价值不仅包括产品的基本功能，还包括产品带来的情感共鸣和资产增值。

价值可以分为三种类型：

①功能价值：指产品本身的实用功能，即它能解决什么问题或满足什么需求。

②情绪价值：指用户在使用过程中产生的情感反应，包括品牌带来的情感共鸣、用户的身份认同等。

③资产价值：指通过使用产品，用户获得的长期增值或额外收益，如品牌效应、社交资本等。

（2）共识。

共识指的是市场和用户对产品或服务的认同程度，也就是产品能否被广泛接受、是否能够引起用户的情感共鸣。梁宁认为，产品只有通过满足用户的情感和社会需求，才能建立

---

① 赵春明. 面向创新的运营 [J]. 企业管理，2019（1）：67–69.

起广泛的共识。共识的形成依赖于用户的口碑、品牌的影响力以及社会认同度。企业通过营销、品牌建设和用户体验等手段增强共识，提升用户的忠诚度和产品的市场渗透率。

（3）模式。

模式指的是企业运作的商业模式，即如何通过合理的运营方式创造、分配和获取价值。它涵盖了定价、渠道、营销策略、利润模型等方面。成功的商业模式不仅仅依赖于单纯的产品功能或市场营销，还包括如何构建一个可持续的商业生态，如何在竞争中获得长期的优势。

产品创新是一个系统化的过程，涉及从需求的挖掘到想法的形成，再到实际执行和市场化的各个环节。达成团队内外的共识，是创新决策的关键，它需要不同层级的人员在理念、方向和执行上达成一致，这是产品创新顺利推进的基础。模式的形成则是通过运营过程中的经验总结和固化，帮助企业形成可持续的商业运作方式。创新过程中的每个环节——真需求、好想法、做出来、卖出去、拿回款，缺一不可，任何环节的缺失都可能导致整个创新链条的断裂。结合"三化"思维（需求、创意、执行）和"三合"逻辑（需求、产品、市场）的理念，强调了各环节之间的紧密联系和相互依赖，只有在完整的创新过程中，每个环节都能够有效衔接，才能确保创新成功并推动企业的持续发展。

### 9.1.2　产品创新方式

在当今竞争激烈的商业环境中，产品创新是企业立足与发展的关键。产品创新并非单一维度的努力，而是涵盖了科技创新、工程创新、管理创新和商业创新等多个层面，它们从不同的产品要素切入，共同推动产品不断迭代升级。不同类型的创新对应着不同的产品要素，如表 9-1 所示。

产品创新方式

表 9-1

| 产品要素 | 科技创新 | 工程创新 | 管理创新 | 商业创新 |
| --- | --- | --- | --- | --- |
| 机理 | √ | | | |
| 设计 | | √ | | |
| 工艺 | | √ | | |
| 材料 | √ | √ | | |
| 设备 | | √ | | |
| 模式 | | | √ | √ |

#### 1. 科技创新

科技创新主要聚焦于产品的核心技术、原材料及其工作原理等方面。它通常涉及以下产品要素：

机理创新：通过新技术、新理论或科学发现改变产品的工作原理，提升其功能和性能。例如，智能产品的引入、人工智能技术的应用等。

材料创新：通过研发新型材料（如高性能合金、纳米材料、环保材料等）来改善产品的质量、耐用性和功能特性。例如，电动车电池材料的突破提升了续航能力。

### 2. 工程创新

工程创新注重从产品设计、生产工艺、设备更新等方面进行创新，直接影响产品的制造效率、质量和成本。其要素包括：

设计创新：优化产品结构、外观和功能，使其更符合用户需求。例如，手机的全面屏设计、汽车的智能化控制系统等，都是设计创新的体现。

工艺创新：通过创新的生产工艺提升生产效率，降低生产成本，并改善产品质量。例如，3D打印技术的应用，不仅加速了产品开发，还能降低小批量生产的成本。

材料创新：工程创新中的材料产品要素涵盖了新型高性能材料的开发、轻量化材料的应用、耐高温耐腐蚀材料的突破、复合材料的创新、材料的可加工性、可持续性和环保材料的应用以及多功能材料的研发。这些材料创新不仅推动了各行业的技术进步，还提高了产品的综合性能、生产效率和市场竞争力。

设备创新：引入新型生产设备或自动化系统，提高生产的灵活性和精确度。例如，自动化生产线和机器人技术的应用，大大提升了制造业的生产效率和一致性。

### 3. 管理创新

管理创新关注如何通过新型管理模式、流程优化和资源配置等手段提升企业运营效率，支撑产品创新的持续进行。与之相关的产品要素是管理创新的模式，包括以下两种：

供应链管理创新：改善供应链上下游的协同，提高材料采购、库存管理、分销配送等环节的效率，从而降低成本、提升响应速度。

组织结构创新：调整企业内部结构，提升跨部门协作和研发效率，优化创新资源的配置。例如，很多高科技公司采用扁平化管理结构，减少层级，使得创新决策能更迅速地执行。

### 4. 商业创新

商业创新则从产品的市场定位、定价策略、销售模式等方面进行创新，目的是提高产品的市场竞争力，增强客户黏性。其要素包括：

商业模式创新：通过改变产品的商业化路径，如通过订阅制、共享经济、平台化等模式，创造新的盈利模式。例如，软件的SaaS（软件即服务）模式改变了传统软件的销售方式。

市场创新：在产品的市场营销和推广上进行创新，例如通过社交媒体营销、口碑传播等方式，快速提升产品的市场知名度和影响力。

客户体验创新：通过改善用户体验，提供定制化服务、增值服务，提升产品的附加值。例如，智能硬件产品通常会配套专属App，提高用户互动和黏性。

在产品创新的过程中，科技创新、工程创新、管理创新和商业创新从不同的维度切入，涉及产品的核心技术、设计、生产、运营及市场推广等各个环节。不同类型的创新相互协作，共同推动产品的不断进化与升级，使企业能够在激烈的市场竞争中脱颖而出，获得长期的竞争优势。企业若能全面整合这些创新方式，不仅能提升产品质量和用户体验，还能优化资源配置，提升整体运营效率，从而实现可持续发展。

### 9.1.3　产品创新应用

在商业发展历程中，诸多企业凭借卓越的产品创新实现了困境突围甚至重塑辉煌，以下是几个典型案例。

1. 柯达胶卷的衰退与转型的失败

柯达（Kodak）曾是全球领先的胶卷制造商，占据了全球数十年间的市场主导地位。在20世纪90年代末至21世纪初，面临数码摄影的冲击，尽管柯达拥有世界领先的数码技术（柯达是第一家公司开发出数码相机传感器），但由于其对胶卷的依赖和市场定位的固守，未能及时调整战略，导致了错失数码相机和智能手机摄影的浪潮。虽然柯达最终投入数码相机市场并推出了数码胶卷产品，但由于反应迟缓、创新力不足，以及数码摄影竞争者（如佳能、尼康）的激烈竞争，柯达未能实现有效的市场转型。数码技术的发展速度远超柯达的应变速度，最终导致其无法在市场中重获竞争力，甚至2012年宣布破产。柯达的失败证明了即使在技术上有创新，也需要及时且果断地进行产品战略转型，而不是停留在原有的盈利模式上。本质上就是需要符合三合逻辑模型指出的：技术、运营和商业逻辑一致的创新，才能最终成功。

2. 苹果手机（iPhone）的推出改变了整个行业

苹果手机（iPhone）的产品创新可以说是近年来消费电子领域最具影响力的创新之一。自2007年iPhone首次推出以来，苹果通过一系列重大的创新，不仅改变了智能手机的设计和功能，还彻底改变了整个科技行业的生态。以下是苹果手机在产品创新方面的几个重要方面：

首先是触控屏与用户界面革命，iPhone摒弃了传统的物理键盘（如黑莓、诺基亚的手机），采用全触控屏，配合直观的图标化界面。通过全屏触控操作，用户可以通过手指直接操控界面，提供了比传统按钮更加简便、直观的操作体验。iPhone的多点触控技术允许用户同时进行缩放、滚动、滑动等操作，这种触控体验变得极为流畅，至今仍然是智能手机的标准。通过将应用程序以图标的形式排列，用户可以快速切换和启动应用，改变了用户交互的方式。

其次是生态系统与服务的整合，苹果通过iPhone打造出完整的生态系统，整合硬件、软件、服务和内容，使得iPhone不仅仅是一部手机，更是一个包含音乐、应用、视频、支付等多个服务的中心。iPhone的App Store为开发者提供全球性的应用市场，推动了移动互联网应用的发展。它帮助创造了一个全新的产业生态，形成数百万个开发者和应用，极大地丰富了用户体验。苹果的iCloud云服务为用户提供跨设备的数据同步功能，确保用户在不同的苹果设备上可以无缝衔接。Apple Pay与Apple Wallet：iPhone引入Apple Pay，将手机变成支付工具，推动了移动支付的普及，并与银行卡、信用卡、电子票务等功能深度整合。

Face ID 也是苹果手机的创新之一，Face ID 利用先进的深度感知技术，通过红外传感器、点阵投影等手段构建精确的人脸模型，使得解锁手机和支付变得更加安全和便捷。与 Touch ID 相比，Face ID 的安全性更高，因为它利用了 3D 人脸结构，防止了照片或其他二维图像解锁手机的风险。

苹果手机（iPhone）的创新不仅体现在硬件设计和性能提升方面，还包括了软件、用户体验、生态系统、服务整合等多个维度。这些创新使得 iPhone 不仅仅是一个手机产品，更是一个能够深刻影响消费者生活和改变产业格局的技术平台。

苹果的成功经验展示了跨领域的综合创新——不仅要有硬件的突破，还需要与服务、软件及生态的无缝对接，这为全球智能手机市场树立了新的标杆。

### 3. 小米汽车

小米 SU7 于 2024 年 3 月 28 日正式上市，截至 2024 年 12 月 29 日，累计锁单量突破 26.38 万，仅 12 月 23—29 日，小米汽车新增订单就超过 1 万份，展示了强劲的市场需求和消费者对小米汽车品牌的认可。

小米进入汽车行业的最大亮点就是其将自身的智能硬件优势和互联网服务的生态系统融合到汽车产品中，旨在打造一款全新的智能电动汽车，其产品创新突显以下几个应用：

在智能化驾驶体验方面，小米汽车展现出了独特的优势与创新之处。小米生态系统的深度整合为车主打造了一个便捷且智能的生活场景延伸。车辆作为一个智能硬件核心，能够借助车载系统与小米智能家居设备实现无缝连接，让车主在车内即可轻松掌控家中的灯光氛围、空调温度、音响播放等各类设备，实现真正意义上的智能家居与智能出行的互联互通。不仅如此，通过手机、智能手表等小米生态设备，车主还能远程操控车辆，无论是提前预热制冷、查看车辆状态还是解锁车门，都能随时随地便捷完成。

在自动驾驶技术方面，小米通过收购自动驾驶技术公司 Deep Motion（深动科技），基于 AI 算法和传感器的自动驾驶功能，提供高度自动化的驾驶体验。

而语音助手"小爱同学"的融入更是进一步提升了驾驶的便利性与安全性。车主在行车过程中，只需通过语音指令，就能轻松完成导航路线规划、车内温度精准调节、车窗升降等一系列操作，无需手动分心操作，让驾驶专注度与便捷性达到新的高度，全方位优化驾驶体验，使小米汽车成为智能出行时代的有力竞争者。

小米汽车的推出代表着智能硬件企业向汽车行业的拓展，体现了其在智能家居和互联网生态系统的融合应用。通过智能化、互联化、环保和高性价比的设计理念，小米汽车有潜力成为市场上具有竞争力的智能电动汽车之一。

小米第一次造车便取得如此显著的成绩，得益于其在组织管理方面的创新，以及科技企业独特的运营模式。这种与传统汽车企业有所不同的管理方式，使得小米能够在较短时间内将汽车从研发到量产落地，同时在产品创新上取得突破。小米组织管理方式的存在如下优点：

（1）在组织结构与决策机制上，小米汽车采用扁平化管理的组织结构。小米的管理模式以"扁平化"著称，避免层级过多导致的信息滞后和决策延误。小米汽车沿用了这种管理思路，倡导跨部门协作和快速决策。这种方式有助于提升决策效率，增强团队的执行力，尤其在快速变化的电动汽车市场中，能够快速应对技术迭代和市场需求。例如，在小米汽车刚刚发布的一段时间内，许多"汽车博主"使用小米汽车在没有对车辆进行升级的情况下赛道，出现"刹车失灵"的安全事故，一时舆论哗然。小米汽车的研发团队、工程部门、市场调研人员等迅速组成跨部门小组。通过扁平化的管理架构，小组内的成员直接进行高效沟通，无需经过繁琐的层级汇报。研发人员迅速根据市场反馈调整刹车的技术方案，工程部门同步评估可行性并准备生产适配，市场调研人员持续跟进市场动态并反馈给团队。在短短几周内，就完成了从小米汽车刹车升级这一需求从提出到初步技术验证的过程，成功推出了针对赛道升级的刹车系统，并且在新的软件版本中加入了"大师模式"这一功能，驾驶者在使用"大师模式"前需要通过测试才能使用，大大减少了出现安全事故的几率。充分体现了小米汽车扁平化管理模式在应对市场变化和技术迭代时的高效性与优势。

（2）作为一家互联网公司，小米注重数据分析与反馈，通过大数据、人工智能等技术辅助决策。小米汽车的管理也将这一优势带入其中，通过实时的数据监控和用户反馈系统，及时优化产品和服务。在小米汽车的续航里程优化方面，充分体现了其数据分析与反馈的优势。通过在车辆上搭载的大量传感器，小米汽车能够实时收集车辆行驶过程中的各种数据，包括电池放电曲线、电机能耗、不同路况下的能量损耗等信息，并将这些数据上传至云端。

利用大数据分析技术，小米的工程师团队可以对海量的车辆行驶数据进行挖掘和分析。例如，他们发现北方地区的用户在冬季的续航里程明显低于预期。通过进一步深入分析用户的驾驶习惯、充电频率和环境温度等因素，确定了主要影响因素是低温环境下电池性能的衰减以及该地区频繁的短途驾驶导致电池充放电效率降低。基于这些分析结果，小米汽车的研发团队在新的软件版本中迅速调整了电池管理系统的策略，优化了在低温环境下的预热机制，同时改进了车辆的能量回收算法，使其在短途驾驶中能够更有效地回收能量。

（3）便是与传统车企相比小米独有的创始人主导的决策体系，这与特斯拉类似。雷军作为小米的创始人，个人对公司战略的把控力较强，决策通常较为集中。在小米汽车方面，雷军主导的战略方向将更加明确和统一，推动公司在技术方向和市场定位上的一致性。例如，市场定位方面，雷军明确将目标受众锁定为追求科技感与智能化生活方式的年轻消费群体和科技爱好者。围绕这一群体的需求与喜好，小米汽车在车辆外形上设计的更加年轻运动，提供多种亮色的车漆与内饰配色，使得车辆外观更加个性，与其他车型相比更有辨识度。在智能座舱的设计上注重简洁易用的交互界面、丰富多样的个性化设置以及对热门应用和游戏的适配。正是雷军这种创始人主导的决策体系，使小米汽车在竞争激烈的市场中迅速形成差异化优势，赢得了用户的关注与认可。

从这些案例中我们可以看出，无论是柯达的失败、苹果的成功，还是小米的突破，可以发现，"三化"思维——项目化、任务化和产品化是推动企业从困境突围、实现创新转型的关键。通过这三个方面的思维，企业能够在动态竞争的环境中及时调整策略，应对不断变化的市场需求和技术挑战。"三化"思维不仅是推动企业创新转型的基础，更是企业能够在变革中持续发展的关键。它帮助企业精确地识别市场机会，合理调配资源，提高团队协作效率，从而在全球化、数字化的市场中获得长期的竞争优势。对于未来的企业而言，持续践行这一思维方式，将是实现跨越式发展的重要保证。

## 9.2 业务重构

组织存在的意义首先是为了实现抱负，完成使命。组织者必然是长期主义者，在能够经营业务创造社会价值的前提下，依据战略业务导向考虑并调整员工、客户、股东之间的平衡关系，显性表现为组织机制的持续优化，即组织结构、部岗、制度、流程、沟通，进而实现业务绩效目标。构建弹性适配且强执行力的业务结构是实现目标的关键一环，是一个需要结合外部开放环境和内部组织机制的系统性过程，它既是促使组织机制发生变革的致变因子，又作为组织通过创新变革完成业务重构进而应当达成的更优结果。

如图 9-5 所示，组织内部是基于组织知识已经构建的完整的结构机制。甄别分析组织外部环境是帮助组织决策的主要依据，资源整合能力在各层级岗位人员达成业务目标过程中，对于需要考虑到的各项微观要素起关键作用。业务架构决定产品形态。产品的结构设计必然要支持用户需要的功能。以建设工程为例，在设计阶段，从建设项目分解到操作级，是对产品结构的细致剖析。在建造阶段，从无功能集成到完整功能，是对产品功能的全方位满足。组织细度由粗放到细致表现为运营管理能力的提升。

业务认知的提升将会使产品定义被重构，反之，产品认知的迭代同样能够颠覆业务逻辑，推动业务结构变革，两者是动态的相互塑造的共同体。

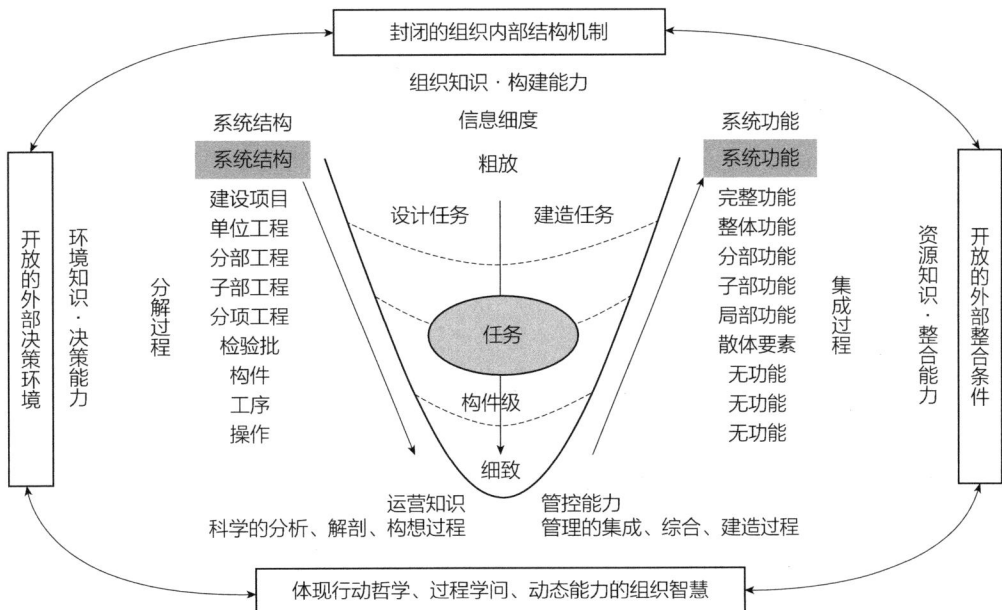

图 9-5 系统理解产品"被构建"的全过程

### 9.2.1 业务重构的战略

业务（Business）指企业为实现商业目标而开展的综合性活动，涵盖客户关系、收入模式、资源整合、流程设计、渠道管理等。业务是围绕价值创造和交付的完整系统，强调战略和可持续性。

业务重构是指企业为了适应市场变化、提高竞争力或实现战略转型，对其业务流程、组织结构、信息系统等进行重新设计和优化的过程。这一过程通常涉及对现有业务模式的深入分析，识别出需要改进或淘汰的部分，并通过引入新技术、调整组织架构或优化管理流程等方式来实现业务的高效运作。

业务重构的战略可以通过不同的路径实现，常见的业务重构战略包括聚焦战略、成本领先战略、国家化战略。

**1. 聚焦战略**

聚焦战略是一种企业战略选择，旨在通过集中资源和注意力来实现特定目标。这种战略通常适用于资源有限的企业，尤其是中小企业，因为它们无法在多个领域同时竞争并取得成功[1]。聚焦战略可以分为多种类型，包括成本聚焦、差异化聚焦以及产品聚焦等[2]。

**1）成本聚焦（Cost Focus）**

成本聚焦战略强调通过在特定市场、客户群体或地区中实现成本优势来获得竞争优势。企业在执行成本聚焦战略时，通常会专注于降低生产或运营成本，以便能够提供低成本的产品或服务。通过控制成本，企业能够在目标市场中提供价格更具竞争力的产品，从而获得市场份额。成本聚焦的第一大特点是有价格优势，通过大规模生产、流程优化、原材料采购等方式降低成本。第二点是其目标明确，聚焦特定细分市场，减少不必要的开支和资源浪费。

**2）差异化聚焦（Differentiation Focus）**

差异化聚焦战略是企业在特定市场或细分市场中通过提供独特的、差异化的产品或服务来获得竞争优势。不同于广泛的差异化战略，差异化聚焦于某一特定客户群体或市场需求，提供其专门的、高附加值的产品。差异化聚焦的特点之一是产品差异化，在特定市场中，提供独特且满足特定需求的产品或服务。其次是高附加值，企业通过技术创新、品牌建设或个性化定制等手段，为目标客户群体提供不可替代的价值除此之外还有增强客户忠诚度，通过满足特定需求，赢得客户的高度认同和忠诚。

**3）产品聚焦（Product Focus）**

产品聚焦战略指企业将资源集中在某一特定产品或产品系列的开发与优化上，通过对产品的精益求精和创新来获取市场份额。这种战略主要依赖于产品本身的竞争力，而非整体业务的多样化。差异化聚焦的特点之一是专注产品，企业将全部精力投入到某一特定产品的研发、改进和市场推广上。其次是产品创新，通过不断创新和优化产品，满足特定客户群

---

① 王兵. 企业聚焦战略理论与实证研究 [D]. 武汉：武汉理工大学，2012.
② 朱云琦. 基于核心资源的归核化战略对企业绩效的影响研究——以人福医药为例 [D]. 呼和浩特：内蒙古财经大学，2022.

体的需求。最后避免产品过于多样化企业避免涉足多个领域，而是确保在特定产品上保持领先地位。

聚焦战略的优势在于其市场定位明确，聚焦战略帮助企业明确目标客户群体，使其资源更加集中，能够深入满足特定市场需求。且无论是通过成本控制还是差异化，聚焦战略都可以帮助企业在特定细分市场上形成竞争优势。专注于特定领域可以减少分散资源的浪费，提高效率和效果。综上所述，聚焦战略能够帮助企业在特定细分市场中实现更高效的竞争，提供专门化服务并建立较强的品牌影响力。然而，企业在实施时也需要注意市场变化与风险管理，避免过度依赖单一战略。

### 2. 成本领先战略

成本领先战略是指企业通过降低生产和运营成本，提供价格具有竞争力的产品或服务，从而在市场中占据优势地位。实施成本领先战略，企业需要优化生产流程、提高生产效率、降低原材料采购成本，同时实现规模经济效应。这一战略适用于希望通过大规模生产和标准化产品来获得市场份额的企业。通过这一战略，企业能够在激烈的市场竞争中通过价格优势脱颖而出[1]。成本领先战略的实施通常涉及多个方面，包括改进活动安排、优化价值链、技术创新等。

改进活动安排是实现成本领先的基础环节。企业需对内部各项业务流程进行细致梳理与重组。以制造业企业为例，在生产计划制定方面，通过引入先进的生产管理软件，精准预测市场需求，合理安排生产批次与数量，避免过度生产或生产不足导致的库存积压或缺货成本增加。在生产过程中，优化车间布局，减少原材料与半成品的搬运距离和时间，降低物流成本。例如，将生产流程中前后工序紧密相连的设备布局在相邻位置，实现无缝对接，提高生产效率的同时减少人力和时间的浪费。

优化价值链在成本领先战略中发挥着核心作用。企业不仅要关注自身内部的成本控制，还需对上下游产业链进行整合与协同优化。在采购环节，与主要供应商建立长期稳定的战略合作伙伴关系，通过集中采购、签订长期合同等方式获取更优惠的原材料价格，并确保原材料的质量稳定。例如，汽车制造企业与钢铁供应商达成年度采购协议，约定采购量和价格调整机制，在保障钢材供应的同时降低采购成本。在销售渠道方面，精简渠道层级，利用互联网平台开展线上销售，减少中间经销商的利润分成，直接面向终端消费者，降低销售成本。如一些服装品牌通过自建电商平台，实现从工厂到消费者的直接销售，大幅提升了价格竞争力。

技术创新是推动成本领先战略的强大动力。企业持续投入研发资源，开发新的生产技术和工艺。例如，在电子制造领域，采用新型的芯片制造工艺，可在提高芯片性能的同时降低生产成本。通过自动化技术的应用，减少人工操作环节，提高生产精度和效率，降低人工成本和废品率。如智能机器人在工业生产线上的广泛使用，能够24小时不间断工作，且操作误差极小，有效提升了生产效率和产品质量，进而降低了单位产品的生产成本，使企业在市

---

① 黄翔，高树林. 成本领先战略的困境和对策 [J]. 企业活力，2006（2）：16–17.

场竞争中凭借成本优势占据有利地位，实现可持续发展。

### 3. 国家化战略

国家化战略是指企业在进入全球市场时，通过本地化运营来增强市场竞争力。企业在目标国家市场上实行本地化策略，包括本地生产、雇佣当地员工、提供符合当地需求的产品和服务等。通过国家化战略，企业能够减少进入障碍，提高市场适应性，并在全球化竞争中提升品牌影响力。尤其是在全球化进程加速的今天，国家化战略有助于企业实现更强的国际竞争力。国家化战略包括完全本地化战略、区域化战略、选择性本地化战略。

#### 1）完全本地化战略

企业在目标国家市场中几乎完全按照当地的需求和环境进行运营，包括本地生产、完全本地化的产品设计、当地管理团队等。

#### 2）区域化战略

企业在某个特定地区（如欧洲、亚洲等）进行本地化，但不一定在每个国家都完全本地化，可能采用区域性的战略来提高效率。

#### 3）选择性本地化战略

企业在一些关键领域或市场中进行本地化，但在其他领域可能保留总部的运营模式，寻找平衡点。

选择性本地化战略的核心要素涵盖多个关键方面。其中，本地生产是重要基础，企业会选择在目标国家构建生产基地，这不仅能有效削减运输成本，规避关税壁垒，而且可以显著缩短交货周期，同时确保满足当地法规要求，保障生产运营的顺畅与合规。本地服务起着提升品牌形象的关键作用，企业借助提供本地化的售后服务、技术支持以及客户服务，全方位满足顾客需求，进而有效提升顾客满意度，在当地市场树立起良好的口碑与品牌形象。本地管理也不可或缺，通过在当地招聘管理人员或积极与当地企业开展合作，能够使企业深度融入当地市场，更好地洞察市场需求、理解文化差异和把握商业习惯，为企业决策提供精准依据。产品本地化则要求企业依据当地消费者在口味、设计、功能等方面的偏好和需求，对产品特性进行针对性调整，保证产品在契合当地文化氛围的同时，严格符合法律规范。定制化营销更是国际化战略的重要助推器，企业需依据目标市场的独特特点，精心制定包括广告宣传、定价策略以及销售渠道选择等在内的个性化市场营销策略，以实现精准营销，提升市场占有率和品牌影响力，推动企业在国际市场稳健发展。

选择性本地化战略具有多方面显著优势。一方面，通过提供本地化的产品和服务，能精准契合当地消费者的独特需求与偏好，极大地提高市场接受度，使企业产品或服务在目标市场更具吸引力。另一方面，积极雇佣本地员工组建管理团队，可有效规避因文化差异引发的误解和经营阻碍，显著增强与当地消费者的互动交流，营造良好的市场经营氛围。再者，采取本地化生产与运营模式，有助于企业轻松遵守当地法律法规，切实降低跨国运营过程中的合规风险，确保企业经营的稳定性与合法性。同时，于目标市场进行本地生产，运输成本得以有效控制，关税负担大幅减轻，并且供应链得以缩短，运营效率显著提升，有力促进企业成本效益优化。此外，本地化的服务与管理方式往往能够构建起更为牢固的客户信任关系，进而稳步提升品牌忠诚度，为企业在国际市场的长期发展奠定坚实基础，助力企业在全球经济一体化的浪潮中脱颖而出，实现可持续发展。

### 9.2.2 业务重构战略的案例

#### 1. 万科业务重构

业务重构在企业现实的调整业务战略中起着重要作用，万科作为中国优秀的房地产公司，面临着国内外激烈的市场竞争。为了在变化的市场环境中保持竞争力，万科采取了多种战略路径，其中就包括国家战略、聚焦战略和成本领先战略。这些战略的运用帮助万科在复杂的市场中获得了稳定的增长。

1）国家战略：本地化与全球化并重

万科在全球化进程中秉持本地化与全球化并重的国家战略，积极拓展海外市场。在本地化的项目开发方面，当进军英国等海外市场时，万科摒弃简单复制国内模式，而是深度调研当地需求与市场特点，精准定位产品方向。像针对英国城市独特的住房及办公需求，开发高品质住宅和办公空间，契合中高端客户群体喜好，彰显了对市场差异的尊重与灵活应对。在管理上，组建当地人员构成的管理团队，凭借其对本土文化、法规及消费者行为的深刻理解，有效化解跨文化管理难题，确保企业运营顺畅适应市场变化。同时，通过与本地企业建立合资合作关系，充分整合资源、借鉴经验，降低风险与成本，增强市场进入的便利性与稳定性。万科借助这一国家战略，成功克服文化与市场适应性障碍，提升国际市场认可度与份额。

2）聚焦战略：细分市场，精准布局

在市场细分层面，万科敏锐洞察中国市场需求的多样性，精准地将市场进行细致划分，全力投入到不同价格区间和功能各异的住宅开发中。针对高端客户群体，精心打造高端住宅项目，配备定制化设计与贴心服务，全方位满足其高品质居住需求；对于改善型住房市场，匠心推出兼具实用性与适中价格的产品，为追求居住品质提升的消费者提供理想之选；面对普通住宅市场，则推出性价比卓越的住宅，满足大众的基本居住需求。凭借这种对细分市场的深度聚焦，万科成功契合各类消费者的多元需求，在激烈的市场竞争中脱颖而出。

不仅如此，万科在地理区域布局上也巧妙运用聚焦战略。尤其在中国经济发达、人口密集的一线和二线城市，万科紧密围绕当地经济发展态势与人口住房需求，精准开发与之相适配的住宅项目。在那些处于快速发展进程中的城市，万科凭借精准的市场预测能力和前瞻性布局，敏锐捕捉改善型住房及刚需市场的宝贵机遇，高效地将资源集中投放到这些重点区域。通过实施聚焦战略，万科得以深度洞悉不同市场和消费者的特定需求，将资源利用效率最大化，持续扩大市场占有率，进而显著提升品牌影响力，在中国房地产行业稳固树立起领军者的地位。

3）成本领先战略：优化运营，提高竞争力

万科积极践行成本领先战略以削减成本，进而在价格敏感度颇高的市场中成功构筑起竞争优势。其成本领先战略呈现出多维度的显著表现：在标准化建设模式方面，万科致力于采用统一的建筑设计与施工流程，借助标准化设计，实现了不同项目间宝贵经验的互通有无和资源的高效整合，有效压低开发成本并大幅缩短开发周期。像在部分住宅项目里运用相同的建筑模块与材料，有效规避了繁杂的设计变更和建设难题，降低建设复杂性；规模效应上，万科凭借大规模的项目开发和批量采购策略，在诸多项目中灵活调配与共享资源，成功削减每平方米建筑成本。在原材料、设备及建筑材料采购环节，凭借庞大的市场需求体量获取极具竞争力的价格和优惠条件，进一步降低建设成本；于供应链管理而言，万科精心构建完备的供应链管理体系，与长期稳定合作的供应商紧密携手，稳固把控采购成本。通过优化供应链，不仅降低材料采购成本，还显著提升交货效率，避免因材料供应问题产生额外费用；在施工效率提升方面，万科积极引入前沿建筑技术和先进项目管理手段，持续优化施工流程，实现精细化管理。借此缩短施工周期，减少人工成本及其他不必要开支；在信息化管理层面，万科大力强化相关投入，运用大数据、建筑信息模型（BIM）等技术对项目全程动态监控，有力提升项目管理效率。借助数字化手段，万科得以实时把控项目进度、成本与质量状况，全方位提高整体运营效率，在成本控制与市场竞争中保持领先地位。

**2. GE（通用电气）战略运用**

GE（通用电气）作为全球性的多元化公司，其业务涉及多个行业，如能源、医疗、航空、交通等。由于公司业务的广泛性，其战略运用也呈现出多样化，适应不同市场的需求和挑战。

**1）国家战略：本地化与全球化的结合**

在全球化浪潮汹涌澎湃的当下，GE 积极应对，果断采取本地化战略，于全球诸多国家和地区布局生产与研发基地，以此契合各地法律规范、文化特色及多样化需求，实现产品与服务的定制化供应。在本地化生产和研发层面，GE 依据市场需求状况及生产成本因素，精准选定在当地设立相关中心。就新兴市场而言，GE 借助与本地企业携手合作的方式，有效提升产品本地化程度，精准对接当地市场需求。如在中国，其与本土企业联合发力，共同研发契合中国市场的高效节能产品，在降低成本的同时，大幅增强产品的市场竞争力与接受度。在技术支持与服务方面，GE 凭借在各地构建的研发和生产基地，在保障产品本地化的基础上，能够迅速响应，提供快捷的技术支持与优质售后服务，有力促进客户满意度与忠诚度的提升。以中国市场为例，GE 所提供的与本地需求适配的技术方案及售后保障，在医疗设备和能源产品领域表现尤为突出，助力其在市场中稳固立足。在市场适应性方面，GE 在全球化战略推进过程中，高度重视依据不同国家的政治、经济环境以及文化背景灵活调整经营策略，凭借这种本地化的市场适应能力，有效规避诸多外部阻碍，成功提升在各个市场的渗透能力，在全球市场竞争中持续保持优势地位。

**2）聚焦战略：精耕细作，深耕专业领域**

GE 在众多业务领域成功运用聚焦战略，集中资源深耕特定领域，以此塑造强大的市场竞争优势，尤其在医疗设备、航空发动机等技术密集型行业，这一战略的成效尤为显著。在医疗设备领域，GE 凭借聚焦战略，始终保持对研发的持续投入与积极的技术创新态度。公司不断推陈出新，为全球市场带来高技术含量的医疗设备，精准满足对高质量医疗产品的需求。像在医学影像领域，创新性的 CT 扫描仪、核磁共振（MRI）设备等相继问世，凭借领先的技术优势，GE 成功提升市场占有率，稳坐全球领先医疗设备供应商的宝座。航空发动机领域亦是如此，GE 心无旁骛地专注于航空发动机的研发与生产，经过不懈努力，逐渐成为全球首屈一指的航空发动机供应商。公司持续加大研发力度，推出一系列具备高效、低排放、低能耗特性的发动机技术，完美契合航空公司和客户对高性能发动机的严苛要求。在能源与工业设备领域，GE 的聚焦战略同样大放异彩，通过技术创新和设备优化，不断提升产品附加值与市场竞争力。凭借对能源产业的专注，GE 在全球能源行业占据重要地位，并且凭借在绿色能源和可再生能源领域的技术创新，进一步拓展了市场份额。通过这一聚焦战略，GE 在各个专业领域成功构建起核心竞争力，不仅提高了品牌认知度，还能集中资源开展产品研发工作，快速且精准地响应市场需求，在激烈的市场竞争中始终保持领先地位。

3）成本领先战略：规模效应与供应链优化

GE 凭借成本领先战略成功实现生产效率的大幅提升与成本的有效管控，在市场竞争中持续保持强大的价格竞争力。在大规模生产方面，GE 借助全球化的生产布局，充分发挥规模效应，显著降低了单个产品的生产成本。以航空发动机制造为例，高度自动化的生产线与全球化生产基地的协同运作，极大地提高了生产效率，有效削减了单个发动机的制造成本，这一模式让 GE 在价格竞争中占据优势地位。在标准化生产流程上，GE 在多个领域大力推行标准化，降低产品生产的复杂性。像在工业设备和能源设备生产中，采用标准化组件和模块化设计，使生产过程更加高效，同时减少了定制化生产带来的复杂问题。GE 还通过全球化采购体系对供应链进行优化，以此降低原材料成本和物流成本。公司与全球顶尖供应商建立长期稳定的合作关系，确保原材料供应的稳定性，并且凭借全球采购规模获取更具竞争力的价格。此外，GE 运用数字化供应链管理手段，进一步提升供应链效率，缩短生产周期，降低库存成本。

### 9.2.3 业务重构方法

业务重构（Business Restructuring）是指企业在面临内外部环境变化时，对其业务结构、运营模式、管理流程、资源配置等进行调整和优化，以提高整体效能、适应市场变化并确保长期竞争力。重构通常涉及对战略、组织架构、财务结构等多方面的调整[1,2]。常见的业务重构方法包括以下几种：

1. 产业链上下游整合

产业链上下游整合是指企业通过优化或重新配置产业链中的资源和业务结构，以增强自身的控制力、提高效率、降低成本、提升竞争力。产业链的上下游整合包括向上游扩展（向供应商靠拢）和向下游扩展（向客户或分销渠道靠拢），这两种方式都可以帮助企业增强与合作伙伴的协同效应，实现更好的市场定位和风险控制。

---

[1] 廖吉林，刘建一. 基于 BPR 思想的企业组织重构研究 [J]. 技术经济与管理研究，2010（2）：98–101.

[2] 官东亮. 基于微服务的业务平台架构重构 [J]. 电信科学，2020，36（9）：75–83.

1）向上游整合（供应链整合）

向上游整合指的是企业通过控制和优化供应商环节，增强对原材料、组件和关键技术的掌控力。这种整合的目标通常是降低采购成本、确保供应稳定、提高质量控制水平，并获得对生产环节的更大控制权。企业通过供应商并购、战略合作和垂直整合等方式，可以有效控制供应链，减少对外部供应商的依赖，确保关键原材料和零部件的稳定供应。通过收购上游供应商或与重要供应商建立长期合作关系，企业不仅能够降低采购成本，减少中间环节，还能避免外部供应商波动带来的生产中断，确保产品按时交付。此外，通过将上游产业环节整合到自身生产系统中，企业能够增加对核心生产资料的控制，提升产品质量和供货周期，同时在与供应商的谈判中占据更有利的地位，进一步增强其市场竞争力。

2）向下游整合（分销链整合）

向下游整合是指企业扩展其控制到分销、销售、客户服务等环节。通过控制销售渠道、客户关系，企业可以增强对市场的掌控力、提升客户体验、获得更多的市场数据，并提高对客户需求的响应速度。通过渠道并购、直营化和客户关系管理等方法，企业能够有效控制销售渠道，直接接触终端客户，从而提高市场占有率。收购下游分销商、零售商或服务公司，或开设自有门店和网店，减少对中介渠道商的依赖，提升销售控制力。同时，通过直接面向消费者（D2C模式），企业能够深入挖掘客户数据，洞察消费者需求，并根据反馈调整产品与服务，增强客户黏性与满意度。去中介化的方式还能够有效降低销售成本，提高整体利润率。

产业链上下游整合在许多行业中被视为增强竞争力、提升效率和降低风险的重要策略。尤其在建筑、工程和项目管理领域，EPC（工程、采购和建设）与全过程工程咨询模式被广泛应用，作为产业链上下游整合的典型案例。

3）EPC（工程、采购、建设）模式

EPC模式是一种项目交付模式，其中承包商负责整个项目的工程设计、设备采购、施工建设等工作，涵盖了项目生命周期中的多个关键环节，属于垂直整合的典型示范。EPC模式具有显著特点。它实行全过程管理，EPC承包商需承担从项目规划开始，历经设计、设备采购、施工，直至最终交付和验收等一系列环节的全部责任。这种模式还呈现出单一责任制的特性，通过巧妙整合设计、采购、施工等各个环节，将项目的风险与责任集中于单一承包商身上，有效避免了传统模式下各环节之间容易出现的责任推诿现象。此外，EPC模式极大地提高了协同效应，它整合了上下游资源，促使供应商、承包商、设计公司等各方之间的协作变得更加紧密无间，进而显著提升了项目的执行效率和响应速度，确保项目能够高效、顺利地推进。EPC模式在项目实施过程中展现出诸多优势。首先，在降低风险方面，由于单一承包商负责所有环节，这能确保项目执行过程中的协调性和连贯性，避免了因供应商和承包商之间沟通不畅、协作不力而产生的风险，使得项目运行更加平稳。其次，成本控制效果显著。整合后的流程减少了中间环节，使得资源配置能够得到优化，各项资源得以更合理地运用，从而有效地控制了成本，为项目带来更可观的经济效益。再者，EPC模式通过对项目进行统一管理和协调，能够高效整合各方资源，优化工作流程，避免了因环节繁琐、职责不清导致的时间浪费，进而缩短项目的建设周期，显著提高交付效率，让项目能够更快地投入使用，为企业创造价值。

4）全过程工程咨询

全过程工程咨询是指工程项目的全过程中，提供咨询服务，包括从项目的可行性研究、设计、施工、运营到项目收尾等各个阶段的全程管理和咨询。它不仅注重技术方面的管理，还涉及项目管理、资金控制、法律事务、质量控制等多个层面。全过程工程咨询具有鲜明特点。它表现为全程参与，从项目前期的可行性研究起步，历经设计、采购、施工等关键阶段，直至后期的维护与运营，全方位深入到项目管理的各个环节，对项目进行全生命周期的把控。同时，全过程咨询注重多方协作，强调跨学科、跨领域的合作模式，促使项目中的业主、设计单位、施工单位、供应商等各方紧密配合，形成一个有机的整体，以此确保项目能够严格按照计划顺利推进。此外，风险控制和优化也是其重要特征，全过程咨询凭借专业的知识和丰富的经验，帮助业主精准识别项目实施过程中潜藏的各类风险，并有针对性地提出相应的风险管理措施，同时对项目的资源配置和预算使用进行科学优化，助力项目实现高效、稳健的发展。全过程工程咨询具备诸多显著优势。在高效的项目管理方面，它为业主提供全面的管理服务，凭借专业知识和丰富经验，助力业主优化决策，精准控制成本与时间，全方位提高项目的整体效益，确保项目沿着高效、有序的轨道推进。在质量保障上，全过程咨询从项目的各个环节深度介入，对设计、采购和建设等每一个过程都进行严格把控，确保项目始终符合质量标准，为项目的成功交付奠定坚实基础。而在节省资金和资源方面，专业的咨询服务能帮助业主在项目实施过程中依据实际需求和合理规划，科学合理地分配资源，精准控制成本，有效避免过度投资和资源浪费，实现资源的最大化利用，提升项目的经济效益和社会效益。

虽然 EPC 和全过程工程咨询在业务模式上存在一定差异，但它们都强调对项目全周期的管理和控制，通过上下游整合实现资源的最大化利用，两者比较见表 9-2。

EPC 与全过程工程咨询的比较 表 9-2

| 维度 | EPC 模式 | 全过程工程咨询 |
| --- | --- | --- |
| 责任主体 | 单一承包商负责设计、采购、施工等所有环节 | 咨询单位提供全程服务，但项目的实施由业主和承包商负责 |
| 业务范围 | 覆盖设计、采购、建设等整个项目周期 | 涉及从项目可行性研究到运营维护的全过程 |
| 管理方式 | 强调工程项目实施中的全过程管理 | 强调提供专业咨询和决策支持，协助业主进行全程管理 |
| 风险控制 | 风险由 EPC 承包商承担，降低业主的风险 | 提供风险评估与建议，协助业主减少项目风险 |
| 适用领域 | 主要用于大型基础设施、工业项目等 | 适用于建筑、基础设施等复杂项目 |

通过 EPC 和全过程工程咨询模式的实施，企业在整合产业链上下游资源、提升项目管理整体效能方面成效显著。这两种模式通过对设计、采购、施工等多个环节的整合，极大地

提升了协调性和效率，实现了资源的更高效配置以及业务流程的顺畅协调，使得项目交付效率大幅提高。同时，在优化成本控制上，因项目各个环节均由统一管理团队负责，成本管控变得更加精准，成功避免了多个环节之间可能出现的重复操作和资源浪费现象。此外，在激烈的市场竞争环境中，这种全过程的协作和管理模式还能助力企业增强竞争力，企业得以在项目交付的质量、速度以及客户满意度等方面实现提升，从而在市场中脱颖而出。

### 2. 流程重构

流程重构，又称业务流程再造，聚焦于企业运营流程与工作流的优化，旨在全方位提升企业的生产力、降低成本并显著提高服务质量。流程重构作为企业变革的关键力量，对业务结构变革产生了多方面的深刻影响，从根本上重塑了企业的运营模式与发展轨迹，成为企业提升竞争力与实现可持续发展的重要驱动力。

1）自动化与数字化转型：业务架构重塑与协同升级

自动化与数字化转型正成为推动企业流程重构的核心力量，对企业业务结构的变革产生了深远的影响。通过引入先进的信息技术和自动化工具，如企业资源计划（ERP）系统和客户关系管理（CRM）系统，企业能够实现业务流程的全面数字化整合，从而提升效率、促进协同，并增强市场竞争力。自动化与数字化转型包括以下内容：

（1）ERP系统在供应链管理中的作用。

在供应链管理方面，ERP系统的应用打破了传统部门之间的信息壁垒，使得采购、生产、销售、库存等环节紧密连接。以往，采购部门与生产部门之间可能因为信息不畅，导致原材料供应与生产需求不匹配，进而造成生产延误或库存积压。但通过ERP系统，采购订单能够根据生产计划和库存情况自动生成，生产进度实时反馈给销售部门，从而实现供应链的可视化和协同化管理。ERP系统提升供应链协同效能，各部门信息的实时共享减少了信息传递的滞后，增强了供应链的敏捷性和响应速度。且通过实时反馈机制，ERP帮助企业更精准地管理库存，减少不必要的库存积压和生产延迟。跨部门的协作有利于重新审视组织架构，促进了集成化业务团队的形成。

（2）跨部门协作与组织架构调整。

ERP系统的实施不仅优化了供应链管理，还促使企业重新审视其组织架构。在信息流通顺畅的环境下，企业能够构建起跨部门的集成化业务团队，打破传统的部门隔阂。这种跨部门协作加强了各个职能部门的协调与沟通，促进了资源的高效配置和快速响应市场需求的能力。在供应链管理中心的支持下，生产、销售、采购等部门之间的协作更为紧密，确保了各环节的高效运作，强化业务流程协同。同时跨部门的实时沟通使得企业能够快速适应市场变化，提高了对市场需求波动的响应速度。

（3）数据驱动决策与智能化运营。

通过人工智能技术的广泛应用，企业不仅在客户服务方面实现了智能化转型，还推动了整体运营的智能化。企业围绕数据分析和技术支持构建了新的部门，如数据分析中心和技术支持部门，提升了在数据驱动决策和智能化运营方面的能力。AI技术和数据分析工具的结合，使得企业能够通过实时数据分析优化决策流程，预测市场趋势并做出及时调整。

2）精益管理：流程精简化与核心业务强化

精益管理在流程重构中扮演着关键角色，对业务结构的影响体现在深度优化流程和聚焦核心业务上。采用价值流图分析等精益工具，企业能够系统地识别业务流程中的非增值环节和浪费现象，并予以坚决去除。

（1）精益管理在生产制造中的应用。

在生产制造环节，精益管理的应用主要通过精简生产步骤、优化生产布局和设备维护计划来提高生产效率和降低浪费。例如，传统的汽车生产线往往会出现零部件过度搬运、等待加工等问题，这些都是时间和资源的浪费。精益管理通过重新设计生产线，引入准时化生产（JIT）模式，确保零部件在恰当的时间送达生产工位，从而有效减少库存积压和生产周期。

精益管理通过减少生产中的不必要步骤和优化生产环节，生产线得以高效运作，降低了工时浪费。精益生产模式优化了资源配置，使得生产流程更加紧凑，减少了无效等待和物料搬运，且为了支持精益管理，企业通常会对生产部门进行重组，采用以生产单元为核心的结构。每个生产单元专注于特定的产品或零部件，从而实现生产的专业化和柔性化。

（2）推动业务结构升级与转型。

精益管理不仅帮助企业优化运营，还促使企业在产品和服务上进行战略转型。例如，电子制造企业通过实施精益库存管理，节省下来的资金投入到高端技术研发和新型电子产品的制造中。这一举措不仅提升了产品的附加值，还成功扩大了高端市场份额。精益管理帮助企业将精力集中在技术研发和创新上，从传统的低附加值加工制造转向高附加值的产品创新与技术研发，促进从低附加值向高附加值转型。且通过研发新型产品，企业能够进入高端市场，增强市场竞争力，实现业务结构的升级。

3）客户体验优化：业务导向调整与市场竞争力提升

客户体验优化是流程重构的核心维度之一，它从根本上改变了企业的业务导向和市场竞争策略，对业务结构产生了深远的影响。在流程重构中，企业逐步实现了以客户需求为中心的全流程重新设计与整合，推动了企业在市场中的竞争力和内部协作能力的提升。

（1）客户旅程驱动的业务流程。

在市场营销和销售环节，客户体验优化的关键在于建立以客户旅程为导向的业务流程。企业通过深入分析客户从认知产品到购买、使用再到售后的全过程，精准捕捉客户的痛点与需求，从而有针对性地优化流程。例如，电商企业通过简化购物流程、提高商品推荐的精准度，提供多样的支付方式以及快速的物流配送服务，大大提升了顾客的购物体验。其优化措施如下：

简化购物流程：通过一站式购物体验，减少了顾客的操作步骤，提高了购物的便捷性。

精准商品推荐：利用数据分析为顾客提供个性化的商品推荐，增加了购买的可能性。

多元支付与快速配送：提供多种支付方式，并通过高效的物流服务提升了交付速度和客户满意度。

通过建立及时的客户反馈渠道，电商平台能够将客户的意见和建议及时反馈到产品研发和服务改进部门，形成了客户驱动型的闭环业务流程。这不仅优化了产品和服务，还促进了与客户的互动和关系建立。

（2）组织架构变革与跨部门协作。

以客户为中心的流程重构促使企业内部的组织架构发生了重要变革。为了更好地服务客户，企业通常会成立专门的客户体验管理团队，负责统筹协调各部门的客户服务工作。这种做法打破了部门之间的条块分割，使得市场、销售、研发、客服等部门围绕客户体验进行紧密协作，形成了一个有机的整体。

（3）业务结构优化与市场定位。

客户体验优化不仅改善了顾客的整体体验，还帮助企业进一步优化了业务结构和市场定位。通过将更多资源和精力投入到提升客户体验的方面，企业实现了从传统的基础服务向高附加值服务转型，进一步提升了企业在市场中的差异化竞争力。通过强化客户体验，企业能够根据客户需求调整资源分配，使业务结构更加精细化和高效化。在竞争日益激烈的市场中，企业通过客户体验优化构建了独特的市场定位，进一步巩固了品牌优势。

流程重构通过自动化与数字化转型、精益管理和客户体验优化等关键举措，从业务架构、核心业务、市场导向等多个层面深刻地改变了企业的业务结构，提升了企业的运营效率、产品质量和市场竞争力，为企业在复杂多变的市场环境中实现可持续发展奠定了坚实的基础。

3. 组织重构

组织重构是企业为适应市场变化、提升自身竞争力而对组织架构、管理层级、部门设置等方面进行的重要调整，其核心目标在于提高运营效率、决策效率以及团队协作能力。

1）扁平化管理：业务敏捷响应的引擎

扁平化管理通过削减管理层级，构建起更为精简高效的组织架构。在传统多层级管理体系下，信息传递需层层上报与下达，过程冗长且易失真，导致企业对市场变化的响应滞后[1]。而扁平化管理彻底打破了这一桎梏，使信息能够在企业内部迅速、准确地流通。这直接作用于业务层面，显著提升了业务的敏捷性[2]。扁平化管理作用如下：

（1）提高信息流通效率。

扁平化管理通过减少管理层次，使得信息传递不再被层层过滤或延误。快速的信息流动使得公司能够迅速获得市场反馈，并且及时调整策略。这在需要快速应对市场变化的行业尤为重要，如快消品行业、技术行业等。管理层级简化后，市场变化能够迅速反映到决策层，企业能迅速采取行动。同时扁平化管理减少决策链条中的中间环节，确保更快速、有效的决策。

（2）加速决策和执行。

扁平化管理缩短了决策链条，减少了决策和执行的时间成本。传统层级管理中的每个决策都需要经过多个层级的审批，而扁平化管理使得决策更加集中，决策者可以更直接地获取一线反馈，从而快速响应并采取措施。例如在快消品行业，市场趋势瞬息万变，消费者口味偏好和需求不断更迭。扁平化管理的企业能够让一线销售人员的市场反馈迅速直达决策层，企业随即快速调整产品研发方向与营销策略。可能原本需要数周甚至数月才能确定的新品研

---

① 李斌. 现代企业组织结构变革——扁平化模式的兴起 [J]. 现代经济探讨，2003（9）：43–44.
② 李红勋. 企业组织扁平化的作用探析 [J]. 理论与改革，2013（1）：114–116.

发计划，在扁平化管理模式下可缩短至数天或一周内完成初步调整，确保新品能及时契合市场热点，如迅速推出低糖、低脂、零添加等符合健康消费潮流的新产品系列，从而抢占市场先机，提升市场份额与销售额。

（3）提升灵活性与市场适应性。

扁平化管理提升了组织的灵活性，允许企业更快速地调整内部结构和外部战略。例如，企业在面对新的市场需求时，能够快速组织资源进行产品研发或战略调整，缩短了反应时间。

管理结构简化后，企业能更灵活地调整运营和战略方向，迅速应对市场需求变化，且企业能够及时感知市场动态，快速调整产品特性和市场策略，提升市场适应性。

2）职能整合与协同：业务流程优化与创新的催化剂

职能整合与协同在组织重构中扮演着关键角色，对业务结构变革影响深远。在部门重组过程中，去除冗余职能后，企业资源得以重新聚焦与高效配置[①]。职能整合与协同管理作用如下：

（1）职能整合与高效资源配置。

在组织重构中，职能整合通过将分散的职能部门进行重新配置，使得企业能够优化资源配置。以制造业为例，将生产工艺研发、质量检测、设备维护等职能整合成一个专门的生产技术中心，使得各职能部门之间的沟通与协作更加顺畅。这一整合不仅减少了职能重叠，还将企业的资源集中在最具战略价值的环节，提升了整体生产效率。去除冗余职能后，企业能够将资源集中用于关键领域，避免资源浪费，且职能整合打破了部门之间的壁垒，促进了跨部门的协作，提高了整体工作效率。

（2）优化生产流程与缩短周期。

在职能整合的基础上，企业能够实现更为高效的生产流程。以新品试生产为例，生产工艺研发、质量检测和设备维护等职能的协同工作，能够确保生产过程的无缝对接。研发人员及时调整生产工艺参数，质量检测人员确保产品质量标准得到执行，设备维护人员则保障设备的正常运转。通过这种协作方式，企业能够有效缩短新品从研发到量产的周期，降低次品率，并提高整体生产效率。优化生产流程的影响是巨大的，各职能部门的协同配合能够加快新品的生产和上市进程从而缩短研发到量产的周期，而质量检测和设备维护的同步介入确保了生产过程的稳定性和产品质量。

（3）加强跨部门协作与沟通。

职能整合不仅促进了资源配置的优化，还加强了各部门之间的沟通与合作。通过创建更加灵活的工作机制，各部门能够更有效地分享信息，协调行动。这种协同合作方式能够避免因部门之间信息传递不畅而导致的决策迟缓或执行不到位。部门之间的紧密合作促进了信息流通和资源共享，提高了整体执行力，增强组织协同效应，同时快速的信息反馈和及时的跨部门沟通有助于企业做出迅速且准确的决策，提升决策效率。

---

① 朱文海. 扁平化的企业管理组织架构建设分析 [J]. 环渤海经济瞭望，2018（8）：100–101.

3）外包与非核心业务分离：核心业务强化与拓展的助推器

外包与非核心业务分离策略在推动企业业务结构变革方面发挥了重要作用，特别是在帮助企业强化和拓展核心业务的过程中。通过将非核心业务外包，企业能够将内部有限的资源（包括人力、物力、财力和管理精力）集中于其最具竞争力和战略价值的核心业务上，从而提升整体业务运作效率并加速创新。

（1）资源集中于核心业务。

外包非核心业务允许企业将更多的资源投入到关键领域，提升核心业务的竞争力。例如，科技企业将后勤服务、IT支持、人力资源管理等基础事务外包给专业供应商，可以将节省下来的资源用在更重要的领域，如研发和技术创新。这不仅优化了资源配置，也提高了资金和人力的使用效率，避免了不必要的分散和浪费。将资源集中于核心业务，企业能够将更多资金投入到关键技术的研发和产品升级中，确保持续创新。与此同时，将非核心业务外包后，企业能将更多精力投入到核心业务的深耕和创新中，加速产品迭代和市场应变能力。

（2）提升业务聚焦与创新能力。

外包的另一个重要优势是帮助企业聚焦于市场竞争中最具优势的部分。以软件开发企业为例，将软件测试外包给专业公司后，企业的研发团队可以专注于算法优化、功能创新等关键技术环节，从而加快软件更新迭代的速度，提升产品的功能和性能。通过这种方式，企业不仅可以快速响应市场变化，还能保持技术领先地位。业务聚焦使得核心业务得到更加集中和专注的资源支持，提升创新水平，从而加快产品的开发周期，提高市场适应性。

（3）拓展核心业务的广度与深度。

外包使得企业能够释放出更多资源，用于拓展核心业务的深度和广度。例如，电商企业将物流配送外包给第三方专业公司，便能够将更多精力用于优化用户体验、开展精准营销或拓展新的市场区域。通过这样的策略，企业可以提升客户服务质量，增强用户黏性，推动业务多元化发展，同时保持其在核心业务上的竞争力。外包使企业能够以更低的成本拓展新市场，增加业务品类和服务内容，且企业能够专注于核心业务优化，有助于增强客户的黏性，提升品牌忠诚度。

组织重构通过扁平化管理、职能整合与协同、外包与非核心业务分离等策略，从决策效率、业务流程优化、核心资源配置等多个关键层面深度驱动业务结构变革，助力企业在激烈的市场竞争中脱颖而出，实现可持续发展的战略目标，成为企业应对市场挑战、把握发展机遇的核心动力源泉。

产品创新与业务重构是组织生存基础和存在方式的核心内容。产品和业务之间既千丝万缕联系又有所区别，两者核心差异表现在三个方面。抽象性：业务是宏观的战略框架，关注"如何赚钱"，产品是微观的价值单元，关注"如何满足需求"；生命周期：业务模式可能长期稳定，产品需持续迭代甚至被替代；依赖关系：产品依托于业务体系（如供应链、渠道），而业务需通过产品实现价值闭环。

产品创新与业务重构的关系：

（1）产品创新驱动业务重构。

切入点作用：突破性产品可能倒逼业务重构，例如重塑供应链、渠道或盈利模式。

试错与验证：通过快速产品迭代（如微信从通信工具到生态平台），可低成本探索新业务方向，降低转型风险。

（2）业务重构赋能产品创新。

资源重组：业务重构（如亚马逊从电商到 AWS 云计算）释放新能力，为产品创新提供技术、数据等底层支持。

生态协同：重构后的业务体系可形成产品矩阵的协同效应，放大创新价值。

（3）数字化时代的融合趋势。

在技术驱动下，产品与业务的边界趋于模糊。例如，SaaS 产品本身即是业务模式，其创新（AI 集成）直接重构客户关系和收入结构。组织需在渐进式产品创新（如功能优化）与颠覆式业务重构（如平台化转型）间保持动态平衡，以应对市场变化。

总之，业务是"骨架"，产品是"血肉"，二者共生共荣。产品创新通过解决用户痛点创造短期竞争力，业务重构则通过系统变革确保长期生存。在 VUCA、BANI 时代，两者的协同进化能力已成为组织核心战略命题。

## 9.3　建筑企业数字化转型中的业务重构

在当今数字化浪潮席卷各行业的背景下，建筑企业若想在激烈市场竞争中脱颖而出，实现竞争力与运营效率的双提升，数字化转型已成为关键路径。业务重构在这一转型过程中扮演着至关重要的角色，它是企业适应市场变化、优化内部流程、提升运营效率的核心手段。通过业务重构，企业能够打破传统的管理局限，实现资源的优化配置和业务流程的高效运作，从而在数字化时代获得新的竞争优势。这一转型并非一蹴而就，而是需通过制定清晰的数字化战略，并分阶段稳步实施，引领企业从管理升级阶段逐步迈向业务创新阶段，最终达成长期可持续发展的目标。

1. 企业现状与面临问题

项目管理粗放：项目进度、成本、质量等管理依赖人工经验和传统手段，信息传递不及时、不准确，导致项目延期、成本超支等情况时有发生。

数据孤岛严重：各业务部门之间的数据相互独立，如设计部门、施工部门、造价部门等，数据难以共享和协同，影响工作效率和决策准确性。

成本管控困难：缺乏有效的成本核算和分析工具，难以实时掌握项目成本动态，成本超支风险较大。

技术创新不足：在数字化技术应用方面相对滞后，与行业内先进企业相比，竞争力逐渐下降。

## 2. 数字化转型中的业务重构

数字化转型规划与实施流程如图9-6所示，该图依据《建筑企业数字化转型规划实施导引》[①]整理绘制。

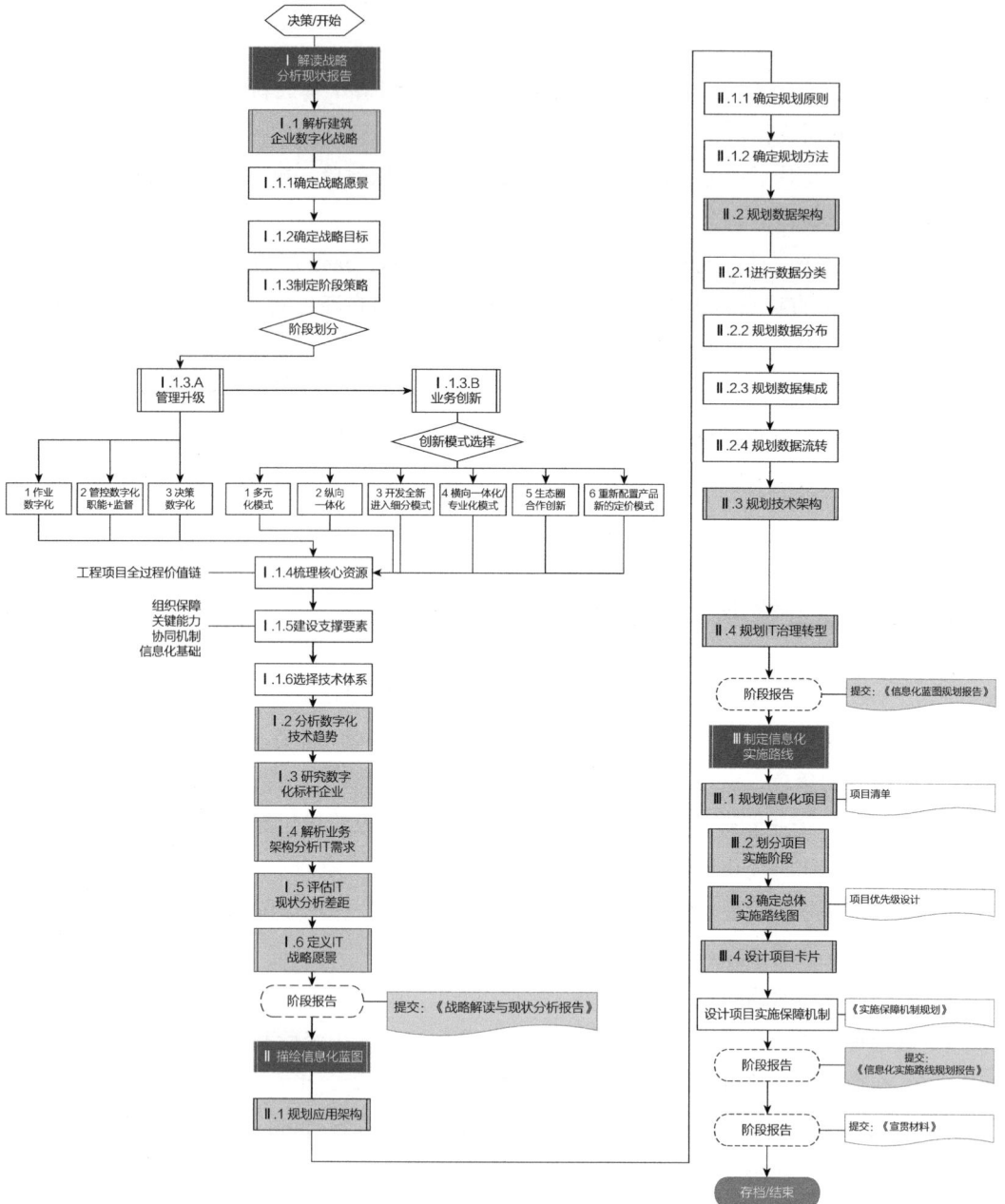

图 9-6 数字化转型规划与实施流程图

---

① 广联达新建造研究院. 建筑企业数字化转型规划实施导引 [M]. 北京：中国建筑工业出版社，2020.

通过制定清晰的数字化战略并分阶段稳步实施，企业能够逐步实现从传统管理模式向敏捷、高效、价值导向的现代组织模式的转变。具体而言，企业需精心策划顶层设计，构建数字化闭环管理体系；精准定位切入点，聚焦核心业务数字化；把握转型节奏，分阶段推进数字化转型；筑牢数字化基础设施，搭建坚实平台；构建数字生态，强化转型能力支撑。通过这些重点业务重构做法，企业定能逐步实现数字化转型，提升竞争力与运营效率，在激烈市场竞争中赢得长远发展。

以下将详细阐述重点业务重构的诸多做法。

1）精心策划顶层设计，构建数字化闭环管理体系

顶层设计犹如企业数字化转型的蓝图，它着眼于全局，为企业勾勒出转型的整体战略规划。在这一过程中，建筑企业需借助数字体检手段，全方位扫描企业当下数字化现状，精准洞察业务数字化需求。同时，通过向行业标杆企业学习，明确自身与先进水平的差距所在。将这两方面洞察有机结合，就能描绘出切实可行的转型愿景。在此基础上，综合考量技术成熟度与企业发展迫切性，细化出业务数字化、管理数字化、决策数字化的"三化"路径，全方位、多维度地推进数字化转型走向成功。

以客户成功指标体系为牵引，致力于构建"战略管理—流程管理—组织管理"三大闭环。在战略管理闭环中，数字化手段助力企业实时监测战略执行情况，依据反馈及时调整战略方向，确保战略落地生根；流程管理闭环则依托数字化流程引擎，实现流程的自动化与智能化，打破部门间信息壁垒，提升流程效率；组织管理闭环借助数字化工具，强化组织沟通与协作，激发组织活力，为转型提供坚实组织保障。

2）精准定位切入点，聚焦核心业务数字化

核心业务作为企业生存与发展的根基，对于建筑企业来说，工程项目建设无疑是核心所在。核心业务的数字化转型，聚焦于设计、采购、施工和运维等关键环节，尤其是那些企业具备竞争优势的环节，更应成为数字化的重中之重。例如，在设计环节引入建筑信息模型（BIM）技术，实现三维可视化设计，提升设计效率与质量；采购环节搭建数字化采购平台，整合供应商资源，实现采购流程透明化、智能化；施工环节利用物联网技术，实时监控施工进度、质量与安全，及时发现并解决问题；运维环节借助数字化运维管理系统，实现设备设施的远程监控与智能维护，降低运维成本。

从组织架构视角来看，除了核心业务数字化，人力、财务等运营环节的数字化同样不可忽视。核心业务数字化构成主价值链，而运营环节数字化则是支撑性价值链。但唯有从主价值链切入，才能以点带面，发挥"四两拨千斤"的作用，驱动企业整体数字化转型，让数字化在企业运营的各个环节都能开花结果。

3）把握转型节奏，分阶段推进数字化转型

建筑企业的数字化转型需紧密结合业务实际，将转型与企业战略深度融合，循序渐进地推进。具体而言，可按照业务数字化、能力平台化、数字业务化这三步走路径，实现精准突破。

（1）业务数字化：重塑行业格局。

行业互联网数字化是业务数字化的核心，建筑企业充分整合核心行业资源，借助大数据分析等科技手段赋能，以流程数据分析为引擎，驱动行业重塑。通过将业务电子化，企业不仅能清晰洞察自身业务水平，还能巩固核心竞争力。以项企合一为例，打破项目与企业间的信息孤岛，实现数据共享与协同管理；软硬结合一体则将软件系统与硬件设备深度融合，提升施工精度与效率；物业财一体化整合物业管理与财务资源，优化成本结构；设计施工一体与甲乙一体化，更是从项目全生命周期出发，促进各参与方协同作业，推动管理从"经验决策"迈向"数据＋算法"的集体智慧行为，为项目精细化管理注入强大动力。

（2）能力平台化：共享核心优势。

能力平台化旨在沉淀建筑企业的核心优势能力，如生产能力、经营能力、市场能力、资源配置能力以及技术能力等，打造企业级共享平台，消除信息孤岛。其核心在于业务中台、数据中台与物联网中台的紧密联动。业务中台将能力组件化，以服务化、组件化形式向外提供能力，让企业业务能灵活应对外部变化；数据中台整合分散数据，打通企业数据价值链，沉淀数据资产，迅速转化为数据服务能力；物联网中台则连通企业信息系统与施工现场物联设备，提供劳务管理、安全生产、塔式起重机监测、进度预警等智慧化、数字化应用服务，全方位提升企业运营效能。

（3）数字业务化：创新业务模式。

数字业务化是将数字技术深度融入业务，催生新的业务模式与价值主张。建筑企业借助数字化平台，可拓展远程设计协作、虚拟施工模拟、智能运维等服务领域，增加收入来源。例如，通过远程设计协作平台，打破地域限制，与全球优秀设计团队实时合作，提升设计水平；利用虚拟施工模拟技术，提前预演施工过程，优化施工方案，减少施工风险；智能运维服务则借助大数据与人工智能，实现设备设施的预测性维护，提升运维质量。同时，利用大数据分析挖掘客户需求，提供个性化、定制化的建筑产品与服务，增强客户满意度与市场竞争力。

4）筑牢数字化基础设施，搭建坚实平台

为满足建筑企业的特定需求，数字化基础设施的搭建至关重要。首先，要精心规划云架构与拓扑结构，涵盖云服务器、云存储、数据库、网络和安全组件的配置与布局，确保系统具备高可用性、灾难恢复能力与可扩展性。基于对数据中心虚拟化技术特点的深入研究，提出基于虚拟部署的数据整合解决方案，优化资源配置，提升资源利用率。

数据安全与完整性是数字化转型的生命线，因此要制定详细的数据备份和恢复计划，包括定期备份操作、灾难恢复策略以及数据恢复测试，确保在意外情况下数据能迅速恢复。设计过程中，充分考量安全性和可靠性要求，采用先进技术提升系统核心业务数据的安全性、保密性、可控性与可维护性。同时，建立严格的权限管理机制，配备完善的监控和管理工具，实现对云基础设施的即时监控与高效管理，为企业数字化转型保驾护航。

5）构建数字生态，强化转型能力支撑

在数字化时代，建筑企业单打独斗难成气候，需积极与供应商、客户、合作伙伴等建立紧密的数字化连接，构建数字化生态系统。从资源基础出发，针对不同业态提供多样化设计解决方案服务，满足客户个性化需求。随着个性化与差异化需求日益增长，客户个性化体验已成为行业未来发展的关键因素。

通过与供应商的数字化连接，实现采购需求实时传递，优化供应链协同，降低采购成本；与客户的数字化连接，能精准提供个性化设计方案与施工服务，提升客户满意度，增强客户黏性；与合作伙伴的数字化连接，促进资源共享与技术交流，携手开展数字化项目，共同探索新的商业模式与盈利增长点，全方位提升企业数字化能力。

综上所述，建筑企业数字化转型之路虽充满挑战，但通过精心策划顶层设计、聚焦核心业务数字化、分阶段推进转型、筑牢数字化基础设施以及构建数字生态等重点业务重构做法，企业定能逐步实现数字化转型，提升竞争力与运营效率，在激烈市场竞争中赢得长远发展。业务重构作为数字化转型的核心驱动力，不仅优化了企业的业务流程，还促进了资源的高效配置和业务模式的创新，为企业的可持续发展奠定了坚实基础。

# 第 10 章
# 流程体系变革

━━━━━━━━━━━ **本章逻辑图** ━━━━━━━━━━━

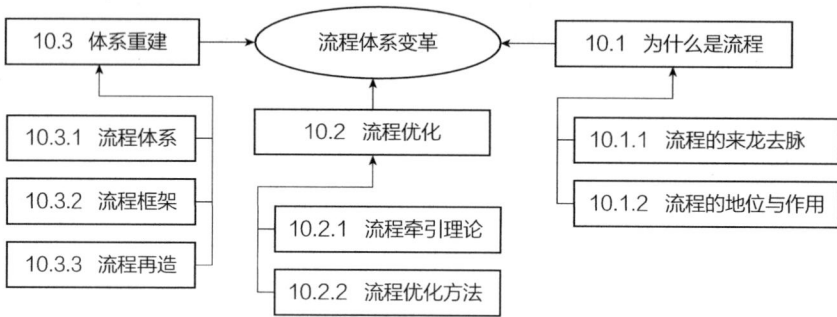

图 10-1　第 10 章逻辑图

　　图 10-2 深刻揭示了组织的 BOP 核心和组织变革的内容，BOP 即业务、组织和流程。业务是组织的生存方式，存在基础；流程是组织的行为方式。理想的流程是业务的镜像，但流程并非业务本身。流程是虚拟的、知识的、意识的，业务是实体的、操作的、物质的。业务通过满足客户需求而创造价值。优化流程和重建体系，改变产品创新甚至重构业务结构，促使组织获得敏捷适应力。

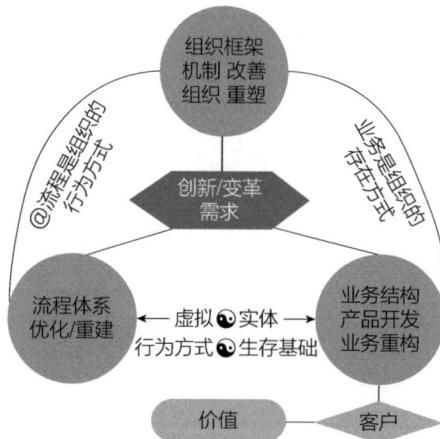

图 10-2　部分 BOP 构成及变革内容（前言图 1 的一部分）

## 10.1 为什么是流程？

### 10.1.1 流程的来龙去脉

随着技术的飞速发展和管理理念的不断更新，流程管理的概念与实践也在不断演进。过去几十年中，流程管理从传统的工业化流水线走向了信息化、智能化和灵活化的发展道路，尤其是在组织管理领域，流程体系的重塑成为提升效率、优化资源配置和适应快速变化环境的关键手段。这一转变不仅是技术进步的结果，也反映了企业和组织在复杂环境中追求高效协同、精细化管理的迫切需求。

从流程的基本思想来看，流程管理的核心在于通过系统化的管理方法，将一系列有序的任务和活动连接起来，形成一个高效且有序的操作体系。第一，流程强调系统性，即通过多个环节和步骤的协调，形成一个有机的整体。在这一过程中，每个环节与其他环节紧密相连，相互依赖，影响着整体的效率和效果。第二，流程的另一个关键理念是规范性，这要求在流程的设计和执行中，必须遵循明确的标准和规则，确保每个环节的一致性和可操作性。这种标准化管理方式不仅提升了生产效率，也减少了人为错误和不确定性。第三，流程注重持续性，即流程优化是一个不断迭代的过程。随着外部环境的变化和内部需求的调整，流程必须具备灵活性和适应性，以持续提升效率和质量[1]。

这一思想的形成并非一蹴而就，它的历史演变反映了时代的发展需求。早在 1765 年，《御题棉花图》[2]的提出便为生产流程的改进提供了初步的理论依据。亚当·斯密[3]在《国富论》中阐述了分工与交易、专业化与协作的重要性，进一步推动了生产过程的标准化和效率提升。在工业革命时期，随着机械化生产的普及，流程管理逐步发展成为现代生产管理的核心工具。最初，流程管理的核心思想集中于提高生产效率，弗雷德里克·泰勒[4]1911年提出的科学管理原理，便是这一阶段的重要体现。泰勒通过精确的时间研究和标准化操作程序，推动了生产力的提升，并为流水线生产奠定了理论基础。到 1913 年，亨利·福特[5]将这一理论应用于汽车生产，通过流水线实现大规模、标准化生产，大幅度提高了生产效率并降低了成本。

然而，随着生产技术的提升和市场需求的变化，传统的流程管理模式逐渐显现出不足，尤其在质量管理和生产灵活性方面。20 世纪中期，丰田生产系统（TPS）[6]的出现标志着流程管理进入了一个新的阶段。TPS 不仅注重生产效率的提升，还强调质量控制和浪费减少，推出了精益生产的理念。这一理念将流程管理从单一的生产环节扩展至供应链、质量控制等多

① 李明子. 现代管理的新理念——流程管理 [J]. 中华护理杂志，2005（12）：956-958.
② 吕晓青，艾虹. 从《御题棉花图》看清朝统治者的农本思想 [J]. 重庆第二师范学院学报，2015，28（4）：38-41.
③ 亚当·斯密. 郭大力，王亚南，译. 国富论 [M]. 北京：商务印书馆，2015.
④ 弗雷德里克·温斯洛·泰勒. 科学管理原理 [M]. 成都：四川人民出版社：2017：123.
⑤ 黄解宇. 流程管理发展的两大革命：——从福特的流水线到哈默的流程再造 [J]. 科技管理研究，2005（11）：229.
⑥ 胡适. M 企业丰田生产系统（TPS）应用研究 [D]. 北京：北京交通大学，2013：5-6.

个维度，实现了资源的最优配置和无浪费的高效运营。进入信息化时代，随着信息技术的发展，流程管理逐渐融入了企业资源计划（ERP）[①]和客户关系管理（CRM）[②]等信息系统，推动了跨部门、跨职能的协作，企业流程管理逐步向企业综合运营的各个领域延伸。

从历史的发展到现代应用，流程的思想不断丰富和演化，其基本原则依然是提高效率、减少浪费和增强适应性。随着技术的进步和管理理念的更新，流程体系的重塑不仅促进了传统管理模式的升级，更为组织在复杂和动态的市场环境中提供了更加灵活和智能的解决方案。

### 10.1.2　流程的地位与作用

流程地位的确立，关系到流程相关理论和技术的价值发挥。从组织运作要素论述管理动力、研究起源看流程来历、思想思辨寻求流程本质、管理实践应用技术工具、运营困惑寻求解决方案、实践案例探索流程效果以及流程仿真预设管理现实，同时顾及学者与企业家的言论、流程心得者的专著九个方面（图 10-3），确证流程的地位。此举虽不及数理分析论证来得严谨，但是也应是足够有说服力的。

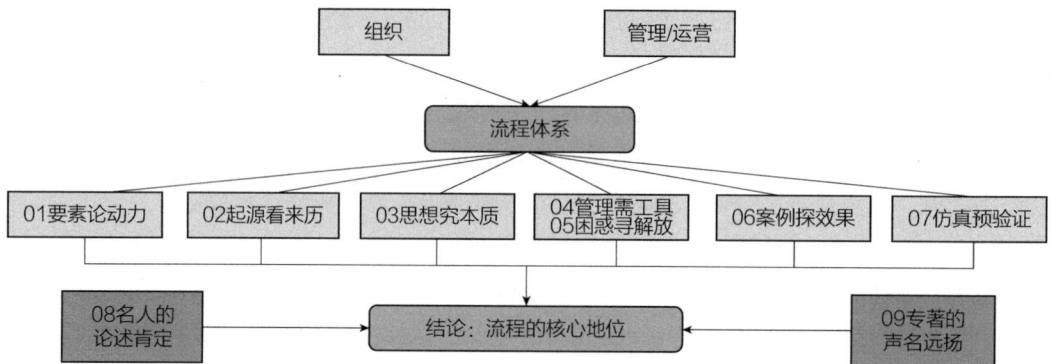

图 10-3　确立流程地位的九个方面

流程是做事情的方式，是任务的有序组合，不仅仅针对业务流程，是组织行为方式全周期描述的完整体系，能够厘清任务线索的技术逻辑和管理逻辑。在学理上，流程的认识不应当被局限，其解读不限于管理学、运营学、组织行为学、哲学以及未来学。在管理实践中，流程扮演的角色是贯穿全组织的。从战略、价值、效率、组织、能力、链接、协同、治理、内控、文化十大视角[③]重新认知和定义流程，联合团队的研究，其思维的多元、概念体系的丰富、定义的全面、维度的宽阔，足可见流程在组织管理中的绝对地位。组织者应当具备对流程的高度认知，以流程思维聚焦、推动组织业务的运营，以前瞻性的视野布局组织未来战略。

---

① 常香云，陈智高 . ERP 实施和应用过程中的知识管理 [J]. 情报科学，2004（12）：1422-1426.
② 胡欣 . 浅议客户关系管理（CRM）在企业管理中的应用 [J]. 中国建材，2021（8）：126-127.
③ 张兴华 . 流程型组织变革：数字化转型与业绩增长性路径 [M]. 北京：电子工业出版社，2024.

十大视角看流程如图 10-4 所示。

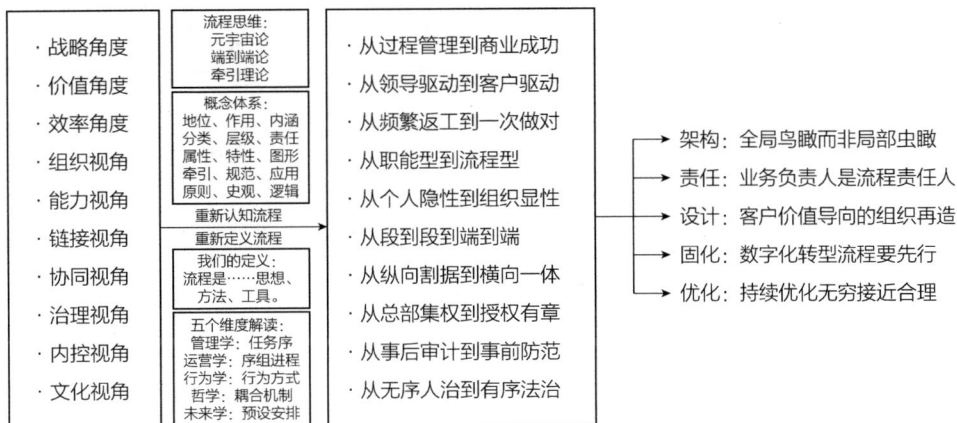

图 10-4　十大视角看流程

流程是组织行动的依据，通过将任务序化和系统化，实现目标的达成，并贯穿于战略制定、技术应用、人才管理和结构优化的全过程。从起源来看，流程的重要性被不断强化：亚当·斯密的分工理论首次为流程的概念奠定基础，泰勒的科学管理进一步探索了流程优化的可能性，而福特的流水线生产则通过标准化和效率提升，展现了流程管理对组织运作的深远影响。本质上，流程是连接结构与功能的纽带，作为系统协同的核心机制，它将零散的要素转化为具备整体效用的有序系统。流程的作用不仅体现在满足功能需求的序化过程中，还在于其对结构与功能耦合关系的深度影响。通过优化资源配置、协调内部协作和消除功能壁垒，流程使组织能够在复杂环境中实现灵活性与高效性。哲学意义上，流程既是"整体大于局部之和"的体现，也是协同效应实现的路径。

流程的作用可以具体划分为"预真实评"四个环节，这进一步体现了其在组织行动中的系统性和动态特性。①预演环节通过预见、预算和预案三个层次，提前发现潜在问题，为组织决策提供明确的方向指引。②真迹环节则着重于实时监测、真实数据的获取与记录留痕，确保流程执行具有高透明度和可追溯性。③实控环节通过检测、分析与调控，实现资源、时间及质量的精细化掌控，确保流程在实际操作中的高效与精准。④好评环节以成果呈现、评价分析与改进反馈为核心，通过闭环优化进一步提升流程管理的整体效能。这四个环节不仅环环相扣，还反映了流程在满足功能需求的序化过程中，对结构与功能耦合关系的深度影响。它们全面展示了流程作为系统协同纽带的多维价值，使组织能够在复杂环境中实现灵活性与高效性。流程的"预真实评"作用如图 10-5 所示。

在实际组织管理中，流程承担打破组织边界的重要角色。一方面，它能够推倒组织内部的围墙，将各个职能部门之间的障碍全部清除，使得工程、生产、营销以及其他部门之间的信息能够自由流通，极致透明。另一方面，流程把外部的围墙推倒，让客户、供应商和组织成员成为一个以项目为单元的业务团队，同时推倒那些潜藏于组织中的认知偏见和身份隔阂等。通过内外边界的双重突破，流程为组织构建了一个更加开放、协同的运作系统。

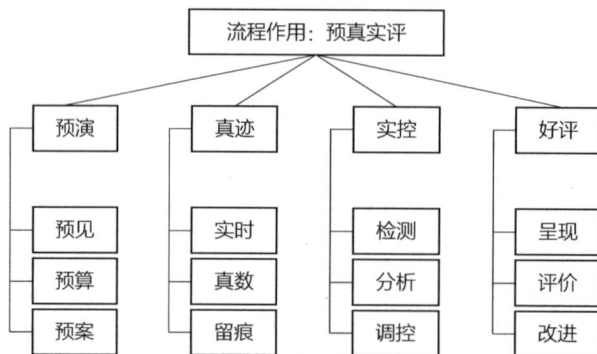

图 10-5　流程的"预真实评"作用

需要注意的是，流程在其广泛应用和深入研究中，也可能产生"流程谬误"。即由于过度追求流程的标准化和细化，导致企业在快速变化的环境中失去灵活性和适应性。例如，一些企业因过于依赖固定流程忽视创新，使得组织行为陷入"路径依赖"的陷阱。此外，流程本身若未与组织目标充分匹配，可能造成资源错配、效率下降甚至方向偏离。这种谬误通常源于对流程工具性的误读，忽略了流程作为手段而非目的的本质，在本书第 7.3.2 节中已进行介绍。因此，在流程管理实践中，既要重视其序化和优化功能，也要警惕因机械化执行而可能导致的局限性。

在工具层面，流程管理得益于现代技术的发展，从早期的图纸和算盘到如今的 BIM、ERP 等数字化工具，这些技术不仅提高了管理效率和可视化水平，更使得复杂任务得以细化和分解，从而推动组织管理的进一步科学化。流程管理以其动态特性适应组织运营的变化需求，为管理实践带来了高效、精准、灵活的支持。面对不断变化的管理环境和需求，流程成为解决矛盾的关键逻辑。在复杂的"管理理论丛林"中，流程为各类管理思想提供了标准化的操作框架，成为连接传统与现代、理论与实践的桥梁。通过对 ISO 标准、JIT 生产模式、BIM 信息集成等案例的研究，可以清晰地看到流程管理在优化资源、提升效率、降低风险方面的巨大作用，其应用价值得到广泛验证。此外，通过仿真与模型验证，流程的可行性在实践前得到充分评估，为实施奠定了可靠基础。而管理大师德鲁克等人的高度评价，进一步肯定了流程的核心地位，理论著作如《流程再造》不仅推动了理论深化，还成为企业改革和创新的实践指南。在更高层次上，流程融入控制论、信息论和系统论等现代思想之中，跨越自然科学与社会科学，为组织从无序到有序的转变提供了深层次的理论支撑和实践指导，充分展现了其在管理领域的核心地位和广泛适用性。有兴趣的管理者，可以仔细阅读作者的专著[1]。

---

① 卢锡雷.流程牵引目标实现的理论与方法：探究管理的底层技术 [M].北京：中国建筑工业出版社，2020.

## 10.2 流程优化

### 10.2.1 流程牵引理论

全球化竞争的加剧以及信息技术的飞速发展，传统的流程管理方法和思维逐渐暴露出其在适应性和灵活性方面的不足（图 10-6），尤其是在面对复杂的工程项目和动态的市场环境时，单纯依赖优化已有流程已难以满足需求。为了突破这一瓶颈，流程牵引理论（PTAG）应运而生。该理论不仅关注流程的优化和提升，更着眼于如何通过创新的牵引机制，使流程能够动态适应外部变化和内部需求，从而实现更加高效、灵活和可持续的管理。这一理论思想的雏形最早源于作者在 1987 年大学毕业后分配至交通部第二航务工程局科研设计所（现名：中交武汉港湾工程设计研究院）时的实践。为了减少物料采购计划审批和领料的繁琐流程，作者通过对工艺流程进行分解和细化，分析每个工序所需物料并加总形成总计划表，从而减少审批次数和疏漏。这个实践中的思考为后来的"流程牵引"思想奠定了基础，即通过深入剖析每个流程环节，精确对接内部需求，从而实现更加高效、精简的流程管理。

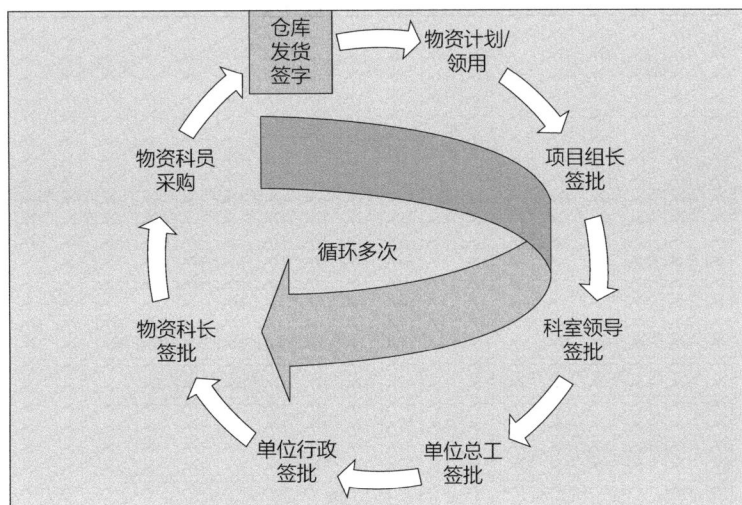

图 10-6　1988 年项目物资采购之循环采购迷惑

"流程牵引"理论是"流程牵引目标实现的理论与方法"的简称（The theory and method of the Process Traction to Achieve the Goal，PTAG）。表达为："组织以流程为牵引动力，整合资源，达成目标。"[①] 其核心思想是：组织在流程的牵引下，通过归拢、聚集、整合和融通资源，指向并实现目标，从而创造价值。无论是政府、企业、项目，还是个人，均可视为组织体。

流程牵引目标实现的理论与方法阐释图如图 10-7 所示。

---

① 卢锡雷. 流程牵引目标实现的理论与方法：探究管理的底层技术 [M]. 北京：中国建筑工业出版社，2020：69.

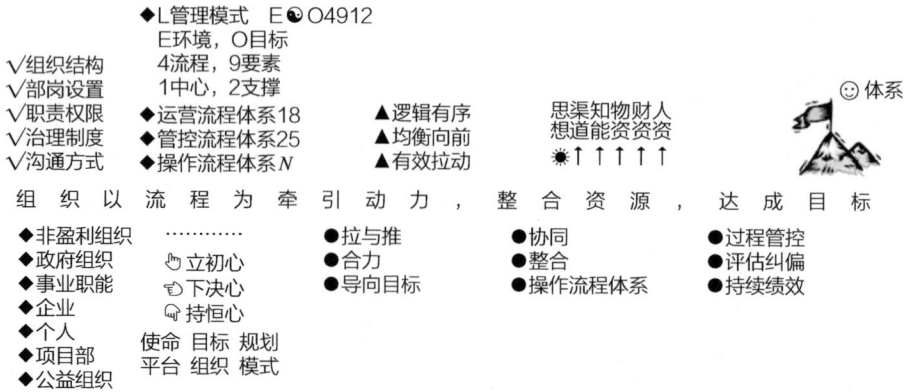

◆L管理模式　E☯○4912
E环境，O目标
4流程，9要素
1中心，2支撑

√组织结构
√部岗设置
√职责权限
√治理制度
√沟通方式

◆运营流程体系18
◆管控流程体系25
◆操作流程体系N

▲逻辑有序
▲均衡向前
▲有效拉动

思渠知物财人
想道能资资资
☀↑↑↑↑↑

☺体系

组 织 以 流 程 为 牵 引 动 力 ， 整 合 资 源 ， 达 成 目 标

◆非盈利组织 ………
◆政府组织
◆事业职能
◆企业
◆个人
◆项目部
◆公益组织

☞立初心
☞下决心
☞持恒心

使命 目标 规划
平台 组织 模式

●拉与推
●合力
●导向目标

●协同
●整合
●操作流程体系

●过程管控
●评估纠偏
●持续绩效

图 10-7　流程牵引目标实现的理论与方法阐释图

流程牵引理论内容地图如图 10-8 所示。

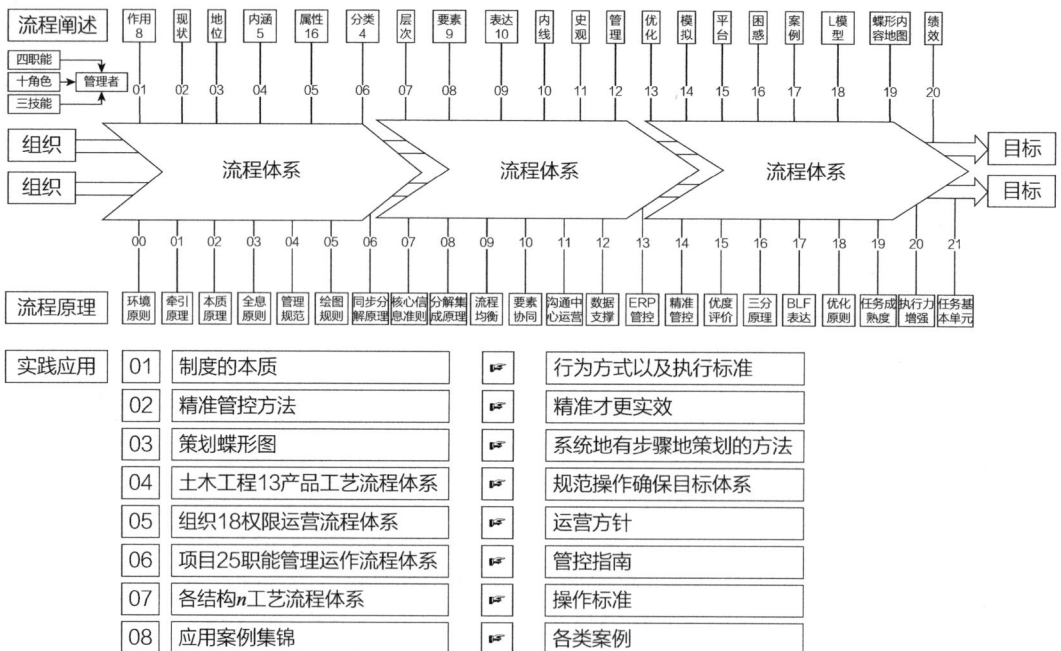

图 10-8　流程牵引理论内容地图

流程牵引理论内容阐述部分详见表 10-1。

流程牵引理论内容阐述部分

表 10-1

| 00 理论表达 | 01 流程作用 | 02 流程现状 | 03 流程地位 | 04 流程内涵 | 05 流程属性 |
|---|---|---|---|---|---|
| 06 流程分类 | 07 流程层次 | 08 流程要素 | 09 流程表达 | 10 流程内线 | 11 流程史观 |
| 12 流程管理 | 13 流程优化 | 14 流程模拟 | 15 流程平台 | 16 流程困惑 | 17 流程案例 |
| 18 蝶形图模型 |  | 19 L 模式 | 20 流程绩效 |  |  |

流程牵引理论原理原则部分详见表 10-2。

**流程牵引理论原理原则部分** 表 10-2

| 00 流程环境原则 | 01 流程牵引原理 | 02 流程本质原理 | 03 全息管理原则 |
|---|---|---|---|
| 04 流程管理规范 | 05 流程图绘制规则 | 06 同步分解原理 | 07 核心信息原则 |
| 08 分解集成原理 | 09 四流程内控原理 | 10 全要素协同原理 | 11 沟通中心运营原则 |
| 12 基础数据支撑原理 | 13 ERP 管控原理 | 14 精准管控原理 | 15 优度评价原理 |
| 16 逻辑职责操作原理 | 17 BLF 表达方法 | 18 流程优化原则 | 19 任务成熟度模型 |
| 20 执行力增强原则 | 21 任务基本单元原理 | 等 | |

流程牵引理论实践应用部分详见表 10-3。

**流程牵引理论实践应用部分** 表 10-3

| 01 制度的本质 | 02 精准管控方法 | 03 策划蝶形图 |
|---|---|---|
| 04 土木工程各产品工艺流程体系 | 05 组织 18 权限运营流程体系 | 06 项目 25 职能管理运行流程体系 |
| 07 各结构 $n$ 工艺流程体系 | 08 应用案例集锦 | |

流程牵引理论关注结构、功能和过程，在认知、管理、优化、创新等方面具有显著优势。可概括总结为五个"一"，即一个理念、一套理论、一具模型（"L 模式"模型）、一张图形、一组应用，如图 10-9 所示。

在建筑行业中，设计者关注结构，用户关注功能，而建筑实体的形成由总承包单位实施。从工程总承包、项目实施和房地产开发的角度，流程的理解和应用各有侧重。但企业管理和产品生命周期管理的最终目标是实现结构、过程与功能的完美结合。因此，关注流程优化和组织管理，尤其是在"项目全生命周期管理"的框架下，显得尤为重要。该理论很好地融合了工艺流程与管理流程，对于离散型制造业，尤其重要，可以消除技术与管理的深度隔阂。

图 10-9 流程牵引理论五个"一"概览图

流程优化意味着对建造过程中的依据、资源、组织、信息、利益相关方及成果进行精细管理。掌握流程管理和优化方法，提升组织的"流程能力"，将使企业在竞争中占据优势，实现高效协作与可持续发展。

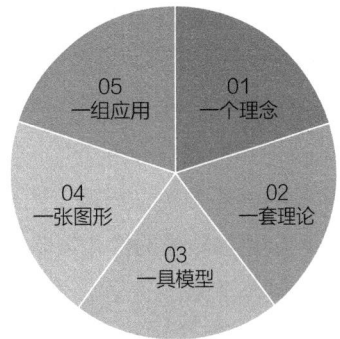

## 10.2.2 流程优化方法

流程优化是提升组织运行效率、降低成本、提高竞争力的重要手段。在现代复杂的管理体系中，流程的科学性和高效性直接决定了资源配置的合理性和目标实现的可能性。通过优化流程，可以消除系统中的瓶颈，减少浪费，提高整体协同效率，为组织的可持续发展奠定基础。

流程优化的流程包括以下关键步骤：①识别现有流程体系，全面了解其结构和现状；②分析流程中的瓶颈和存在的问题，明确改进方向；③基于设定的优化目标，设计具体的优化方案并验证其可行性；④如果方案可行，则付诸实施，并通过效果检查确保优化方案的有效性；⑤对于未达到预期效果的方案，需进行调整和改进，直到达成优化目标。最终，通过总结形成标准化优化流程，并在后续阶段持续关注和改进，确保优化成果的长期性和稳定性。通过整理和汇总优化信息，可以为未来的流程优化提供数据支持和经验参考。具体流程优化流程如图 10-10 所示。

在完成流程优化流程的总体介绍后，流程诊断成为进一步深入探讨优化方法的基础环节。流程诊断的核心在于通过系统性的分析，识别企业运营中和流程体系内潜在的关键问题，明确改进方向，为制定更加精准的优化策略提供支持。

具体来说，流程诊断旨在对现有流程的运作现状进行全面的梳理与评估，明确各流程环节的逻辑关系、功能定位

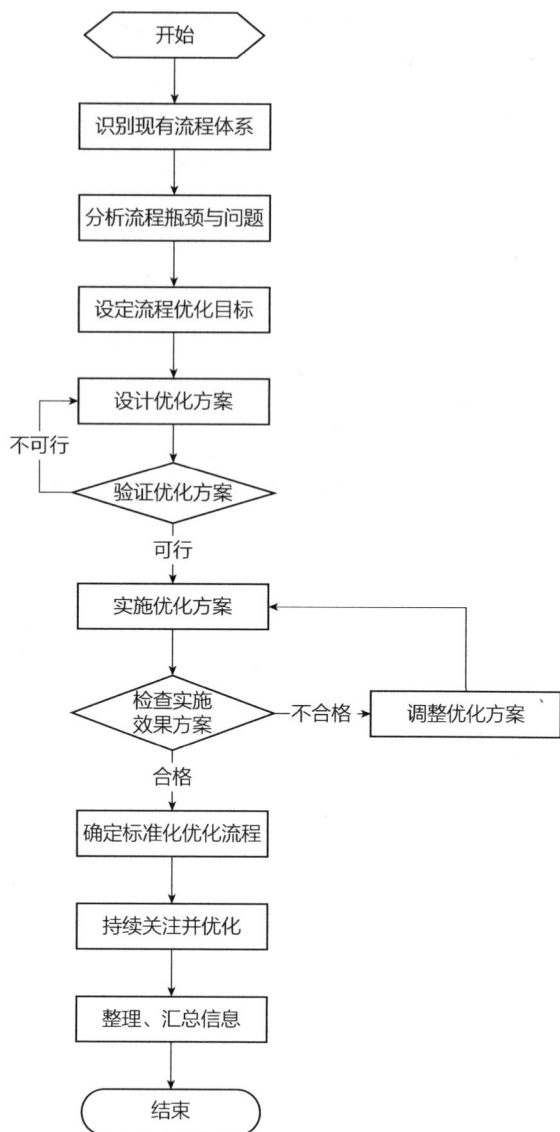

图 10-10　流程优化流程图

以及与整体目标的契合程度。在这一过程中，通过流程梳理，企业能够直观呈现复杂流程体系的全貌，将隐藏的问题显性化。例如，某些流程可能存在节点过多导致效率低下，或因流程间衔接不畅而引发资源浪费和沟通障碍。通过对这些问题的深入判断，诊断过程可以帮助企业识别低效环节、责任模糊点以及潜在风险，为后续优化奠定基础。此外，流程诊断还强调对流程瓶颈的精准定位与因果分析。一方面，通过对关键节点的深入解析，明确哪些问题是流程本身设计不合理所致，哪些问题源于外部环境的变化或内部管理的缺失；另一方面，通过数据分析与实际操作反馈，企业能够科学地评估现有流程的适应性和改进空间。这不仅为下一步优化提供了清晰的思路，还为流程优化方法的实施提出了针对性要求。以海尔洗地机的报修流程为例，如图 10-11、10-12 所示，通过流程诊断对其进行分析和优化。

流程：1.过程：报修—抢单①—寄出②—修③—收钱④—寄回—试机—确认—叮嘱④。
　　　2.历时如图：

| 购买 | 故障 | 咨询 | 报修 | 抢单 | | 寄出 | 维修 | 收钱 | 寄回 | 试机 | 确认 | 叮嘱 |
|---|---|---|---|---|---|---|---|---|---|---|---|---|
| ↑2022.10 | ↑2024.10 | ↑2024.11.08 | ↑11.10 | ↑11.12 | | ↑11.14 | ↑11.15 | ↑11.15 | ↑11.16 | ↑11.18 | ↑11.19 | ↑11.19 |

相关方：
客户（甲、乙）；海尔（平台、咨询电话、客服机器人）；顺丰（平台、快递员）；郑州某公司（维修技师，老板，营销员）。

图 10-11　海尔洗地机报修步骤图

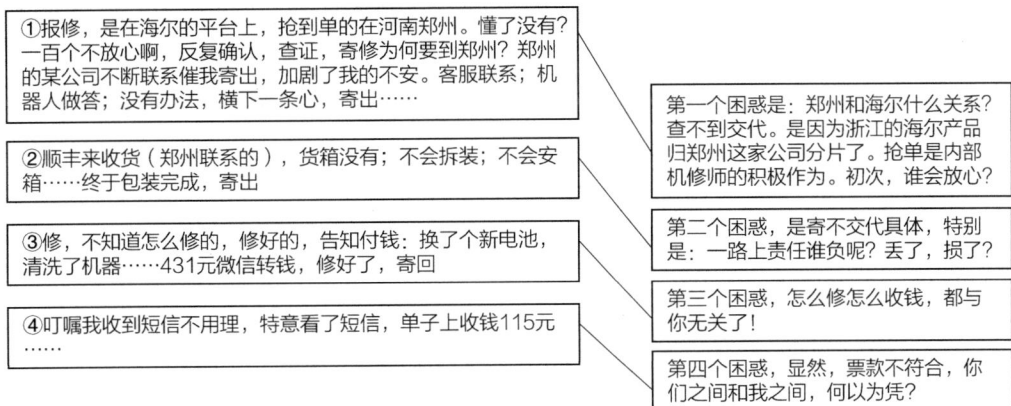

①报修，是在海尔的平台上，抢到单的在河南郑州。懂了没有？一百个不放心啊，反复确认，查证，寄修为何要到郑州？郑州的某公司不断联系催我寄出，加剧了我的不安。客服联系；机器人做答；没有办法，横下一条心，寄出……

②顺丰来收货（郑州联系的），货箱没有；不会拆装；不会安箱……终于包装完成，寄出

③修，不知道怎么修的，修好的，告知付钱：换了个新电池，清洗了机器……431元微信转钱，修好了，寄回

④叮嘱我收到短信不用理，特意看了短信，单子上收钱115元……

第一个困惑是：郑州和海尔什么关系？查不到交代。是因为浙江的海尔产品归郑州这家公司分片了。抢单是内部机修师的积极作为。初次，谁会放心？

第二个困惑，是寄不交代具体，特别是：一路上责任谁负呢？丢了，损了？

第三个困惑，怎么修怎么收钱，都与你无关了！

第四个困惑，显然，票款不符合，你们之间和我之间，何以为凭？

图 10-12　海尔洗地机报修困惑图

当前的保修流程存在一定的混乱和不确定性，虽然整体流程已较为完善，但仍可能存在以下问题：

1）用户报修环节的响应时间较长

部分用户反馈在报修后需等待较长时间才能收到客服的确认回复，这可能由于客服资源分配不均或报修平台信息处理效率较低导致。

2）维修安排与用户需求匹配度不高

维修安排过程中，有时会出现维修时间或维修技术人员与用户需求不匹配的情况，这可能源于维修人员调度系统未能充分考虑用户个性化需求。

3）信息传递过程中存在衔接不畅

用户、客服与维修人员之间的信息传递存在滞后或信息不完整的问题，可能引发维修效率低下和用户满意度下降。

针对以上诊断结果，提出以下流程优化建议：

1）引入智能客服系统

通过部署智能客服系统，可实现24小时自动受理用户报修请求，并在第一时间将报修信息分类、优先级排序后转交给客服人员处理，从而缩短响应时间，提升用户体验。

2）优化维修人员调度算法

基于用户地理位置、维修技术需求和时间偏好，升级维修人员调度算法，引入大数据分

析和智能匹配技术，确保维修服务更符合用户预期，提高资源配置效率。

3）建立统一的信息共享平台

开发面向用户、客服和维修人员的统一信息共享平台，确保相关信息在各环节实时同步并保持完整性。例如，可在平台中加入维修进度实时追踪功能，用户能够随时了解维修状态，减少信息不对称问题。

4）加强数据反馈与流程监控

通过数据采集和反馈机制，定期监测各环节的效率和用户满意度，并根据数据分析结果持续改进流程。同时，可引入流程瓶颈识别模块，对关键环节进行优化测试，进一步提升整体流程的适应性与运行效率。

通过上述优化措施，海尔洗地机保修流程能够更高效地运行，用户满意度和流程运作效率将得到显著提升。

继续分析。

流程梳理作为诊断的重要环节，不仅是问题识别的工具，更是优化的起点。通过细化每个流程的输入输出关系、操作步骤及资源配置，企业可以发现流程之间的潜在耦合性与冲突，理顺流程逻辑，使优化方案更加高效、系统。在这个过程中，企业也能够积累诊断经验，为未来的流程管理提供可持续的指导框架。具体流程梳理实施流程图如图 10-13 所示。

流程诊断不仅是优化方法的必要铺垫，也是深化流程优化、提升企业运营效率的关键手段。它通过对问题的精准分析和逻辑梳理，为优化方法的选择与实施提供了坚实基础。

流程优化方法是指一系列用于改进和提高工作流程效率、效果和质量的技术和工具。这些方法旨在消除浪费、减少错误、缩短周期时间、提高客户满意度，并最终提升组织的整体绩效。以下是一些较为常见的流程优化方法。

1）标杆瞄准法

标杆瞄准法（Bench-Marking）是企业通过将自身产品、服务、成本和经营实践与行业内外表现最优秀的企业进行对比，以持续改进业绩的过程。其核心思想是对业务、流程和环节进行分解和细化，通过学习最佳实践或优秀"片段"来提升整体水平。其基本步骤包括筛标、寻标、定标、折标、达标和航标六个阶段。

2）DMAIC 模型

DMAIC 模型是 6sigma 中的操作方法，用于改进、优化和维护流程。DMAIC 代表定义（Define）、测量（Measure）、分析（Analyze）、提升（Improve）、控制（Control）。在流程优化中，通过"定义"明确问题，减少无效时间；"测量"记录相关数据，如例会时长、错误数量和任务完成时间，为改进提供量化依据。

3）ESIA 分析法

ESIA 法旨在减少流程中的非增值活动，并优化核心增值活动，提升顾客在价值链中的价值。其通过四个步骤：清除（Eliminate）、简化（Simplify）、整合（Integrate）、自动化（Automate）来简化流程，从而以新结构提高顾客价值。具体操作内容如表 10-4 所示。

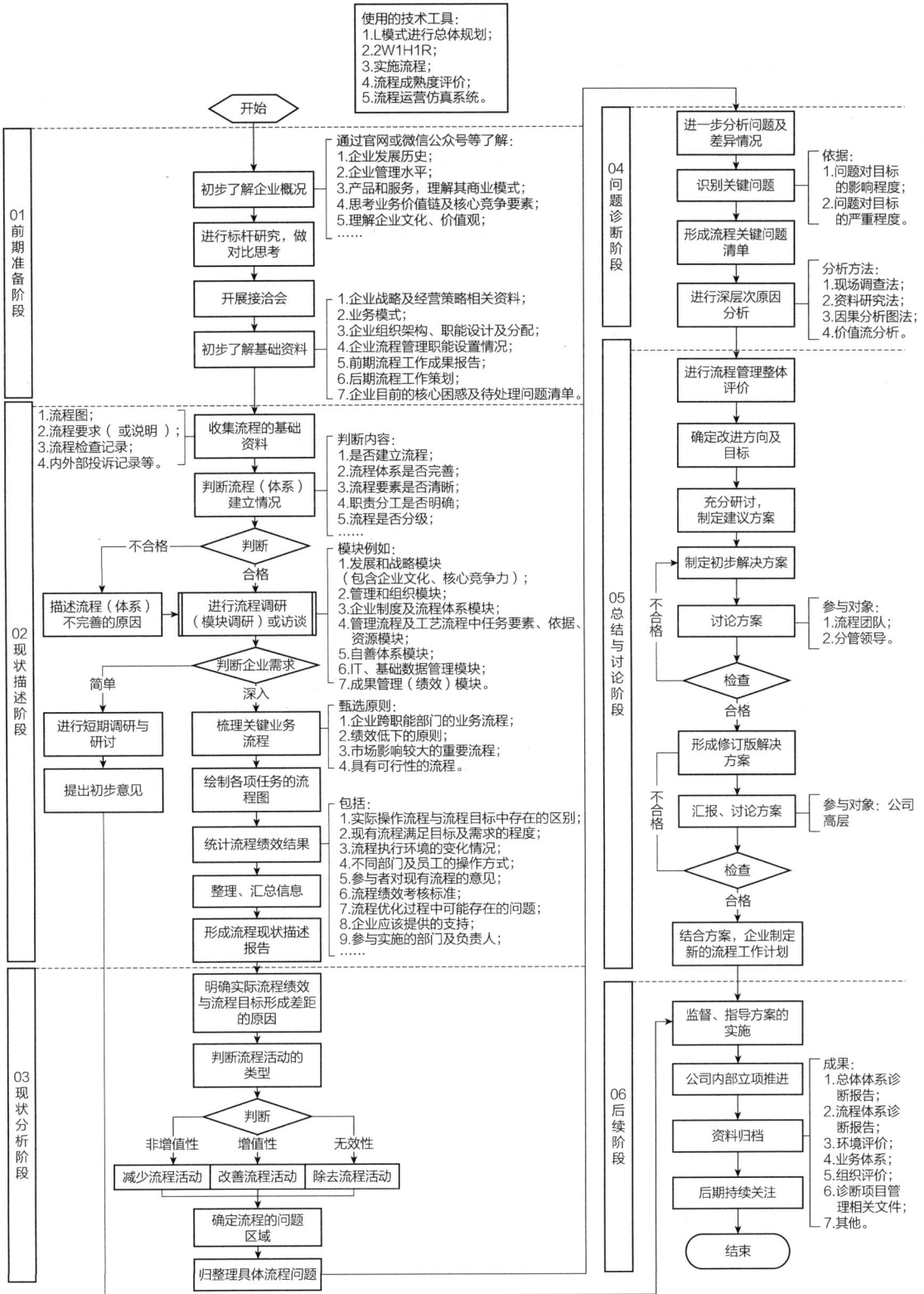

图 10-13　流程梳理实施流程图

**使用的技术工具：**
1.L模式进行总体规划；
2.2W1H1R；
3.实施流程；
4.流程成熟度评价；
5.流程运营仿真系统。

开始

**01 前期准备阶段**

初步了解企业概况
通过官网或微信公众号等了解：
1.企业发展历史；
2.企业管理水平；
3.产品和服务，理解其商业模式；
4.思考业务价值链及核心竞争要素；
5.理解企业文化、价值观；
……

进行标杆研究，做对比思考

开展接洽会

初步了解基础资料
1.企业战略及经营策略相关资料；
2.业务模式；
3.企业组织架构、职能设计及分配；
4.企业流程管理职能设置情况；
5.前期流程工作成果报告；
6.后期流程工作策划；
7.企业目前的核心困惑及待处理问题清单。

**02 现状描述阶段**

1.流程图；
2.流程要求（或说明）；
3.流程检查记录；
4.内外部投诉记录等。

收集流程的基础资料

判断流程（体系）建立情况
判断内容：
1.是否建立流程；
2.流程体系是否完善；
3.流程要素是否清晰；
4.职责分工是否明确；
5.流程是否分级；
……

判断 — 不合格 → 描述流程（体系）不完善的原因

合格 → 进行流程调研（模块调研）或访谈
模块例如：
1.发展和战略模块（包含企业文化、核心竞争力）；
2.管理和组织模块；
3.企业制度及流程体系模块；
4.管理流程及工艺流程中任务要素、依据、资源模块；
5.自善体系模块；
6.IT、基础数据管理模块；
7.成果管理（绩效）模块。

判断企业需求
简单 → 进行短期调研与研讨 → 提出初步意见
深入 →

梳理关键业务流程
甄选原则：
1.企业跨职能部门的业务流程；
2.绩效低下的原则；
3.市场影响较大的重要流程；
4.具有可行性的流程。

绘制各项任务的流程图

统计流程绩效结果
包括：
1.实际操作流程与流程目标中存在的区别；
2.现有流程满足目标及需求的程度；
3.流程执行环境的变化情况；
4.不同部门员工的操作方式；
5.参与者对现有流程的意见；
6.流程绩效考核标准；
7.流程优化过程中可能存在的问题；
8.企业应该提供的支持；
9.参与实施的部门及负责人；
……

整理、汇总信息

形成流程现状描述报告

**03 现状分析阶段**

明确实际流程绩效与流程目标形成差距的原因

判断流程活动的类型

判断
非增值性　增值性　无效性

减少流程活动　改善流程活动　除去流程活动

确定流程的问题区域

归整理具体流程问题

**04 问题诊断阶段**

进一步分析问题及差异情况

识别关键问题
依据：
1.问题对目标的影响程度；
2.问题对目标的严重程度。

形成流程关键问题清单

进行深层次原因分析
分析方法：
1.现场调查法；
2.资料研究法；
3.因果分析图法；
4.价值流分析。

**05 总结与讨论阶段**

进行流程管理整体评价

确定改进方向及目标

充分研讨，制定建议方案

制定初步解决方案

讨论方案
参与对象：
1.流程团队；
2.分管领导。

检查
不合格 / 合格

形成修订版解决方案

汇报、讨论方案
参与对象：公司高层

检查
不合格 / 合格

结合方案，企业制定新的流程工作计划

**06 后续阶段**

监督、指导方案的实施

公司内部立项推进

资料归档

后期持续关注

结束

成果：
1.总体体系诊断报告；
2.流程体系诊断报告；
3.环境评价；
4.业务体系；
5.组织评价；
6.诊断项目管理相关文件；
7.其他。

ESIA 内体内容操作方法 [1], [2]                                    表 10-4

| | 清除（Eliminate） | | 简化（Simplify） | | 整合（Integrate） | | 自动化（Automate） |
|---|---|---|---|---|---|---|---|
| 失误缺陷 | 流程产生故障的原因除了企业人员的操作失误外，还有流程结构本身的缺陷，流程改进时应该重点排查这些失误和缺陷 | 流程 | 通过运用 IT 手段，提高信息处理能力，简化流程程序，整合工作内容，提高流程的执行效率 | 活动 | 企业可以授权单个人来完成一系列的简单活动，这样将活动进行整合可以缩短工作时间并减少活动交接过程中的错误 | 数据采集 | 自动化可以减少反复的数据采集，降低单次采集的时间消耗，并且可以实现数据资源的共享 |
| 活动间的等待 | 流程中由于某种原因会出现人或物的等待，这造成了库存物品和代签文件的增加，通行时间加长，监测也更加复杂 | 沟通 | 流程改进时应该尽可能简化各个流程部和人员间的沟通，避免沟通的复杂性 | 团队 | 将单个的专家组成一个团队既可以缩短物料、信息和文件的传输距离，还有助于改善流程中人与人之间的沟通 | 数据传输 | |
| 重复活动 | 流程活动中如果运用了数据库共享技术，就可以在整个流程的任何一个节点上输入信息并实现共享，避免信息的重复录入 | 表格 | 许多表格在流程中根本没有实际作用，或者表格设计上有许多重复的内容。如果重新设计并简化表格，可以减轻员工的工作量，减少很多环节 | 供应商 | 在企业与供应商之间建立信任和伙伴关系，整合双方的流程以消除两者之间不必要的合作程序，提高效率 | 数据分析 | 企业通过使用分析软件对数据进行收集、整理与分析，可以提高对信息的利用效率 |
| 活动重组 | 为了适应某些特定的习惯，相似的活动在处理上有部分差别时就会采取不同的流程方式而造成浪费。这种活动就应该进行清除或重组 | | | 顾客 | 整合顾客组织和自身的关系，和顾客建立完善的合作关系 | 脏活累活 | 对脏活、累活与乏味的活，可以实现计算或机器处理，以节约人力资源并最大限度地发挥人员的作用 |
| 反复检验 | 企业应该将部分的检验、审核工作进行授权或下放，不要事无巨细都上报，以避免审批的形式化和企业领导工作的低效化 | 物流 | 企业可以通过调整任务顺序或增加信息来简化物流 | 组织 | 外部联盟体组织的整合和内部管控组织的整合，使之目标一致性、权责一致性更趋共识 | 枯燥的活 | |
| 不必要的运输 | 在一些企业流程中，任何人员、物料、文件的移动都要花费很多时间，这既浪费了员工的时间，也增加了流程成本 | 人工操作 | 减少人工操作，增加自动化操作内容 | — | | — | |

① 易俊生，孙亚彬 . 实用精益流程管理学实用精益管理培训系列教程 [M]. 北京：中国人民大学出版社，2016：44–47.

② 辛鹏，荣浩流程的永恒之道：工作流及 BPM 技术的理论、规范、模式及最佳实践 [M]. 北京：人民邮电出版社，2014：197.

| | 清除（Eliminate） | | 简化（Simplify） | 整合（Integrate） | 自动化（Automate） |
|---|---|---|---|---|---|
| 过量产出 | 超过实际需要的产出就是一种浪费，因为它占用了流程有限的资源而没有增加价值，反而增加了库存 | 图形标注 | 多次标注导致"转换"次数增多，标注不够贴近导致互相对应难度增大 | | |
| 过量库存 | 企业的产品积压、库存过剩以及运营过程中大量文件和信息的堆积等都给企业带来了一定的经济损失 | | | — | — |
| 不必要的人工操作 | 应当清楚不必要的人工操作 | | — | | |
| 不必要的沟通协调 | 减少和消除不必要的沟通、协调内容，增强透明性、看板管理 | | | | |

4）ECRS 分析法

ECRS 分析法，即取消（Eliminate）、合并（Combine）、重排（Rearrange）、简化（Simplify）。ECRS 原则针对每一道工序流程都引出四项提问。任何作业或工序流程，都可以运用 ECRS 改善四原则来进行分析和改善。通过分析，简化工序流程，从而找出更好的效能、更佳的作业方法和作业流程。

5）PDCA 与 SDCA

PDCA（计划—执行—检查—处理）和 SDCA（标准—执行—检查—总结）分别用于改进和维持标准化。PDCA 用于问题改进，而 SDCA 用于巩固成果并确保流程稳定。两者可结合应用，PDCA 改进后用 SDCA 标准化，确保成果不反弹。循环进行，持续优化组织流程，提升管理水平，如图 10-14 所示。

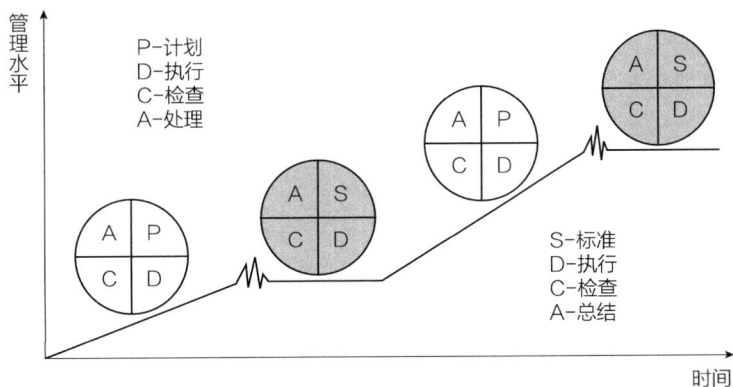

图 10-14　PDCA 与 SDCA 循环应用图

无论是在应对日益复杂的市场环境，还是在追求内部资源最大化利用时，组织结构的优化与调整都能帮助企业消除瓶颈、提高协同效应和运营效率。传统的组织重塑方法，如标杆瞄准法、DMAIC模型、ESIA分析法、ECRS分析法以及PDCA与SDCA循环，为组织提供了多维度的支持，帮助企业在不同方面识别并改善结构和流程中的薄弱环节。然而，单一的变革方法往往只能解决局部问题，只有综合运用这些方法并结合企业实际，才能更全面地推动组织的持续进化。

　　在组织重塑的过程中，流程优化作为核心环节，尤为重要。优化的具体步骤可以分为四个主要阶段：流程评估、流程分析、流程改进和流程实施。流程评估阶段通过系统性评估现有流程，识别存在的问题和改进的机会；流程分析是对评估中发现的问题进行深入剖析，提出具体的改进方案；在此基础上，流程改进阶段对流程中的薄弱环节进行修改、补充或调整，最终提升流程效能；而流程实施阶段则将优化后的流程付诸实践，确保改进措施能够顺利落地。

　　如图10-15所示，流程优化是一个持续改进的过程，类似PDCA循环，每一次的优化都推动流程迈上一个新的台阶，使得企业能够在持续的过程中不断发现问题并及时调整，提升管理水平与适应能力。这一循环不断推进，确保组织能够灵活应对外部环境的变化，实现持续的发展和创新。可见流程是为了组织对环境适应而做的"适应"。

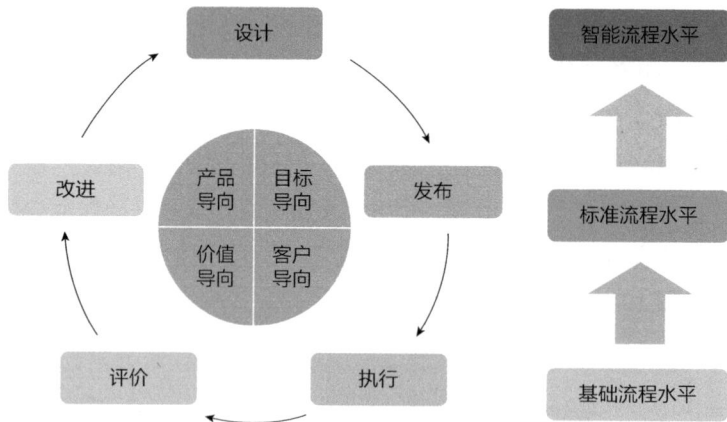

图 10-15　流程优化示意图

　　在流程体系重塑的框架下，流程优化涵盖了从"认识流程、建立流程、运作流程、优化流程、E化流程"这一完整的闭环方法、技术与工具。这一体系的构建不仅帮助企业深入了解现有流程，识别其中的不足，还提供了一整套方法和工具，以便在流程优化的过程中逐步调整和完善。通过对流程的不断优化，企业能够在不断变化的市场和管理需求中提升自身竞争力，确保组织的流程体系能够灵活应对未来的挑战。

## 10.3 体系重建

### 10.3.1 流程体系

流程体系可以被定义为组织中一系列互相关联、协调运作的流程集合。这些流程并不是孤立存在的，而是互相支持并形成有机整体。流程体系的概念强调的是将所有相关的业务流程、支持流程、管理流程等元素视作一个整体来进行管理和优化，以实现组织目标的高效达成。从战略管理的角度来看，流程体系并非只是单一部门或单一流程的优化，而是需要全组织的协同与共同优化。无论是生产、供应链、财务，还是人力资源、营销、客户服务等部门，都需要在这一体系中找到自己的位置，确保每个环节都能够与其他环节协同工作，最终实现整体效能的提升 [①]。流程是业务的镜像，流程体系是业务体系的镜像。

流程框架是组织流程体系的核心，它为组织内各项活动的合理安排与衔接提供了基础。有效的流程框架能够清晰地定义各项业务活动的顺序与关系，为实现目标任务提供系统化路径。流程框架的设计首先需要考虑流程的分类，明确哪些是核心流程，哪些是支撑性或辅助流程。核心流程是直接决定组织核心竞争力的关键环节，而支撑性和辅助流程则为核心流程的顺利执行提供保障。此外，流程框架应确保流程间的紧密衔接。不同流程之间的协同效应能够有效避免信息断层和重复工作，从而提升整体效率。在这一过程中，流程的简化和优化显得尤为重要。通过去除不必要的步骤和精简操作环节，组织能够提高运作效率，降低成本，确保工作流的顺畅流转。

流程牵引理论研究构建"L模式"模型，助力组织构建全生命周期流程体系。"L"是流程"Liu"第一个拼音大写字母。该模型完整地表示了流程型企业的组织范式，使学界提倡的以流程为主导的企业形式能够真正具有操作性，具有开创性的意义。"L模式"（E👂04912体系）包括：运营环境（PESTecl）评价、目标（O）确立与分解、流程型组织的四流程体系、九要素体系、以沟通管理为中心的运营系统和管控体系、支持系统组成的支撑管控体系，👂则代表"L模式"能够使外部环境和内部结构具有良好的耦合效果，其组成如图10-16所示。

1. 目标体系

目标管理要求明确目标、参与决策、规定期限、反馈绩效。目标管理是一种参与的、民主的、自我控制的管理制度，也是一种把个人需求与组织目标结合起来的管理制度。在这一制度下，上级与下级的关系是平等、尊重、依赖、支持，下级在承诺目标和被授权之后是自觉、自主和自治的。

组织通过目标分解转化为各级分目标，并进行流程设计，明确流程任务要素（职责等），使得一致的分目标相互配合形成统一的目标体系，只有分目标的完成才能推动总目标的实现。另一方面，以成果作为目标完成以及人员绩效的考核标准。至于完成目标的具体过程、

---

① 刘艳，杨娟，吴镝娅，等．基于目标绩效与流程管理的CT/MRI运营优化研究[J]．中国卫生质量管理，2022，29（5）：58-61.

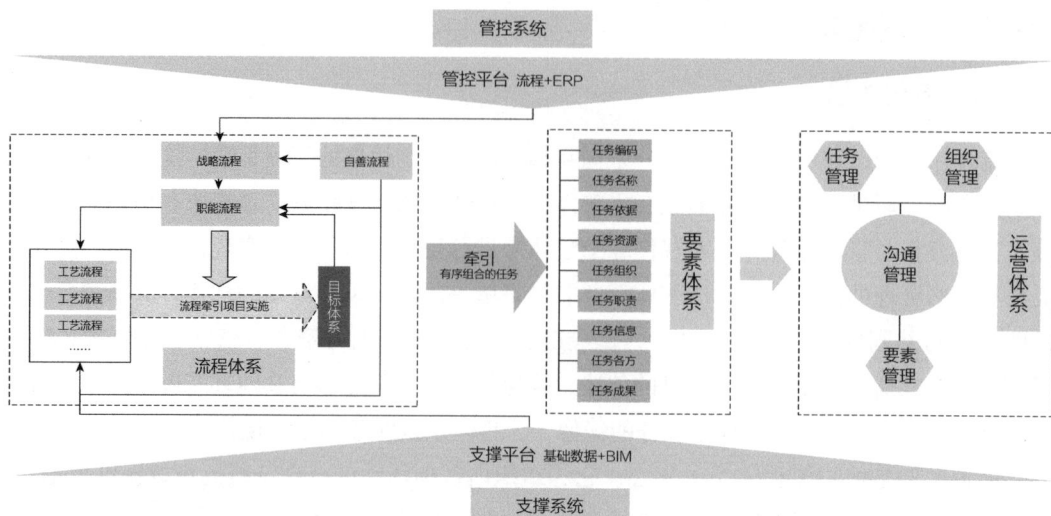

图 10-16 流程牵引"L 模式"模型图

途径和方法，上级并不过多干预。所以，目标管理区别于传统管理模式，其监督的成分很少，而控制目标实现的能力却很强，即以最终成果作为考核依据。

由于各个组织活动的性质不同，目标管理的步骤可以不完全一样，但一般来说，可以分为四步，详见图 10-17。

1）建立一套完整的目标体系

实行目标管理，首先要建立一套完整的目标体系。这项工作总是从企业的最高主管部门开始的，然后由上而下地逐级确定目标。上下级的目标之间通常是一种"目的—手段"的关系；某一级的目标，需要用一定的手段来实现，这些手段就成为下一级的次目标，按级顺推下去，直到作业层的作业目标，从而构成一种锁链式的目标体系。

制定目标的工作如同所有其他计划工作一样，非常需要事先拟定和宣传一些指导方针，如果指导方针不明确，就不可能希望下级主管人员会制定出合理的目标来。此外，制定目标应当采取协商的方式，应当鼓励下级主管人员根据基本方针拟定自己的目标，然后由上级批准。

建立目标体系是目标管理最重要的阶段，这一阶段可以细分为四个步骤：

（1）高层管理预定目标，这是一个暂时的、可以改变的目标预案。既可以由上级提出，再同下级讨论；也可以由下级提出，上级批准。无论哪种方式，必须共同商量决定。其次，领导必须根据企业的使命和长远战略，估计客观环境带来的机会和挑战，对本企业的优劣有清醒的认识，对组织应该和能够

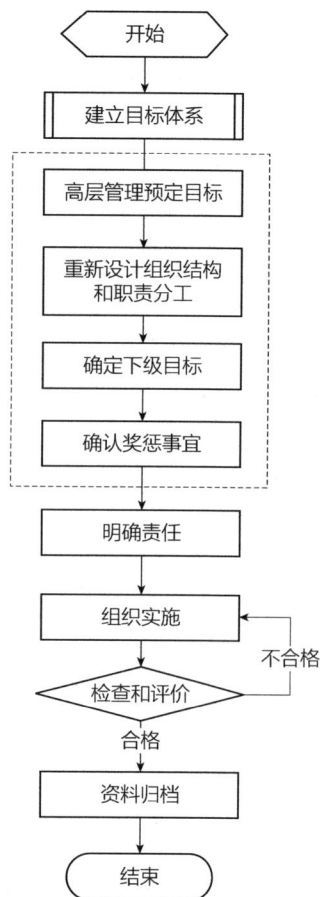

图 10-17 目标管理过程图

完成的目标心中有数。

（2）重新审议组织结构和职责分工。目标管理要求每一个分目标都有确定的责任主体。因此预定目标之后，需要重新审查现有组织结构，根据新的目标分解要求进行调整，明确目标责任者和协调关系。

（3）确立下级的目标。首先下级明确组织的规划和目标，然后商定下级的分目标。在讨论中上级要尊重下级，平等待人，耐心倾听下级意见，帮助下级发展一致性和支持性目标。分目标要具体量化，便于考核；分清轻重缓急，以免顾此失彼；既要有挑战性，又要有实现可能。每个员工和部门的分目标要和其他的分目标协调一致，支持本单位和组织目标的实现。

（4）上级和下级就实现各项目标所需的条件以及实现目标后的奖惩事宜达成协议。分目标制定后，要授予下级相应的资源配置的权力，实现权责利的统一。由下级写成书面协议，编制目标记录卡片，整个组织汇总所有资料后，绘制出目标图。

目标体系建立的注意事项：

①拒绝目标含糊不清、不现实、不协调、不一致。

②设置的目标必须是正确、合理的。

正确——指符合长远利益。

合理——指目标数量设置应科学，不可因过于强调工作成果带给人们压力，但也应让员工始终保持适度的"紧张"。

③设置的目标必须在数量和质量上具有可考核性。

可以参照 SMART 原则，对目标体系进行完善。

2）明确责任

目标体系应与组织结构相吻合，从而使每个部门都有明确的目标，每个目标都有人明确负责。然而，组织结构往往不是按组织在一定时期的目标而建立的，因此，在按逻辑展开目标和按组织结构展开目标之间，时常会存在差异。其表现是，有时从逻辑上看，一个重要的分目标却找不到对此负全面责任的管理部门，而组织中的有些部门却很难为其确定重要的目标。这种情况的反复出现，可能最终导致对组织结构的调整。从这个意义上说，目标管理还有助于搞清组织机构的作用。

3）组织实施

目标管理重视结果，强调自主、自治和自觉。目标既定，主管人员就应放手把权力交给下级成员，而自己去抓重点的综合性管理。完成目标主要靠执行者的自我控制。如果在明确了目标之后，作为上级主管人员还像从前那样事必躬亲，便违背了目标管理的主旨，不能获得目标管理的效果。当然，这并不是说上级在确定目标后就可以撒手不管了。相反，由于形成了目标体系，一环失误，就会牵动全局。因此领导在目标实施过程中的管理是不可缺少的，其管理应主要表现在指导、协助、提出问题、提供情报以及创造良好的工作环境方面。首先进行定期检查，利用双方经常接触的机会和信息反馈渠道自然地进行；其次要向下级通报进度，便于互相协调；再次要帮助下级解决工作中出现的困难问题；当出现意外、不可测事件严重影响组织目标实现时，也可以通过一定的手续，修改原定的目标。

4）检查和评价

对各级目标的完成情况，要事先规定出期限，定期进行检查。检查的方法可灵活地采用自检、互检和组成专门的部门进行检查，检查的依据就是事先确定的目标。对于最终结果，应当根据目标进行评价，并根据评价结果进行奖罚。经过评价，使得目标管理进入下一轮循环过程，即讨论下一阶段目标，开始新循环。如果目标没有完成，应分析原因总结教训，切忌相互指责，以保持相互信任的气氛。

**2. 流程体系**

1）战略流程（目标流程）

研究战略，多从内、外环境入手分析，根据自身的资源能力确定发展战略和实施战略步骤。可以用来指导组织日常行为的是将战略细化、量化而来的目标。这个方面也形成了"目标管理"的一整套理论和操作方法。目标通常不是一步就完成的，也不会由个别人短时间内完成，需要分步实现，比较长周期（短中长期），协作方比较多，对动用资源进行控制，这些特点正与"组成流程"的条件吻合。

制定战略本身和实现战略目标的流程称为"战略流程"，这是比较宏观、较长时段的，具有指引企业发展的航标作用。在战略流程阶段，其成果是明确"做什么、怎么做、做到什么成效"，也就是确定方向和范围，确定目标实现的路线。

不过，在管理实践中，常常体现"全息管理"的理念，组织无论大小，均有战略（或目标）流程，也许，决策性的工作，就可以理解为是战略工作，完成其工作的程序就是"流程"，这样的扩义，更加符合管理实践。

2）职能流程（管理流程）

职能管理的主要内容有计划、组织、领导、协调、控制，完成这些职能管理的流程就是职能流程。职能流程有两种作用，一种是对工艺流程的指导、督促，如计划、协调。还有一些任务，譬如人力资源管理（包括招聘、培训、考核），还有如宣传、非采购的财务管理等，不直接面对产品实现，也不直接面对服务，但是不可或缺，是独立作用的，是企业十分重要的一类流程。它们对于操作流程起着指导、督促等作用。

这样的一类"工作流"，称为"职能流程"。职能流程中的核心，也是其"作业"（不同于工业制造中的作业）的操作流程。

相同重复的管理工作，由部分相对固定的人员来完成，可以提高工作效率，这个效率来自专业化的分工，由于重复地进行，使了解问题、解决问题的程序、方法得到积累，从而技能熟练的缘故，这是导致管理职能和管理的职能部门设立的原因，实际上就是分工的缘由，也是职能流程构建起来的基础。

3）工艺流程（操作流程）

作为技术人员，比较熟悉的就是这类流程。尤其是生产产品的制造业，是基于产品实现的流程，是最科学、具体和细致的，有的产品甚至大部分均可以用机械流水线来完成。工艺流程的严谨的逻辑关系，使之成为与时序对应的重要因素。而消除时间浪费，也就成了优化工艺流程的重要内容。但是，工艺流程的变革也就变得相对困难。一旦确定一定的结构形式以满足功能需要，工艺流程就具有相当的稳定性，只有在科学技术有突破性发展的时候，才会有较大的改变。

工艺流程是自动化制造的根本。

4）自善流程（控制流程）

其含义：为了保证目标任务完整、无偏差地被执行，包括检验、评估、审核、审批、复核判断、评审、检查、监督等任务的流程。为了保证自身的工作质量，其作用十分重要，也很特殊。所以，应当对该类流程的管理从一般意义上的职能流程中独立出来。这是组织内部的流程，是不跨组织的，这也是授权的控制关键。

这是作者对流程体系的独特理解而首先提出的概念，是对流程体系的一个重要发展，必将对今后流程的研究和管理实践产生深远影响。

这里的自善流程，是指组织内部的控制行为，是不跨越组织的。因此，不包括政府监督（如技术监督局、专业质检站、安全监督）的行为流程和争议引发后的委托第三方的检查检验行为，在更大范围的组织定义下，可以视为新系统的自善流程。对于比如建筑行业"资质申报"等涉及政府行业资质管理职能的流程，可以直接将该部分流程作为跨组织的任务独立写入管理流程中，而不作为自善流程的内容。

"在管理中，控制是指领导者和管理人员为保证实际工作能与目标计划相一致而采取的管理活动。一般是通过监督和检查组织活动的进展情况、实际成效是否与原定的计划、目标和标准相符合，及时发现偏差，找出原因，采取措施，加以纠正，以保证目标计划实现的过程。"这个过程就是自我完善的过程，实现其过程的任务组合（即流程）称为自善流程。

亨利·法约尔（Henri Fayol）早在《工业管理和一般管理》一书中指出："在一个企业，控制就是核实所发生的每一件事是否符合所规定的计划、所发布的指示以及所确定的原则。其目的就是要指出计划实施过程中的缺点和错误，以便加以纠正和防止重犯。控制在每件事、每个人、每个行动上都起作用。"

管理的成败在于能否实施有效的控制。有效的控制则在于是否能对过程中进行及时、准确的偏差数据的获取，纠正偏差的决策的做出和执行纠偏行为。自善流程针对战略流程、管理流程和工艺流程，不独立存在，但是与组织的整体运营密切相关，它也是整体的一个重要部分。

总之，经过这样的分类以后，整个组织的全部流程应该包括"组织的战略流程集""组织的职能流程集""组织的工艺流程集"和"组织的自善流程集"。

3.要素体系

流程牵引理论认为，每一项任务都有九项基本要素。要素体系包含的九大要素分别为：任务编码、任务名称、任务依据、任务资源、任务组织、任务职责、任务信息、任务各方、任务成果。对于一个任务来说，执行依据和资源是输入要素，编码、组织和职责是设计要素，信息、成果和各方是输出要素，而名称则是本含的属性要素。

#### 4. 运营体系

在建设工程管理领域，对比PMBOK[美国国家标准《项目管理知识体系指南（第6版）》（PMBOK® 指南）]与《建设工程项目管理规范》GB/T 50326—2017，其中一个最大的不同在于，前者在十大项目管理知识体系中，"沟通管理"成为重要的一个部分。十大知识体系分别是：整合管理、范围管理、进度管理、成本管理、质量管理、资源管理、沟通管理、风险管理、采购管理、相关方管理，这是抓到了项目管理的实质。

尽管项目管理和企业管理有所区别，复杂项目和复杂企业内部沟通管理的重要性是一致的，随着管理研究和实践，均逐步得到认识和确立。

建立沟通管理中心，实现充分共享。"L模式"中，沟通管理成为管理的核心内容，是基于本研究的深化，认识上的突破，以及管理实践中的经验积累和教训。

企业管理的内容很多，沟通的内容也很多。用"L模式"将其简化为三部分内容，即任务管理、组织管理、要素管理。流程牵引的企业以"任务管理为核心，组织管理为中心，要素管理为保障"，达成战略目标，实现企业理念，完成企业使命。目标必须分解和细化为日常的工作，以任务的方式进行分配和布置，要达到高绩效，必须完成对任务的完整理解、彻底执行。

用于沟通的技术是千差万别的，留言的、无时间差异的、无空间差异的、多人的等都是沟通方式。在企业或项目管理过程中，主要的正式的沟通方式是会议、文件往来、资料传阅会签审批。良好的会议组织是保证沟通效果的必要途径。会议应该做到：议题明确、人员到位、事先准备、发言简练、记录全面、结论明确、信息周知。结合IT技术的沟通方式更加有效。

可以说，沟通管理是管理的核心和灵魂。沟通成为管理核心，是核心的管理职能的时代，是顺应大型复杂组织、多元多样需求满足、资源全球整合、任务交叉多变、竞争激烈残酷的商业生态所需要的，是一个必然的趋势和生命。"L模式"以沟通为纽带，突出任务为核心强调组织中心、保障要素供应，将具有巨大的生命力。

#### 5. 支撑管控系统

信息化建设成为复杂管理的必不可少的平台，生产自动化建立在基础数据的支撑之上，管理控制建立在企业管理信息平台之下，两个系统融合成为"大象能否跳舞"的基本形态。

1）支持系统（基础数据 +BIM）

BIM技术是一种应用于工程设计建造管理的数据化工具，通过参数模型整合各种项目的相关信息，在项目策划、运行和维护的全生命周期过程中进行共享和传递，使工程技术人员对各种建筑信息作出正确理解和高效应对，为设计团队以及包括建筑运营单位在内的各方建设主体提供协同工作的基础，在提高生产效率、节约成本和缩短工期方面发挥重要作用。

"流程牵引"团队一直致力于对建筑行业的新技术，新政策进行不断学习与研究，BIM作为当前建筑行业的热点，我们对其内涵有其独到的见解，我们将其认识分为五个层次，即：

（1）哲学（重构级升级工程语言、认识本体世界的新方法）。

（2）产业（形成BIM产业链）。

（3）管理（及时、准确、多方的协同，数字化建筑延伸到全生命周期，形象直观的表达和沟通）。

（4）技术（新的技术体系、标准）。

（5）构件（细部的清晰表达）。

清晰地认知到 BIM 不同层次的应用，有利于解除不同话语层次的交叉和消除混乱，这个现象当前普遍存在，并影响了探知 BIM 本质的进程。

2）管控系统（流程 +ERP）

ERP 是企业资源计划或企业资源规划的简称，由著名的美国管理咨询公司（Gartner Groupinc）于 1990 年创立，为 Enterprise Resource Planning 的缩写，最初被认为是应用软件，但很快被全球各地的企业所接受并得到广泛应用。同时 ERP 思想成为当代企业管理理论之一。

ERP 系统是指以信息技术和系统优化的管理思维构成的企业管理平台，为企业决策和部门进行有效的信息化管理的系统软件。同时 ERP 也是实现企业流程再造的重要工具之一。ERP 功能除了包含 MRP Ⅱ（制造资源计划）即制造、供销、财务管理外，还包括物流管理、人力资源管理、质量管理等。ERP 系统重新定义业务流程，在管理和组织上采取更灵活的方式，将供应链上的供给和需求的变化同步，追求敏捷制造和客户实时反应（CRM）；在准确、及时、完整的信息处理前提下，以便做出正确的决策。

生产自动化依靠基础数据的支撑，否则失去准确的计划和进程的效率，管理在控化则依靠管理信息，做出判断、决策、追踪和纠偏。支撑与管控的关系，就是工艺流程和职能流程的关系。

支撑和管控的关系是必不可少的两个方面。因为"管控与支撑"是基于目标下的任务管理，根本是一个体系的完整整体部分，管控靠职能性信息（数据），过程性数据（状态数据）是职能性数据的一种，是通过控制数据的流向（如审批流程）和检查对比（质量状态、安全状态、成本状态等都是和设定的目标进行对比进行判定得到的信息"数据"）来完成的。支撑作用则依靠基础信息（数据）得以实现，尽管建立支撑的软件不够成熟，缺乏多样化选择，培训期较长。

得到的结论是：缺乏支撑的管控是无源之水、无本之木；缺乏管控的支撑是无的放矢、无头之蝇。仅仅有完善的基础数据支撑工艺任务的完成，不足以满足风险防范和目标体系的实现。基础数据为实现企业战略起到支撑作用，才更加体现其价值。而管控则无法离开基础数据，无论作出决策、编制计划，都需要有实际的数量、价格、属性、品类和逻辑关系作为依据。这完全是无法分清主次和先后的整体任务。

6. 耦合机制

"L 模式"的耦合机制通过将多种关键要素有机结合，形成一个高度协同的系统。运营环境（PESTecl）评价为企业提供外部环境分析基础。目标（O）确立与分解确保企业战略清晰、可操作。流程型组织的四流程体系和九要素体系保证了企业内部流程的高效运转和资源的最佳配置。以沟通管理为中心的运营系统确保信息畅通，提升组织内部协调性。管控体系和支持系统则为整个模式提供强有力的支撑和保障。通过这些要素的紧密耦合，"L模式"实现了企业的系统化、规范化和高效化运作。

将流程牵引实现目标（L模式）的应用步骤绘制成如图10-18所示。

任何企业的运营，虽然事无巨细、繁杂多变，但是"L模式"将其所有事项、所有要素囊括其中，具有高度的概括力，充分体现了"系统管理"的思想，这是第一个重要特点。同时，四流程、九要素、一中心、两平台，非常好地阐述了一个内控的闭环系统，这是第二个重要特点。进一步，这样的一种管理内在逻辑，较好地反映了企业组成要素的内在关系，这是第三个重要特点。显然，这样构建了一个充分简洁的模型，该模型为创业者提供了较好的思维方式，为运营者提供了较快的管控工具。有帮助思考的价值，更有实操的作用。

在构建流程体系和流程框架的基础上，端到端流程的引入，进一步强化了流程管理的整体性和协同性。端到端流程并非单纯聚焦于某一流程或环节，而是将整个过程视作一个全链条的系统，涵盖从输入到输出的各个阶段，确保每一环节之间的无缝衔接。这一概念突出了流程管理中的"端到端"理念——从客户需求开始，到最终产品交付的全过程中的每一环节都要受到高度关注，并保证各环节之间的流畅性与效率。端到端流程的实施，不仅仅是优化单一部门的操作，更是通过整个组织的协作与协调，提高整体效能，满足客户需求并提升客户满意度[①]。端到端流程的引入，可以更加清晰地看到，流程体系不仅仅是一个操作性的工具，它与组织框架之间的联系至关重要。一个合理的组织框架能够有效支持和推动端到端流程的顺利执行。而端到端流程的实施，也将反过来促进组织架构的优化，使得各个职能部门能够更加紧密地协作，提升组织整体运营的灵活性与响应速度。

尽管流程管理在许多领域取得了一定发展，整体来看，流程管理领域仍存在不成熟的现象。首先，流程管理岗位往往要求的知识能力远远超出了其职位职责的定位。许多流程经理或工程师不仅需要具备专业知识，还需要跨部门协调的能力、战略性流程思维以及领导力等多重技能，但这些能力与岗位薪酬和职位责任之间的差距，增加了流程管理实施的难度。

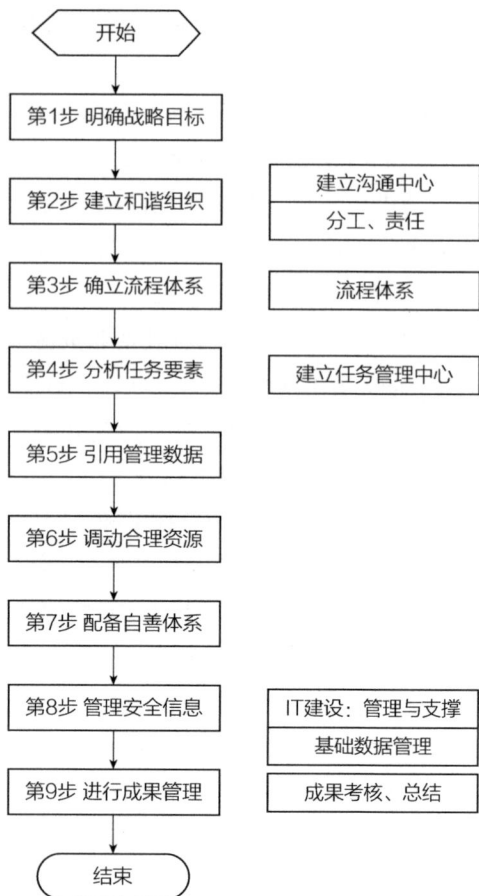

图10-18 "L模式"应用九步骤

流程图内容：
开始 → 第1步 明确战略目标 → 第2步 建立和谐组织（建立沟通中心／分工、责任）→ 第3步 确立流程体系（流程体系）→ 第4步 分析任务要素（建立任务管理中心）→ 第5步 引用管理数据 → 第6步 调动合理资源 → 第7步 配备自善体系 → 第8步 管理安全信息（IT建设：管理与支撑／基础数据管理）→ 第9步 进行成果管理（成果考核、总结）→ 结束

---

① 刘克飞，杨萍. 基于eTOM模型的端到端流程优化研究——以电信运营商集团客户全业务为例[J]. 电信科学，2014，30（S1）：189-194.

其次，传统流程管理过于依赖经验和阅历，脱离了实际需求。在快速变化的市场环境下，单纯依赖经验进行决策，往往难以适应新的挑战。现代流程管理需要更多基于数据驱动的决策和创新思维，而不仅仅是过去经验的延续。因此，当前流程管理领域面临着知识能力与岗位职责不匹配以及对经验过度依赖的挑战。要推动流程管理的成熟和发展，组织需要加强流程管理人员的专业培训，优化岗位职责，提升技术应用能力，并通过创新思维和数据驱动的决策体系，解决现有流程管理中存在的实际问题。在研究了大量流程管理岗位信息之后，绘制出流程人才核心知能体系构成图，如图10-19所示。

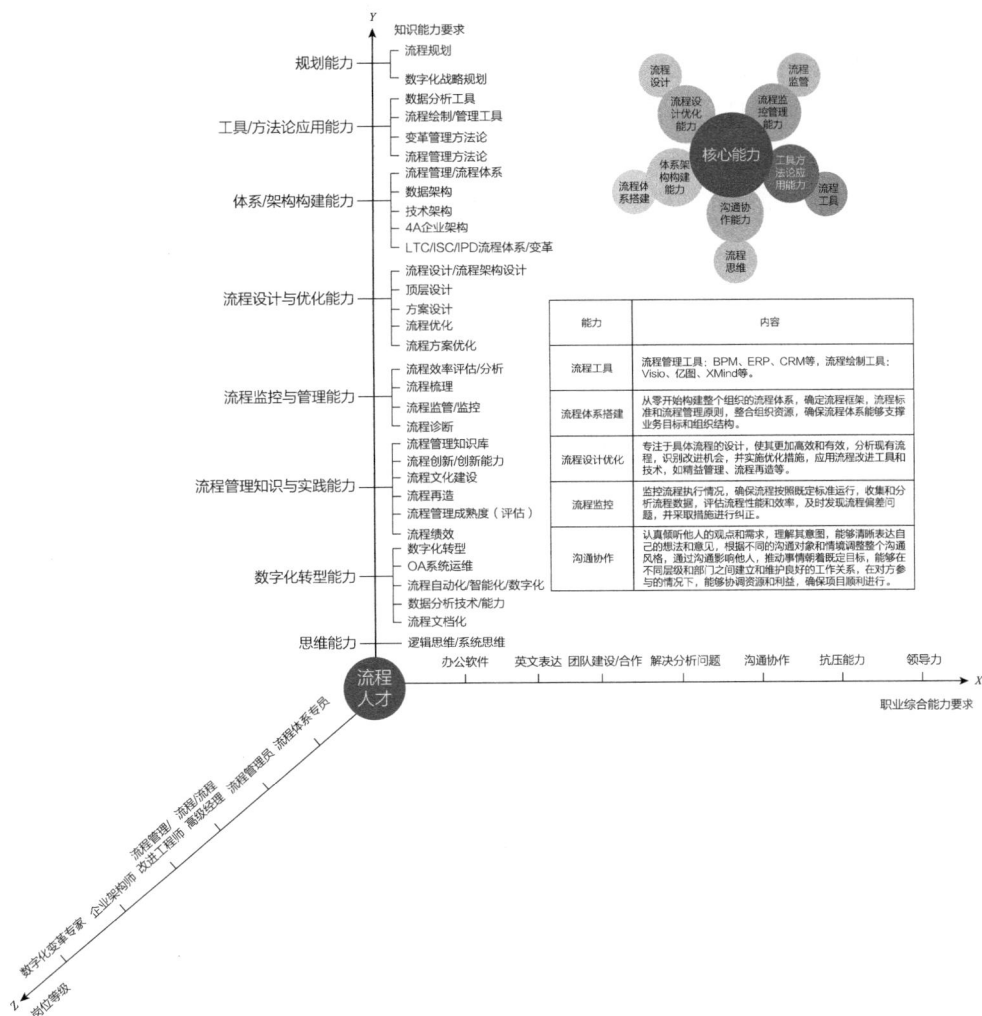

图 10-19　流程人才核心知能体系构成图

## 10.3.2　流程框架

在组织的运营与发展中，业务是其生存的核心，而组织框架则是支撑这一核心的基本骨架。为了在保持活力与适应外部环境的同时维持内在的稳定性，组织需要在柔性与刚性之间找到平衡。这种平衡不仅关乎组织的灵活性和适应能力，也决定了其能否在动态环境中持续高效运转。

组织的业务运营方式通常通过流程来描述和镜像，而流程体系的有效运作离不开组织框架的支持。两者之间的关系并非简单的从属，而是一种高度耦合的结构：流程体系为业务活动提供操作路径和执行规则，组织框架则为这些流程提供资源配置、职责划分和制度保障。这种耦合关系的核心在于确保流程的内容、顺序和目标与组织的整体战略保持一致，形成一套自洽而高效的运行机制。

衡量组织框架与流程体系耦合效果及其对运营管理适合性的标准，可以从以下几个方面展开：①内容全覆盖，组织框架与流程体系应涵盖所有关键业务环节和支持性活动，确保无遗漏地支持组织目标的实现；②过程全贯穿，流程的设计与执行需要贯穿组织的整个运营过程，从战略规划到日常执行再到绩效反馈，形成一个闭环系统；③逻辑内在清，组织框架与流程体系之间的关联必须清晰且逻辑严密，以避免职责模糊或操作上的冲突；④简单容易懂，尽管组织框架和流程体系可能涉及复杂的业务和管理内容，但它们的呈现形式应尽可能简明，使所有成员都能理解并遵循。

基于这些标准，可以进一步探讨这一耦合关系在迈克尔·波特价值链模型、华为 OES 体系、APQC 流程分类框架等典型组织框架中的具体体现。

1. 迈克尔·波特价值链模型

迈克尔·波特的价值链模型通过将企业活动划分为基本活动和支持活动，以全面的框架展现企业价值创造的关键路径。基本活动包括来料储运、生产加工、成品储运、营销和服务，这些构成了价值链上、下游环节中流程的核心内容，确保了内容的全覆盖和过程的全贯穿。而支持活动则涵盖企业基础设施、人力资源管理、技术开发和采购，为基本活动的高效运转提供了必要的资源和制度保障，形成流程体系的强大支撑。从耦合方式上看，价值链中的每个活动都与流程体系中的多个流程紧密联系，支持活动在横向上贯穿所有基本活动，而基本活动之间通过逻辑清晰的顺序相互衔接，体现了内在逻辑的清晰性。模型通过流程的分解与整合，为企业各部门和环节提供了结构简单且容易理解的指导，使企业能够快速识别核心竞争力所在。结合这一框架，组织得以优化资源配置，提升整体效率，并在竞争中保持优势。具体如图 10-20 所示。

2. 华为 OES 体系

华为组织框架基于企业全局视角，划分为执行类（Operating）、使能类（Enabling）、支撑类（Supporting）三大类型流程，构成 OES 流程体系。每类流程分别承担不同的职责，确保业务活动的内容覆盖企业运营的各个方面。其中，执行类流程如 IPD（集成产品开发）和 LTC（从线索到回款），以客户价值创造为核心，定义了所有为客户提供产品和服务的端到端业务活动；使能类流程如服务交付、供应链和采购，则通过响应运作类流程需求，支撑其价值实现；而支撑类流程如人力资源管理和财经管理，负责企业基础性功能的运行，保障公司高效低风险运作。三类流程共同构成了一个内容全覆盖的完整框架，将企业从战略到执行、从支持到价值实现的所有活动纳入管理范畴。具体如图 10-21 所示。

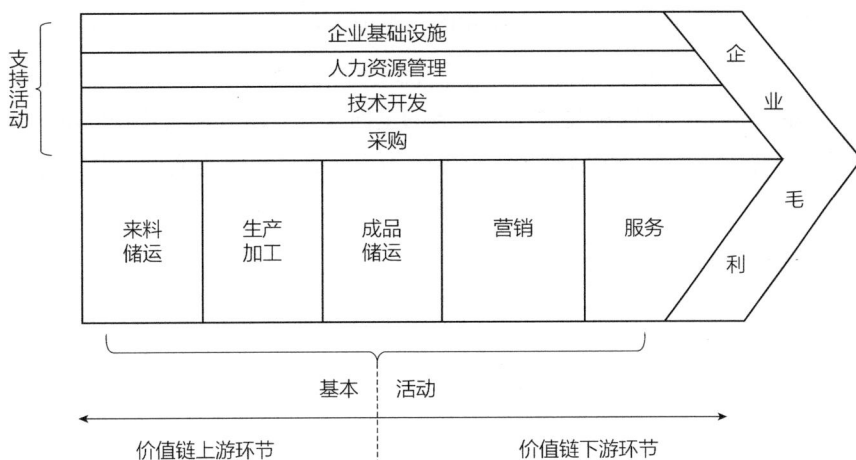

图 10-20　迈克尔·波特价值链模型图

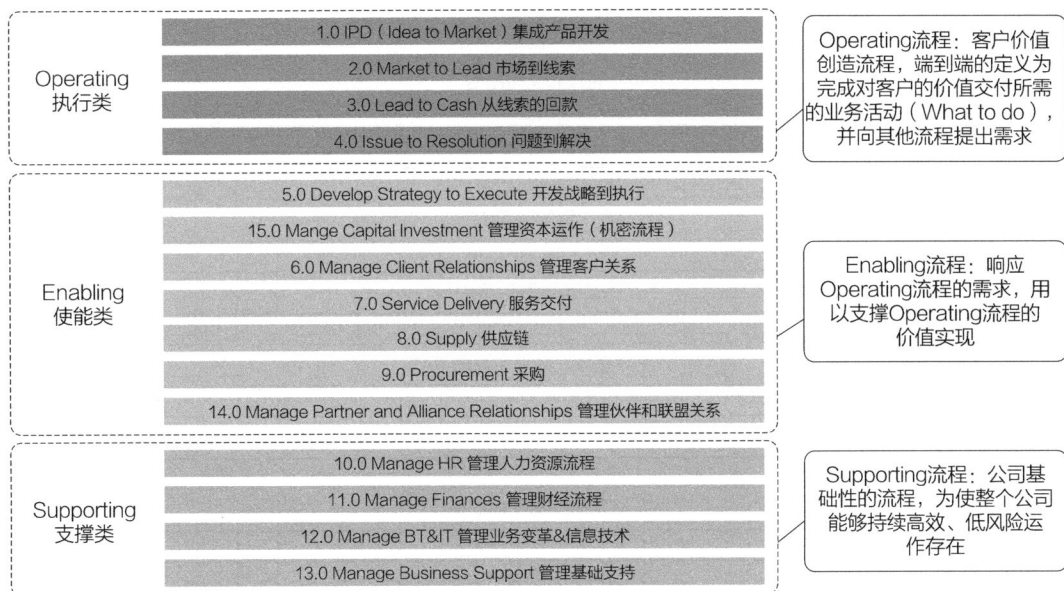

图 10-21　华为 OES 体系模型

　　华为通过清晰的流程体系与组织架构的耦合，实现了高效的协同运作。流程体系的设计与企业核心职能模块紧密对应：执行类流程与市场和研发部门相连，使能类流程服务于采购和供应链管理部门，而支撑类流程则涉及人力资源、财务和信息技术部门。这种模块化划分确保了流程与组织架构的精准对接，提升了跨部门协作效率。通过端到端的流程设计，各部门能够围绕流程目标展开工作，避免了职能分工不明确和责任模糊的问题。这种耦合方式使得企业能够从战略层面到执行层面实现全链条的管理，确保了流程的全覆盖、贯穿性、逻辑清晰性，并且简洁易懂。

　　3. APQC 流程分类框架

　　PCF 由 APQC（美国生产力与质量中心）创建，是一套国际公认的企业运营和管理流程框架，旨在帮助企业适应快速变化的市场环境，实现卓越运营。该框架将企业的运营和管理流程划分为 13 个企业级类别，细化为 1000 多个具体流程及相关活动，覆盖了企业从战略制定到执行管理的全流程，确保对关键业务领域的全面管理。通过模块化和标准化设计，PCF 实现了从顶层战略到具体执行的清晰逻辑链条，为企业提供了优化流程和对标行业最佳实践的有效工具，如图 10-22 所示。

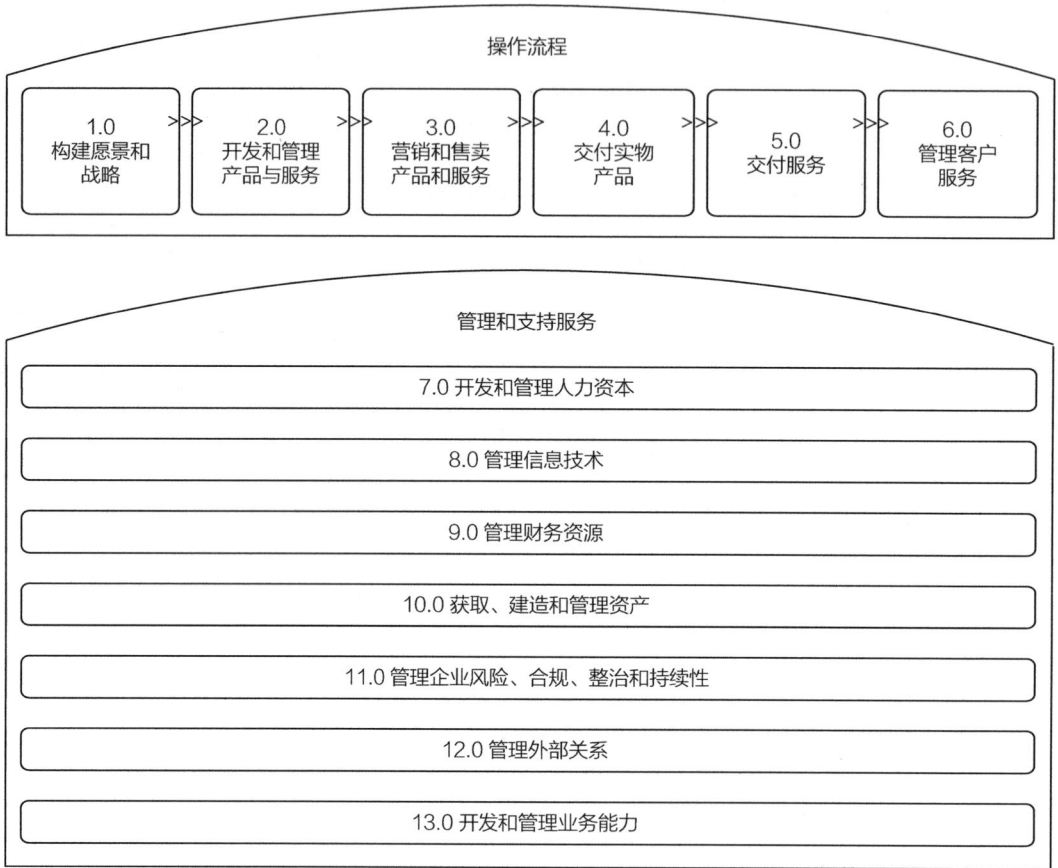

图 10-22　PCF 模型图

　　PCF 以端到端的流程设计为核心理念，确保关键业务场景的无缝衔接，从而高效支持企业在目标设定与价值实现的各个环节。这一框架注重逻辑严密性，通过结构化分类明确流程在企业运营中的作用，帮助企业识别改进空间并形成优化路径。同时，PCF 以清晰简洁的分类体系和易于使用的模板降低复杂性，提升透明度和实用性。然而，PCF 并非适用于所有管理体系。在传统企业阶段，其标准化和系统化优势较为突出，例如华为早期采用 PCF，能够很好地支持其当时以效率和稳定性为核心的组织管理需求。但随着企业发展加快、国际市场竞争加剧，PCF 逐渐显现出其局限性，无法适应快速变化的业务需求和组织形态转型。例如，华为在变革过程中不得不弃用 PCF，转而采用更具灵活性和客户导向的 OES 系统。这一案例表明，PCF 在企业变革初期可作为基础流程框架，但在更高阶段的管理体系演进中需要灵活调整和升级。

总体而言，PCF 框架通过模块化设计和清晰的逻辑结构，在实现战略到执行的传递连续性方面表现出色，为企业流程管理提供了强有力的工具。但其抽象化特性和闭环管理不足的缺陷，决定了其适用性具有一定的局限性。企业需根据自身业务特点、发展阶段和技术需求对其进行针对性优化，以充分发挥其价值。

### 4. TOGAF

TOGAF 框架的核心是架构开发方法（ADM），其以需求管理为中心，贯穿架构开发全生命周期，通过架构愿景的确立，逐步展开业务架构、信息系统架构和技术架构的设计，并通过机会与解决方案评估、迁移规划、实施治理和架构变更管理等阶段实现架构目标的落地。需求管理在其中起到纽带作用，确保动态需求在各阶段得到识别、分析和反馈。实际应用中，ADM流程具有逻辑闭环性和全生命周期支持能力，但需结合企业实际裁剪优化，以解决架构复杂性和动态适应性问题。通过加强需求管理、聚焦业务与技术架构的衔接优化以及构建闭环反馈机制，企业能够实现架构开发的高效执行，推动战略目标与业务价值的持续达成。具体模型如图 10-23 所示。

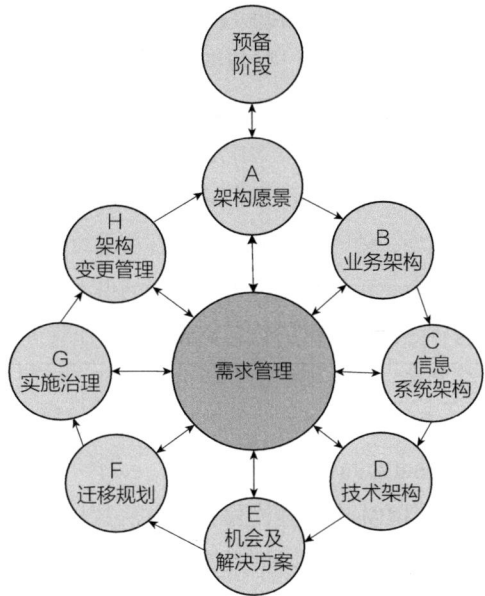

图 10-23　TOGAF 模型图

TOGAF 框架与流程体系之间存在一定的耦合性，这种耦合主要体现在战略目标与流程驱动力的衔接上。在业务架构设计阶段，TOGAF 通过明确驱动力、目标和测度，为流程体系提供了战略指导；在技术架构设计阶段，通过技术工具的规划支持流程的执行与优化。然而，TOGAF 框架更多地停留在架构设计和规划层面，缺乏对流程治理和技术落地的深入指导，与现代流程治理工具相比表现出一定的局限性。因此，企业可以将 TOGAF 与 PDCA 循环结合，通过明确计划、执行、检查和改进的闭环环节，进一步实现架构方法与流程体系的深度融合。与此同时，TOGAF 在应用过程中需重点关注裁剪方法的合理性，通过灵活调整框架内容以适应企业的流程管理需求，确保战略与执行之间的逻辑贯通和系统性闭环。

TOGAF 作为一套结构化的企业架构开发框架，在内容覆盖、过程贯穿和逻辑设计方面表现出较高的系统性和规范性。其架构开发方法为企业架构的设计和实施提供了重要的理论和方法支持。然而，其"厚重"的特性和实际落地能力的不足决定了企业需结合实际场景对 TOGAF 进行裁剪优化，以更好地实现架构开发与流程体系的耦合，最终推动企业战略到执行的高效转化和持续优化。

**5. L 模式**

L 模式是以流程"Liu"首字母为核心标志的企业组织框架，完整地体现了流程型企业的组织范式，其通过高度概括的设计解决了以流程为主导的企业形式在实践中操作性不足的问题，展现了内容全覆盖、过程全贯穿、逻辑内在清晰以及简单易懂的特性。

L 模式在图 10-15 中已呈现具体表达，包括运营环境（PESTecl）评价、目标体系、四流程体系、九要素体系、以沟通管理为中心的运营系统和管控体系、支持系统组成的支撑管控体系。全面覆盖了企业运营的关键要素与内容，使复杂企业的管理能够涵盖从战略规划到具体任务执行的全流程。

L 模式强调过程的贯穿性，通过运营环境评价指导目标的制定与分解，再由流程体系对目标实现路径进行细化，通过沟通管理这一核心环节实现多部门协作，最终依托 BIM 和 ERP 平台构建动态闭环管理系统，从而贯穿了企业运营的各个环节。与此同时，L 模式凭借四流程、九要素、一中心和两平台的逻辑设计，形成了企业组成要素间的内在关联，构建了系统管理的完整闭环，体现了严密的逻辑性与系统性，使外部环境与内部结构实现有效耦合。同样，L 模式将复杂管理活动抽象为可操作的模型，为管理者提供了高效的思维方式和管控工具，借助 BIM 的可视化与 ERP 的信息集成，使企业管理既具有理论指导意义，又能在实践中易于理解和执行。综合来看，该组织框架通过对内容、过程、逻辑和操作性的全面优化，不仅展示了流程型企业管理的先进理念，还为企业实现高效的组织管理提供了创新性的理论依据和实操方法。

**6. EBPM 模型**

EBPM 全要素流程管理方法论构建了一套系统化的组织框架，与流程体系深度耦合，形成了从战略到执行的完整管理逻辑。通过对管理要素的细化，EBPM 将管理体系划分为战略视图、流程视图、组织视图、功能视图、数据视图和规则视图六大模块，涵盖战略目标、端到端流程、职责分工、风险控制、绩效管理等 26 类要素，确保企业管理的各个环节有据可循。以"设计—执行—治理—优化"的 PDCA 闭环为核心，EBPM 通过数字化模型将管理要素贯穿于流程全生命周期，实现从设计到优化的无缝衔接，推动管理体系的高效运转。同时，基于算法支持与数据驱动的优化技术，EBPM 不仅能挖掘实际运行流程与设计模型的差异，还能深入分析流程运行效率，从而提升企业管理能力，强化协同效果。在具体应用中，EBPM 平台通过信息化手段帮助企业理顺管理体系，简化复杂操作，实现从战略规划到执行反馈的高效传递，构建出清晰、可操作的数字化流程管理模式。具体模型如图 10-24 所示。

以作者观察，由于文化等原因，国际上的一些流程框架模型，并非能够顺滑地融合到国内的管理实践中。理解起来也非常费劲。借鉴时，需要细致甄别，深刻学习，充分消化。

### 10.3.3　流程再造

流程再造（Business Process Reengineering, BPR）是管理学中的一个重要概念，指对企业的业务流程进行根本性的重新思考和彻底的重构，以实现关键绩效指标（如成本、质量、速度、服务等）的显著提升。这一概念由迈克尔·哈默（Michael Hammer）和詹姆斯·钱皮（James Champy）在 20 世纪 90 年代提出，被认为是企业应对激烈竞争和快速变化环境的核心策略。

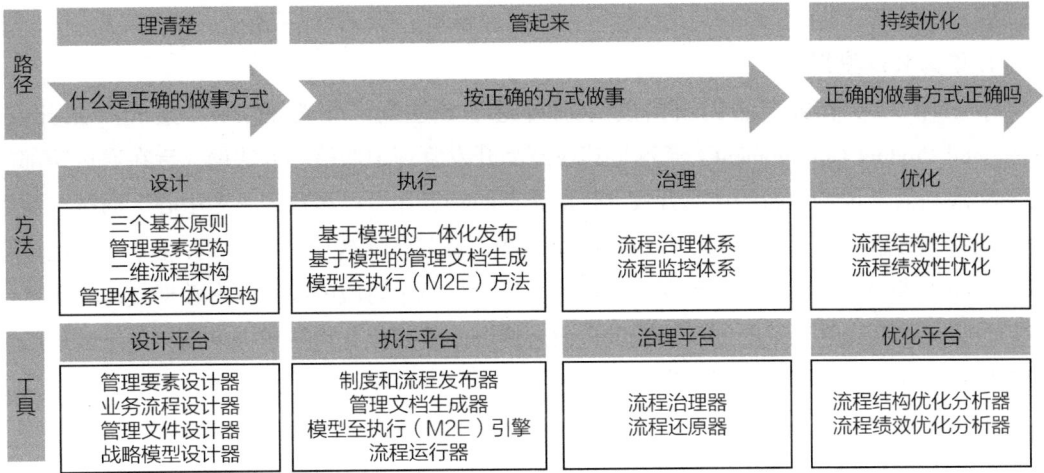

图 10-24　EBPM 模型图

相比于流程优化渐进式的流程改进，流程再造跳出原有框架，重新审视为什么需要流程等问题，而非简单优化现有步骤。它通常定位在效率提升 50% 以上、成本降低 30% 等突破性改进，将现有流程推倒重来，打破部门壁垒，围绕客户价值重新设计端到端的流程。客户的需求、产品的价值、生产的效率、企业的资本等都是流程再造审视导向目标的因素。

组织、业务、流程之间是相互作用、相互决策的关系。流程体系的构建、重建必然受到现有组织架构的约束，反之，也能够引发组织架构的变革。变革、创新势必会与原有的管理模式产生冲突，一定程度上打破已经建立的平衡，但同时也将带来新的机遇。变革是在这样的冲突和机遇中握准组织发展的正确方向，引导组织建立更高层次的新一轮平衡，推动组织实现高质量发展。

流程牵引理论不仅帮助组织建立结构化的全生命周期流程管理体系，并且在流程再造中同样具有主导、推动变革有序进行的作用。理论从组织的战略、项目的目标出发，抓住组织运作的主要矛盾，认清流程再造的重点，落实到任务的执行，形成以流程为核心的由框架到细节、宏观到具体、规划到落实的闭环过程，最终构建完整的流程管理体系框架，并使流程为管理实践提供真正的理论与方法支撑。其次，探究流程定义、划分四流程类型（战略、职能、工艺、自善）、描述流程要素、流程的牵引表达方法、流程评价（流程信度、效度和优度的概念）方法、与 IT 结合的软件开发思路，让流程牵引理论更具科学性和实用性，提高再造成功率。流程牵引理论创新了流程实践方法和流程管理工具，包括流程规划、表达、编制、执行、评价和优化，帮助组织有效防范风险隐患，提升管理效率。

重塑流程体系是企业管理变革的重要内容。组织通过对关键业务流程的重新设计与优化，不仅可以提升资源配置效率和组织运作能力，还能推动组织在动态市场环境中的持续创新与高效协同。华为作为全球领先的科技公司，围绕流程体系的重塑与优化，构建了一套覆盖市场、研发、销售与供应链的高效管理框架，通过科学、精细、闭环的流程设计，实现了全局协同与价值最大化。以下将详细介绍华为在 IPD、MTL、LTC 和 SCM 等核心流程中的体系重塑实践，同时结合其他领域的优化探索，为组织理解和实施流程体系重塑提供重要启示。

### 1. 华为 IPD 流程

本书第 9.1.1 节从产品创新角度详细讨论了该主题。华为的 IPD（集成产品开发，Integrated Product Development）流程是其在产品开发管理中的核心方法论，旨在通过跨部门协同实现高效、市场导向的产品开发。IPD 流程的特点在于以客户需求为中心，通过产品生命周期管理覆盖从概念构想到产品退市的全过程。在具体实施中，IPD 流程注重阶段性评审机制，如需求评审、设计评审和发布评审等，以确保每个阶段的决策具有数据支持和质量保障。同时，该流程强调资源的有效配置，通过矩阵式管理模式将技术、市场和供应链部门无缝对接，从而减少沟通壁垒，提高研发效率。IPD 的引入帮助华为显著提升了产品研发的成功率和市场适应性，为企业的全球化竞争力奠定了坚实基础。

### 2. 华为 MTL 流程

在 IPD 流程的基础上，华为进一步推出了 MTL（市场管理流程，Market To Lead）流程，旨在更好地响应市场需求并引领行业趋势。MTL 流程的核心是通过精准的市场洞察和客户行为分析，将外部需求快速转化为内部驱动力，从而确保公司战略与市场趋势的深度融合。该流程从需求捕捉到解决方案设计，贯穿了市场调研、需求管理和营销策略制定等关键环节。通过细分市场、明确目标客户群体以及优化资源配置，MTL 有效地支持了产品定位与市场推广的精准性。此外，该流程还通过闭环反馈机制不断优化需求识别和响应能力，从而实现市场驱动的高效运营，进一步强化了华为在多变市场环境中的竞争优势。

### 3. 华为 LTC 流程

LTC（从线索到现金，Lead To Cash）流程是华为销售与交付管理的核心框架，覆盖了从销售线索获取到客户回款的全过程。该流程的独特之处在于将营销、销售、交付和回款环节紧密结合，形成完整的业务闭环。LTC 流程以数字化和信息化为基础，强调销售线索的精准管理和资源匹配，通过建立完善的客户关系管理系统（CRM）实现销售过程的全程可视化。与此同时，LTC 流程中的标准化操作步骤和实时监控机制，确保了从合同签订到产品交付的高效执行。通过优化客户触点管理和流程节点控制，LTC 不仅提升了客户满意度，还为企业带来了更高的现金流周转效率，为华为的全球市场拓展提供了有力支持。

### 4. 华为 SCM 流程

SCM（供应链管理，Supply Chain Management）流程是华为供应链运营的核心体系，其目标是通过端到端的精细化管理，实现供应链的高效协同与成本优化。SCM 流程覆盖了从供应商管理到物流交付的各个环节，尤其强调采购、库存和生产计划的精益化管理。在实践中，华为通过构建全球供应链网络，整合资源和能力，实现了从原材料采购到产品交付的全面优化。SCM 流程还融入了先进的技术手段，如大数据分析和人工智能算法，用于预测市场需求和动态调整供应链策略。这一流程不仅提升了供应链的敏捷性和可靠性，也为公司在不确定性环境下的业务连续性提供了强有力的保障，体现了华为在运营效率与成本控制方面的卓越能力。

综上所述，IPD 流程通过构建全生命周期的产品开发体系，为华为奠定了技术与市场的平衡基础；MTL 流程进一步强化了从市场需求到战略决策的转化效率；LTC 流程以精细化的销售和回款管理助力业务闭环；SCM 流程则通过全球化供应链网络和技术赋能实现了端到端的卓越运营。这四大流程相互支撑，共同构成了华为流程体系的核心内容，为其在复杂多变的市场环境中保持领先提供了关键动力。

### 5. 流程体系案例一："L 模式"下的工程质量安全管理

为全面提升工程质量与安全管理，应强化责任落实，明确建设、勘察、设计和施工单位的主体责任，实施质量终身责任制，在关键部位设立质量责任标牌，确保责任人可追溯。对违法违规行为，要严格执行法律法规，采取停业整顿、资质吊销等处罚措施，切实形成震慑力。同时，推动安全生产管理与信息技术深度融合，建立数字化监管平台，提高现场风险管控能力，特别是在深基坑、高支模和重大工程项目中，精准进行风险评估与控制。优化监管流程，明确政府、企业与社会的责任分工，强化监管力度，特别是对涉及公共安全的关键工程环节（如地基、主体结构等）的监控与抽查。通过推进工程质量安全的标准化管理，推动质量控制的全过程覆盖与信息化手段支持，强化工程质量监理和检测机构的管理，严防虚假报告，促进质量安全体系的全面升级与持续改进，确保工程项目的质量与安全达到更高标准。基于"L 模式"的工程质量安全手册（运营流程体系）如图 10-25 所示。

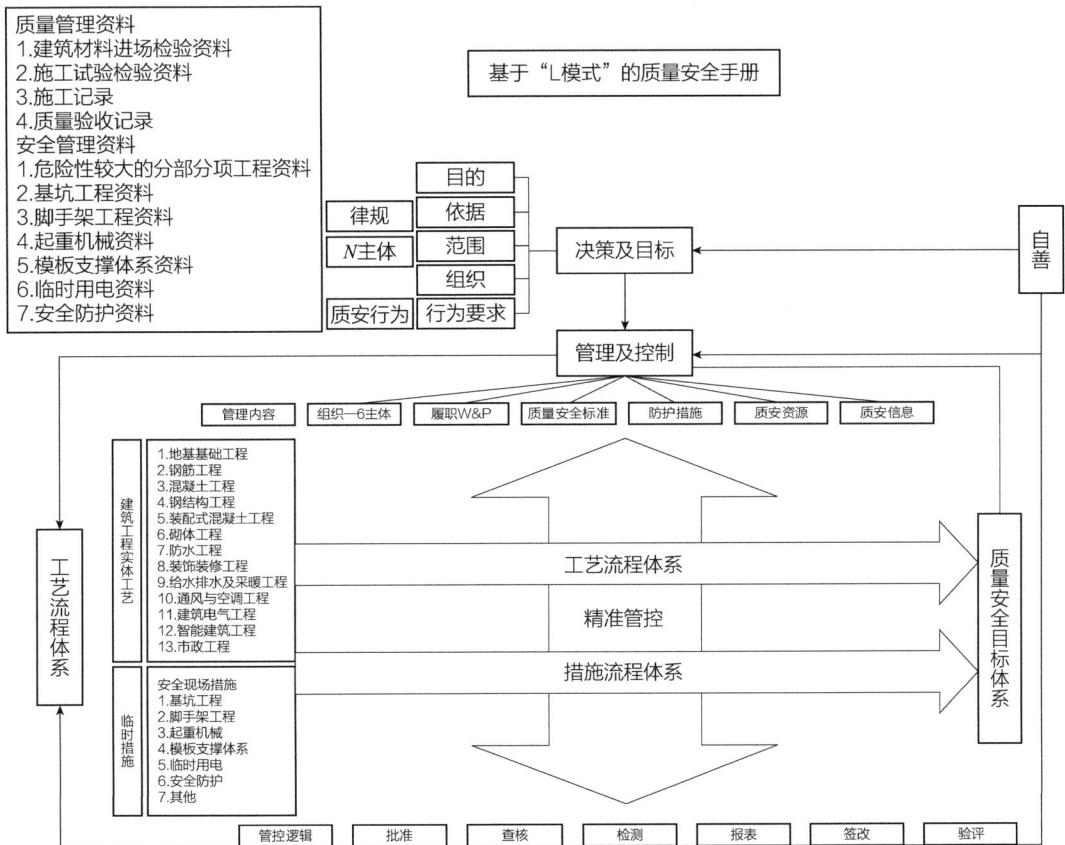

图 10-25 基于"L 模式"的工程质量安全手册图

**6. 流程体系案例二：阿里巴巴淘宝网流程战略思想**

商业信用是交易成功的核心痛点之一，大企业通过流程优化与流程再造，构建高效可信的平台，解决信任难题。阿里通过重塑交易流程体系，以支付宝担保机制和淘宝平台为核心，打通买卖双方的信任、货物流与资金流三大关键路径，通过信用保障、延迟支付等设计，全面提升交易的安全性和便捷性，实现从信用评估到成功交易的闭环流程，如图 10-26 所示。买方与卖方在平台上通过信息流与货物流的有效衔接，在"信任保障"下达成交易，显著提升了成交率。

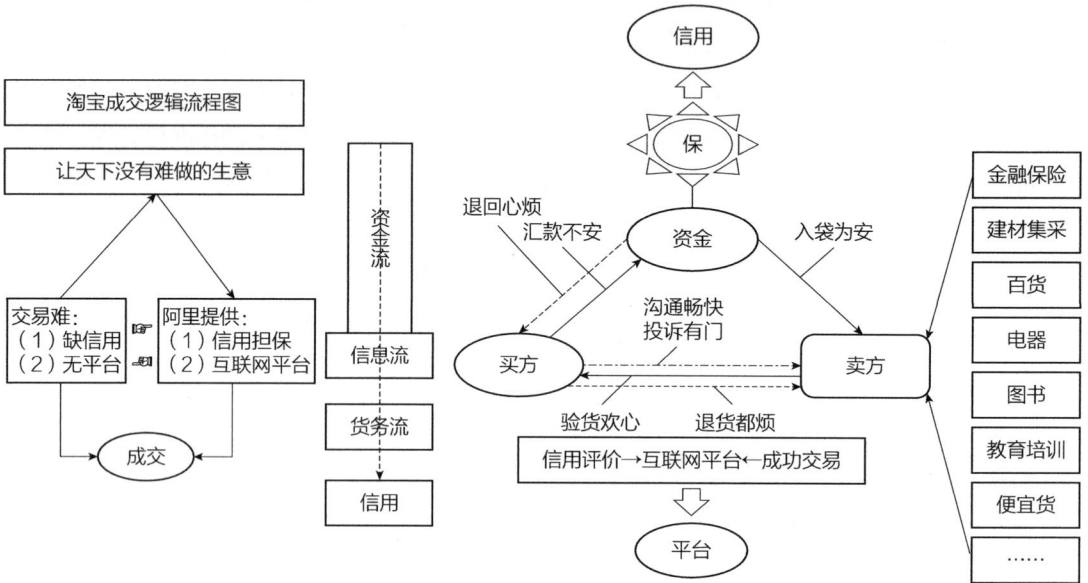

图 10-26 阿里巴巴淘宝网流程战略思想

同样，在工程交易与管理信息化领域，需借鉴此模式，通过流程重构设计公平、透明的交易中心，引入工程保险与支付担保机制，优化信息、资金与资源的流动效率，强化信任纽带，提升交易效能。此外，流程体系的重塑在风险管控中尤为关键，通过完善操作流程、构建高效应急机制，确保全流程的稳定性与可控性，从而实现商业和生态的可持续发展。

# 第 11 章
# 组织治理变革

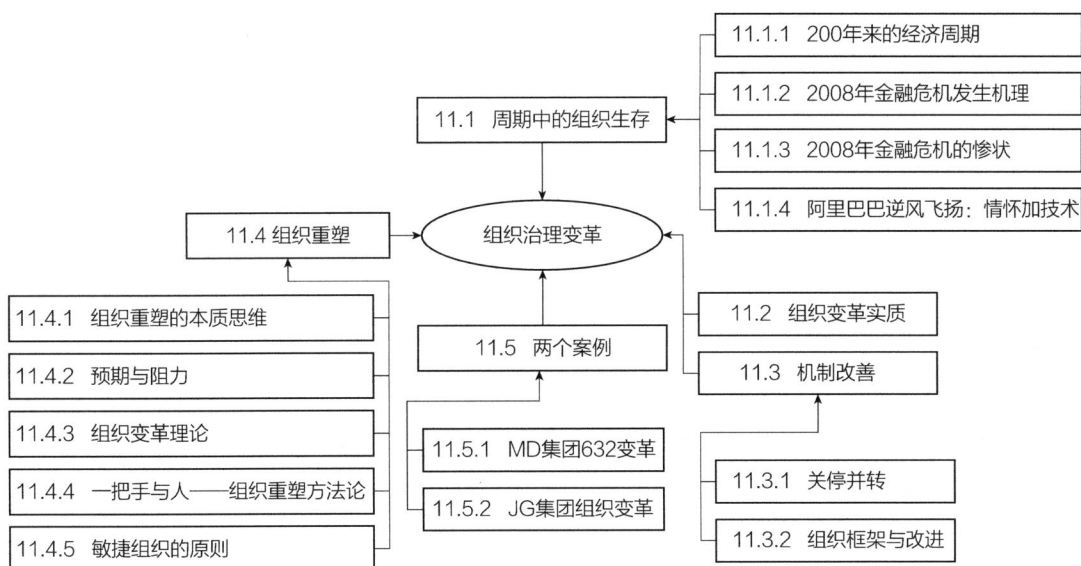

图 11-1　第 11 章逻辑图

## 11.1　周期中的组织生存

先讨论在大周期中的前瞻性，是决定组织生死的，以阿里为例，讨论预见与绸缪决策的关键作用。

### 11.1.1　200 年来的经济周期

粗略地回顾近 200 年来的全球经济发展周期，如图 11-2 所示。后面着重分析 2008 年金融危机的机理、原因、危害及转危为机的中国阿里巴巴案例。全球经济是在科技进步、政策调整和国际关系等多种因素的共同作用下不断演变和发展的过程。

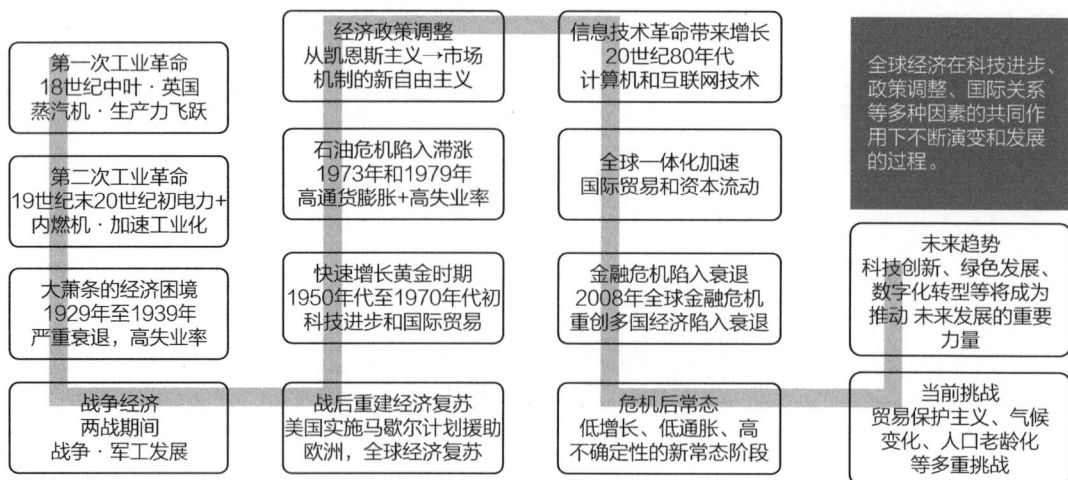

| 第一次工业革命<br>18世纪中叶·英国<br>蒸汽机·生产力飞跃 | 经济政策调整<br>从凯恩斯主义→市场<br>机制的新自由主义 | 信息技术革命带来增长<br>20世纪80年代<br>计算机和互联网技术 | 全球经济在科技进步、政策调整、国际关系等多种因素的共同作用下不断演变和发展的过程。 |
| --- | --- | --- | --- |
| 第二次工业革命<br>19世纪末20世纪初电力+<br>内燃机·加速工业化 | 石油危机陷入滞涨<br>1973年和1979年<br>高通货膨胀+高失业率 | 全球一体化加速<br>国际贸易和资本流动 | |
| 大萧条的经济困境<br>1929年至1939年<br>严重衰退，高失业率 | 快速增长黄金时期<br>1950年代至1970年代初<br>科技进步和国际贸易 | 金融危机陷入衰退<br>2008年全球金融危机<br>重创多国经济陷入衰退 | 未来趋势<br>科技创新、绿色发展、数字化转型等将成为推动 未来发展的重要力量 |
| 战争经济<br>两战期间<br>战争·军工发展 | 战后重建经济复苏<br>美国实施马歇尔计划援助<br>欧洲，全球经济复苏 | 危机后常态<br>低增长、低通胀、高<br>不确定性的新常态阶段 | 当前挑战<br>贸易保护主义、气候变化、人口老龄化等多重挑战 |

图 11-2　200 年来的全球经济周期

## 11.1.2　2008 年金融危机发生机理

一场席卷全球惊心动魄的金融危机的发生，当然有各种复杂原因，"地球头部"的美国和巨量的规模，使得其危害必然惨烈无比，危害深重。其发生机理如图 11-3 所示，是在金融制度性安排下、资本趋利的市场操纵下引发的。

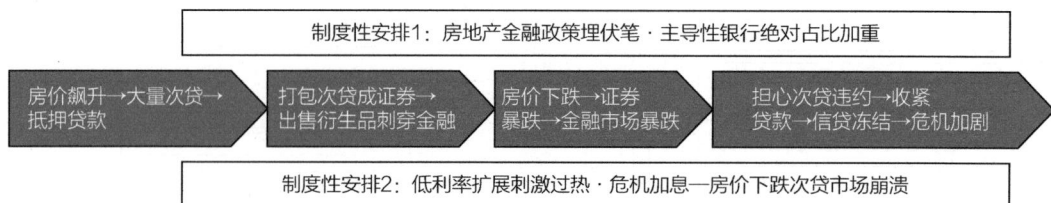

制度性安排1：房地产金融政策埋伏笔·主导性银行绝对占比加重

| 房价飙升→大量次贷→抵押贷款 | 打包次贷成证券→出售衍生品刺穿金融 | 房价下跌→证券暴跌→金融市场暴跌 | 担心次贷违约→收紧贷款→信贷冻结→危机加剧 |
| --- | --- | --- | --- |

制度性安排2：低利率扩展刺激过热·危机加息—房价下跌次贷市场崩溃

图 11-3　2008 金融危机发生机理简图

## 11.1.3　2008 年金融危机的惨状

### 1. 宏观经济

2008 年的全球金融危机对世界经济造成了严重冲击，不仅导致了经济增长的放缓，还引发了股市暴跌、失业率上升、全球贸易受阻以及金融市场的结构性变化等问题。

①全球经济增长放缓（增长率从 2008 年 2.8% 降到 2009 年 –0.6%）；②股市暴跌（美三大股指全年跌幅接近 40%）；③失业率上升（失业率 2008 年底全美 7.2% 升至 2009 年底 10%）；④全球贸易受到冲击（全球消费市场的需求大幅减弱）；⑤全球债务持续上升（全球债务从 2008 年 80 万亿增至 135 万亿美元）；⑥金融市场发生结构性变化。

### 2. 企业经营

在 2008 年金融危机中，许多企业受到了严重的冲击，甚至倒闭。

①美国第四大投行雷曼兄弟：申请破产保护，是个标志性事件；②美林证券：被美国银行收购；③华盛顿互惠银行：被美国联邦存款保险公司接管，成为美国有史以来倒闭的规模最大的银行；④美国国际集团（AIG）：AIG是美国最大的保险公司，由于为次贷相关的金融产品提供了大量的信用违约互换（CDS），在次贷危机中遭受了巨大的损失，几乎破产。2008年9月16日，美联储以850亿美元的信贷额度换取AIG79.9%的股份，才避免了其倒闭；⑤房利美和房地美：这两家美国政府支持的房地产金融机构在次贷危机中亏损严重，2008年7月被美国政府接管。它们持有和担保的抵押贷款债权约为5.3万亿美元，占整个抵押贷款市场规模的44%。这些企业的倒闭不仅对美国经济造成了严重的冲击，也引发了全球金融市场的动荡，导致了全球金融危机的爆发。

### 11.1.4 阿里巴巴逆风飞扬：情怀加技术

中国人总是强调"危中有机"，机会蕴藏在危险之中。尤其是商业博弈，无法掌握全部数据、无法统计明确需求、无法洞悉人性险恶，在充满灰度的市场中，"信息不对称"的平台里，能否成为赢家，靠的不仅仅只有运气，更多的是商业智慧与人性定力。马云管理下的阿里巴巴，就是这次金融危机中的大赢家。

1. 马云的预见

马云预见到2008年危机，主要基于他对经济形势的深入分析和前瞻性判断。首先，马云具有独特的商业敏锐度和危机意识。在2008年金融危机爆发之前，他已经意识到全球经济可能存在的风险，并提醒员工做好应对准备。其次，马云善于从全球经济的宏观角度审视问题。他关注全球经济动态，对各国经济政策和市场动态有深入的了解。这使得他能够及早捕捉到金融危机爆发的信号，并准确判断其对阿里巴巴和中小企业的影响。最后，马云注重企业的长期发展和战略规划。他强调要在经济形势好的时候做一些比较大的调整和变动，以应对未来可能出现的危机，即"在阳光灿烂的时候修理屋顶"。这种前瞻性的战略规划使得阿里巴巴能够在危机中保持稳健发展，并抓住机遇实现逆势增长。

马云之所以能够预见到2008年的危机，是因为他具备独特的商业敏锐度、全球经济视野以及注重长期发展的战略规划能力。

2. 从数据判断的技术层面

（1）技术层面，通过关注"生意链"的数据变化预见了经济形势，反向锚定战略目标。

马云在2008年全球金融危机期间，通过密切关注阿里巴巴平台上中小企业生意链的数据变化来判断经济形势。作为一家服务于中小企业的电子商务平台，阿里巴巴能够直接观察到企业间的交易活动和订单量的变化，这些实时数据可以作为全球经济健康状况的晴雨表。

当马云注意到平台上中小企业的订单量开始减少，以及买家和卖家之间的交易活跃度下降时，他意识到全球经济可能正面临严重的挑战。这种对平台数据的敏感捕捉让马云能够提前预见到即将来临的经济危机，并据此调整公司的策略，以帮助平台上的中小企业应对即将到来的困难时期。

面对 2008 年的全球金融风暴，马云明确未来十年发展目标：要成为全世界最大的电子商务服务提供商，不仅帮助中小企业度过寒冬，也开启了从电商公司到商业基础设施的蜕变之路。通过提供更多的增值服务和技术支持，如在线支付（支付宝）、物流协调等，阿里巴巴帮助企业更有效地运营，降低运营成本，提高效率，从而增强了它们在经济下行时期的生存能力。马云强调，生意难做之时，正是阿里巴巴兑现"让天下没有难做的生意"的使命之时。阿里巴巴利用自身的技术和服务优势，在逆境中寻找机会，为中小企业创造新的价值和机遇。这表明了马云及其团队对于危机管理的前瞻性思维和对中小企业需求深刻理解的能力。

（2）判断层面，危机—困境—策略的施救三部曲。

马云在预见 2008 年危机时，并没有直接给出具体的预测数字，如 GDP 增长率、失业率或股市跌幅等。他的预见主要体现在对经济形势的宏观判断和对阿里巴巴及中小企业可能面临的挑战的洞察上，具体如下：

①经济形势不容乐观：在 2008 年初就判断整个经济形势不容乐观，并提醒员工要做好应对准备。他要求员工肩负比以往更大的责任，准备迎接严峻考验。

②中小企业面临困境：马云预见到中小企业将受到金融危机的严重冲击，面临资金短缺、市场需求萎缩等挑战。因此，他提出阿里巴巴要全力支援中小企业利用电子商务开拓市场、节约成本、渡过难关。

③调整业务策略：基于上述判断，马云决定对阿里巴巴的业务策略进行调整。例如，他提出"深挖洞、广积粮、做好做强不做大"的策略，要求公司强化内部管理、优化业务结构、提升运营效率。

基于对经济形势和中小企业面临的挑战的深入洞察，提出了相应的应对策略和调整措施，奠定了转危为机的基础。

（3）言论体现，预警—判断—应对的逻辑三部曲。

马云预见 2008 年危机的具体言论主要体现在以下几个方面：

①关于经济寒冬的预警：2008 年初，马云在阿里巴巴集团内部员工大会上表示，要为"冬天"的来临准备更多的粮草，并提出阿里巴巴在 2008 年要"深挖洞、广积粮、做好做强不做大"。同年 7 月，马云在给阿里巴巴内部员工的邮件中，使用"冬天的使命"作为标题，要求员工肩负比以往更大的责任，准备应对严峻考验。

②关于金融危机的判断：马云在公开场合表示，他对全球经济的基本判断是经济将会出现较大的问题，未来几年经济可能进入衰退期，并认为接下来的冬天会比大家想象的更长、更寒冷、更复杂。

③关于阿里巴巴的应对策略：马云强调，阿里巴巴已经拥有"一定的抗击打能力"，但仍需做好应对更复杂形势的准备。他提出，阿里巴巴要依靠上市融到的资金来渡过接下来的"冬天"，并制定了相应的过冬方案和援助计划。

这些言论展示了马云在经济危机爆发前的敏锐洞察力和前瞻性判断。他不仅提前预警了经济寒冬的到来，还提出了具体的应对策略和方案，为阿里巴巴的稳健发展奠定了坚实基础。

### 3. 2008 年金融危机中阿里巴巴的预见性调整

2008 年金融危机中，阿里巴巴做了多项预见性的调整，以应对经济寒冬并抓住发展机遇，具体如下：

（1）提前制定战略规划：2008 年 2 月，阿里巴巴集团就制定了"帮助中小企业过冬"的战略规划，并迅速开始实施组织架构、运营管理以及人员配备上的准备。马云要求员工肩负比以往更大的责任，强调"我们不仅不能让自己倒下，还有责任保护我们的客户"。

（2）主动降低收费标准：为了保证用户的忠诚度，同时吸引更多的用户加入，阿里巴巴主动大幅下调了收费。例如，把"中国供应商"的年费从 6 万元调整到 1.98 万元。这一举措在经济危机时代吸引了大量付费用户，很快就弥补掉了收费下降的损失。

（3）推广电子商务业务：阿里巴巴全力支援中小企业利用电子商务开拓市场、节约成本、渡过难关。2008 年 9 月，阿里巴巴启动了价值 3000 万美元的"乌云计划"，进行全球推广营销。该计划令阿里巴巴的品牌知名度持续上升，吸引到更多的用户和网站流量。

（4）推出多项援助计划：2008 年 10 月，阿里巴巴宣布并启动了帮助中小企业"过冬"的特别行动计划，包括"狂风计划"和"春雷计划"等。这些项目不局限于帮助小企业扩大销售，还解决他们管理、资金等方面的难题。2008 年 11 月 3 日，阿里巴巴正式推出为中小企业量身打造的新一代出口产品"出口通"，助力中小企业全力拓展海外市场。

（5）内部优化管理：在经济低迷的情况下，阿里巴巴强化公司文化，改善因快速发展而导致的公司文化稀释；提高组织效率；提升人才能力以支持公司未来的宏图。虽然面临很大的经济不确定性和萎缩的财务回报，阿里巴巴仍然在 2009 年 1 月给员工加薪，同时冻结了所有副总裁及以上级别的高级主管的加薪。

这些预见性的调整不仅帮助阿里巴巴安全度过经济危机，还使其实现了逆势增长，进一步巩固了市场地位。

## 11.2　组织变革实质

组织变革的最终目的是使得组织具备敏捷适应能力，构建一个运营高效、强执行力、满意度高、价值感强、持续力好的高效组织（图 11-4）。

在组织的动态演进历程中，变革是永恒的旋律。组织变革的实质深刻地映射于权力分配、资源分配以及利益分配这三大核心维度。这三个方面相互交织、相互影响，共同塑造着组织治理的轨迹与方向。

权力分配格局对组织发展走向具有深刻影响。领导权是组织权力架构的核心顶端，其归属于行

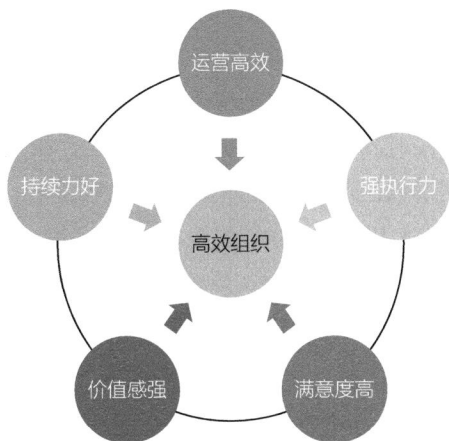

图 11-4　高效组织内容构成图

使方式直接决定了组织的战略方向与发展愿景。在相对稳定的组织环境中，以往的集权式领导模式或许能维持组织的日常运转。然而，在当下复杂骤变的市场环境中，新兴技术快速迭代的冲击、行业格局的重大调整，领导权的适度分散成为必然趋势。一些头部企业在开拓新业务领域时，会根据不同的板块需要组建相对独立的团队，并授予团队负责人更大的领导权力，使其能够灵活应对市场变化，做出正确决策，推动新业务的创新发展。

决策权关乎组织在应对各种挑战和机遇时能否做出及时且正确的选择。在传统的组织架构中，决策权通常高度集中于高层管理者手中。然而，这种集中式决策模式容易导致决策过程冗长、强主观性、信息传递失真，且不再能够适应逐渐扩大的组织规模和日益复杂的外部环境，容易错失发展良机。组织变革意味着决策权的重新分配，让更了解现实状况的基层员工参与进来，由集中决策转为团队决策，以做出更符合实际需求的决策。

分配权决定着组织内各类资源（包括人财物资源渠道等）在不同部门、项目和业务之间的流向。在变革期间，分配权的变动需要精准考量围绕组织战略侧重和发展需求，对资源分配及时做好动态调整。当组织决定加大对新兴业务领域的投入时，分配权就需要向该领域倾斜以获得更多优质资源，助力新兴业务成长。反之，若某一业务板块出现萎缩或不再符合组织未来发展方向，经严格评估后应考虑减少资源支持。

用人权是组织建设人才队伍的核心权力。用人权的合理运用能够吸引、留住和激励关键人才，是组织变革坚实的人力保障。组织治理、业务变革、流程再造对人才都有极大的变化和新需求。不仅要求组织基于既有员工的能力和潜力进行重新选拔任用，同时需要从外部引入具有前沿技术知识的专业人才，为组织发展注入新的活力与动力。

组织变革能够顺利实施的物质基础在于资源的合理分配。组织资源涵盖人力、财力、物质、知识、渠道等多个方面。随着业务结构的调整，人力资源需在不同部门、岗位之间进行灵活流动与组合优化。物质资源的分配意味着对生产设备、办公设施等硬件资源的重新布局与优化，直接体现组织的运营能力和创新能力。知识、信息，员工技艺的传承，项目经验的萃取，通过建立高效的信息共享平台，打破信息壁垒，实现其在组织内部的实时传递与共享。

利益分配是组织变革过程中较为敏感的环节，同时是变革能够获得广泛支持与参与的关键因素，涉及组织成员的切身利益。被广泛认可的利益分配机制能够极大激发组织成员的积极性与创造力，为变革提供强大的内生动力。反之，则可能引发内部冲突与矛盾。组织应根据自身战略目标与员工贡献程度，设计灵活、多元的薪酬体系，并搭建公平、透明的职业发展路径和晋升空间，增强员工对变革的认同感和归属感，营造积极向上的组织文化氛围，实现个人职业目标与组织发展目标的有机统一。

组织变革的实质蕴含于权力分配、资源分配和利益分配的深度耦合中。这三大方面紧密联系、深刻影响，共同构成了组织变革的核心逻辑，为组织发展带来积极影响同样可圈可点。第一，组织内部沟通敏捷化。趋于灵活的组织架构能够打通上下级、部门之间的职能墙，使得沟通更加顺畅、有效。第二，提升员工工作积极性。变革能为组织带来更高的效益，不仅是组织整体效益，员工个人价值同样得到明显提升。员工的认同感增强，目标一致，工作执行力也随之提升。第三，推动组织决策。变革使得组织对内外环境的敏感度以及对潜在风险的辨识能力提升，并且组织内部结构、制度、部岗变得更加清晰、科学的情况下，组织决策将更为准确且高效。第四，提升组织整体绩效。达成既定目标，提升整体绩效，这是组织的本质，也是组织变革的目的。决策科学，执行高效，沟通敏捷，最终结果必然导向组织绩效的提升。

## 11.3 机制改善

### 11.3.1 关停并转

在应对复杂多变的内外部环境过程中，组织常常会经历各种形式的重大变革。组织的关闭、停办、合并、转产便是这些变革中极具代表性的情况，它们不仅是组织在战略层面的重大决策，更深刻地影响着组织结构的治理与未来走向（图11-5）。

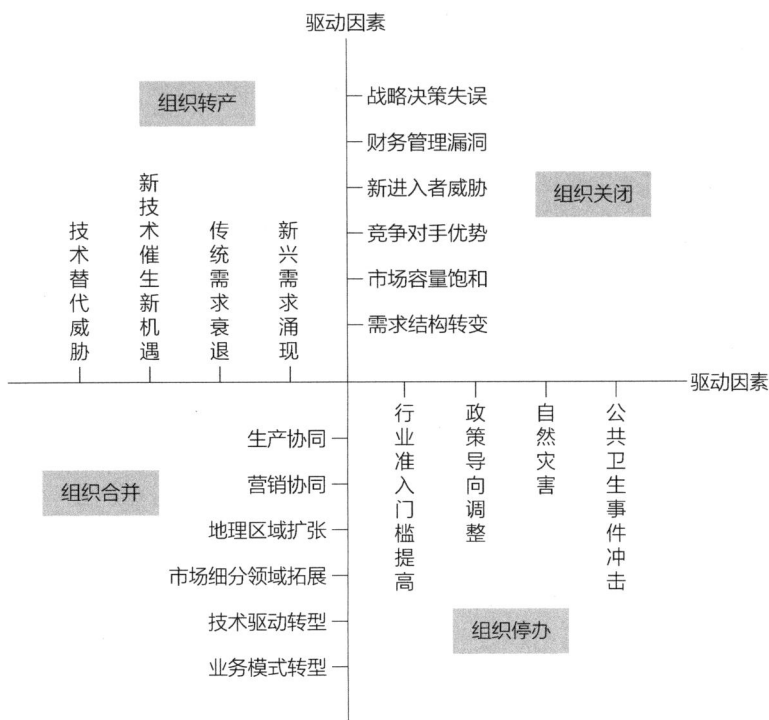

图 11-5　组织变革四种情况及驱动因素分析图

#### 1.组织关闭

组织关闭是指组织彻底结束运营活动，不再以原有的组织形式和业务模式存续，通常伴随着资产清算、人员解散等一系列终结性事件。导致组织关闭通常有市场因素、竞争压力和内部管理缺陷三方面驱动因素。在市场因素层面，市场需求结构会因社会经济发展、消费者偏好变化以及技术革新发生重大变化，原先部分传统企业可能因无法适应新的市场需求变化而关闭。另外，市场容量会因行业的长期发展逐渐趋于饱和，新的需求增长极其有限。新进企业和竞争力较弱的企业可能因为难以在狭小的市场空间中生存而选择关闭。在竞争压力层面，组织在成本控制、技术创新、品牌影响力等方面的优势不够突显，弱于同行竞争对手，使得组织在竞争中处于劣势。并且新的企业进入市场，可能带来新的商业模式、技术或产品，对现有组织造成一定冲击。若组织无法应对这些竞争，运营将陷入困境最终关闭。在内部管理缺陷层面，组织未能准确把握市场规律和自身实际情况，导致战略决策的失误，或者过度追求多元化发展，削弱了自身的核心业务优势。因资金浪费、预算失控、盲目投资等财务管理漏洞问题导致的财务状况恶化，也是组织关闭的重要原因。

组织确认执行关闭后，需对组织的资产进行清算和处置，以确保利益相关者的权益得到合法保障。长期形成的组织文化和价值观会随着组织关闭逐渐消散，员工面临失业的同时也会受到一定的心理冲击，组织需要妥善处理好员工的离职补偿、再就业支持等问题，这对组织应履行的责任义务和社会声誉至关重要。

### 2. 组织停办

组织暂时停止业务运营，但保留组织的基本架构和重新运营的可能性，通常是由于外部不可抗力或短期政策调整等因素导致的临时性中断。一方面，政府为了规范行业发展、保障公共利益而提高行业准入标准，一些小型企业可能因无法在短期内达到新的标准被迫停办整顿。国家宏观政策导向发生转变，一些不符合新政策方向的产业或业务受到限制被责令停办。另一方面，地震、洪水、台风等自然灾害可能破坏组织的生产经营场所、基础设施，导致生产停滞，业务无法正常运转，只能暂时停办进行修复和重建。还有像新冠疫情这样的公共卫生事件，对众多行业都产生了巨大冲击，企业经营难以为继。

停办后组织需要重新审视自身战略，评估已经发生的各类危机对业务的长期影响，为恢复运营后做出更合理的战略规划提供更多保障。在停办期间，组织应当重视自身资源的保存与保护，如技术专利、核心人才等，并根据未来发展合理调整资源配置。同时，与利益相关者保持密切沟通，向员工、客户、合作伙伴说明停办理由和未来发展计划，让各方对未来有所期待，以维护企业的形象和信誉。

### 3. 组织合并

当两个或多个组织战略达成共识、长期愿景匹配、财务状况健康、组织文化兼容时，通过资产整合、股权融合等方式，形成一个新的组织实体，以实现资源优化配置、协同发展等目标。多组织合并后首先追求协同效应。在生产上，不同组织在生产过程中可拥有互补的资源和能力，以此优化工艺流程，降低生产成本，提高生产效率。在营销上，合并后的组织可以整合营销渠道和品牌资源，共享销售渠道，联合开展品牌活动，提升其知名度和市场份额，实现营销协同。与此同时，多组织的合并能够助力市场扩张。组织为进入新的地理市场选择与当地企业合并是一种快速且有效的方式，利用对方的品牌和渠道，迅速打开该区域市场。如今市场领域分类越来越细致化，组织通过与其他专注于相关细分领域的组织合并，可实现业务上的拓展，进一步扩大市场份额。组织的合并致因还体现在战略转型方面。当组织自身缺乏实现战略转型所需的核心技术时，通过与拥有该方面技术的企业合并，可加速推进转型进程。再者，市场环境的变化促使组织不断改变业务模式，与具有成功新模式的企业合并，借鉴其运营经验和技术，可降低业务模式转型风险。

在变革过程中，多组织的合并需要注意组织间的差异化带来的影响。第一，文化整合。不同组织的文化差异可能导致冲突，组织合并后首先需要达成价值观共识并对组织文化进行整合，构建新的统一文化，以增强组织凝聚力。第二，结构调整。组织需要考虑不同组织的架构模式，对其进行重新设计，明确各部门职责和权限，优化管理流程和工艺流程，并制定对应的监督管控流程，避免因重复和冗余带来的低效。第三，人员融合。员工面临新的工作环境和团队，组织需要根据实际情况进行不同规模的培训和有效沟通，促进人员快速融合，防止人才流失。

#### 4. 组织转产

组织转产是指组织改变原有的产业布局或生产、服务方式，转向生产新的产品或提供新的服务，以适应市场变化和组织发展需求。新兴市场需求在随着社会发展和消费者生活方式改变不断涌现并呈现出多元化的发展态势。原产品或服务等传统需求的市场逐渐衰退，企业为了生存和发展不得不转产，如新能源汽车的快速崛起，使得燃油汽车的市场份额不断下降，这一冲击促使不少汽车企业转产新能源汽车。除了市场需求变化之外，新技术的出现同样为企业带来了全新的发展机遇。现有技术持续被新技术更新迭代，企业如果不提高敏感度及时考虑转产，将会面临被淘汰的风险。

组织在面临转型的过程中，注重技术与能力培养极为重要。不仅需要获取新的生产技术、工艺流程和专业知识体系，还要培养或引进对应的专业人才，提升自身的技术硬实力。掌握流程梳理、优化以及知识组织、建库的方法极其关键。原有的供应链体系不再适用，组织需要重新构建与新业务相匹配的供应链，包括原材料采购、生产协作等环节。同时，还要根据新产品或服务的定位重新塑造品牌形象，并融入新的企业文化，向大众传递新的品牌价值。

组织关闭虽然意味着终结，但合理处置资源与人员，能够减少负面影响。停办时注重战略调整、资源保护与沟通维护，可在危机之后更好重启。合并过程中成功整合文化、结构与人员，能够实现协同发展。转产时有效完成技术能力双重转型、供应链调整与品牌重塑，才能在新领域站稳脚跟。

上述对组织关闭、停办、合并、转产的分析，清晰体现了组织在复杂多变的内外部环境中所面临的抉择与变革以及对组织治理的深刻影响。这些变革情况反映出组织治理并非静态的，而是一个动态适应的过程。组织需要对内外环境动向保持高度敏感，适时调整战略与运营方式。理解这些组织变革情况及其背后的驱动因素和治理变革影响，对于构建具有敏捷适应力的高效组织极为关键。它为组织领导层在面对复杂决策时提供理论依据与实践参考，使组织能够以更加科学、理性的方式推动组织创新与变革，在激烈的市场竞争中实现可持续发展。

### 11.3.2　组织框架与改进

组织框架，作为组织运行的底层架构，其调整与优化则是组织变革进程中的关键所在，它不仅决定了组织内部资源的分配方式，更影响着组织对外界变化的响应速度与适应能力。如本书第3.3节中分析的，组织框架应具备本质、目标、环境、资源、机制、能力六项要素。

组织框架应当转向网络化组织框架和生态型组织框架。

传统的层级结构如同金字塔一般，信息自下而上传递，决策自上而下传达，这中间存在着诸多的层级和繁琐的流程。在这种模式下，信息在传递过程中容易失真、延误，导致决策效率低下，组织难以快速适应市场的动态变化。网络化组织框架则打破了这一束缚，它借助现代信息技术，构建起广泛的内部和外部网络连接。

以字节跳动为例，旗下拥有众多不同类型的业务，如抖音、今日头条等。公司内部采用了一种类似网络化的组织架构，不同业务团队之间能够根据项目需求迅速组建临时协作小组。这些小组围绕特定的业务目标开展工作，成员来自不同的部门，甚至不同的地域。他们通过线上协作平台，能够实时沟通、共享信息，快速完成任务。一旦项目结束，小组随即解散，成员又能灵活地投入到新的项目中。这种方式极大地提高了信息流通速度和决策效率，使得字节跳动在快速变化的互联网行业中始终保持领先地位。

在传统观念中，组织往往被视为一个独立运作的个体，与外部供应商、客户和合作伙伴之间更多的是一种交易关系。然而，随着市场竞争的日益激烈，这种孤立的组织模式逐渐显露出局限性。生态型组织框架则倡导一种全新的理念，即组织与供应商、客户、合作伙伴等共同构成一个相互依存、协同进化的生态系统。

就像小米公司，它不仅仅是一家智能手机制造商，更是构建了一个庞大的智能生态系统。在这个系统中，小米不仅生产手机、电视等核心产品，还通过投资、合作等方式，吸引了大量的智能家居设备制造商、软件开发者加入。这些合作伙伴围绕小米的核心产品，开发出各种各样与之兼容的智能硬件和软件应用，如智能音箱、智能摄像头、智能家居控制 App 等。小米则通过搭建统一的智能生态平台，实现了各产品之间的互联互通，为用户提供了一站式的智能生活解决方案。各方在这个生态系统中相互协作、共同发展，形成了一种互利共赢的局面。

如今的市场环境可谓瞬息万变，新技术如人工智能、大数据、区块链等层出不穷，消费者的需求也日益多样化和个性化。在这样的背景下，传统组织框架由于决策流程冗长，从基层发现市场变化到高层做出决策，中间往往需要经过多个层级的汇报和审批，这就导致组织难以快速捕捉并响应市场变化。

柯达曾经是全球胶片行业的巨头，凭借在胶片技术上的优势，长期占据着市场主导地位。然而，随着数码摄影技术的兴起，市场需求发生了巨大的转变。但柯达内部传统的组织架构使得其决策过程缓慢，对数码技术的研发投入和市场推广决策受到层层阻碍。当竞争对手纷纷加大在数码摄影领域的投入并迅速抢占市场份额时，柯达才开始艰难地转型，最终因错失市场先机而走向衰落。

在能够适应市场变化的同时，组织框架的改进也能够激发员工的活力。在层级过多的组织框架中，员工往往处于一种被严格管控的状态，工作任务被明确划分，员工缺乏自主决策权和创新空间。这种环境容易压抑员工的创造力和积极性，导致员工对工作缺乏热情和动力。

谷歌公司以其独特的组织文化和架构而闻名。谷歌鼓励员工在工作时间内拿出一定比例的时间用于自主探索和创新项目。公司内部没有严格的层级限制，员工可以自由地与不同部门的同事交流合作，提出自己的想法和建议。这种宽松的组织环境激发了员工的创新潜能，使得谷歌在搜索引擎技术、人工智能等领域不断取得突破，始终保持着行业领先地位。

组织框架改进可通过流程再造和人才结构优化两种方法实现。

### 1. 流程再造

流程再造是对组织的核心业务流程进行彻底的重新梳理和设计，旨在去除那些繁琐、低效的环节以及不必要的审批流程，从而提高组织的运行效率。

许多企业在传统的采购流程中，从采购需求提出到最终采购完成，需要经过多个部门的层层审批，涉及采购申请、预算审核、供应商筛选、合同签订等多个环节，整个过程耗时较长。通过引入自动化办公系统，企业可以实现采购流程的线上化。采购人员只需在系统中提交采购申请，系统会根据预设的规则自动将申请发送到相关部门进行审核，审核通过后直接进入后续环节。同时，系统还可以实时跟踪采购进度，实现信息的透明化。这样不仅大大缩短了采购周期，还提高了采购流程的准确性和可控性。

### 2. 人才结构优化

随着组织框架的变革，对人才的需求也发生了相应的变化。传统的组织框架注重员工的专业技能和岗位经验，而新的组织框架则更需要具备跨领域知识和创新能力的复合型人才。

为了适应这种变化，企业在人才招聘方面，不再仅仅局限于招聘某一专业领域的人才，而是更加注重应聘者的综合素质和创新思维。在招聘时，除了要求应聘者具备扎实的技术功底外，企业还需要考察其沟通能力、团队协作能力以及对不同领域知识的了解程度。在人才培养方面，企业加大了对员工的培训投入，通过内部培训、在线课程、轮岗等多种方式，帮助员工拓宽知识面，提升综合能力，以更好地适应新的组织框架和工作要求。

组织治理的手段并非只有单一的模式，而是因组织的具体情况、所处环境以及变革目标而异。在宏观层面，激进与"渐建"通常是组织治理的两大手段。这两种方法几乎截然相反，组织需要在充分评估自身实际的情况下选择合理的变革方式。

激进变革是指在短时间内对组织框架进行大幅度的调整，这种变革方式通常伴随着大规模的部门重组、人员精简以及业务流程的彻底重构。它的优势在于能够迅速打破旧有的组织模式，快速建立起全新的组织秩序，使组织在短时间内实现转型。

当诺基亚在智能手机市场迅速崛起，传统手机巨头摩托罗拉面临巨大的市场压力。为了应对危机，摩托罗拉进行了激进的组织变革，大规模裁员、重组业务部门，试图快速转型为智能手机制造商。然而，这种激进的变革方式也带来了诸多问题。由于变革过于迅速，员工对新的组织架构和业务流程缺乏足够的了解和适应时间，导致内部人心惶惶，团队协作受到严重影响。同时，激进的变革也使得摩托罗拉在短期内投入了大量的资源，进一步加剧了公司的财务困境。最终，摩托罗拉虽然在一定程度上实现了转型，但在激烈的市场竞争中，其市场份额已大不如前。

"渐建"变革则采取一种循序渐进的方式，分阶段、分步骤地对组织框架进行改进。每次变革的幅度相对较小，员工更容易接受和适应，变革过程中的风险也相对较低。

海尔集团在推进组织变革时，采用了"人单合一"的模式，并逐步进行推广。首先，海尔在部分业务部门进行试点，将原本的层级结构转变为以自主经营体为核心的扁平化组织。自主经营体拥有相对独立的决策权和经营权，能够根据市场需求快速做出反应。在试点过程中，海尔不断总结经验，对"人单合一"模式进行优化和完善。当试点取得成功后，海尔才逐步将这种模式推广到其他部门。通过这种"渐建"的变革方式，海尔在实现组织变革的同时，保持了企业的稳定发展，成功转型为一家具有互联网思维的创新型企业。

在未来，随着技术的持续革新和市场环境的不断演变，组织必须保持敏锐的洞察力和勇于变革的决心，持续对组织框架进行优化与调整。只有这样，组织才能在激烈的竞争中立于不败之地，实现长久运营。

## 11.4 组织重塑

### 11.4.1 组织重塑的本质思维

组织重塑的理论基础来自新组织管理学五大知识体系，即认知思维、敏捷教育、流程牵引、精准管控、任务绩效，是基于知能体系的耦合逻辑生发的。学术界寻找应用场景。理论体系是具有前瞻性的，本质地掌握了客观规律的，对场景、真实状况有深刻理解的思想、方法、工具。目的是帮助构建具有敏捷适应力的高效组织。企业界寻找管理方法。管理方法论是在实践中不断探索、更新、迭代的，是持续成长的，效率逐步提升的，风险控制愈发趋于严谨的。

新组织管理学知能体系的耦合逻辑如图 11-6 所示。

组织管理以流程管理、企业管理、项目管理为主要管理模块，以追求标准化、信息化、数智化为目的及实施标准，通过对业务、流程、组织实施创新与变革，实现组织的可持续发展。管理实践或应当先从个人、岗位开始，首先从任务基本单元开始变革，提升基础效率，提高岗位执行力，让员工看得到变革能够带来的巨大价值，增加信任。再将若干个任务有序串联起来，即建立流程体系，自下而上层层递进实施变革，这或许是一条更为可行的道路。培训、开会、贴标语等都是提高组织成员认知的方法手段，关键在于如何能够将管理方法真正运用到实践中并带来切实效益，基于知识体系、能力体系的持续调节，做成两者的耦合。我们认为，耦合的本质思想在于敏捷开发的融会贯通，即目标共识、敏捷沟通、快速迭代。

理论体系在上，向下寻求管理实践的检验；管理实践在下，向上寻求管理方法的指引。

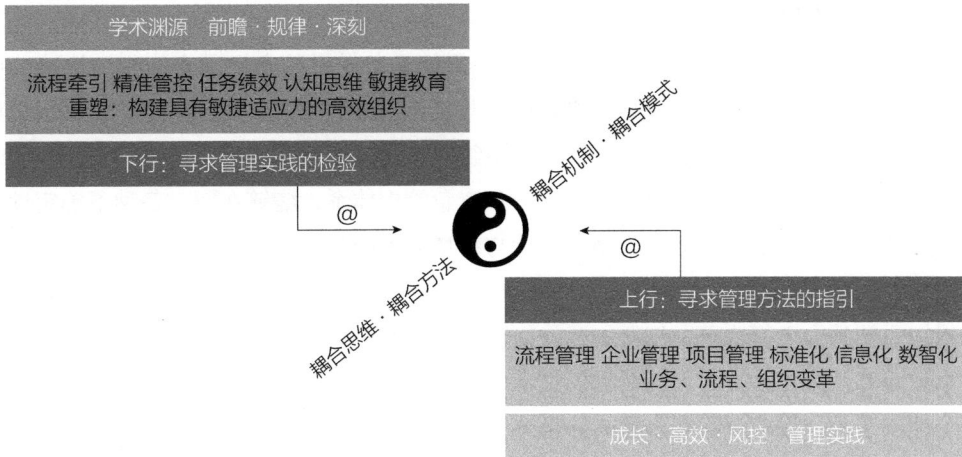

图 11-6 新组织管理学知能体系的耦合逻辑

两者以耦合思维联系，发挥各自的主观能动性，主动寻找对象，通过耦合方法、耦合机制、耦合模式紧密联系到一起。如图 11-6 中八卦图的原理，让八卦绕着圆心转动，当转速较慢时，阴、阳两部分呈现模糊状，当转速达到一定速度时，整体看似是在转动，但阴、阳却又保持不动，呈紧密咬合状，说明已达到深刻联系、相互作用的状态。理论体系和管理实践的追求，也是如此。

## 11.4.2 预期与阻力

### 1.组织重塑（变革）的预期

组织重塑的预期，即重塑目标，我们认为，应当体现在敏锐深刻的认知水平、灵活准确的决策能力、敏捷协同的流程体系、迭代适应的持续改进机制四个维度的显著提高。具体表现如下：

1）提高组织效能

组织效能的提高是组织全局治理的结果。通过组织重塑强化协同与沟通，打破部门壁垒，构建跨部门协作机制，促进信息在组织内的顺畅流通。通过建立周期性的跨部门讨论会议、项目协作平台等方式，加强部门间的信息共享与合作，减少因沟通不畅导致的重复工作与决策失误。同时，明确各部门在流程中的职责与接口，优化组织架构，使组织运行协调有序，提升整体效能。

组织治理不限于对组织架构、部岗设置、职责对接、沟通机制的重新调整，也必然涉及对业务、流程的全面梳理。通过全面梳理现有流程体系，识别并消除繁琐、冗余的环节，使任务执行更加清晰高效。通过引入先进的流程管理工具和方法实现流程的标准化和自动化，进一步提升执行效率和质量。与此同时，根据组织好战略目标和业务需求，精准配置人力、物力和财力等资源，保持关键业务领域与核心项目高效运转。通过重塑，组织期待提高工作效率、降低成本、提升产品和服务质量，从而提高竞争力。

2）增加组织适应性

当今市场环境瞬息万变，组织重塑需要让组织具备敏锐的市场洞察能力和快速响应能力。建设分析团队并加强市场研究，建立市场监察机制，利用大数据分析工具实时跟踪市场动态、竞争对手信息和客户需求变化，以期组织能够迅速调整战略方向、产品定位或服务内容。另一方面，组织期待通过建立风险预警和应急管理体系，能够在面对各种不确定性时迅速启动应急预案，灵活调整运营策略，保持与市场需求同步，保障业务稳定运营。

3）推动技术创新

组织重塑致力于打造鼓励创新的开放氛围。一方面，加大对技术研发的投入，引进先进的技术设备和信息化系统，为创新提供技术基础。另一方面，倡导员工大胆创新，拓宽思维发挥个性创造力，保持对新鲜事物的好奇感，同时正视并习惯创新过程中的失败，将失败视为学习和成长的机会。

借助自动化工具，将重复性、规律性的工作交其统一办理，既能减少人工操作带来的失误，提升效率和质量，还能让员工从繁琐的事务性工作中解脱出来，专注于更具创造性和价值的任务。

4）优化员工发展

通过重塑，组织期望提升员工的知识和技艺水平，提升综合素质和主观能动性，以适应新的工作要求。其一在于组织系统的、全面的培训课程，根据员工的岗位需求制定多元化的培训计划和培训内容，包括内部培训、外部讲座、在线学习平台、实践项目训练等多种形式。鼓励员工参加行业研讨会、学术交流活动，拓宽视野，了解行业最新动态和前沿技术进展。

组织重塑注重员工的个体差异和职业发展需求，结合组织战略规划为员工定制个性化的职业规划。通过职业测评、绩效评估等方式，了解员工的优势、劣势、兴趣和职业目标，提供针对性的职业发展建议和路径规划。

5）改善组织文化

通过内部培训、文化宣传活动、领导以身作则等方式，将积极向上、符合组织战略发展的核心价值观植入人心，使员工在日常工作中能够自觉践行。核心价值观是组织成员共同的行为准则和价值导向，凝聚员工的思想和行动，对增强组织凝聚力和向心力至关重要。

重塑旨在营造一种更加开放、创新、协作的组织文化，鼓励员工表达不同观点和想法，倡导多元思维的碰撞与融合，尊重员工的个性差异和文化背景。决策中充分听取员工的意见和建议，增强归属感。

6）增强组织竞争力

在数字化时代，组织的数字化转型正成为竞争优势的重要新来源。通过全面推进数字化技术在生产、管理、营销等各个环节的应用，组织能够实现流程体系的智能化升级，既能提升内部运营效率，还能创造全新的数字化产品和服务，开拓新的市场空间，形成独特的竞争优势。并且可以尝试跨界合作，整合不同行业、领域的资源、技术和渠道，创造出全新的价值。

综上所述，组织重塑在各方面都承载着诸多积极预期，这些预期相互关联、相互促进，实现耦合，共同致力于构建一个具有敏捷适应力的高效组织。

**2. 组织重塑（变革）的阻力**

组织重塑对于组织是一场深度蜕变，其带来的积极影响让组织在复杂多变的环境中具备敏捷的适应能力，实现高效运转。然而，重塑也是痛苦的，因它周期长、投入成本高对组织带来冲击也是巨大的。重塑的实施过程中的各种阻力必然层出不穷，若不及时妥善处理这些阻力，重塑将带来不可预估的负面影响。

**1）个体阻力**

组织成员对组织重塑的认知是不够的，他们无法预见重塑能够带来的积极效应，并且个人的思维惯性和行为方式已经习惯于现有的工作模式和执行流程。对变革存在的众多未知和不确定性，更多员工担心自己的职位、收入和职业发展受到影响，选择保持保守、安全的心理。与此同时，变革可能威胁到自己的既得利益，从而产生抵触情绪。

**2）群体阻力**

组织重塑不仅对组织架构、部门、岗位、职责均有调整，组织制度和规范也因此发生变化，由此可能导致和原有的人际关系一并受到破坏，引发群体对变革的抵制。对于团队和部门来说，往往倾向于维护自身利益和权力，对跨部门协作和变革更多持保守态度。这种"团队本位"现象会导致部门壁垒高筑，信息闭塞，阻碍变革推进。另一点重要原因在于团队之间缺乏有效的沟通渠道和协作机制，成员们的协作意识不强，不能主动地尝试跨部门沟通，使得误解和冲突频频发生。变革过程中，对权责的重新分配会对团队的凝聚力和执行力产生直接影响，团队需要重新适应新的人员结构，可能导致内部的权力斗争。

**3）组织层次的阻力**

现行组织结构的束缚、组织运行的惯性、变革对现有责权管理和资源分配格局所造成的破坏和影响，以及保守型组织文化等都可能成为组织变革的阻力。

一方面，传统的僵化的层级结构和固化流程难以适应变革的需求，信息传递缓慢，决策周期长，难以做到快速响应市场变化。另一方面，变革需要大量的资源投入，如果组织在资源分配上出现问题，业务发展受到资源限制，或者缺乏实施变革的能力，变革将难以推进。除此之外，组织文化可以说是变革的最大阻力之一。传统的组织文化往往强调稳定性和一致性，而变革更多地需要打破这种惯性，引入创新型的价值观和行为模式。变革容易将组织现有的权力平衡打破，可能导致内部政治斗争和"山头主义"。

**4）外部环境的阻力**

外部环境的变化，如政府政策出台调整、市场规律容量缩放、新兴技术迭代冲击等，可能对组织变革产生压力，同时也增加了变革的不确定性和潜在风险。在行业竞争激烈的情况下，业内的传统做法和竞争态势可能会限制组织的变革空间。

总之，组织治理变革是一场深刻且复杂的系统性工程，其成功与否在相当程度上取决于组织能够有效识别并克服内外部的多重阻力。通过对个体、群体、组织和外部环境的全面分析，我们可以清晰地看到，阻力并非不可逾越的障碍，而是变革过程中必须正视的挑战。通过透明化沟通、分阶段实施、文化重塑以及协作机制的建立，组织可以在变革中找到新的发展方向，实现从传统模式到敏捷适应的跃迁。

### 11.4.3　组织变革理论

为了在激烈的市场竞争中保持领先地位并实现可持续发展，组织必须具备敏捷的适应力和高效的创新力。这种能力不仅能够帮助组织迅速响应外部环境的变化，还能够通过内部变革实现自身持续优化和升级。组织变革理论为理解和实施这些变革提供了重要的理论基础和实践指导。以下是六个经典的组织变革理论，它们从不同视角为组织变革提供了深刻的洞见和实用的方法。

1.勒温三阶段变革模型

库尔特·勒温是社会心理学领域的先驱，他提出的三阶段变革模型是组织变革领域最经典的理论之一。该理论将变革过程分为解冻（Unfreezing）、变革（Changing）和再冻结（Refreezing）三个阶段，旨在引导组织从一种稳定状态过渡到另一种期望的稳定状态。

解冻阶段：打破现状，让组织意识到变革的必要性。此阶段需要通过沟通、培训等方式，消除员工对变革的抵触情绪，为变革创造心理准备。

变革阶段：实施新的流程、结构或文化。领导者需要引导变革方向，鼓励员工积极参与，为他们提供明确的指导和支持，帮助他们学习和适应新的方式，推动组织向期望状态转变。

再冻结阶段：将变革成果固化，使其成为组织正常运作的一部分。此阶段需要通过制度化、持续监控等手段，确保变革成果得以巩固。

勒温的模型强调变革的系统性和阶段性，适用于需要全面转型的组织。

2.科特八步变革模型

该模型由哈佛商学院教授约翰·科特提出，提供了一条全面且细致的变革路径，以确保组织变革的顺利实施。

建立紧迫感：首先要让组织成员意识到变革的必要性。领导者需分析市场趋势、竞争对手动态以及组织内部存在的问题，向成员清晰传达不变革将带来的严重后果，激发成员对变革的渴望。

组建指导团队：挑选具备领导能力、专业知识和影响力的人员组成变革领导团队。这个团队负责制定变革策略、协调各方资源，并引领变革的方向。团队成员应来自不同部门，确保能够全面考虑组织各方面的情况。

制定愿景和战略：明确变革想要达成的目标和实现路径。愿景要简洁且具有吸引力，能够激发员工的共鸣；战略则要具体，包括如何分配资源、调整业务流程等。

传播变革愿景：通过各种渠道，如会议、内部刊物、培训等，将变革愿景传达给每一位员工，确保他们理解并认同。领导者要以身作则，践行愿景中的理念，使员工相信变革的可行性和价值。

授权员工行动：消除组织中阻碍变革的各种障碍，给予员工足够的自主权和资源去实施变革计划。这可能包括调整组织结构、简化审批流程等，让员工能够在日常工作中积极推动变革。

创造短期成果：设定一些短期内可实现的目标，当员工达成这些目标时，给予及时的认可和奖励。短期成果能增强员工对变革的信心，为后续的变革提供动力。

巩固成果并推动更多变革：利用已取得的短期成果，进一步推进变革。分析成功经验，找出可推广的做法，加大变革的范围和深度。同时，对变革过程中出现的问题进行调整和优化。

将新方法融入文化：使变革成果成为组织文化的一部分，通过价值观、行为规范等方面的塑造，确保新的工作方式和理念得以长期延续。

八步变革模型强调变革的执行力和文化融入，适合需要快速推进变革的组织。

### 3. 纳德勒—图什曼权变模型

该模型由大卫·纳德勒（David Nadler）和迈克尔·图什曼（Michael Tushman）共同提出，他们在组织设计和变革管理方面有深入研究。

任务：组织的任务决定了其存在的目的和核心工作内容。不同人物对组织的要求不同。

人员：组织成员是变革的执行者和推动者。员工的技能、知识、价值观等因素影响着变革的实施效果。组织需要根据变革需求，招聘、培训和发展合适的人员，使其能力与新任务和组织架构相匹配。

结构：结构涉及组织的层级关系、部门设置和沟通渠道等方面。合理的结构能促进信息流通和工作协同。组织变革过程中需要灵活调整结构以支持任务的完成和人员的协作。

文化：组织文化是组织成员共同遵循的价值观和行为准则。文化影响着员工的行为方式和对变革的态度。积极创新的文化有助于变革的推行，而保守的文化可能成为变革的阻力。在变革过程中，应当塑造与变革目标相符的文化理念，通过领导示范、故事传播等方式，使新的文化价值观深入人心。

该权变模型适用于组织所处的外部环境发生较大变化的情况，且需要对内部结构、人员配置、工作任务等进行全面调整的时候。

### 4. 麦肯锡 7S 模型

麦肯锡公司的汤姆·彼得斯（Tom Peters）和罗伯特·沃特曼（Robert Waterman）共同提出 7S 模型（图 11-7）。该模型从七个维度审视组织，强调各维度之间的相互依存和协同作用，以实现组织的有效变革和发展。

战略：组织为实现长期目标而制定的规划，明确了组织的发展方向和竞争策略。

结构：即组织的架构形式，如职能型、事业部型等，决定了组织的分工和协作方式。合理的结构应支持战略的实施，确保组织高效运作。

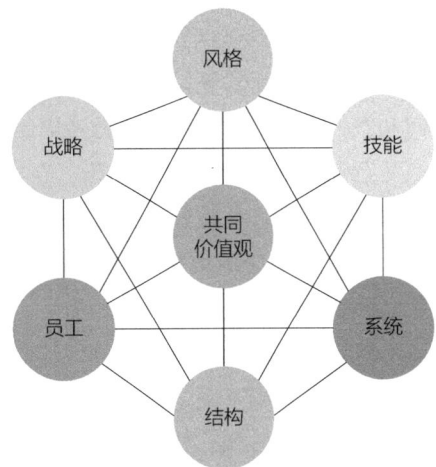

图 11-7 麦肯锡 7S 模型

制度：组织的各项规章制度和工作流程，能够规范员工的行为和工作方式。制度应当与战略和结构相匹配，保障组织的正常运转。

风格：指领导风格和组织管理风格，直接影响着员工的工作氛围和积极性。

人员：组织内员工的数量、素质、构成等。组织需要根据自身战略和业务要求，进行人力资源管理。

技能：组织整体和员工个人所具备的专业能力和技术水平。

共同价值观：组织成员共同认可和遵循的核心价值观，是组织文化的核心。共同价值观凝聚成员的力量，引导其行为和组织目标一致。

该模型适用于组织在进行全面变革时，需要综合考虑多个方面的因素。

5.行动研究模型

库尔特·勒温最早提出行动研究的概念，由此诞生行动研究模型。该模型强调在实践中进行研究和变革，通过不断循环的过程实现组织的持续改进（图11-8）。

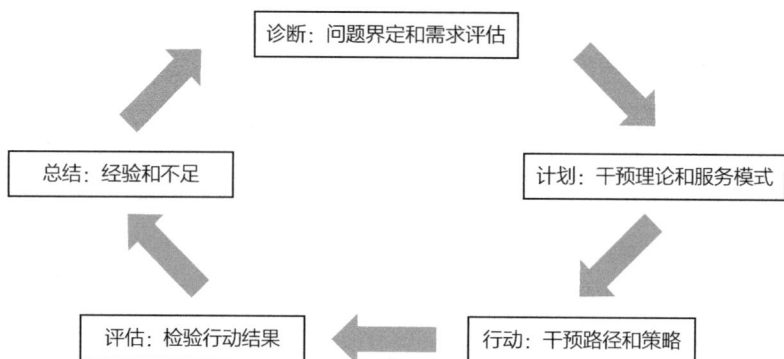

图 11-8　行动研究模型

诊断：变革推动者与组织成员密切合作，深入了解组织现状。通过问卷调查、访谈、观察等方法，收集关于组织流程、员工态度、绩效等方面的数据，分析组织存在的问题及其根源，明确变革的重点和方向。

计划：基于诊断结果，制定具体的变革行动计划。计划需要明确变革的目标、措施、时间和责任人。同时，应当充分考虑组织的实际情况和资源限制，确保计划的可行性。

行动：按照规划实施变革。在实施过程中，变革推动者要密切关注进展情况，及时解决出现的问题。并鼓励组织成员积极参与变革行动，将新的方法和理念应用到实际工作中。

评估：对变革结果进行全面评估，对比变革前后各项指标。评估结果用于反馈和调整后续的变革行动，形成闭环。

总结：对整个变革过程进行复盘，总结经验和不足，可积累并用于下个变革项目。

在当下充满不确定性的复杂环境中，组织变革成为一种必然。变革模型是变革的理论引领。在实际中，组织需要根据自身的独特情况，灵活运用这些模型，结合创新的思维和方法，以实现真正的转型和升级。

## 11.4.4 一把手与人——组织重塑方法论

### 1.组织重塑方法论

组织重塑应当注重"行"的管理思想。传统组织管理中对于组织需要做什么、为什么要做强调得非常多，相当程度上却忽略了需要将如何做具象化的步骤。从学理上讲，我们认为组织管理应当推进从 Know-Why/What 到 Know-How 的转变，实现"科学范式"向"组织范式"转型的价值。因此，在现今组织管理研究中，缺乏系统的理论和方法来构建转型方法论以实现"科学范式"转向"组织范式"，成为迫切需要解决的难题。探讨新组织管理学的理论与方法，正是破解这种难题的题中应有之义。

我们认为，业务是组织的生存方式，流程是组织的行为方式。因此，组织治理不仅仅是对组织架构、部岗、权责、角色等组织自身结构的重塑，必然同时涉及业务模式、流程体系的变革。基于第 10 章对流程牵引理论的系统介绍，我们提出基于"L 模式"的组织重塑方法论模型，如图 11-9 所示。深度关联组织环境，基于对四流程体系的升级再造，培养组织的敏捷适应能力，牵引导向目标体系。组织重塑几乎包含了组织内外运营的所有活动，而流程牵引"L 模式"，足以承担这样的规模和体量。

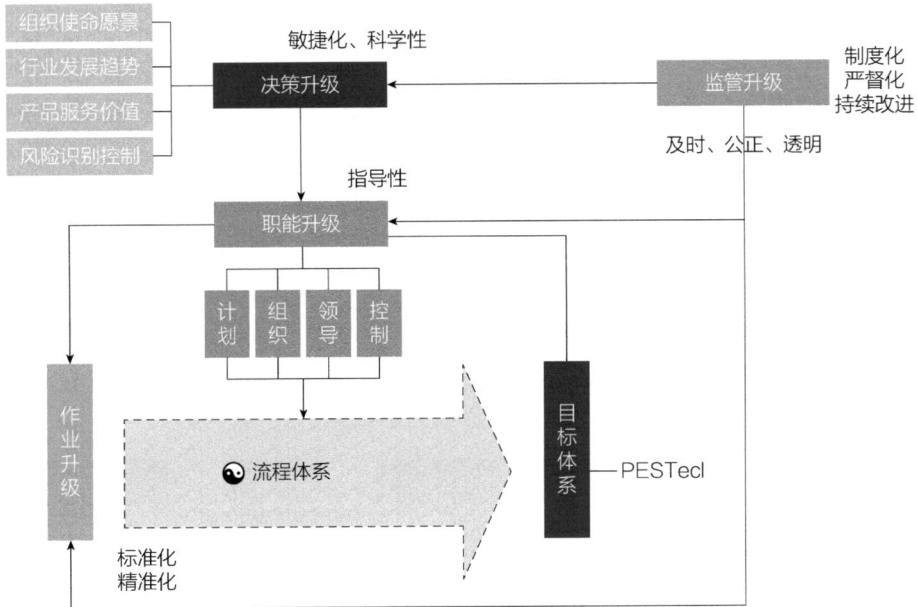

图 11-9　基于"L 模式"的组织重塑方法论模型

组织提高自身竞争力的动力来源于资源配置能力、降低交易成本、近合发展趋势，期望得到全方位的提升，必定需要全局考虑组织的发展走向。组织重塑方法论描述了组织运营全生命周期内所有的行为方式，形成全面的、系统的、自治的闭环体系，能够指导组织在变革周期内的全方位升级，延续组织发展的可持续性。

## 2. 领导模式的变革

领导力需要有什么特质？如何才算是卓越的领导力？敏捷组织需要什么样的领导力？它能对组织变革起到什么推动作用？这是研究领导力需要解决的几个核心问题。观察当前组织中领导模式的现状，主要有以下五个方面：

第一，变革型领导模式的兴起。变革型领导模式在组织变革中逐渐成为主流，它强调领导者通过明确愿景、激励员工、提供智力刺激和关注个体发展等方式推动组织变革。这种领导模式能够有效激发员工的主动性和创造力，帮助组织在快速变化的环境中适应和创新。

第二，领导模式的多元化和层级化。多元化体现在不同的领导模式上。变革型领导激发员工高层次需求，服务型领导服务员工，共享型领导让组织成员共同参与决策，分布式领导分散领导力。层级化表现为高层制定战略方向，中层连接高层与基层推动变革实施，基层负责具体任务执行，如此职责分工明确，战略执行有保障。

第三，技术驱动的领导模式变革。随着数字化、智能化技术的发展，现代组织需要领导者具备数字化领导能力，以应对技术变革带来的挑战。

第四，领导模式的挑战与局限性。尽管变革型领导模式在理论上具有诸多优势，但在实践中仍面临挑战。例如，部分领导者在战略制定和组织文化建设方面的能力较弱，因而影响组织变革效果。并且，变革型领导模式需要领导者具备高度的自我认知和情绪管理能力，这对领导者的个人素质提出了更高要求。

第五，领导模式的本土化与国际化融合成为趋势。一方面，领导模式需要结合本土文化和社会背景进行调整；另一方面，国际先进的领导理念和方法在不断引入，推动本土组织的管理创新。

领导者不同风格的特质和最佳领导风格以及它们与组织绩效之间的关系一直以来都是学术界和企业界研究的热点主题。本著以海尔转型为典型代表，对其领导力变革过程[①]进行概括分析。

海尔集团的领导力变革经历了三个阶段，从领导力 1.0、领导力 2.0 转型到领导力 3.0，其实行的"管理无领导"模式，被认为是当下互联网时代领导力的新模式（图 11-10）。

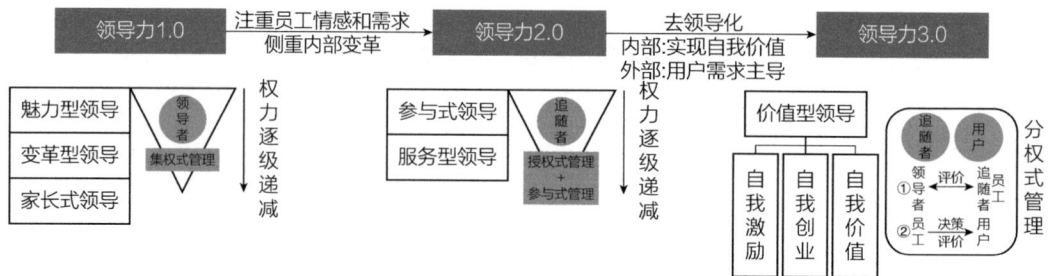

图 11-10　海尔领导力变革全过程示意图

---

① 曹仰峰 . 海尔转型：人人都是 CEO[M]. 北京：中信出版社，2017：272.

在领导力 1.0 模式中，组织以领导者为中心，实施集权式管理模式，权利通道单一，且自上而下逐级递减，领导者掌握绝对权力。该模式下的领导者角色分为组织决策者、计划制定者和绩效监控者，领导类型分魅力型领导、变革型领导和家长式领导三种方式。其中，魅力型领导侧重打造领导的个人魅力，以此吸引更多的追随者，进而实现对下属的领导。变革型领导倡导精神激励，通过给员工灌输未来的美好愿景，促使员工奋力工作，达成超过预期的结果。家长式领导将领导者和员工视为不平等的人，通过权威来领导下属。

与领导力 1.0 模式相同的是，领导力 2.0 仍沿用单一通道的权力模式，权力依旧是逐级递减的。但是以追随者为中心，采用授权式管理和参与式管理结合的方式。该模式下的领导者角色与领导力 1.0 一致，领导类型主要有参与式领导和服务型领导。参与式领导追求平等待人，员工可以以咨询式、共识式、民主式三种方式参与讨论与决策。服务型领导以员工为中心，注重开发员工的潜能，并强调公平性和公正性。从领导力 1.0 到领导力 2.0 的变迁，组织开始更加注重员工的情感和需求，关注他们的心理状态和自我管理能力。

领导力 3.0 与前两者大有不同，以追随者和用户为中心，且由集权式管理转为分权式管理，设置双权力通道。其一，由领导者和追随者 / 员工组成的互相评价通道，组织更多地将领导者定义为资源接口人，帮助员工协调分配价值资源；其二，由员工和用户组成的决策、评价权力通道。组织赋予一线员工决策权和评价权，以更好地对接用户需求。领导力 3.0 模式倡导价值型领导，鼓励员工自我激励，自我创业，实现自我价值。同时，领导者的位置不再是固定不动，而是高度动态的，由其所创造的价值决定。

在组织重塑过程中，领导模式的变革是必然发生的，同时也面临诸多挑战。例如，如何在组织内部建立信任、如何平衡短期绩效与长期创新目标等。这些挑战需要领导者具备高度的情商和战略眼光，通过赋能、适应性和自组织能力，推动组织的动态调整和创新。麦肯锡的研究表明，领导者的自我变革是组织变革成功的关键。通过提升领导者的变革能力，组织能够更好地应对复杂环境，实现业绩和组织健康的平衡。

未来，领导模式将更加注重敏捷性和适应性。领导者需要具备快速决策、跨文化沟通和创新能力，以应对不断变化的市场和技术环境。同时，基于同理心和情感连接的领导模式也将成为重要的发展方向。

3. 执行力源于领导力

执行力是指贯彻战略意图、完成预订目标的实践操作能力。执行力的本质是行动，即执行的力度、力量。对个体而言，执行力使得组织成员将上级命令和想法转为结果；对团队而言，执行力是以组织战略决策为指引，在个体基础上持续不断地聚集小目标，进而实现总体目标的行为模式。总体来说，执行力是在政策、战略、决策、计划等指令完成后，执行者规划实现目标的路径、方法、个人能力，以此提升团队竞争力和组织整体绩效。

执行力相关方包括需求者、布置者、执行者、监督者。需求者通常为组织内部供需和客户。根据需求者提出的具体要求，由布置者制定详细的需求方案，明确各部岗目标、任务、职责、路径，进而公布给执行者。执行者接收到需求方案后，首先明确所有任务执行需要的信息、资源、时限等内容，依据各项任务的难易程度制作具体的行动计划，分配到人。接着以此为指导，目标为导向，转化为实际行动。监督者是对计划到执行全过程的监督监察，以便过程中及时发现问题，持续改进，使得结果能够无限接近于目标。

执行力的强弱与任务成熟度有极大关联，对此，作者在《提高任务成熟度的模型与方法——保障绩效的执行力提升技术》[①]一书中已有特别研究。任务成熟度以九要素为评价标准，即任务名称、任务编码、任务资源、任务依据、任务职责、任务组织、任务各方、任务信息、任务成果（图11-11）。

图 11-11　执行力的任务九要素

任务名称：任务的自然属性，每项任务必然都有名称。

任务编码：即 ID。为便于数字化管理，组织需有一套严格的标准的任务编码方法，组织内部必须对任务编码进行统一，同时每个任务都有独立且唯一的 ID。

任务资源：完成任务需要消耗资源。整合资源的能力、消耗资源的水平是组织核心竞争力的体现。资源包括人资资源、资金资源、物质资源、知识资源、渠道资源、思想资源。实践表明，思想资源是组织更高层次的资源，影响到战略方向、商业模式。

任务依据：做任何事情之前，首先应当想到做这件事情的依据有哪些，体现执行的科学性。

任务职责：不同于岗位职责，任务职责的含义是认为本身所需要达到的，即任务目标或任务要求。如任务的完成时间、质量要求、成本要求、安全要求、环境保护要求等等。

任务组织：即执行任务的部门、岗位或个人，是任务的承担者和相关方。任何事的完成，都是和人、权、责关联的。任务组织关注角色、权限和沟通方式。

任务各方：即任务的相关方。相关方是否清晰是解决任务进行中沟通效率和效果、帮助厘清责任的主要手段。各方的沟通管理是核心内容。

任务信息：完成任务需要企业或其他组织内部的相关"惯例"，包括既往同类任务的依据、资源等，这可以归为知识类信息；执行任务过程中产生的信息如产品的状态信息、管控信息等，属于第二类信息，归为过程信息；完成任务后，重要的是成果信息，包括产品和服务成果，技术和管理的经验总结，归为成果信息。企业信息管理是知识资产管理的重要内容，对指导新员工培训、开发新产品参照、具体工作引用分享都是非常重要的。

任务成果：管理最终目标是每个任务的成果集合而成的。成果可能包括"一个产品或半成品、某项服务、一个协议、一个客户、一个批准文件"等。如果没有规定成果的任务，是

---

① 卢锡雷.提高任务成熟度的模型与方法——保障绩效的执行力提升技术[M].北京：中国建筑工业出版社，2024.

没有必要执行的，执行也将是效率不能保证的。

任务九要素完备程度越高，任务执行力越强，组织获得的绩效越高。组织期望提升执行力，应当首先提高任务成熟度。在"任务绩效"一书中，作者提出任务成熟度分为由低到高的五个等级，分别为：初始级（T1）、成长级（T2）、可执行级（T3）、可管理级（T4）与优化级（T5）。将任务九要素内容详细解剖，如图11-12所示，基于九要素的不断细化，任务成熟度会随之一步步提高，任务执行也会变得更加具体清晰，既能提升执行效率，又能降低执行过程中的失误率。

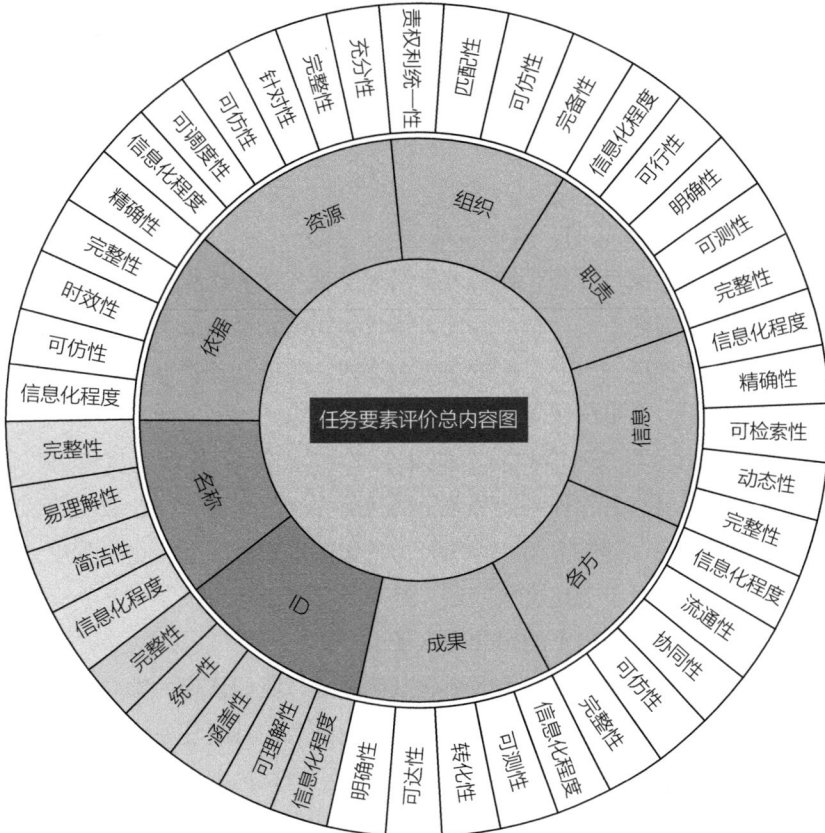

图 11-12　任务九要素评价总内容图

领导力的职能体现在领导、动机、监管三个方面，其对应的关联因素分别为：激励、责任、能力。研究表明，在众多企业管理人员的观点中，领导者的能力、目标的明确性、目标的可行性是影响组织执行力至关重要的三个因素。由此看来，执行力相当程度上来源于领导力（图11-13）。

执行力提升的道法在于匹配任务与执行人。组织领导者需要具备清晰划分任务成熟度等级、识别人才胜任力类型的能力。依据任务成熟度等级评定结果，任务成熟度低的多为创新型任务，应当匹配创造型人才去执行；任务成熟度较低的较多的属于例外任务，应当匹配

匹配维度 | 任务成熟度等级 | 任务成熟度类型 I-II-III-IV | 人才胜任力类型 A-B-C-D

等级及匹配
- 任务成熟度高 — 日常例行任务 → 创造型人才
- 任务成熟度较高 — 常规例外少任务 → 灵活性人才
- 任务成熟度较低 — 较多例外任务 → 按部就班型人才
- 任务成熟度低 — 创新型任务 → 保守型人才

预设工作 | 任务成熟度等级评定 | 任务类型划分 | 人才类型划分

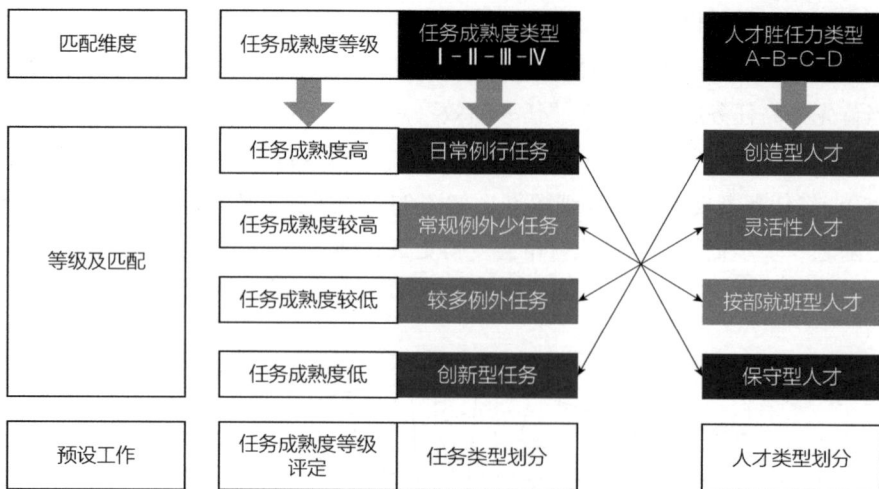

图 11-13　执行力提升之道：匹配任务与执行人

灵活性人才；任务成熟度较高的，属于常规例外少任务，分配给按部就班型人才；任务成熟度高的，通常是日常的例行任务，往往分配给保守型人才。组织任务多而杂，复杂程度不一，若能很好地将纷杂的任务一一精准匹配，不仅组织成员能够更大地发挥他们的才能，任务的执行效率必然也能提高，导向目标的速度会更快。这些任务类型的划分、任务等级的评定、人才胜任力的辨识，对组织领导者都提出了更高要求。

经过以上分析之后，再来看看执行力的几个核心问题：①什么是执行力？②企业执行力的现状如何？③企业现有的各种制度和政策的执行力度怎么样？④企业经营目标的实现情况如何？⑤执行力弱表现在哪些方面？⑥执行力的影响因素有哪些？重要程度占比如何？重新反观执行力提升之道，对于上述这些问题，是不是已经足够解决了？几乎全部问题，都不同程度地反映在领导者所表现出来的领导力水平上。

在研究了众多关于领导力、执行力的话题基础之上，我们认为，领导力体现在三个本质性方面：基于对战略的把握和对目标的管理的任务化能力，判断任务成熟度和提高任务成熟度的能力，布置匹配执行人的能力。领导者如何将组织战略规划一步步细化为可执行的任务包，是其任务化能力的着重体现。逐步将组织宏观战略层层分解为一系列总目标、分目标、子目标……形成系统性强、逻辑清晰的目标体系。业务活动是依靠流程来执行的。领导者期望快速高质地达成目标，必然要借助流程工具。将目标体系进一步划分为一个个可执行的任务，明确任务之间的联系关系，进而有序组合为一条条流程，再梳理流程之间的内在逻辑，构建出导向目标的流程体系。针对其中的一项项任务，依据任务成熟度评价标准与人才胜任力类型精准匹配执行人。余下的，便是行动而已。

当前对执行力、领导力已有非常多的研究，但普遍的，存在两种谬误：第一，执行力主要是下属员工的责任心和工作能力不强所致；第二，执行力是上级推卸责任给下级很便捷的手段。这是极其错误的认知。企业若不能及时认识到这些错误观点，无论变革如何进行，要想增加效益也几乎是不可能的。

我们提出执行力的高效工具：BLF流程表达法，如图11-14所示。BLF是流程牵引理论一种适合前期阶段审批型任务的高效工具。以L（流程）为核心，依据B（标准依据），依照F（范本表单），构成完备的任务管理体系。精准承载"做什么、怎么做、谁做（部门和人员）、依据什么做、什么时间做好、得到什么成果"等任务管理的核心要素，以结果导向、责任明晰、时限准确。

B：依据标准。审批是政策性极强，风险性极大，事务性繁杂的工作，依据的法律法规，地方规章，企业政策是实施审批的依据。

L：流程。体现系统思维思想，用承载信息能力强大的流程图。将总工作流程图，子流程图详尽绘制，篇幅高度概

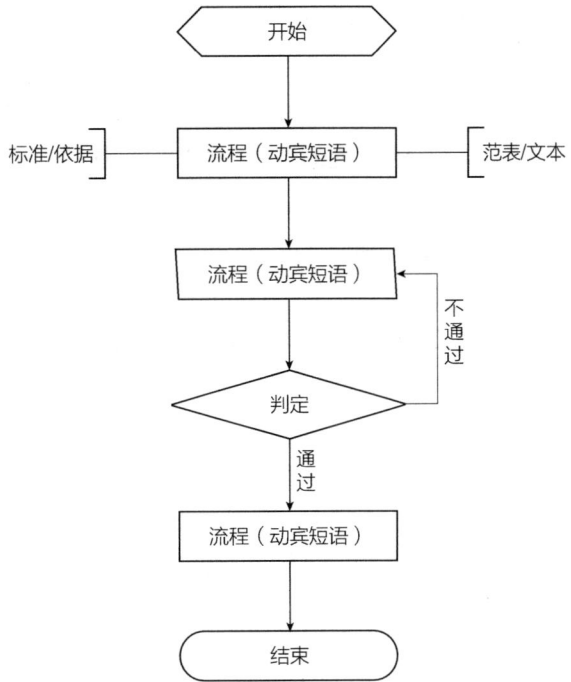

图 11-14　BLF 流程示意图

括，基本六项要素针对性强地呈现出来，任务明晰，责任明确，逻辑明了，无论用于新人培训、计划工作、考核依据，都是极为高效的工具。

F：范本表单。将"做得最好"的立为标杆，成为范本，这是快速"现身说法"以提高效率的捷径。罗列需要配套用到的表单，以供信息填写、传递、留存、共享和复盘改进。

组织重塑给组织带来的冲击是巨大的。组织要想获得更多的积极影响，必然需要依靠足够硬核的执行力。执行力是推动组织重塑顺利前进的积极动力，更是基础支撑。组织重塑制定的所有计划措施，最终都要落在执行力、行动力上。

## 11.4.5　敏捷组织的原则

2025年敏捷联盟正式加入项目管理协会（PMI），成立PMI敏捷联盟。两者的合作意味着敏捷原则将与PMI的资源和影响力相结合，加强全球项目管理。这迈出了将传统项目管理方法与敏捷方法相结合的重要一步，有可能重塑各行各业的项目管理和交付方式。达成合作的其中一个原因便于由于当前不断演变的项目管理生态，双方共同认识到现代项目交付需要流畅地运用各种交付实践，增强专业人员的能力，取得更大的项目成功。两者的合作行为是一场典型的组织变革，PMI的结构化方法搭配敏捷的适应性原则，助力项目的敏捷开发以及组织的可持续发展。

组织创新与变革越来越成为组织生存和发展的关键措施。敏捷组织作为一种新兴的组织模式，在增强适应性、提升创新力、提高执行力方面均具有强大功效，其蕴含的原则为构建具有敏捷适应力的高效组织提供了重要指引。这些原则涵盖灵活性原则、客户导向原则、持

续改进原则、员工/分布式赋能原则，他们深刻关联、相互影响，共同塑造者敏捷组织的独特优势。

灵活性是组织柔性和韧性的双重显现，使组织能够在复杂多元的环境中迅速做出调整。在市场竞争瞬息万变的当下，组织需要具备灵活的机制，无论在结构、部岗、制度、沟通上都应做出优化调整，减少中间层级，加快信息的流通速度。传统的层级式组织结构往往决策链条过长，达不到这样的功能。例如，一些建设公司采用项目制的团队结构，公司成员以具体项目为单位组建相对独立的项目团队，待项目完成后又能灵活地根据实际需求重新组合投入新的项目，这种灵活的结构调整让组织能迅速响应市场需求。除此之外，灵活性还体现在组织的资源配置方面。敏捷组织能够快速地将人资、资金、物资、知识、渠道等资源重新分配到最需要的业务领域或项目中，避免因资源僵化配置而耽误业务拓展的机遇。

客户导向原则要求敏捷组织将客户需求置于靠前的位置。不同于传统的"闭门造车"式研发，敏捷组织会在产品研发过程中采用迭代式的开发方式，通过原型展示、用户测试等方式，不断收集客户反馈，并根据反馈及时调整产品功能与特性。利用时间差原理抢先推出最简可行产品，之后在此基础上再推出最新更新升级后的迭代版本，以此不断循环的方式，确保最终产品能够精准满足客户需求。在服务方面，敏捷组织具备快速响应客户需求的机制。无论是客户的咨询、建议还是投诉，都能得到及时处理。一些企业还设置了专门的客户服务团队，引入人工智能技术24小时在线响应客户问题，并且有相应调动内部资源以解决问题的权限，由此提升客户满意度。

持续改进是组织保障持续运营的核心手段。通过在日常工作中，鼓励组织成员对流程体系、产品或服务进行持续反思与优化，定期召开复盘会议，让组织成员共同回顾总结过去一段时间的工作经验与教训，吸收获取各自的长处，补强自身的不足，以此将不同人的优势扩大并传递到每个人，将个人的缺点以群策群力的方式进行改进，提升组织整体实力。持续改进不仅仅局限于组织内部流程和产品，还包括对外部环境变化的适应性改进。组织需要时刻关注市场动态、技术发展趋势等外部因素，及时调整自身战略与业务模式，保持新市场环境中的竞争力。

员工/分布式赋能原则强调给予员工充分的自主权和决策权。组织成员被视为具有高度专业能力的个体，组织充分信任他们能够在自己的工作领域内做出正确决策。增加他们在组织中认同感和幸福感的同时，让他们在工作中最大程度地发挥自身的潜力，并且也能够激发他们的工作积极性和创新能力。分布式赋能还体现在组织的管理方式上。组织管理不再是传统的自上而下的集中式管理，而是将权力合理下放至各团队甚至个人。每个团队都有相对独立的决策权，以便能够根据实际情况快速做出反应，再以简洁明了的方式汇报至上级组织。

由此看来，敏捷组织的这几项原则能够指引组织在创新与变革的道路上走得更远、更好，帮助组织培养灵活应对市场变化的能力、精准满足客户需求的能力以及不断自我提升并激发员工潜力的能力。深刻理解并践行这些原则，必然能够助力组织在激烈的市场竞争中脱颖而出，实现可持续发展。

## 11.5 两个案例

### 11.5.1 MD集团632变革

MD集团官方发文，要求全员简化工作方式。任何不以用户为中心、不以业务为中心、不以一线为中心，不产生价值，不增加收入的工作都属于表演式工作，需要全员果断简化，把节约的时间去做对用户有价值的事。具体要求包括内部沟通严禁使用PPT、严禁形式主义加班、管理者要带头使用数字化看板等。此文一出，顿时引起集团员工以及其他企业的热烈反响，纷纷对此表示支持与赞同。

未来的胜利，是极简主义的胜利。业务开展层面简化业务模式和结构，明确分工，组织管理层面简化工作方式和组织结构。在面对环境和企业复杂变化时，关键时刻敢于做减法，让一切变得简单明了，能够避免组织臃肿、效率低下、非核心业务肆意生长等问题。MD集团有这样的认知，对其实施数字化管理有直接关系。以632项目为例，对其实施的企业流程框架及组织转型进行分析。

MD集团拥有十多个事业部，每个事业部都有独立的流程、数据口径和IT系统，且供应商与版本各异，导致事业部之间流程和数据连通困难，横向协同成本高、效率低。在此背景下，MD集团启动了632组织变革项目，旨在实现一个MD、一个体系、一个标准。

632项目于2012年正式启动，在持续优化与调整中，不断适应MD集团业务发展和市场变化。历经数年时间逐步推进和完善，各关键系统和流程已基本实现整合并稳定运行，在集团内部发挥显著成效，为集团的战略发展与高效运营提供有力支撑。

632，即六大运营系统、三大管理平台、两大技术平台。其中，六大运营系统：PLM（产品生产周期管理系统）、SRM（供应商关系管理系统）、APS（高级计划排程系统）、ERP（企业资源计划管理系统）、MES（制造执行系统）、CRM（客户关系管理系统）；三大管理平台：BI（决策支持平台）、HRMS（人力资源管理平台）、FMS（财务管理平台）；两大技术平台：MIP（统一门户平台）、MDP（集成开发平台）。MD集团组建了由高层领导牵头，涵盖业务专家、技术骨干和MKX咨询顾问的项目团队。

在对632项目进行深度剖析之后，建立了全运营链流程分析模型（图11-15）。

项目整体按照三大策略实施：第一，系统归并，即简单化、去差异化。通过归并系统复制内部最佳流程和系统，提升部分单位IT应用水平；通过系统标准化、去差异化、为统一流程管理奠定基础。第二，企业模板试点，即建立集团级管理基础。建立集团端到端流程、主数据管理机制、标准。将632进行集团级系统规划、试点实施，建立全球模板。第三，企业模板推广、完善，实现卓越运营，经营透视。各单位全球模板推广不断完善。

632变革项目实施阶段过程图如图11-16所示。

结合MD集团现有流程基础，项目分为四个阶段实施，如图11-15所示。整个过程主要分两条路径实施，即70%流程基础——找一推标准化，以及30%流程差距——4大转型主题。任何方式的变革实施都应当有战略指导，该项目战略导向有三大方面：①消费者导向。基于消费者洞察进行产品创新，提升产品竞争力，同时提升消费者的服务体验。②精益化运

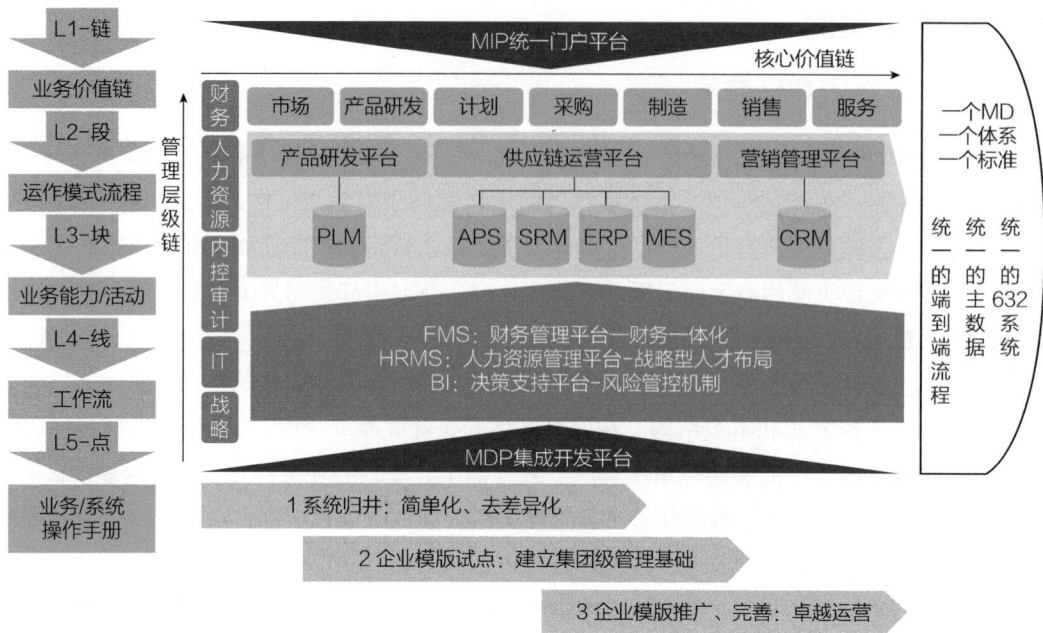

图 11-15　MD 集团全运营链流程模型

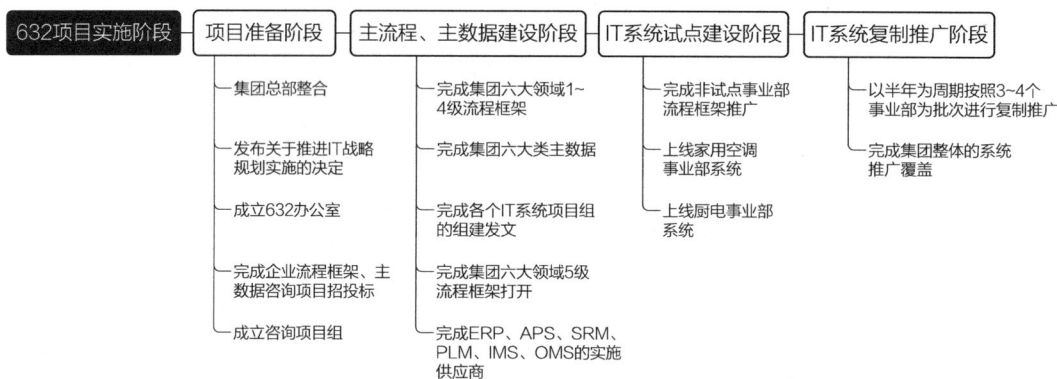

图 11-16　632 变革项目实施阶段过程图

营。提升端到端研产销协作的效率与质量，合理化成本，使得经营管理风险可控。③利益方共赢。外部，与供应商与渠道伙伴互利共赢，良性发展；内部，重视人才培育发展，建立人才高地优势。

在该三大战略引导下实施两条路径。70% 流程基础重在对集团所有流程的梳理和固化。首先，规划出企业流程框架项目整体设计方案。其次，分别在研发流程、供应链流程、内销营销流程、内销服务流程、外销营销流程、外销服务流程、人力资源、财务流程以及资产管理中"找一"的状态。随即，由大到小、由全面到细节地分层次将 L1 到 L5 五级流程全部梳理。30% 流程差距围绕产品力、大计划、透明管控、关键人才四大主题开展。在规划四大转型主题总体方案之后，分析业务流程的 IT 系统支撑优先级别，优先规划高 IT 系统支撑优先级的流程并进行对应的系统覆盖，随后细分高 IT 系统支撑优先级的流程。进而分析家用、厨电目前供应链流程框架的 IT 系统覆盖现状，规划未来供应链流程框架的 IT 流程覆盖范围。将上一路径梳理好的流程串联起来，利用相同的 IT 系统进行开发和固化，以保证整个集团的流程方法相同，且使用的 IT 工具一致，甚至草果方法和系统界面功能一样。

完成变革后，集团成功实现了提升产品竞争能力、总体盈利能力和可持续经营能力的目标，达成统一的端到端流程、统一的主数据、统一的 632 系统。

整个项目实施过程中遇到的相对较大的挑战有以下两点：

第一，各事业部长期独立运营形成了各自的利益格局和工作习惯，对统一的变革存在抵触。部分事业部担心失去自主决策权，员工也对新流程和系统可能带来的岗位变动和工作难度增加感到担忧。为此，MD 集团成立了由高层领导牵头的变革管理委员会，直接对接各事业部负责人，传达变革的战略意义和长期价值，明确变革对集团和各事业部发展的重要性，消除事业部负责人的顾虑。同时，针对员工开展系列宣讲活动，增强员工对变革的认同感。另外，设立变革激励机制，对积极配合变革的事业部和个人给予表彰和奖励，激发员工参与变革的主动性和积极性。

第二，各事业部数据格式、标准不一致，数据质量参差不齐，整合过程中数据清洗、转换和迁移工作面临诸多技术挑战，数据丢失、错误匹配等问题时有发生。同时，六大运营系统、三大管理平台和两大技术平台来自不同供应商，技术架构和接口规范各异，系统集成难度极大，不同系统之间的兼容性问题导致信息传递不畅，流程衔接出现障碍。针对这一问题，MD 集团建立数据治理专项小组，由数据专家和各事业部业务代表组成，制定统一的数据标准和规范，对数据进行全面清洗和标准化处理。引入先进的数据迁移工具和技术，进行多次模拟迁移和数据校验确保数据安全、完整地迁移到新系统。针对系统集成问题，组建跨部门的技术攻坚团队，制定统一的接口规范混合技术标准，对不同系统进行接口改造和优化。建立系统测试盒联调机制，进行多轮次系统集成测试，及时发现并解决问题。

632 项目通过全面的流程变革和系统整合，推动了组织的创新与变革，培养了组织敏捷适应内外环境的能力，为其他企业在组织变革和数字化转型方面提供了宝贵的经验。

## 11.5.2　JG 集团组织变革

2025 年 1 月，作者前往 JG 集团，与 BP 经理展开深入交流，实地了解集团正在经历的流程变革进展与现状。

1. JG 集团流程变革现状

JG 集团是一家专注于钢结构建筑领域的行业领先型企业。公司集钢结构建筑设计、研发、销售、制造和施工于一体，确立了以商务写字楼、宾馆、高层住宅等为主的高层钢结构建筑体系，以机场、会展中心、体育场馆等公共建筑为主的空间大跨钢结构建筑体系，以各类工业建筑、仓储、超市、多层钢结构建筑等为主的轻钢结构建筑体系以及超轻钢集成住宅体系和与之配套的相关建筑体系，提供包括设计、咨询等其他相关工程服务。

先从 BP 说起（图 11-17、图 11-18）。B：业务，P：流程，BP 就是业务流程，BP 经理即业务流程经理。本质上所有的 BP 经理，应当是管理和工艺流程的经理，也就是 MBP，P=Workflow+Process，而非传统的。建筑业的最重要的过程，发生在项目中，发生在产品形成的全周期里。不认识到这一点，不能做好数字化转型，不可能实现真正的标准化。

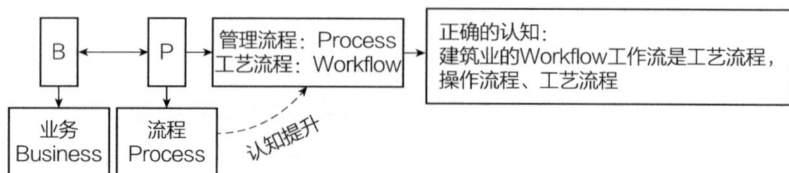

图 11-17　BP 的正确认知

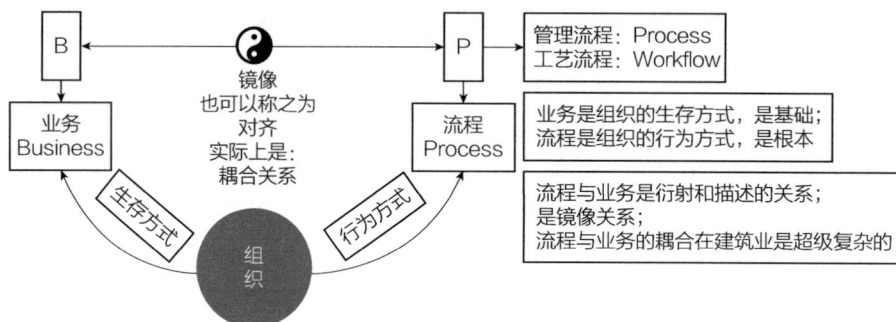

图 11-18　业务与流程的关系

对于组织来说，业务是组织的生存方式，是基础；流程是组织的行为方式，是根本。流程与业务是衍射和描述的关系，是镜像关系。流程与业务的耦合在建筑业是超级复杂的。

JG 集团在调研了大量信息化系统之后，认为这些系统都无法完全满足集团同时拥有设计、研发、施工等多元化业务的特殊性，最终决定自主研发一套全方位适用公司的信息化系统。显然，BP 经理已经能够认识到信息化、流程再造的重要性，并且预见到流程再造能够带来的潜在效益。

在流程变革方面，JG 集团引入华为铁三角管理模式，即客户经理（AR）、解决方案经理（SR）和交付经理（FR）。方案经理将项目全过程划分为营销阶段、投标阶段和实施阶段。设置端到端的管理流程，从输入、工艺负责人、技术支持、方案编制、结构设计、深化设计、SR、AR、FR、技术专家团、方案解决部负责人到总工形成完成的流程链，实现横、纵全方位管理。

从 BP 经理向作者反映的现实状况来看，集团的流程变革推行仍存在一些问题。

第一，员工的变革意识、流程意识不强。一方面，他们还不能清晰地意识到变革能够带来的未来效益。反而当前的一些变更已经影响到他们的个人效益。在心理层面，员工对变革表现出来的更多是担忧、恐惧。另一方面，员工对流程了解甚少，不知其功用。在日常工作中的配合度相对较低，更多员工依旧选择采取原先的工作模式，哪怕这个工作模式已显露出明显的缺陷和重复性。他们已有的惯性思维极大降低了主动去尝试新鲜事物的动力，使得变革受阻。

第二，领导层对流程变革的重视程度没有完全传递到下级。在前述分析中已能得出，领导层对变革的支持程度直接决定了变革最终能否成功。若组织领导者在变革中能够首先以身作则，以实际行动带动全体员工实施变革，并建立有效的沟通渠道，确保信息传递畅通无阻，对变革的推进或更有助益。

第三，集团是否有对应的措施来应对变革中出现的阻碍因素？流程变革对组织的各个层面都会产生相当程度的冲击。它打破原有的运作模式，重新定义工作流程和职责分工，可能引发组织结构的调整、人员岗位的变动，给组织带来全方位的震动与挑战。对于此，集团是否已经有了提前备好的预案？是否已经策划好或在实施的针对变革的培训机制、激励机制、考核机制等？此类措施对于安抚员工、激发他们的变革主动性和积极性都将产生积极效果。

第四，研发系统早于流程变革不完全合理。JG 集团过去几年已在尝试自主研发信息化系统，已显成效，却仍有所欠缺。引入信息化系统的目的在于实现数字化管理，减少纸质文件，将业务活动转为自动化管理，提质资料管理水平，提升组织整体效率。其实质是对集团所有管理流程和工艺流程的全面梳理，厘清其内在逻辑，导入系统后能够实现项目全过程的智能化管理。集团在还不具备流程意识之前构建信息化系统，恐难以达到最佳效果。

第五，集团在引入华为铁三角管理模式后是否有再继续开展相应流程培训？变革是需要持续进行的活动，特别是对于员工变革意识和流程意识较弱的，必须要通过持续不断的周期性培训，增强员工的流程思维，才能让他们在实际工作中得到些许的转变和应用。

变革过程中的不确定性因素只多不少，即便在做好预案的前提下，仍会出现意料之外的情况。首当其冲的，还是需要先对组织全体成员进行提高流程认知的培训，进而逐步地推进变革，循序渐进地培养组织敏捷适应的能力。

2. 流程再造的需求形成

引发流程再造的因素通常有以下几点：①目标偏差逐渐变大；②组织绩效日渐下降；③决策力度弱，耗时长；④沟通闭塞，无法协同；⑤工作效率持续降低，执行力差；⑥员工对现有工作流程的厌恶；⑦重复性工作增加；⑧应对紧急情况无措；⑨适应新环境力不从心。这些因素的致因往往归结于组织惰性。在原有组织制度的实施下，因其存在的缺陷可能引起员工的不满，使得员工对待工作消极懈怠。随着时间积累，这些缺陷被一点点放大，对组织绩效的影响也越来越大，若不及时察觉，将产生不可逆的负面效应。

相比流程优化，流程再造级别的体系重构，对组织带来的是颠覆性的变革，隐藏着更多不确定性和风险。在启动再造之前，组织应当对当前流程进行全面梳理和诊断，明确存在的问题，能通过优化解决的便通过优化解决，以此可以减少再造成本的支出，降低再造风险。

3. 简评引入华为的做法、困难与对策

华为铁三角是指客户经理（AR）、解决方案经理（SR）和交付经理（SR）这三个核心角色组成的团队模式。华为铁三角模式的雏形最早出现在华为公司北非地区部的苏丹代表处。2006 年 8 月，苏丹代表处在投标一个移动通信网络项目时没有中标，分析原因后发现部门各自为政、沟通不畅、信息不共享、对客户承诺不一致等问题，于是决定打破部门界限，以客户为中心，协同客户关系、产品与解决方案、交付与服务等部门，组建了以客户经理、解决方案专家/经理、交付专家/经理为核心的项目管理团队，形成了面向客户的以项目为中心的一线作战单元，并将其称之为"铁三角"。铁三角可以说是"一以贯之，一致对外"的具体体现。

随着华为全球业务的快速发展，特别是在全球电信市场获得的大型项目越来越多，客户需求愈发复杂和多样，需要全方位满足客户需求、提供全面解决方案；同时，华为内部组织部门不断扩大，部门壁垒逐渐增厚，内部竞争也加剧，需要以客户为中心来打通相关业务和部门间的流程，聚焦一线，简化管理，提高沟通效率，实现决策前移和风险可控。华为在2009年开始的LTC（线索至回款）的流程变革之机，逐步完善和夯实"铁三角"运作模式，构建立体的铁三角运作体系，以支持市场的可持续发展，提升客户全生命周期体验，实现企业的高效运营以及可盈利的增长。

铁三角模式的运作机制主要体现在团队构成、职责分工、运作模式三个方面。

1）团队构成

（1）核心组成成员。包括客户经理/系统部部长（Account Responsibility，AR）、产品/服务解决方案经理（Solution Responsibility，SR）、交付管理和订单履行经理（Fulfill Responsibility，FR）。AR是相关客户/项目（群）铁三角运作、整体规划、客户平台建设、整体客户满意度、经营指标的达成、市场竞争的第一责任人；SR是客户/项目（群）整体产品品牌和解决方案的第一责任人，从解决方案角度来帮助客户实现商业成功，对客户群解决方案的业务目标负责；FR是客户/项目（群）整体交付与服务的第一责任人。

（2）扩展项目角色成员。包括项目主谈判人、商务负责人、业务财务控制人、融资负责人、交易协调人、投标责任人、产品负责人、服务解决方案负责人、合同负责人、交付项目经理、供应链负责人、项目采购负责人、项目财务控制人以及公司内部的项目赞助人等。

（3）支撑性功能岗位成员。包括资金经理（信用经理）、应收专员、开票专员、税务经理、网规经理、法务专员、公共关系（PR）专员、研发经理、营销经理、物流专员、采购履行专员、合同/PO专员、综合评审人等。

2）职责分工

（1）客户经理（AR）：负责项目整体规划、客户平台建设、经营指标的实现、客户需求的达成和体验的优化，以及客户/项目（群）铁三角组织模式的运作等内容，是企业一线共同作战单元的大脑和协调者，并对市场竞争的成败负有直接和第一责任。

（2）解决方案经理（SR）：针对客户/项目（群）进行整体产品品牌的设计打造，并为客户提供全方位一体化的问题解决方案，优化客户体验，帮助客户创造价值、获得成功。因此，SR是产品品牌和解决方案的责任主体，在铁三角团队中扮演方案提供者的角色。

（3）交付经理（FR）：是客户/项目（群）整体交付和服务的第一责任人，既要支持项目的前期销售工作，也要对交付和服务的经营指标、整体交付情况和客户的满意度等内容负责；同时，FR还负责构建交付和服务端的客户关系平台，以保证各项业务的成功落地。

3）运作模式

（1）以客户为中心。华为铁三角模式的核心是以客户为中心，通过客户经理、解决方案经理和交付经理的紧密合作，深入了解客户需求，提供全方位的解决方案和优质的服务，实现客户的满意度和忠诚度的提升。

（2）项目制运作。铁三角团队通常以项目为单位进行运作，根据不同项目的需求和特点，灵活组建和调整团队成员，确保项目的顺利实施和交付。

（3）协同合作。铁三角团队成员之间需要密切协同合作，客户经理负责与客户沟通和关系维护，解决方案经理负责提供专业的解决方案，交付经理负责项目的实施和交付，三者相互配合，形成一个有机的整体。

（4）授权与决策前移。华为给予铁三角组织在合同盈利性、合同现金流、客户授信额度、合同条款等方面的基本授权，还引入了项目制授权模式，让项目铁三角团队在立项、投标、签约、合同变更与关闭等多个方面的决策上拥有充分的自主权，从而极大提高了一线决策的灵活性，实现了决策前移，调动了团队的积极性和创新创造热情，保证了对客户需求和市场竞争的准确把握与快速响应。

铁三角模式的优势与价值：①提高客户满意度。通过铁三角团队的协同合作，能够快速响应客户需求，提供高质量的解决方案和服务，从而提高客户的满意度和忠诚度。②增强市场竞争力。铁三角模式能够有效整合公司内部资源，提高团队的作战能力和效率，增强企业在市场中的竞争力。③促进业务增长。通过满足客户需求，提高客户满意度和忠诚度，铁三角模式能够促进业务的增长和发展，为企业带来更多的商业机会和利润。④提升组织效率。铁三角模式打破了部门壁垒，简化了管理流程，提高了组织的协同效率和决策速度，有助于企业实现高效运营和可持续发展。

通过上述对华为铁三角管理模式有基本认识之后，再回看JG集团正在推行的华为铁三角的组织变革模式遇到的前所未有的困难，进而引发思考：华为铁三角是否适用建筑行业企业？

建设行业可视作特殊的制造业，它有几方面典型的特征：①从散体材料到逐步集成功能；②工程社会性与不确定性；③作业环境的属地性及开放性；④实施人员高流动性；⑤人资工程素养基础差异；⑥激励强度迥异；⑦长周期性；⑧大构件性；⑨对标投资经理、投标经理、执行经理；⑩作业方式的手工依赖；⑪对参与方要求极高的专业性及协同性。与此同时，建设行业的复杂性要远高于制造业，如表11-1所示。

建设行业复杂性矩阵　　　　　　　　　　　　　　　　表11-1

| 系统 | 建筑实体 | 建设过程 | 建筑企业 | 工程环境 |
|---|---|---|---|---|
| 构成要素 | 产品体量巨大，尺寸大型；资源消耗巨大；差异性大；专业性强；散体、预制构件、成套设施 | 工艺过程周期长；涉及十大主体多；开放工程施工环境；工料机法环管检信；9要素、12阶段；专业人才；高度协同 | 企业管理18项；一个完整的建筑企业通常包括项目经理、设计师、工程师、技术人员、施工队伍、供应商以及行政人员等 | 宏观9输入要素微观6资源要素PESTecl——政策、经济、社会、技术、自然环境、竞争、时空，七要素 |

| 系统 | 建筑实体 | 建设过程 | 建筑企业 | 工程环境 |
|------|---------|---------|---------|---------|
| 相互作用 | 每个功能都需建筑整体系统承载，对实现各功能所需要的系统极为复杂，如管线分布，空间排布，后期运维 | 任何一个单点问题都很可能涉及多个参与方，很可能对同一作业面上交叉作业的其他工作、与之相关的后续工作乃至项目全局产生影响 | 多个专业领域和职能之间协作和交互，不同部门之间需要密切合作，如项目管理、设计、工程、施工、质量控制等部门之间协作和协调 | 七要素看似相互独立，实则相互融合，构成错综复杂的工程外界环境，虽不直接参与工程活动，但时刻影响工程活动走向 |
| 目标权衡 | 目标多元，要综合考虑功能实用性、空间舒适性、设计艺术性、还需考虑建成过程可行性、建成后运维节能性以及投资方整体收益性 | 建筑项目的目标多元。既要进度快，又要质量好，且要保证安全，还要成本低；而且，各个目标间有很强的制约关系 | 项目管理方面，需考虑时间、成本、质量和风险；设计方面，需考虑创意性、实用性和可持续性；施工过程需考虑效率、安全和质量等 | 环境目标包括利润最大化、项目质量保障、资源有效利用、环境保护等，这些目标间可能存在矛盾冲突，需综合考量权衡 |
| 动态调整 | 建筑设计的系统性很强，通常为了应对某个环节的调整或支撑某个目标的提升，必须做到全局优化 | 建筑过程处于动态变化中，对于某个作业环节出现问题，光靠单点或局部优化很难解决，必须持续进行系统全局优化 | 建筑项目涉及多方面因素和变数，因此，建筑企业在运营过程需不断动态调整 | 随着宏观环境的不断变化，工程也需根据环境变化做出相应调整 |

原因：
①工程社会性；②产品本身独特性；③作业环境的属地性及变化性；④在作业方式上对现场作业及手工作业的依赖性；⑤对参与方要求极高的专业性及协同性。

再看复杂工程的建设机理（图 11-19）。

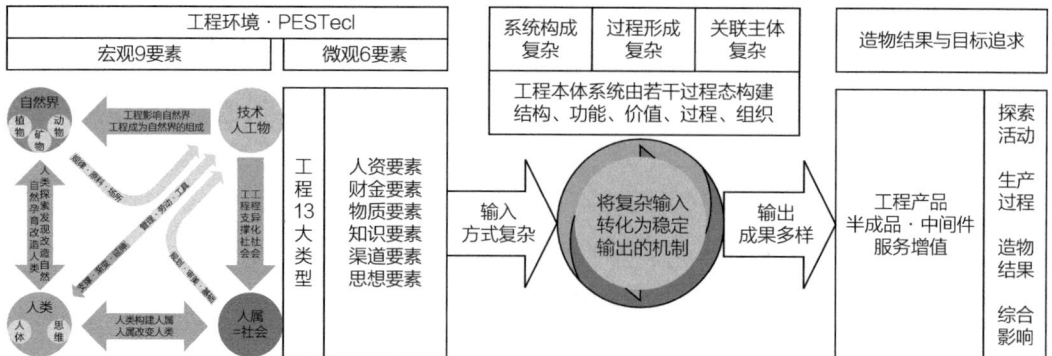

图 11-19　复杂工程复杂性研究思考模型

对于 JG 集团的流程变革有这样几点思考：①铁三角人员从哪里来？各自需要什么样的技能？②铁三角人员能否从公司内部培养？考虑建设工程的强专业性，若不能从公司内部培养人员，这样的管理模式是否还应当继续推行？③若从外部引入铁三角人员，应该如何和公司内部人员、业务活动对标起来？若产生与既有公司人员职能冲突的情况，该如何应对？两者应当如何耦合以发挥最佳水平？基于以上思考，作者认为，在变革的过程中，组织的知识体系、能力体系需要不断地调节方向，让两者深刻联系，相互作用，相互补全，达成耦合。

基于建设行业复杂程度如此之高的情况，企业要想跨行业引入新兴管理模式时必须充分考虑建设工程各方面的复杂性，不可在没有对企业进行充分调查的情况下盲目应用。即使引入，也应当根据企业自身实际将管理模式、流程模板进行优化改进，使其能够适应企业自身业务活动，而非用自身业务去适应新引入的管理模式。

### 4. 新组织管理学的应用价值

前面提出，组织创新与变革的理论支撑是新组织管理学体系。那么，面对组织实际变革过程中遇到的种种困难与挑战，新组织管理学能做什么？

组织管理是基于对组织内外部环境的感知和评估，确定被组织成员所认知的共同目标，并通过一系列的计划、组织、领导、控制等活动达成组织的目标。组织管理学则是关于如何有效地协调组织资源达成组织目标的学科。新组织管理学基于行动哲学、过程智慧、动态能力三大原则着重于"三重"：重心在展开行动，以展露领导哲思；重点在推进过程，以体现组织智慧；重要在管控动态，以昭示协同能力。其"四论一识"的内容构成能够帮助组织提升认知思维，辨识环境改变，指导战略制定，协同组织运营，提高员工执行，提升企业绩效。

具体地，有以下几点：

（1）提高认知。打造科学的具有针对性的系列流程培训课程，有目的地提高组织成员的流程意识，增强流程应用的主动性和思考力。

（2）助力构建流程体系。运用流程牵引L模式帮助企业构建标准化的全生命周期流程体系，引入信息化革新技术，实现组织的智能化管理。

（3）建立沟通中心。以打造流程型组织为目标，打通上下层级结构，消除部门隔阂，建立贯穿纵横组织结构的沟通中心，确保信息传递不受阻碍，提升组织的决策力、执行力、行动力。

新组织管理学的价值远不止于此，其创设之必然，构成之丰富，值得更深入的探究与应用。

# 第 12 章
# 成败垂成：评价

================ **本章逻辑图** ================

```
┌──────────────┐      ╭────────────────╮      ┌──────────────────────┐
│ 12.3 组织变革成果 │─────▶│  成败垂成：评价  │◀─────│ 12.1 组织变革方向、能力、绩效 │
└──────────────┘      ╰────────────────╯      └──────────────────────┘
                            ▲                            │
                            │                  ┌──────────────────┐
                   ┌──────────────┐            │ 12.1.1 组织变革方向 │
                   │ 12.2 组织变革实践 │            └──────────────────┘
                   └──────────────┘            ┌──────────────────┐
                                               │ 12.1.2 组织能力    │
                                               └──────────────────┘
                                               ┌──────────────────┐
                                               │ 12.1.3 组织绩效    │
                                               └──────────────────┘
```

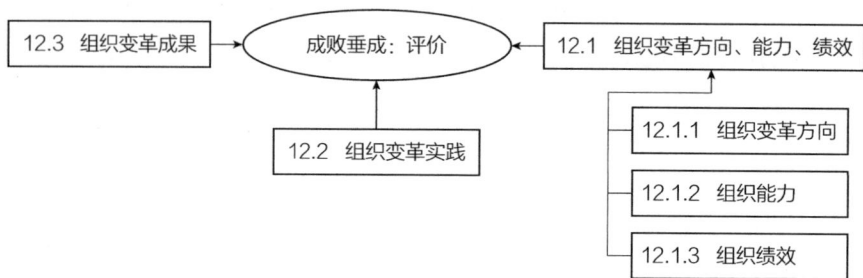

图 12-1　第 12 章逻辑图

　　回顾当前仍然盛行，由迈克尔·波特（Michael Porter）提出的价值链模型[①]（Value Chain Model，VCM），作为描述企业如何通过一系列活动来创造价值的分析工具，将企业的活动分为基本活动（涉及企业生产、销售、进料后勤、发货后勤、售后服务）和支持性活动（涉及人事、财务、计划、研究与开发、采购）两大类，在很长一段时间内，发挥着引导和指南的巨大作用。利用 VCM 的分析，有助于企业获得新的发展策略，从而为客户和利益相关者提供最大的价值。如：①降低整个价值链的成本。②精准定位有助于交付的流程。③确定运营和技术改进的机会。④优化营销和销售计划以获得更好的客户体验。

　　VCM 被应用于各种行业和企业的管理实践中累计了诸多经典案例和应用。例如：

　　（1）麦当劳的供应链管理：麦当劳通过精密的供应链管理系统，有效地管理从食材采购到食品制作和最终服务的全过程。他们使用波特价值链模型来优化供应链的每个环节，以确保快速、高效和成本效益的运作，从而保持了长期以来在快餐行业的领先地位。

　　（2）苹果公司的产品开发和供应链：苹果公司利用波特价值链模型来管理其产品的设计、研发、制造和全球供应链。通过优化这些环节，苹果能够保持其产品创新和质量的高水平，并且有效地响应市场需求。

---

① 罗青军. 波特价值链模型的另画及其解释 [J]. 商业研究，2002（10）：3.

（3）星巴克的物流和配送：星巴克的入境物流管理涉及全球范围内的咖啡豆采购和物流运输。他们通过建立全球供应链网络和高效的物流系统，确保获取高质量的咖啡豆。星巴克还实施了可持续采购计划，支持咖啡种植园的社会和环境责任。

（4）华为 1998 年跟 IBM 学习，逐渐形成的 IPD、MTL、LTC 运营体系，有效保障了其"高科技行业、高研发投入、高执行力、高人才配置、高薪酬"等组织特征，成功穿越经济起伏周期，外部打压环境，取得伟大成功。

然而，我们需要对此做进一步的审视。价值链指向的是"利润"，或许一切向钱看的理论根源即在于此。该模型把组织目标狭义化，宏观层面是错误的导向。"问题导向""理论指向"，迎合了部分缺乏"抱负"的组织，是商业组织价值迷失的原因。转向"行"的管理，首先应当行得正，在追求目标上，需要"拨乱反正"，才能使商业行为走在正确的方向上。评价组织"重塑"的成效，即当将伟大的抱负、正确的目标放在重要位置，授予较大的权重，商业就是人造的最优资源、最低成本、最好效率的"多快好省稳"的"乌托邦"，也可以用推动社会更加美好等漂亮口号做注脚。价值是多方面的，仅就经济价值做指向，是矮化了商业组织的目标追求。当下强调企业组织的社会责任，其实就是对此倾向的纠正。

从而，在评价组织"重塑"的效果和成功程度时，需要将"理论引领、目标导向、问题启程、流程牵引、工具支撑、实践验证和绩效管理"作为基本思考和解决问题的逻辑，以防止因问题的发散性、功利性而将组织引向歧途。

本章聚焦在变革方法、能力、绩效的内容阐述，对组织变革成果进行评价。

# 12.1　组织变革方向、能力、绩效

## 12.1.1　组织变革方向

组织变革[①]（Organizational Change）是指组织根据内外部环境变化，及时对组织中的要素（如组织的管理理念、工作方式、组织结构、人员配备、组织文化及技术等）进行调整、改进和革新的过程。当然，企业的发展离不开组织变革，内外部环境的变化、企业资源的整合与变动，都给企业带来了极大的机遇与挑战。这就要求企业决策者时刻关注组织变革，有完善的计划与实施步骤，对组织运行中可能出现的障碍与阻力有清醒认识；要求组织成员尽力提升组织变革的认知程度、参与热情、执行质量，在很大程度上决定了组织变革的成功与否。

组织变革主要是在内、外部环境的作用下，进行组织观念转型、组织战略转型、组织机制转型，如图 12-2 所示。组织的外部环境包括国民经济增长速度的变化、产业结构的调整、政府经济政策的调整、竞争观念的改变、科学技术的发展引起产品和工艺的变革等，这些外部环境的变化起主导作用，必然要求企业组织结构做出适应性的调整。组织的内部环境变化

---

① 刘松博，龙静.组织理论与设计（第 2 版）[M].北京：中国人民大学出版社，2009.

主要包括：①企业实行技术改造，引进新的设备要求技术服务部门的加强以及技术、生产、营销等部门的调整；②人员条件的变化，如人员结构和人员素质的提高等；③管理条件的变化，如实行计算机辅助管理，实行优化组合等。

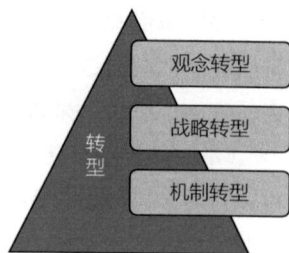

图 12-2 组织变革概述图

一般来说，企业中的组织变革是一项存在滞后性，即使一段时间组织的结构维持不变，企业也能运转下去，但"量变引起质变"，当一个企业因为累积一系列问题而无法运转时，再进行组织结构的变革就毫无意义了。因此，企业管理者必须及时抓住组织变革的方向，选择适合自身发展的组织变革方向。常见的组织变革方向有流程型组织、WRS-X 的普遍链接性、敏捷组织等。

### 1. 流程型组织

流程型组织[①]的优势是将流程应用在组织里面，它是基于流程运作面向客户，从客户的需求到满足客户，连续不断经过各种活动串联起来，形成最终的产品。始终关注客户需求与客户满意，连续无断点地关注整体目标。

华为运用"四步建设法"建设流程型组织，即流程建设、组织匹配、组织迁移、组织转型。构建流程型组织的第一步就是流程建设，它的目标是推动职能部门间形成"端到端"代替"段到段"，打破职能部门间的"隔阂墙"，形成流程驱动，打破职能层级体制的界限，最后直达客户。之后，再进行组织匹配——当架构设计好以后，将组织和流程匹配，组织里的每个角色岗位都有相应的活动。构建流程型组织的第三步就是进行组织迁移，考虑到组织有三大资源（人、财、物）。人的资源比如考核评价，有流程的时候，一部分考核评价权利及部分预算就到了项目组，沿着流程梳理组织，基于流程分配权力、资源以及责任，通过组织承载变革落地；财的资源比如预算也是如此，当有了流程之后，项目和部门预算都要基于流程来进行；物的资源包括生产、设置、办公，原来都在各个部门手里，现在可以掌握在流程里，为流程服务。最后，基于流程进行组织转型，将所有的人力资源、财、物进行分配，完成整个组织的转型升级。

### 2. WRS-X 的普遍链接性

传统组织管理的三个要素是 WRS，即"人""事""物"，三者紧密链接。这种观念理解为"人"是组织管理的核心，也是最可控的要素，因为"人"的因素倾向于可控性高、易于控制。相较于"人"的核心地位，"事"是组织管理的具体实施的方法，就是方法与方法的合理结合以确保事情的完成。但是，在实际过程中，"事"因素常常出现"如何通过科学管理和严格的控制""如何保证事情达到预期效果"的难点，存在不可控、风险高的问题。所以，传统型组织决策者往往把"物"作为组织管理的基础，通过提升产品和服务质量保证组织的运营。WRS-X 的普遍链接性如图 12-3 所示，它是将传统组织管理的 WRS（人事物）进行紧密连接，向"行"进行转变。

---

① 李玉坤. 流程导向型的组织结构分析 [J]. 管理与财富：学术版，2010（3）：2.

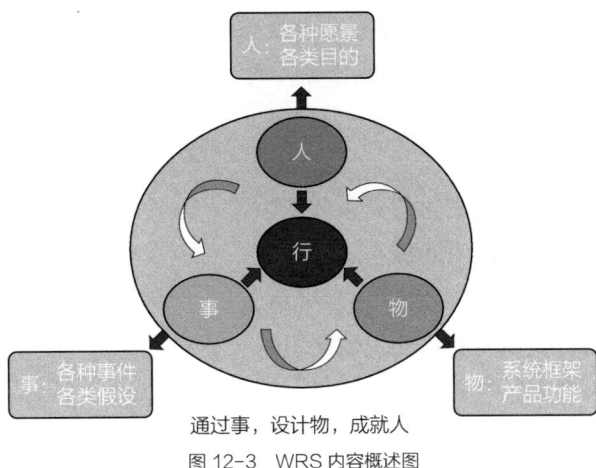

通过事，设计物，成就人

图 12-3　WRS 内容概述图

　　"行"即执行，构建好执行环境尤为重要，如图 12-4 所示。"行"的实质就是组织全体成员付诸于实践活动，把蓝图规划落实到具体实际行动中，在实践中检验纲领的真理性，同时通过实践的过程和结果去评判实践主体的能力。组织管理中的战略规划、业务结构、技术标准都是紧紧围绕"行"，明确具体的任务计划、任务分派、任务时间、激励机制等，达成既定目标进而实现战略远景。高效执行力可以在实践中减少流程的冗余环节，在提升效率的同时优化流程，改善流程的效度与信度。可以说，"行"贯穿了组织，连接了目标、战略、绩效、流程等要素，在组织中具有重要地位。

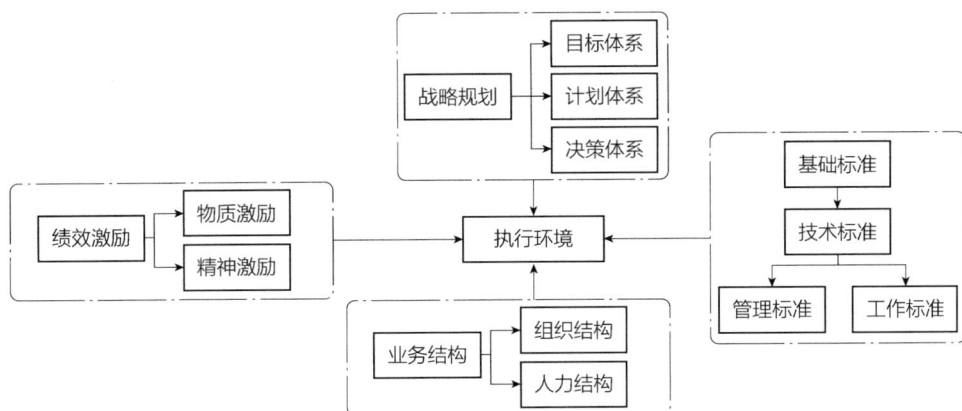

图 12-4　执行环境建设框架图

　　对于以绩效为主、盈利为目的的组织来说，如何快速并本质提升效益是最为注重的，对任务进行研究与改变，并以任务出发选择执行者进行匹配和执行以改善执行力，就是一条较好的路径。研究任务并不是否认"以人为本""人文管理"等先进思想理念，而是因为从人本身的复杂性和改造人的缓慢过程构成以及未来智能代替人的部分增多趋势来看，不如先理清楚"事"更能将事情做好。正如任正非所说:"以人为中心是封闭的,以事为中心是开放的"。终究,个人和组织都是"完成任务,而实现目标"的,"行"就是目的性更强的"事情"。

### 3.敏捷组织

敏捷组织[①]是一种在不断变化的商业环境中应对挑战的组织形态。敏捷组织的核心思想在于适应快速变化的市场需求和技术进步,通过灵活、高效的管理方式实现持续创新和优化。敏捷组织具有快速响应、以人为本、跨职能团队协作、灵活性高、适应力强的特点,如图 12-5 所示。正是因为这种特性,敏捷组织注重组织成员的自主决策和跨职能合作能力,以迅速响应客户需求、提高工作效率和质量为目标。同时,敏捷型组织打破了传统的部门隔离和职能的壁垒,使得不同专业背景的组织成员可以通力合作,分享知识和经验,提高工作效率和创新能力。

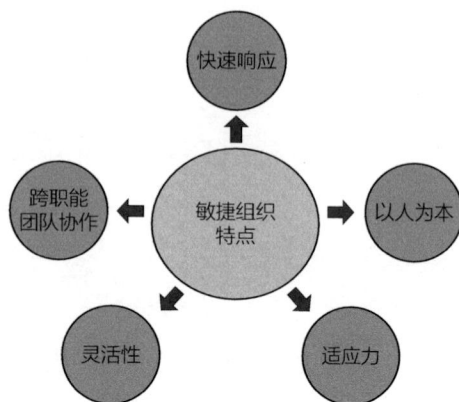

图 12-5 敏捷组织的主要特点

敏捷组织的转型是一项全面工程,构建好敏捷组织的关键要素在于组织架构、决策方式、内部流程等要素的改变,通过完成领导力的角色和转变、塑造和培育适应性文化、进行灵活的组织结构和流程设计等手段,及时响应不断变化的客户需求、市场格局和趋势,达到组织敏捷性变革的效果。

1)领导力的角色和转变

在敏捷型组织中,领导者不再是传统的指挥者,而是更多地扮演着教练和赋能者的角色。组织决策者倾听和沟通组织成员提出的新想法和解决方案成为重点,并支持他们在追求卓越和创新的过程中做出决策。

2)适应性文化的塑造和培育

为了塑造适应性文化,组织需要倡导开放的沟通和知识共享,鼓励组织成员在不确定的环境中主动学习和适应变化,推动组织的持续改进和创新。

3)灵活的组织结构和流程设计

传统的层级结构和刚性流程限制了组织的灵活性和适应能力。为了构建敏捷组织,组织需要重新审视和重新设计其组织结构和流程。灵活的组织结构通常采用扁平化的形式,减少层级和决策链条,促进快速的信息流动和决策过程。灵活的流程设计则强调迭代式和增量式的方法,以便快速试错和反馈,强调持续学习和改进,通过小规模的实验和迭代来推动创新和产品优化。

---

① 杨小东,徐琳.敏捷组织的复杂适应性及其行为模式研究 [J]. 微计算机信息,2012(2):3.

## 12.1.2  组织能力

对于企业来说，组织能力是指公司在与竞争对手投入相同的情况下，具有更高的生产效率或更高的质量，将其各种要素投入转化为产品或服务的能力[①]。组织能力并不是简单的个人能力或个人能力的累加，而是一种团队所发挥的整体核心竞争力，是组织在激烈的市场竞争环境下脱颖而出，为客户创造价值的能力。组织能力深植于组织内部，不依赖于个人，具有可持续性、多层次性、协调性、灵活性等特质。首先，组织能力源生于组织的内部，不同组织有不同的组织能力，并且在组织的不同层面的表现各异；其次，组织能力在实际情况和需求的变化下不断地调整和适应组织发展的，在适应调节的过程中离不开组织成员之间的协调配合，明确任务目标和制定合理的计划。

组织能力极具研究价值，组织能力的高低直接影响了企业的战略实施，吸引众多学者从不同角度对组织能力进行研究。例如杨国安学者基于自己多年的思考与丰富的管理实践，提出了组织能力"三角"理论[②]，即组织能力应该由组织成员的能力、组织成员的思维定式和组织成员的治理方式组成，如图 12-6 所示。①组织成员的思维定式：组织成员的思维定式取决于组织的文化和激励制度，让组织成员有执行任务的期望和动力。②组织成员的能力：组织成员的能力即组织全体成员（包括中高层管理团队）必须具备能够实施企业战略、打造所需组织能力的知识、技能和素质。通过对整个组织进行充分培训和赋能，解决组织成员的知识结构和储备问题。③组织成员的治理方式：组织成员具备了所需的能力和思维模式之后，组织还必须提供有效的管理资源和制度支持才能容许这些人才充分施展所长，贯彻执行组织的战略。有效的组织能力是三个方面因素共同作用、相互平衡的结果，三项因素共同形成了组织能力的三个支撑。

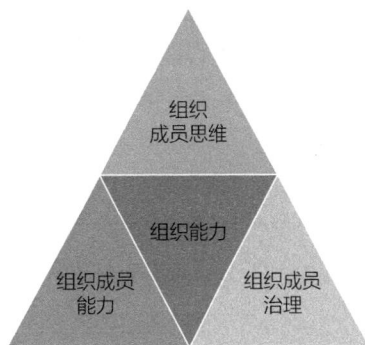

图 12-6  组织能力"三角"模型图

对组织能力的研究，北京大学的穆胜学者将其拆解为组织价值观、组织规则、组织知识三大维度，并概括形成一个"三明治模型"[③]，如图 12-7 所示。组织价值观是整个组织能力模型的基础，组织价值观是组织的信仰、理念和共识，从广义上讲，包括企业的创办使命和未来愿景；组织规则作为整个"三明治"的中间层，这种规则包括了组织在实践中形成的规则共识和潜规则；组织知识可以理解为组织能力的执行层级，它的形成来源于组织日积月累形成的组织制度、组织流程、组织方法论等，以及来源于组织在实践中积攒的经验教训。三个维度上的成果存在递进影响，企业从资源投入到最后的绩效产出，离不开三个层级的动态调整。可以说，基础层的组织价值观是组织存在的底层逻辑，决定了组织成员的基础价值判断；中间层的组织规则源于组织价值观的具体实践，在组织成员的共识下，具象化为

①  邓坤礼. 华为公司国际化拓展中的战略能力和组织能力构建探索 [D]. 上海：复旦大学，2025.
②  田超. 论"杨三角"理论框架下的组织与创新 [J]. 河北企业，2019（9）：2.
③  穆胜. 互联网时代人力资源管理不变的底层逻辑 [Z].2020.

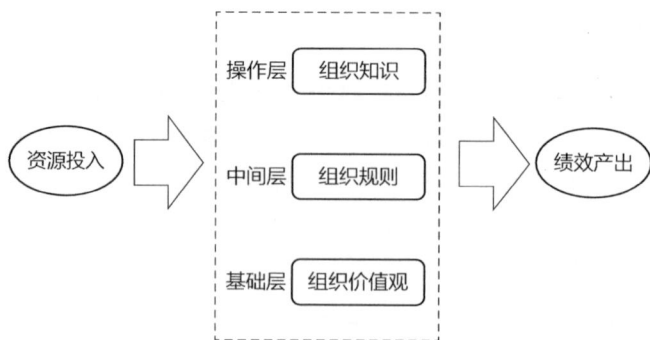

图 12-7　组织能力"三明治"模型图

若干的规则；基于组织规则的共同行动，会沉淀出各类组织知识，供全体组织成员传递和分享。

本书基于对组织能力的理解，凝练出 16 个新组织管理的组织能力要素，分别是组织成员能力（感知环境变化能力、高效工具应用能力、高效执行能力、产品研发能力、精准营销能力、精益生产能力）、组织治理能力（快速重构组织能力、流程体系再造能力、精准要素管控能力、自善纠偏能力、过程管控能力、动态变革能力）和组织竞争力（敏捷人才教育能力、供应链整合能力、持续盈利能力、品牌锻造能力），将下图的 16 大能力归类，形成各层级分布，3 个 1 级指标，16 个 2 级指标的组织能力要素，如图 12-8 所示。

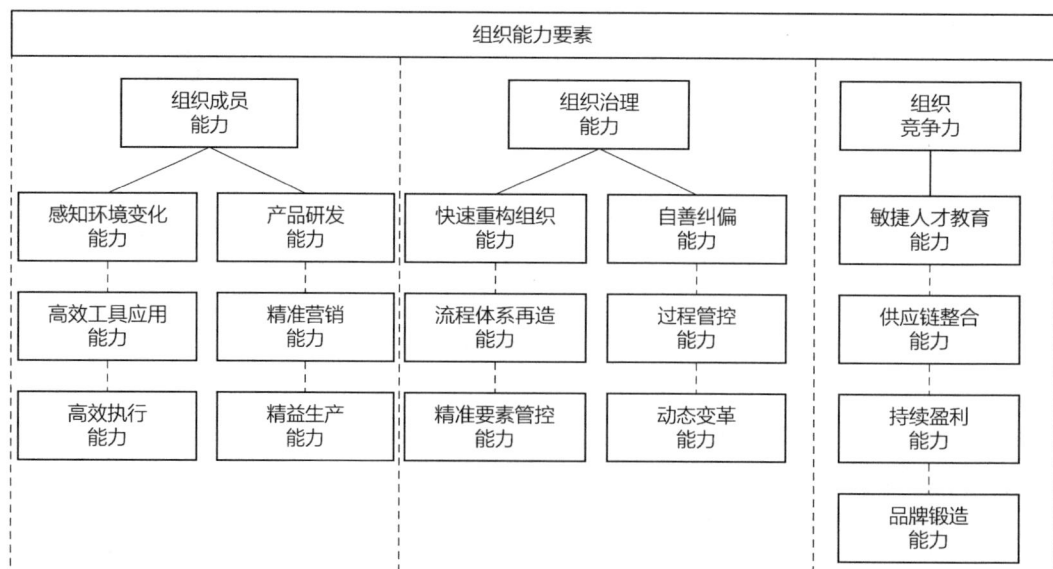

图 12-8　组织能力层次模型图

有效地提升组织能力需要依据广博的、系统的理论知识与丰富的、有效的实践。毋庸置疑的是，提升组织能力的方式是知识传授，绝大数组织成员是通过学习专用性知识提升自身的知识深度。在这个过程中，组织利用自身的异质性资源、制度和管理方面的经验，帮助组织成员顺利地完成隐性知识显性化，以知识链共享的途径将其嵌入组织系统中，这些知识对组织成员更好地执行任务、完成绩效至关重要。若要实现前述的专用性知识的学习，组织必须具备系统的组织治理能力，及时发现问题和解决问题，推动组织成员的显性和隐性知识转变为更高级别的可编码知识和组织共享知识。最后，组织成员对这些"组织共享知识"进行深度学习、利用和转化为更具系统性的组织能力，完成系统的闭环。

### 12.1.3 组织绩效

组织绩效是指组织在某一时期内组织任务完成的数量、质量、效率及盈利情况。如图 12-9 所示，组织绩效作为组织对基于自身职责定位所承接的公司或上级组织目标完成结果的衡量。对整个组织绩效进行分解，可以落实到相关责任主体，包含管理者、下级组织、全体组织成员，对组织起到战略牵引（指挥棒）、强化组织协同、衡量组织贡献和强化激励的作用。

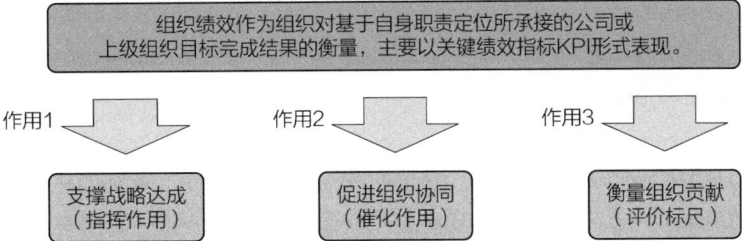

图 12-9　组织绩效机理效果图

提升组织绩效离不开组织绩效的考核，这有利于组织绩效的牵引跟战略诉求保持一致，确保战略解码出来的组织事项在组织绩效考核中充分的体现。其次，有利于促进组织的协同，增进组织成员的信任感与沟通力，从而形成正向的绩效激励循环，实现效能倍增。当然，这种模式更加"精准"地衡量了组织贡献，通过综合考虑组织成员的个人能力、工作负荷、绩效与成果以及岗位需求等因素，在奖励、晋升和培训等方面做出更加合理的决策。

从组织的发展过程来看，构建一个系统、有序的组织绩效管理架构对组织的生存和发展起着至关重要的作用，如图 12-10 所示。以华为为例，华为的组织绩效包括指标、权重、目标值和结果评估四个核心要点，它们覆盖了业务领域、绩效领域、职业领域和生活领域，根据制定绩效目标、绩效培训、绩效评价和绩效反馈四个步骤进行绩效考核。华为的管理者运用一定的指标体系对组织的整体运营效果作出的概括性评价，通过有效的评价揭示组织的运营能力、偿债能力、盈利能力和对社会的贡献，为管理人员和利益相关者提供相关信息，为改善组织绩效指明方向。当然，组织绩效的评价需要选用一定的指标，指标作为衡量组织绩效的标准，其本身必须体现对组织管理的综合要求。待绩效考核结束后，根据考评结果与组织成员面谈，重点是分析原因和总结绩效改进措施，并确定下一个考核周期的工作目标。

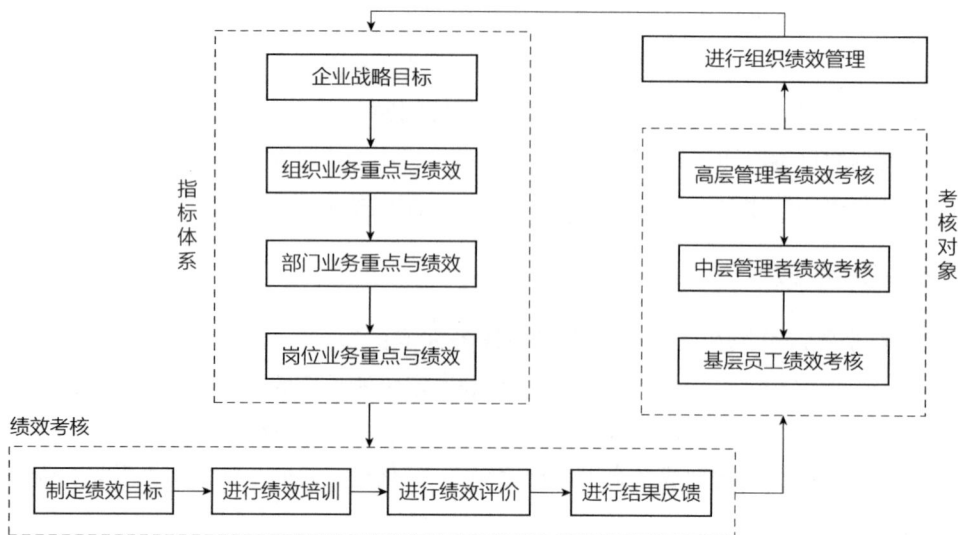

图 12-10　华为绩效管理架构图

## 12.2　组织变革实践

组织变革是组织成长的必经之路，组织在实施组织变革时，需要关注组织变革的定义与重要性、类型与内容、实践与案例以及挑战与对策等方面[①]。通过制定合理的变革方案、做好组织成员的沟通和培训工作，注重创新和组织文化融合等措施，找准组织变革的方向，提高组织的运营效率、创新能力和竞争力。

目前，国内部分建筑企业已经逐步应用敏捷管理思想，通过引入先进的管理理念和工具，建筑企业能够实现对项目的快速响应和灵活管理，提高施工效率和质量管理水平，降低成本和风险，从而在激烈的市场竞争中保持领先地位，取得了显著的成效。例如：①上海某集团有限公司通过引入先进的信息化管理系统，实现了施工过程的全程监控和数据化管理。通过实时数据分析和预测，提高了施工效率和质量管理水平，大大降低了成本和风险，体现了敏捷管理中快速响应和灵活调整的特点。②四川某集团从传统基建企业转型，通过信息化赋能，全面打造"数字路桥"。他们利用氚云等管理工具，实现了项目进度、合同信息、资金成本管控等的全周期闭环管理，提高了管理效率和项目执行质量，这也是敏捷管理在实践中的具体应用。③某大型建筑工程公司承担着多个城市的地标性建筑项目，管理难度极大。为了实现对整个工程流程的精准管控，公司采用了集成了BIM（建筑信息模型）技术的项目管理软件。该软件不仅能够实现项目计划的编制、进度跟踪和成本控制，还能与BIM模型无缝对接，实现施工现场的可视化管理和实时监控，这符合敏捷管理强调的实时监控和快速迭代的要求。

---

① 郭鞠.转型时期的中国企业组织变革与案例研究[D].北京：中国人民大学，2008.

也有部分制造业企业将组织变革的方向朝着产品的持续创新、严格质量控制、灵活应对市场变化等进行改变，例如：①华为：作为全球领先的通信设备供应商，华为的业务涵盖电信网络、IT、智能终端和云服务等领域。其产品和解决方案已应用于全球170多个国家，服务超过三分之一的世界人口。华为的成功在于持续的创新和研发投入，以及对全球市场的深入理解和灵活应对。②阿里巴巴：虽然阿里巴巴主要以电商业务闻名，但它在制造业数字化转型方面也取得了显著成果。通过旗下的淘宝、天猫等平台，阿里巴巴帮助无数中小企业实现了在线销售和智能化转型。此外，阿里巴巴还积极投资制造业领域，推动产业升级和创新。③富士康作为全球最大的电子代工企业之一，富士康为苹果、微软等国际知名品牌提供代工服务。富士康的成功在于其高效的生产流程、严格的质量控制和持续的技术创新。近年来，富士康还积极推动智能制造和数字化转型，进一步提升了其竞争力。④吉利汽车：作为中国本土汽车品牌的代表，吉利汽车通过多年的发展和创新，已成为中国汽车市场的领军企业。吉利在新能源、智能网联等领域的布局也为中国制造业的可持续发展树立了典范。其成功在于对市场需求的敏锐洞察和持续的技术创新。⑤大疆创新：作为全球领先的无人机制造商，大疆创新通过创新的产品设计和强大的研发实力，将无人机产业带入了一个新的时代。大疆的无人机产品已广泛应用于航拍、农业、交通、救援等多个领域，并畅销全球。其成功在于对新兴技术的敏锐把握和快速响应能力。

## 12.3　组织变革成果

基于新组织管理学理论体系的引领，在SMART原则（图1-3）指导的组织目标导向下，组织通过变革与创新完成重塑，突破传统管理思维的局限，将抽象概念转变为可量化、可持续的系统化能力。重构组织管理的底层逻辑，实现从"刚性结构"到"敏捷适应"的转变，达成运营高效、强执行力、满意度高、价值感强、持续力好，发展成为具有敏捷适应力的高效组织。

组织变革价值创造图解如图12-11所示。

以流程牵引为核心，组织依靠"端到端"流程体系重塑，破除部门壁垒，达成资源的最优配置。借助数据驱动的动态监控体系，结合精准管控"五精"思想等创新机制，同步推进风险防控与效率提升，构建"快决策、稳落地"的运营闭环。

认知思维的革新促使管理者与员工从"被动执行"转变为"主动共创"。比如，依视路陆逊梯卡通过组织文化变革中的价值观传递与员工参与，将战略目标转化为全员共识。通过持续的学习机制，保障团队能力与战略需求动态匹配。

任务管理思想借助目标对齐和激励机制设计，把个人贡献与组织战略直接关联。同时，企业文化变革赋予员工使命感，形成从价值创造到价值认可的双向增强循环。通过战略目标的灵活迭代和文化基因的持续进化，组织能够抵御外部冲击。华为从运营商业务到军团化战略的转型，证实了"战略韧性"与"文化韧性"的叠加效应。

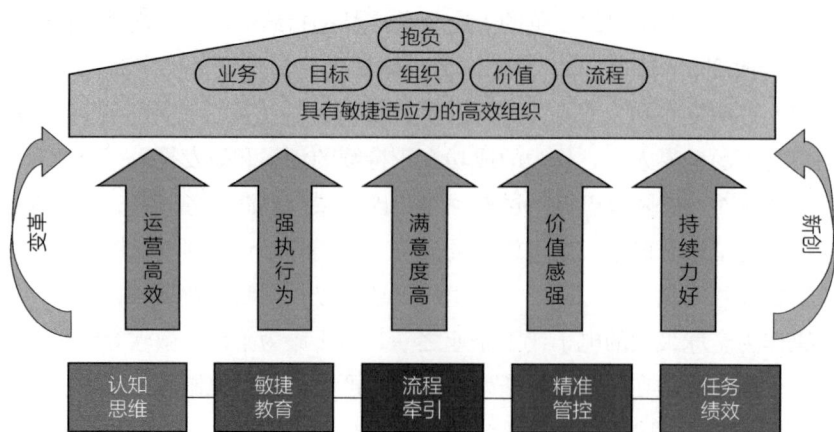

图 12-11　组织变革价值创造图解

组织变革的终点并非某一特定形式，而是动态适应能力的永久提升。其成果不仅是效率与效益的提升，更是对人性价值与创新精神的致敬。随着大数据、AI 技术的深入应用，未来的高效组织将更注重"人机协同"与"生态共生"。在不确定的时代里，打造出基业长青的敏捷生命体。

# 附录
# 数智化基石

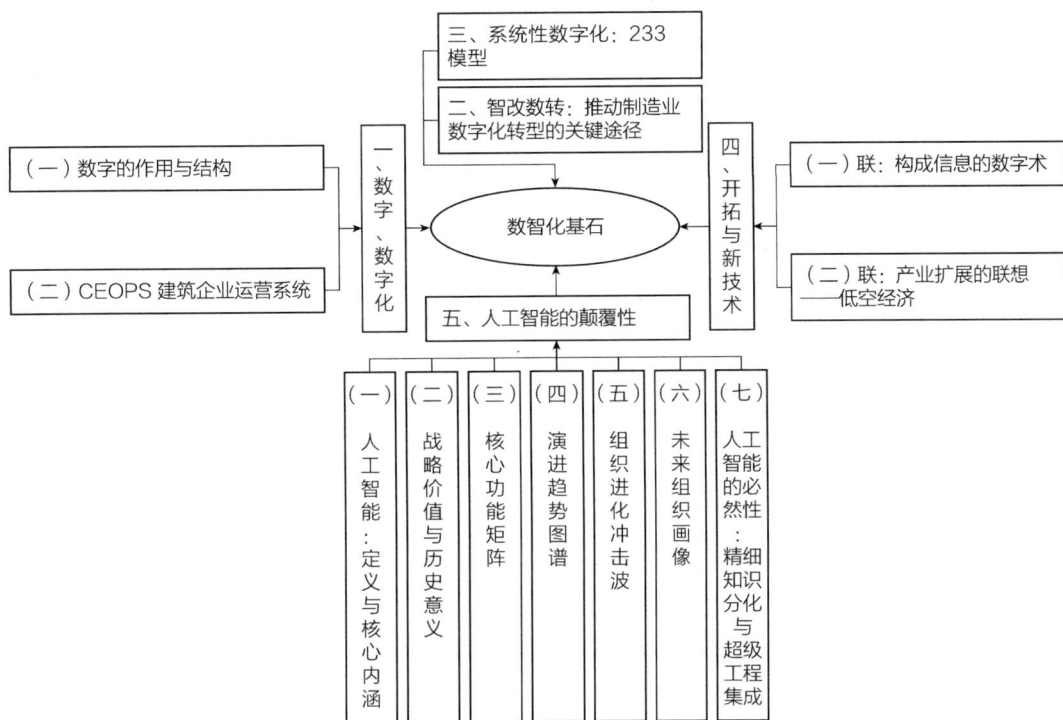

图 1　附录逻辑图

　　当前"数字化、信息化、数智化"的界定和行动问题上，存在诸多误解，对重塑组织造成很多混乱。主要有："数字化是信息化的高级阶段""信息化、数字化、数智化是递进的三个阶段""数字驱动"等。下面对此进行辨析。参考图 2，这是以建筑工程产品和建筑企业为例的 DDIKIW 扩展表达。

　　数字、数据、信息、知识、智能、智慧，是一个功能集合、递进的过程。数字是描述和衡量尺度（可无量纲），分类归属成为数据（必有量纲），赋予体系化的目的性则构成信息，

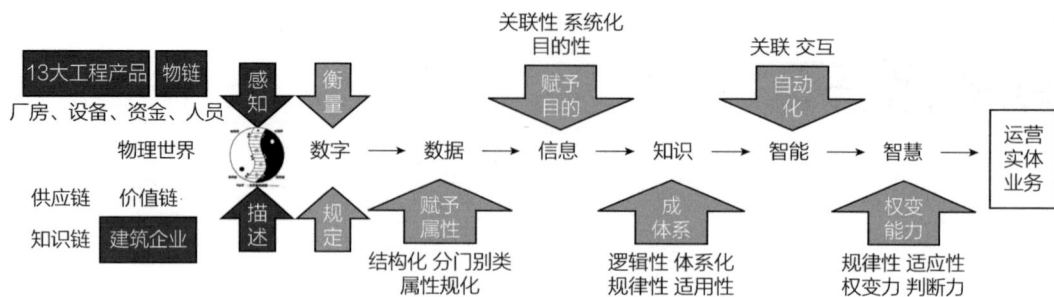

图2 DDIKIP 金字塔逻辑扩展图

系统的结构化、应用场景构成知识，机器性的自动化构成智能，权衡界定边界成为策略、智慧。必须注意：这个金字塔逻辑并非"真的"是绝对单向度演进的，而常常是界线模糊、交叉综合的，实际管理工作中需要严肃对待。可以展开补充，以往的 DIKP 金字塔是指：数据（Data）、信息（Information）、知识（Knowledge）、智慧（Wisdom），后来补充的 P，即意图（Purpose）。我们将其修正为：数字 D、数据 D、信息 I、知识 K、智能 I、智慧 W，构成 DDIKIW，以适合现阶段的表达需要。

数字化：作为描述、衡量一切"人事物行"（X-WRS）的符号载体，是世界走向量化、精准化的基础。数字化就是将这一切载体（物理世界和精神世界的物质、能量、信息）用数字进行描述、展开衡量、作出规定、加以标准，"彻彻底底"地转化为数字的全部努力。由于数字化往往是在目的性的指导下开展的，也往往不以纯粹的数字，而以分类、归属的特性，也即数据的特征成立，从无量纲到有量纲，变得有意义，如重量、体积、高度、压力、气温，成为"数字＋量纲（kg/m³/m/pa/℃）"等。

信息化：是强调功能性的，具有目的性的数据，带有量纲的数字或数字组合，并按照一定逻辑成为体系，信息化强调信息集成和流通。管理上，是为了组织的统一标准，加强沟通打破部门封闭，提高协作效率。数据成为信息，往往施加了信息创建者、传播者、接受者的"评判"，具有强烈的主观目的性意愿。如质量的好坏，速度的快慢，组织的效率高低等，也就有标准、与标准比较的行为。信息化意味着各类数据查询、更新、分享，不担心丢失、失密或错误。其价值在于：数据存储规范：告别纸质文档和手动管理，所有信息集中存放，统一管理。效率提升：通过数字化存储和管理，减少纸质文件带来的混乱和重复劳动。基础管理：让组织管理从杂乱无章变得有序，避免丢失、信息延误等风险。

数智化：是最近人工智能快速发展，人机交互、机器学习等技术成熟产生的智能化应用方向的概念，是数字技术与智能技术的融合应用。一些强调数字化技术的人，过于突出数字作用，鉴于以往，需要冷静分析。如图2所示，缺少数据（化）、信息（化）、知识（化）的环节，智能化恐怕难以实现。当然，夯实了最基础的数字化"算据"，结合高效能的智能"算法、算力"，组织运营在大数据等前提下，高效决策、预见未来等事务上，将一日千里，面貌全新！

总之，就技术与观念发展演化来看，信息化在先，数字化和数智化在后，但实际上，数字化才是根本基础，信息化之后铺陈数智化是基本逻辑，更为重要的是，信息技术是实体业务的衍射、描述和反映，没有真实业务的管理梳理与规范，数字化、信息化、数智化都是无米之炊，难以成餐。同时，纠结于三者的先后顺序，恐怕已经无法跟上这个时代对管理迭代速度的要求的步伐了。本章讨论的数字化，是包括数字技术、ICT、AI等在内的先进技术手段和所有工具体系，是一个概括性叫法。

# 一、数字、数字化

## （一）数字的作用与结构

### 1. 数字的作用

数字是世界上与时间一样，最统一最通用的符号体系；一种尺度（大小、长短、宽厚、快慢），描述事物、事务等特征的工具体系；一种衡量（好坏、高低、黑白）；一个标准（消耗量、损耗量、误差）；一种规定（效率、效益、规格、合格 / 达标、奖 / 惩）。

数字是物理世界勾连虚拟世界的渠道，是管理最基本测度的记载，无测度不成管理。数字化则是更本质地"趋近"物理世界的"智慧"（一切载体）。

数字贯穿全程：辅助决策 / 控制风险；衡量进程 / 整合资源；算计利益 / 持续增值；判别进退 / 服务客户。

（1）数据创造的一致性。数据为组织上下的每个人提供了作出明智决定的机会。

（2）数据揭示失败的原因。有了数据，你可以展示你如何尝试、如何失败，以及如何再次尝试，这比你没有数据要有效得多。

（3）数据促进了分类。这样做可以凭借数据帮助自己做出更好的决定，不过也更容易地暴露出决定的弊端。

（4）数据促进参与。数据使公民能够更好地、更切实地参与到领导者的决策中去。

### 2. 数字结构

数字结构是指数字在各个领域和应用中所形成的组织形式和内在联系，其内容包含以下几点：

1）数字的基本结构

（1）尺度结构：数字作为一种尺度，具有大小、长度、宽厚、快慢等维度，用于描述事物的特征；

（2）衡量结构：数字用于衡量事物的好坏、高低、黑白等属性，形成一个评价体系；

（3）标准结构：数字作为标准，规定了消耗量、耗损量、误差等范围，以确保事物的合格和达标；

（4）规定结构：数字规定了效率、效益、规格、合格 / 达标、奖、惩等制度，以引导人们的行为。

2）数字在现实世界与虚拟世界中的结构

（1）渠道结构：数字成为物理世界与虚拟世界沟通的桥梁，实现了信息的传递和交流；

（2）管理结构：数字在管理领域具有测度、记录、分析等功能，为管理活动提供支持。

3）数字在全过程贯穿中的结构

（1）决策结构：数字辅助决策，为领导者提供有力支持；

（2）风险控制结构：数字有助于识别、评估和控制风险；

（3）资源整合结构：数字衡量进程，促进资源的合理配置和整合；

（4）利益增值结构：数字算计利益，实现持续增值；

（5）客户服务结构：数字判别进退，提高客户满意度。

4）数据驱动的数字结构

（1）一致性结构：数据为组织上下提供决策依据，形成一致性；

（2）失败分析结构：数据揭示失败原因，为再次尝试提供参考；

（3）分类结构：数据促进分类，提高决策效果；

（4）参与结构：数据使公民更好地参与领导者决策，实现民主参与。

## （二）CEOPS 建筑企业运营系统

围绕数字技术，图3描绘了一个闭环的理想"数字内核"系统。

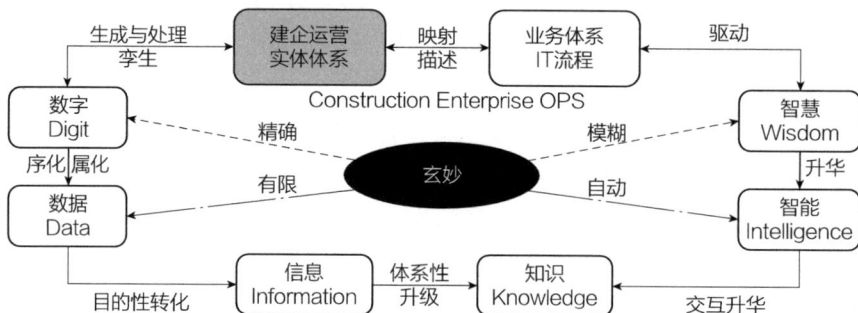

图3  CEPOS 建筑企业运营系统示意图（扩展的 DDIKIW 模型）

模型也指出了组织重塑所面临的挑战：

（1）管理挑战：管理落后，基础数据的标准化，管理标准化、规范化。

①管理落后：许多组织面临管理理念和方法陈旧的问题，难以适应快速变化的外部环境；

②基础数据的标准化：组织需要克服数据收集、存储和处理的非标准化问题，以确保数据的质量和一致性；

③管理标准化、规范化：推动管理流程的标准化和规范化，以提升管理效率和效果，减少人为错误。

（2）流程挑战；流程体系对于大部分组织来说，虽然已经度过了"相当陌生"的阶段，但是离开掌握和自觉或熟练应用，还差得很远，特别是技术专才提拔而成为管理干部的一大批组织管理者，缺乏管理理念、思维，也不了解流程等先进技术，面临重大挑战也是必然的。

①流程体系的不成熟：虽然组织已经意识到流程的重要性，但在实际操作中，流程体系仍然不够成熟，缺乏系统性和连贯性。

②管理者能力不足：技术专才提拔为管理干部后，往往缺乏必要的管理理念和流程知识，导致他们在管理岗位上面临重大挑战。

③流程应用的自觉性：组织成员对于流程的应用往往缺乏自觉性，需要培养一种流程文化，使流程成为组织运作的自然部分。

（3）耦合挑战；环节很多的挑战；难度大的挑战；实体与虚拟耦合的挑战。

①环节众多的挑战：组织内部环节众多，如何有效地将这些环节耦合起来，确保信息流程和协同高效，是一个重大挑战；

②难度大的挑战：在复杂组织结构中，不同部门和层级的耦合难度大，需要精心设计和持续优化；

③实体与虚拟耦合的挑战：随着数字化转型的推进，如何将实体业务与虚拟平台有效耦合，实现线上线下融合，是组织必须面对的问题。

（4）程度挑战；"精确与模糊"，"有限与万能"（数据资源作为重要的资产形式，组织所掌握的程度，总是有限的，而智能技术的发展，将成为具有无限能力的工具手段，甚至称其为能量无限也不过分）。

①"精确与模糊"的平衡：在管理决策中，如何处理精确数据与模糊情境之间的平衡，以作出合理的判断；

②"有限与万能"的把握：数据资源作为重要资产形式，组织所掌握的资源总是有限的，而智能技术的发展提供了无限可能，组织需要在有限的资源与无限的技术潜力之间找到合适的平衡点。

对于从 DIKP 到 DDIKIW 的逐渐熟知，图 3 中指出处理"精准与模糊、有限资源与自动执行"等"玄妙"的智慧，也就是关于 Wisdom，以下说法，作者非常赞同。

罗振宇（逻辑思维，2022）的这段话对正确理解知识与智慧的区别联系，认清当下的组织管理中的诸多误解，有极大帮助。

A."知识通常都是正向描述一个规律，而智慧就是负责怀疑这个规律。"

B."任何知识，任何规律，都有自己适用的边界，超过一步就是谬误。用什么来判断这个边界呢？这就是智慧。"

C."知识往往可以清晰地表述，而智慧则无法明确地表达。"

D."知识往往是积极的，而智慧往往是消极的。"

E."知识往往是可以交给机器来处理，而智慧则永远是属于人的。"

对于一个组织，无限制地膨胀式发展，不见得是好事。划分边界、锻造能力、整合资源、适应环境、顺应趋势，是组织管理的高度"智慧"。玄妙的规律，其实也就不那么神秘了。

## 二、智改数转：推动制造业数字化转型的关键途径

智改数转，是智能化改造和数字化转型的简称，它是指企业在生产、管理、服务等各个环节，运用信息技术、网络技术、大数据、人工智能等现代科学手段，对传统产业进行深度改造，以提高生产效率、优化资源配置、增强市场竞争力、创新商业模式的过程。沈黎钢对智改数转进行深入剖析并提出建议措施，归纳补充如下所示。逐步揭示了企业在迈向智能化和数字化过程中所必须克服的关键难点。

1. 智改数转难点

（1）标准的缺失：2024年6月，国家标准《信息技术服务　数字化转型　成熟度模型与评估》GB/T 43439—2023正式实施，该标准构建了一个以结果为导向的评估体系，旨在对数字化转型的成效进行评价。然而，该体系侧重于考核最终成果，而非转型过程本身，而成果的达成恰恰依赖于过程的有效实施。目前，尚缺乏一个权威的国家标准来指导企业实现数字化转型的具体路径。在此背景下，众多企业在探索中前行，不可避免地付出了较高的试错成本。

（2）关键能力的缺失：基于世界先进企业的实践，工艺被定位为生产技术之源，遵循工艺定方法、生产执行、质量监督的闭环，深刻践行数字制造工艺先行的理念。我国工艺国家标准里也已经明确规定了工艺的定位、职责，和世界先进企业保持了一致。然而，当前我国众多制造企业普遍忽视工艺的重要性，导致制造技术整体水平不高。在数字化转型项目中，工艺并未作为产品制造技术的源头来全面掌控生产制造的各个环节。相反，工艺往往仅作为生产、研发或质量管理的辅助部门存在，从而失去其在制造技术领域的权威地位。

（3）制造常识的缺失：在智能制造和数字化转型的实践中，部分企业存在一种误解，认为购买一套软件或一台自动化设备即可实现转型。若未达到预期效果，往往归咎于软件或设备本身。然而，国家标准并未对制造业数字化转型的具体内涵作出明确界定，这导致在实施过程中出现了多样化解读。由于缺乏标准的明确指导，企业在进行智改数转时，应当依据制造基本常识进行操作。遗憾的是，制造常识在实际操作中的缺失现象较为普遍，这无疑增加了转型工作的难度和复杂性。

（4）制造体系建设的缺失：纵观全世界，先进企业在运营一个工厂时，均已经先行建立了一个运营体系，如丰田的TPS、丹纳赫的DBS、美的的MBS，施耐德的SPS等，这些运营体系都指导了业务实践，并有衡量的指标。在数字化时代，把这些衡量指标的取数规则开发进入软件平台，让软件平台自动取数并计算出指标数据，以软件平台里的实时指标来驱动业务的良性循环。基础数据的采集依赖于现场的自动化装备。在当前技术条件下，引入自动化装备并非难事，真正的挑战在于如何确保自动化装备的数据能够成功、有效地传输至运营层级，并且保证数据的质量不受污染，经过运营层级的处理和分析，这些数据最终呈现给企业高层，形成了一个完整的运营体系。目前，我国许多制造企业缺乏这样的体系支撑，导致无法实现从起点到终点的有效管理。因此，数字化转型的成效往往未能达到预期，表现不尽如人意。

（5）由信息部门主导：在智改数转的实施过程中，信息部门往往被视为主导力量，这

在表面上看似合理，实际上却是导致转型失败的一个重要因素。信息部门在推进智改数转时，倾向于关注网络架构、计算能力、系统稳定性等技术层面，而信息化专业人员通常对使用部门的运营规则了解不足。然而，数字化项目的最终用户并不关心信息化架构或概念，他们更关注软件平台的易用性和能否能够真正为业务增值。鉴于此，先进企业在实施智改数转时，通常采用使用部门主导立项、信息部门负责执行、监理团队全程监督的闭环管理模式。

（6）管理宣传与素质培养的不足：在智改数转的过程中，管理宣传和员工素质培养是不可或缺的一环。然而，许多企业在实施智改数转时，往往忽视了这一点，管理层和员工对于转型的必要性、目标和路径缺乏足够的认识，导致转型的推动力不足。

（7）管理认知与判断的落后：在企业管理层面，对于智改数转的认知和判断往往存在偏差。一些企业在进行创新与变革时，并未从产品融合、市场环境等底层逻辑出发，而是简单模仿其他成功企业的做法，如盲目追随华为等领先企业的模式，而未充分考虑自身实际情况和市场需求，这种缺乏深入分析和独立判断的做法，往往导致转型方向偏离企业核心竞争力和市场定位。

（8）管理基本方法的缺失：在智改数转的过程中，科学的管理方法是确保转型成功的关键。然而许多企业在管理实践中缺乏系统性和科学性的方法，导致转型工作无序进行，效果不佳。

2. 智改数转策略

（1）构建国家级实践标准：政府层面应积极构建国家级的制造业智能化改造和数字化转型实践标准，该标准应明确阐述制造业智改数转的概念、实施步骤、效果评估方法等内容。具体而言，应加快推进制造业数字化转型——研发、制造场景实践通用要求等相关国家标准的制定与实施。期望相关主管部门能够提供支持，促进此项工作的深入开展，从而为我国企业在智改数转过程中提供指导和参考，助力企业转型升级。

（2）推行数字制造工艺先行：工信部门应大力推进数字制造工艺先行战略，推动企业建立有权威的工艺部门，耐心地进行制造技术的研究，逐步接近世界先进企业的工艺实践，即采纳以工艺确定方法、生产执行和质量监督为核心的闭环管理流程。通过这种方式，提升企业工艺水平，为数字化转型奠定坚实的技术基础。

（3）成立政府的官方制造业数字化转型智库：智库成员应具备深厚的制造业背景，而不仅仅是信息化背景，以便更好地指导辖区企业按照正确的制造业务逻辑实施智改数转。该智库亦可充当政府背景的数字化转型监理，进驻企业以确保转型的成功实施，而不仅仅是帮助企业获得补贴或通过国家级评审。此外，应开发一套以使用者视角为基础的指导性图书，该图书能够真正企业进行智改数转。这些图书应被纳入政府推荐的必读书目，为企业提供权威的转型参考和知识支持。

（4）构建指标体系：即使企业没有建立制造体系，尤其是中小企业没有体系，也应在一开始提智改数转需求时，就提出未来在软件平台里的自动取数规则。政府可制定相关政策，并将其与项目申报流程相结合，以此举措显著提高项目实施的成功率。最理想的办法是由政府主导，建立国家制造体系（China Production System，CPS）标准并推广实施，结合我国国情，将显著提高我国制造企业在世界范围内的竞争力。

（5）构建使用者而非信息化视觉的智改数转：政府推动由企业内部使用部门立项智改数转项目势在必行，在项目申报及企业人才队伍建设相关政策中，应予以适当倾斜，以引导企业规范化流程管理。在实施智改数转之前，企业应进行全面考虑和合理规划，确保项目实施的明确性和可控性，从而提高智改数转项目的成功率。

（6）做好管理宣传与素质培养：企业应当加强管理宣传，提高员工对于数字化转型的认知，并通过系统培训提升员工的数字素养和技能，以适应新的工作模式。

（7）提高管理认知：企业应定期组织管理层参加行业研讨会和外部咨询，建立内部学习机制，鼓励基于企业实际情况的独立思考，避免盲目模仿，确保管理决策与企业的核心竞争力相匹配。

（8）借鉴和引入先进的管理理念和方法：企业应当借鉴和引入先进的管理理念和方法，如精益管理、敏捷开发等，建立一套科学的管理流程和方法论，通过内部试点和持续改进，逐步推广经过验证的管理实践，这样不仅能够提升管理的效率和质量，还能确保智改数转工作有序进行，最终实现生产效率的提高、资源配置的优化以及市场竞争力的增强，推动商业模式创新，实现可持续发展。

总之，智改数转的成功实施不仅需要技术层面的支持和标准化的指导，更需要企业管理层和全体员工的认知、技能和管理方法上的全面提升。通过加强管理宣传、素质培养，以及提升管理认知、判断和基本方法，企业才能在智改数转的道路上走得更稳、更远。

## 三、系统性数字化：233 模型

重塑组织，需要运用先进理念，掌握前沿技术，开展系统性思维。图 4 是根据杨懿梅、袁正刚高度概括复杂的建筑企业转型升级研究后，形成的模型[①]，简称为 233 模型——2 本质理解、3 阶段划分、3 升级内容。

1.2 本质理解

1）数字化本质

（1）数字化的三重奏：根、脉、魂。

在数字化的浪潮中，数据、连接和算法构成了其不可或缺的三重奏。数据，作为数字化的根基，如同大树的根脉，深入土壤，记录了信息的最基本单元。它不仅是信息的载体，更是洞察世界的窗口。在如今信息化爆炸的时代，数据的价值不言而喻，其为数字化的进程提供了丰富的养料；连接，则是数字化的脉络，如同血管中流淌的血液，通过互联网和其他通信技术，将数据输送到不同的系统、设备和个体之间。这种无缝流动，打破了时间和空间

---

① 袁正刚，杨懿梅. 系统性数字化：建筑企业数字化转型的破局之道 [M]. 北京：机械工业出版社，2023：3-43.

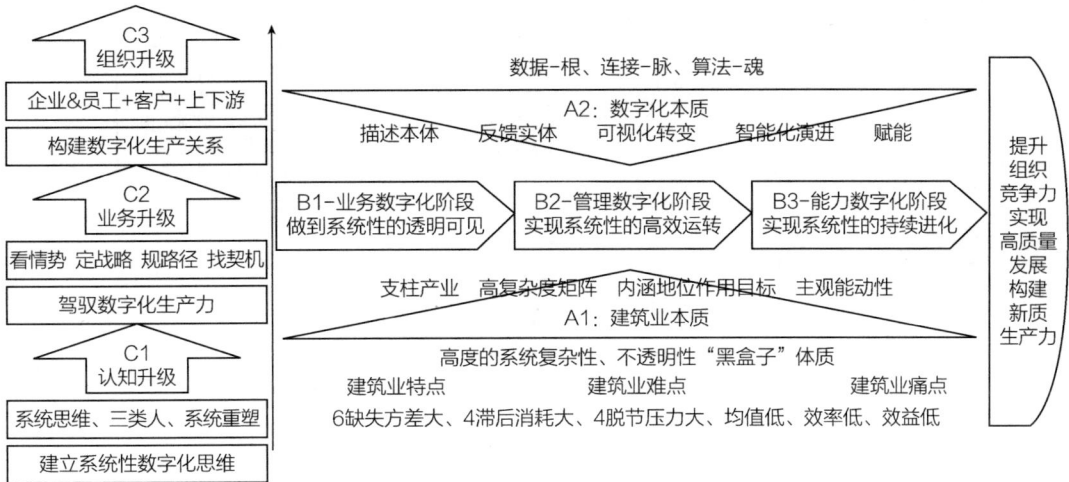

图4 系统性数字化的233（2本质3阶段3升级）内涵

的限制，使信息共享和协同工作成为可能，连接的力量，让数字化世界更加紧密高效；算法作为数字化的灵魂，是推动智能化行为的核心。它如同大脑的思考过程，处理数据，提炼洞见，并启动一系列智能化的操作。算法的巧妙运用，使得机器能够学习、预测甚至作出决策，将数字化推向了新高度，在这个由数据、连接和算法编制的数字网络中，智能化不再是高高在上遥不可及的梦，而是触手可及的现实。这种三重奏的和鸣，正引领着我们走向一个更加智能。高效和便捷的未来。

（2）数字化赋能：洞察、互动、呈现与进化。

在数字化世界，我们通过数据分析和建模来精确描绘现实世界的本体，这一过程不仅加深了对对象和现象的理解，更是对知识的一次深刻重构。描述本体的过程，让我们能够从海量的数据中提炼出规律，从而更准确定义和描述复杂多变的现实。紧接着，反馈实体的实践将数据分析结果转化为实时监控和调整的实际行动，确保了实体运作的精准性和效率。可视化转变则是一场视觉革命，它将抽象数据转化为直观的图表图像。极大提升了信息的可理解性和交流效率。而智能化演进的步伐，则通过机器学习等技术，赋予了系统自我学习和优化能力，推动着我们从自动化走向智能化，最终，通过赋能，为个人、企业和行业提供了前所未有的新工具和能力，激发了创新的火花，推动了整个社会的发展进步，在数字化时代，我们不仅见证了技术的飞跃也体验到了赋能带来的无限可能。

2）建筑业本质

亟待转型升级的建筑业如图5所示。

建筑业作为现代社会经济的支柱性产业，其规模之大、占比之多、人员之众、责任之重，构成了一个充满挑战和机遇的复杂系统，这一系统中包含4×4的高复杂度矩阵，其涵盖了从构成要素、相互作用、目标权衡到动态调整多个维度，其复杂性根源于工程社会性；产品本身的独特性；作业环境的属地性变化及变化性；在作业方式上对现场作业及手工作业的依赖性；对参与方要求极高的专业性及协同性。

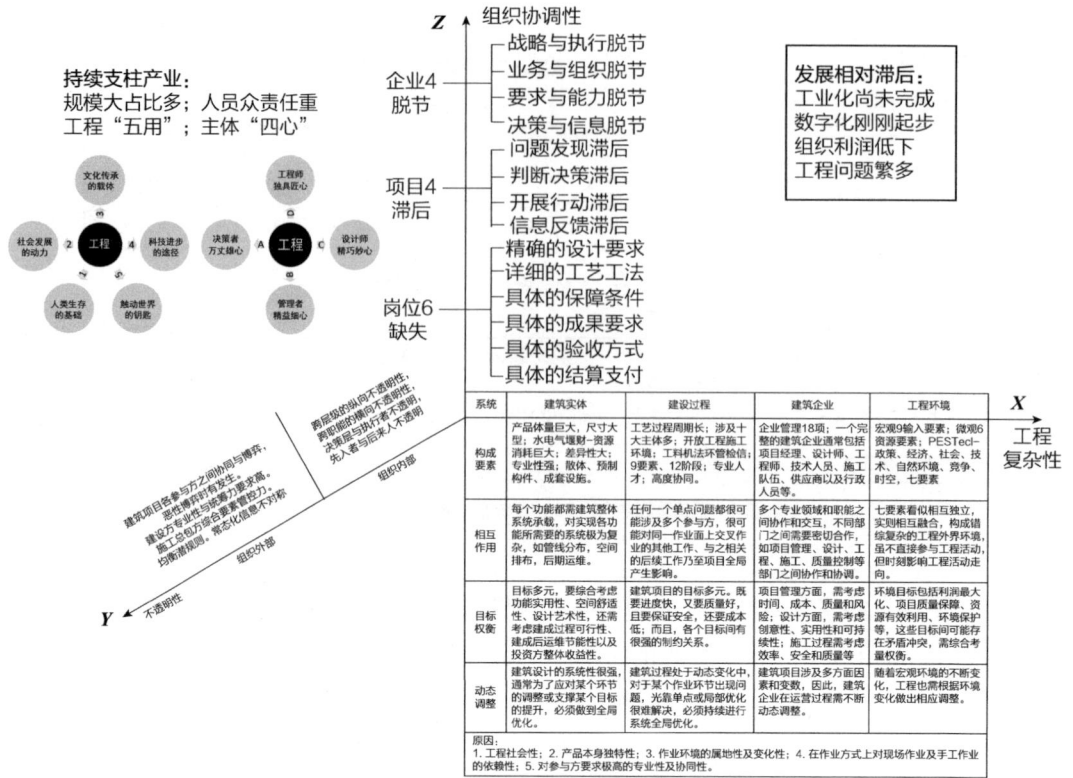

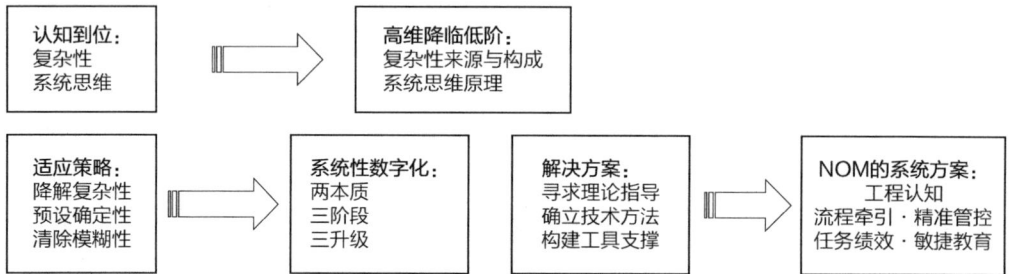

图 5 亟待转型升级的建筑业（参考袁正刚等创制）

探索建筑业的复杂性需通过系统思维原理，从高维度视角理解建筑业的 4×4 高复杂度矩阵，意味着我们需要精确识别岗位六缺失、项目四滞后和企业四脱节等问题，从而更好地把握建筑业的本质。

（1）岗位六缺失：精确的设计要求、详细的工艺工法、具体的保障条件、具体的成果要求、具体的验收方式、具体的结算支付。这些问题的存在，体现了建筑业的标准化、规范化方面的不足，这些缺失不仅影响了工程质量和效率，也增加了行业的不确定性和风险。可通过标准化的规范流程来降阶复杂性，提高工程质量和效率，以及建立明确的设计要求、工艺工法、保障条件等，为建筑项目提供确定性，减少信息不对称和不确定性。

（2）项目四滞后：问题发现滞后、判断决策滞后、开展行动滞后、信息反馈滞后。这些现象体现了建筑业在项目管理上的弱点，是建筑业本质中关于时间管理和信息流通的深刻体现，不仅导致资源的浪费也会影响整个行业的健康发展。通过数字化手段，如BIM技术和项目管理软件，来预设确定性和清楚模糊性，提高信息流通效率。

（3）企业四脱节：战略与执行脱节、业务与组织脱节、要求与能力脱节、决策与信息脱节。这些现象反映了建筑业在组织结构和运营机制上的不完善，它们是建筑业本质中关于内部协调和外部适应性的具体体现，这些脱节导致了消耗大、压力大、均值低、效率低、效益低的问题，成为建筑业发展的瓶颈。

应用系统思维原理，我们可以看到建筑业的不透明性是导致信任缺失和合作障碍的关键。建筑业的不透明性作为究其本质的另一关键要素，体现为组织外部，建筑项目各参与方之间的协同与博弈，往往伴随着信息不对称和恶性竞争。组织外部，跨层级的纵向不透明性和跨职能的横向不透明性，导致了决策层与执行层、先入者与后来人之间的信息壁垒。这种"黑盒子"体质[1]，加剧了建筑业的复杂性和不确定性，从而揭示了建筑业本质中的信任缺失和合作障碍。通过提升信息透明度，我们可以降阶复杂性，为建筑业的发展提供清晰的路径。

在当前阶段，建筑业的发展相对滞后，这一现象揭示其本质的多重困境和转型需求。工业化尚未完成，数字化刚刚起步，这表明建筑业本质中蕴含着传统与现代技术的交融与冲突。组织利润低下和工程问题繁多，反映了建筑业在追求经济效益和保障工程质量之间的艰难平衡，组织协调性难，这些问题的存在，是建筑业本质中不可忽视的一部分，其揭示了行业在转型升级过程中的复杂性和艰巨性。

建筑业内涵丰富，其地位和作用不可替代。作为国民经济的重要支柱，建筑业不仅提供了必要的物理空间，更是推动经济进步的重要力量。其目标在于实现经济效益、社会效益和环境效益的统一，通过建筑实体的创造，满足人们对美好生活的向往。建筑业的本质，在于其能够将抽象的需求转化为具体的现实，将社会的愿景转化为坚固的架构。

此外，建筑业具有主观能动性，体现为对行业发展趋势的敏锐洞察、对技术革新的积极拥抱、对管理创新的持续探索，在这一工程中，建筑业不断自我革新、通过技术创新、管理优化和制度变革，克服自身的难点和痛点，实现从传统到现代的转型。

综上所述，建筑业的本质可以理解为一种传统与现代、标准化与个性化、效率与质量之间不断寻求平衡的社会实践活动，它是一个动态、复杂的、充满挑战的过程，涉及技术、管理、文化、经济等多个层面，其本质要求我们认识到，行业的健康发展不仅仅依赖于物质建设的能力，更依赖于对行业深层次问题的洞察和解决，以及对未来发展趋势的准确把握和积极应对。在这个过程中，建筑业不仅是经济建设的推动者，更是社会进步的参与者和文化传承的承载者。如果建筑业企业（组织）转型升级能够取得比较好的绩效，相对地说，其他行业企业组织，应当更具有成功的基本条件。

---

① 袁正刚，杨懿梅. 系统性数字化：建筑企业数字化转型的破局之道[M]. 北京：机械工业出版社，2023：3-43.

2.3 阶段划分

1）业务数字化阶段

将企业的业务流程和数据通过数字化工具进行转换，使得原本复杂和隐晦的业务流程变得透明和可追踪，例如，通过 BIM 技术，可以直观地展示建筑项目的各个阶段和细节，使得项目进度和问题一目了然。通过透明化，企业可以更有效地监控业务运行状况，及时发现和解决问题，从而提高业务效率和质量。

2）管理数字化阶段

在业务流程数字化基础上，管理数字化阶段关注的是如何利用这些数字化的信息来优化管理流程，提高决策的效率和准确性。例如通过数据分析来指导资源分配，优化项目预算。通过数字化手段，企业可以实现管理的精细化，提升决策的科学性，从而提高整体运营效率。

3）能力数字化阶段

通过持续的数据分析和技术创新来提升企业的业务能力和市场竞争力。例如，通过机器学习和人工智能技术来预测市场趋势，优化产品设计，从而不断地提升能力，企业能够适应市场变化，保持竞争优势，实现可持续发展。

综上所述，上述企业数字化转型的三个阶段，构成了一个由表及里、由点到面的全方位升级过程，从业务流程的透明化到管理决策的科学化，再到能力的持续提升，企业不仅实现了运营效率的提高，更在激烈的市场竞争中找到了持续发展的动力。

3.3 升级内容

1）组织升级

组织升级是一个复杂而系统的过程，其涉及企业内部结构、员工能力、客户关系以及上下游产业链的全面改造。

首先，企业层面的升级体现在对传统管理模式的革新。企业通过引入先进的信息技术，构建数字化管理体系，实现了对生产、销售、服务等环节的实时监控和数据分析，这一变革不仅提高了企业的运营效率，也为决策提供了科学依据。其次，员工层面的升级着重于提升员工的数字化能力和创新思维。企业通过定期的培训和学习，使员工能够熟练掌握数字化工具，适应快速变化的工作环境。再次，鼓励员工参与决策，激发其创造力和积极性，从而推动组织整体的创新能力；在客户层面，组织升级体现在通过数字化手段深化客户关系管理。企业利用大数据分析客户需求，提供个性化服务，增强客户黏性。同时，通过社交媒体、在线平台等渠道与客户进行互动，及时收集反馈、不断优化产品和服务。最后，上下游产业链的升级是组织升级的重要组成部分，企业通过构建数字化平台，与供应商、分销商等合作伙伴实现信息共享和业务协同，以优化供应链管理，减少库存成本，以及增强整个产业链的抗风险能力。

2）业务升级

在建筑企业转型升级的过程中，驾驭数字化生产力成为推动业务升级的关键，该过程要求企业深入洞察市场情势，制定明确的数字化战略，规划切实可行的实施路径，并在关键时刻把握发展契机。企业需将数字化理念融入核心业务，通过整合资源、优化流程、提升效率，实现生产力的全面提升。

首先，企业需对市场动态保持敏锐的洞察力，通过数据分析预测行业趋势，以此为基，确立与企业发展目标相契合的数字化战略，战略的制定不仅要考虑短期效益，更要有长远的眼光，确保数字化生产力能够为企业带来持续竞争优势。企业在明确战略方向后，需制定具体的实施路径，包括选择合适技术路线，优化组织结构，以及重构业务流程，确保数字化战略能有效落地，此外，还需注重内部能力的培养，提升员工对数字化工具的掌握及应用能力。最后，还需抓住转瞬即逝的契机，需要企业在市场变化中快速适应，利用数字化手段创新业务模式，扩展新的增长点。同时，企业应构建开放的合作网络，与产业链上下游共同探索数字化转型的可能性，实现资源共享与互利共赢。

3）认知升级

系统思维作为一种全方位、多层次的理解方式，它要求我们在认知升级中打破单一视角，拥抱复杂性，理解各要素间的相互作用，在此过程中，技术专家、管理者和创新者这三类人扮演者不可或缺的角色。

技术专家是数字化转型的基石，拥有深厚的专业知识和技术洞察力。在系统思维的引导下，他们能够将技术与整体战略相结合，推动技术创新与融合，为组织带来持续的动力。管理者，作为组织的中枢神经，需要运用系统思维来优化资源配置，提高决策质量，确保组织在快速变化的环境中保持敏捷和高效。创新者是组织变革的先锋，系统思维让他们能够在混沌中寻找秩序，预见未来趋势，引领组织走向新的可能。

系统重塑是对组织结构和认知模式的全面改造。培养具有系统思维的数字化人才，不仅要求个体能力的提升，更是对组织文化的深刻变革。这种文化鼓励开放性思维，倡导跨部门协作，支持从全局视角审视问题。在此过程中，组织文化和认知模式得以重塑，新的价值观和行为准则逐渐形成，为建立系统性数字化思维奠定了坚实的基础。

总之，组织升级、业务升级和认知升级是建筑企业实现数字化转型的三大关键步骤，通过这些升级，企业不仅能够提升内部管理效率，增强员工能力，深化客户关系，优化产业链协同，还能够把握市场动态，创新业务模式，提升整体竞争力，在这个过程中，系统思维培养和运用至关重要，它为企业的持续发展和创新提供了强大的认知支撑。展望未来，建筑企业必须不断深化数字化转型的认识，持续推动组织、业务和认知的全面升级，以适应不断变化的市场环境，实现可持续发展的长远目标。

## 四、开拓与新技术

开拓与技术被描绘为人类进步的双翼，它们携手推动人类从原始的数字走向复杂的信息智能，如图 6 所示。广泛、深入的联结成为新时代的重要特征[①]。

---

① [ 以 ]Yuval Noah Harari. 林俊宏，译. NEXUS: A Brief History of Information Networks from the Stone Age to AI[M]. 北京：中信出版社，2024.

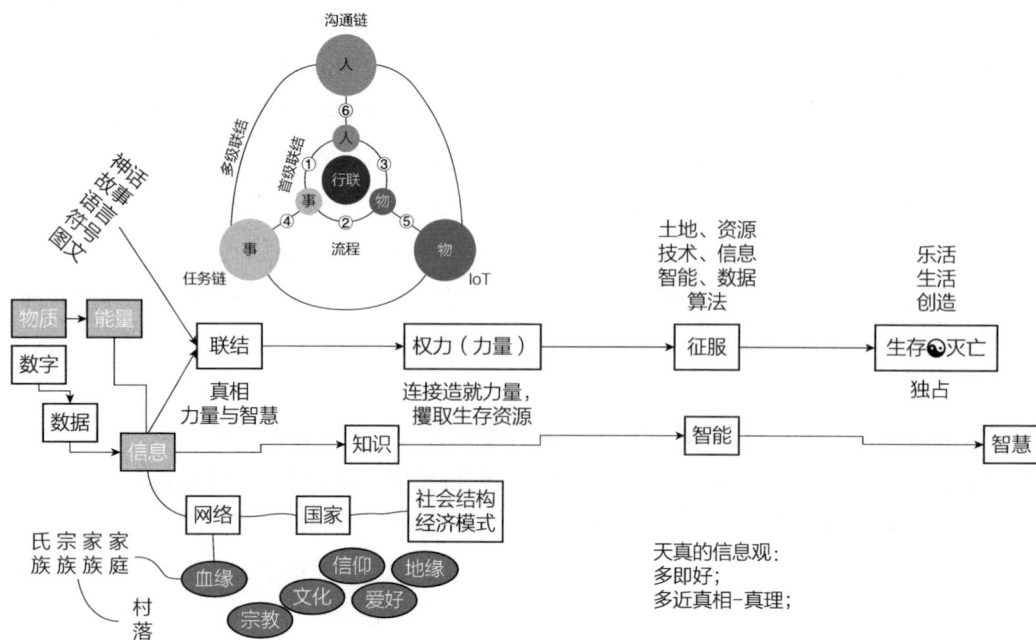

图6 世界靠信息"网络"连接的畅想逻辑

## （一）联：构成信息的数字术

数字，作为信息的基础单元，自古以来就伴随着人类文明的发展，是构成我们现代信息社会的基石。数字化，即数字的处理和应用技术，其发展历程体现了人类智慧的跃迁。

### 1. 数字到数据的转化

数字最初以简单的计数形式出现，用以记录物质和能量的流转，如牲畜的数量、谷物的重量等。这种原始的数字记录是人类对世界认识的第一步，它标志着从无序到有序的转变。随着社会结构经济模式的演进，数字的功能不再局限于简单的技术，而是逐渐演变为更为复杂的数据，数据不仅仅是数字的累积，它是对事物属性和状态的描述，是对现实世界的一种抽象表达。在这个过程中，数字转化为数据，成为可以传递、分析、处理的实体。数据的出现，使得信息开始有了载体，它承载了信息，为人类理解和解释世界提供了新的维度。算法的发展在这个过程中起到了关键作用，它通过一系列精确的规则和步骤，将原始的数字转化为有意义的数据，为信息的进一步加工和利用打下了基础。

### 2. 数据到信息的升华

数据到信息的升华，是一个从量变到质变的过程。信息是数据的意义化，它揭示了数据背后的关联、模式和趋势。在数字到数据到信息的过程中，技术扮演着至关重要的角色。计算机科学的进步，特别是算法的优化和革新，使大量数据得以快速处理，转化为有价值的信息。这一过程，不仅涉及对数据的收集和整理，还包括了对数据的分析和解读。存储技术的进步，如硬盘、固态存储等，为大量数据的保存和快速访问提供了可能，进一步推动了信息的升华。这些技术的结合，使得数据不再是孤立的数字集合，而是变成了有逻辑、有结构、可解读的信息，为人类决策提供了强有力的依据。

### 3. 信息的网络化

信息通过网络连接，形成了庞大的信息网络。这个网络不仅是物理的连接，也包含了血缘、文化、信仰等社会关系的连接。网络成为信息传递的高速公路，它打破了时间和空间的限制，促进了知识的交流与智慧的碰撞。网络技术的普及，特别是互联网的发展，使得信息传播的速度和氛围达到前所未有的水平，为全球范围内的知识共享和智慧交流创造了条件。在这一过程中，技术的开拓作用不可忽视，它不仅扩展了信息处理的边界，还深刻影响了社会结构经济模式。生产方式的革新，不仅极大提高了生产效率，也促进传统产业向新兴产业转型升级，从而引发了就业结构的重要变迁。新兴职业的诞生和工作模式的更新，如远程工作和灵活就业的兴起，不仅改变了人们的工作方式，也对社会结构和人际关系产生了深远的影响。此外，网络连接的逻辑不仅体现在物理层面，还体现在社会层面，如血缘关系、宗教信仰、文化认同等，这些都是信息网络中不可或缺的节点，共同构成了人类社会复杂的信息网络结构。

### 4. 技术的开拓作用

技术在数字到信息的过程中起到了开拓的作用。从结绳记事到电子计算，从书信往来到互联网通信，技术的每一次飞跃都极大地扩展了信息处理的边界。计算能力的提升，使得处理海量数据成为可能，为信息的提起分析提供了强大的硬件支持。同时，算法的发展为信息处理提供了智能化的手段，使得从数据中提炼信息变得更加高效。存储技术的进步，为信息的保存和传承提供了物质基础。这些技术的结合和应用，不仅推动了信息社会的构建，还为人类智慧的提升开辟了新的道路，技术的开拓，使得信息从静态的记录转变为动态的流转，从单一的形式转变为多元的呈现，从而极大地丰富了人类文明的内涵。

综上所述，数字的演进与信息技术的开拓，不仅见证了人类的发展历程，也深刻地塑造了我们的现代社会。从数字到数据，再到信息的升华和网络化，每一步都体现了人类智慧的进步和技术的重要作用。在这个信息爆炸的时代，我们应当继续探索和利用技术，以更好地理解和利用信息，促进人类社会的和谐发展，共同迈向更加智能、高效和包容的未来。

## （二）联：产业扩展的联想——低空经济

低空经济，正在热烈地兴起、形成和发展之中。在当今快速发展的全球化时代，组织管理面临的挑战和基于并存，图 7 是基于 APD 的行为联结层级与方式概念图，管理者可以将"联"的思想应用于产业扩展，尤其是低空经济领域，低空经济是指在距离地面数百米至数千米的空间范围内，利用低空飞行器进行产业活动的经济形态。它涵盖了通用航空、

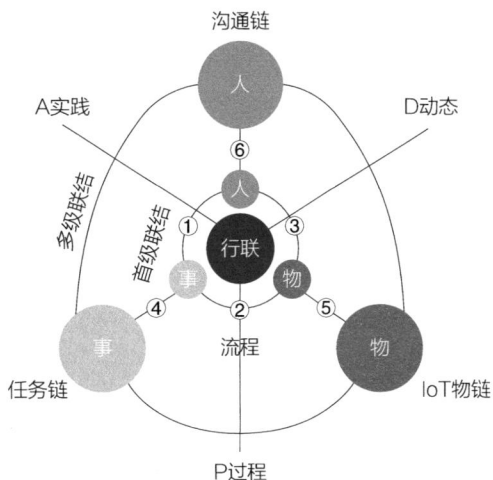

图 7　基于 APD 的行为联结层级与方式概念图

无人机、城市空中交通等多个领域，具有广泛的市场前景和发展潜力。

1. 低空经济的人事物联结

1) R-S（人与事）

低空经济产业的发展离不开人才的支撑。飞行员、无人机操作员、维修工程师等专业人才是低空经济产业的核心力量。通过系统的培训、严格的选拔和持续的教育，将这些人才的技能和知识与其他产业中的具体职责相结合，实现了人力资源与产业需求的精准匹配。此外，人力资源管理策略的优化，如绩效激励和职业发展规划，也有助于激发人才潜力，为低空经济产业注入活力。

2) S-W（事与物）

在低空经济产业中，飞行器的研发、生产、销售构成了产业链的关键环节。将这些产业需求与物质资源、如原材料、零部件、技术设备等相结合，是提高产业链整体效率的关键。通过精细化管理和技术创新，可以确保物质资源得到最优化配置，从而降低成本、提高产品质量，增强低空经济产业的竞争力。同时，产业链的上下游企业之间的协同合作，也是实现资源高效利用的重要途径。

3) W-R（物与人）

低空经济基础设施的建设与运营，为从业者提供了必要的工作环境和条件。机场、停机坪、充电设施等基础设施的建设，不仅要满足飞行器的起降和充电需求，还要考虑到从业者的操作便利性和安全性。通过智能化、绿色化的基础设施设计，从而提升从业者的工作体验，促进产业健康发展。同时，基础设施的完善也有助于吸引更多人才加入低空经济产业，形成良性循环，推动产业的持续扩张和升级。

2. 低空经济的穿层联结

以基础设施"联"天地水为例，根据图 8 中内容，可以看出低空经济与地面、空中、水上产业存在密切联系。

1) 低空与地面的联结

低空经济与地面交通、物流、旅游等产业相互促进，共同构成城市立体交通体系，体现在多个层面。首先，地面低空区域通过无人机配送、空中出租车等新兴服务，与地面交通网络相融合，形成高效的立体交通体系，这种联结不仅缓解了地面交通压力，还提高了物流配送的时效性，在旅游领域，低空观光和空中游览项目为游客提供了全新的视角，与地面景点形成互补，增强了旅游体验的吸引力。此外，低空飞行器在应急响应、城市安全监控等方面与地面服务相结合，提高了城市管理的智能化和效率。

2) 低空与中空的联结

低空飞行器与中空飞行器的联结，主要体现在功能

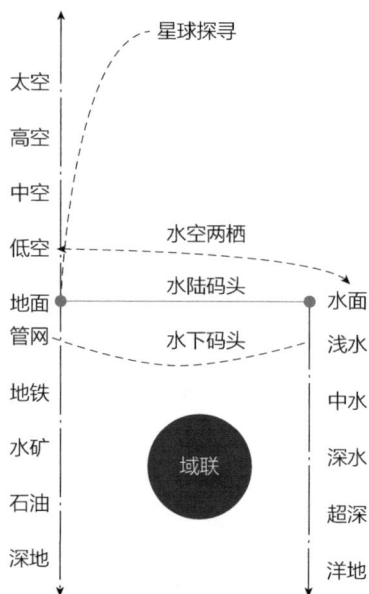

图 8 基于场景及场域转换的联结方式概念图

互补和交通网络构建上。低空飞行器，如无人机和小型直升机，能够在城市和乡村环境中提供灵活的短途运输和监控服务，而中空飞行器，如商务飞机和较大的无人机，则适合进行中远程的快速运输。这种联结使得空中交通更加多样化，满足了不同距离和速度的运输需求。同时，低空飞行器可作为中空飞行器的接驳工具，实现货物和人员的无缝转运，从而构建起一个立体化的空中交通网络。

3）低空与水面的联结

低空经济与水面产业的联结，开辟了新的产业发展空间。在水上旅游方面，低空飞行器可以提供空中游览服务，与游艇、水上乐园等传统水上活动相结合创造出全新的旅游体验。在救援领域，低空飞行器能够快速到达水面事故现场，进行搜救和物资投放，提高救援效率。此外，低空飞行器在水域监测方面也发挥着重要作用，它们可以搭载传感器进行水质监测、渔业资源监控等任务，为水面产业的发挥提供数据支持。这种低空与水面的联结，不仅丰富了低空经济的应用市场，也促进了水面产业的创新发展。

根据图中场景及场域的转换，低空经济产业可以具体为：

（1）管网、地铁、水矿、石油、深地等地下资源开发。

低空经济产业在低下资源开发方面扮演着关键角色。管网系统中，无人机和其他低空飞行器可以用于管道巡检，及时发现泄露、腐蚀等问题，确保能源输送安全，地面机器人可以进入狭窄空间进行维护和修复工作，而远程传感技术则可以监测管道的运行状态；在地铁建设中，隧道掘进机和自动化施工设备大大提高了施工效率和安全水平；在水矿和石油开发领域。低空技术可用于地质勘探、资源评估和开采过程中的环境监测；深地资源开发中，钻探机器人和技术先进的探测设备共同作业，为深地资源的探索提供了强有力的支持。这些应用不仅提高了开发效率，还降低了作业风险和成本。

（2）地面、低空、中空、高空、太空等空间资源利用。

低空经济在空间资源利用上展现出巨大潜力。在地面上，无人机配送、农业植保等应用日益普及。在低空领域，城市空中交通（UAM）和无人机交通管理系统（UTM）正在逐步构建，为城市交通提供新的解决方案；中空和高空层，卫星和侦察气球提供气象监测、地球观测等服务；太空领域，卫星通信和空间站实验为科学研究和技术创新提供了平台，这些多元化的空间资源利用方式共同推动了低空经济的发展。

（3）水面、浅水、中水、深水、超深、洋地等水域资源开发。

低空经济产业在水域资源的开发中发挥着重要作用。水面层，无人机船可以用于水质监测、水文调查；浅水区域，水上无人机和水下机器人协同作业，进行水质监测和生态保护；中水层和深水层，潜水器能够进行海底资源勘探和科学研究；超深水和洋地层，遥控无人潜水器（ROVs）和自动化钻探平台被用于海底矿产资源的开发。这些多样化的水域资源开发工具，为低空经济产业增添了新的维度。

（4）星球探寻、水空两栖、水陆码头、水下码头等跨域联结。

低空经济产业在跨域联结方面展现了其独特的价值。星球探寻中，太空探测器如火星车、月球车等，为人类提供了对其他星球的深入理解；水空两栖领域，两栖飞机和车辆能够在水面和陆地之间灵活转换，适用于多种复杂环境；水陆码头和水下码头，采用自动化装卸设备和智能管理系统，提高了货物吞吐效率。这些跨域联结的应用，不仅提高了作业效率，还为不同领域的技术融合和创新提供了新的平台。通过低空经济产业的发展，我国在资源开发、空间利用和跨域联结等方面将实现新的突破。

总之，低空经济作为一种新兴的经济形态，以其独特的联结方式，将人、事、物紧密联系在一起，实现了地面、低空、中空、水面等多领域资源的有效整合。面对全球化时代的挑战与机遇，我国低空经济产业应充分发挥其市场前景和发展潜力，加强基础设施建设，推动产业跨界融合，为我国经济发展注入新的活力。在此基础上，我们还需不断完善相关政策和法规，确保低空经济安全、有序、可持续发展，助力我国在低空经济竞争中抢占先机，为全面建设社会主义现代化国家贡献力量。

# 五、人工智能的颠覆性

人工智能（AI），正处于热潮和极速发展之中，尤其 2025 年 1 月 19 日 DeepSeek 的发布和宇树科技人形机器人亮相央视春晚，激起全球具有推理能力的模型发展以及机器人应用的高潮。关于 AI 论著已经浩如烟海，本书不打算全面进行论述，而是简要论述内涵、价值、功能、趋势和对未来组织发展的影响。

## （一）人工智能：定义与核心内涵

人工智能（AI）是通过算法与计算系统模拟人类认知功能的跨学科技术，其内核在于构建具备学习（机器学习）、推理（知识图谱）、感知（计算机视觉）与决策（强化学习）能力的智能体。关键技术包括机器学习（如深度学习）、自然语言处理（NLP）、计算机视觉等，本质是构建能从经验中进化、适应复杂场景的智能系统。

区别于传统程序，AI 的核心特征为自适应进化能力，如 GPT-4 通过 1750 亿参数实现上下文理解迭代，Grok 声称已经完成阅读全球有史以来人类所有书籍和有用的社交信息，拥有全覆盖的数据，完全胜任的算力，越来越进化的算法，将颠覆人类的生存方式。

## （二）战略价值与历史意义

AI 被视为第四次工业革命的基石技术，其意义超越工具属性：

（1）生产力革命：麦肯锡研究显示，AI 使制造业缺陷检测效率提升 90%，成本降低 50%；

（2）复杂系统治理：解决传统人力无法处理的复杂问题（如城市交通优化、气候建模）；

（3）经济范式转型：催生数据要素市场，据 IDC 预测，2030 年全球 AI 经济贡献将达 13 万亿美元增量。

## （三）核心功能矩阵

（1）流程重塑：RPA（机器人流程自动化）替代 60% 的财务核算工作。

（2）智能决策：沃尔玛利用需求预测 AI 将库存周转率提升 15%。

（3）体验重构：ChatGPT 推动客服成本下降 70%，响应速度达毫秒级。

（4）风险防控：反欺诈 AI 系统使金融坏账率降低至 0.3%。

## （四）演进趋势图谱

（1）技术融合：AI+IoT+5G 构建数字孪生体系（如特斯拉工厂实时仿真）；

（2）普惠化：开源加速技术普及，软件越来越自动的操作和传媒准时化，还有 AutoML 降低 AI 应用门槛，中小企业采用率三年增长 400%，个人使用率大幅增长；

（3）伦理规制：欧盟"AI 法案"将风险分级管控，禁止社会评分系统；

（4）具身智能：波士顿动力 Atlas 实现动态环境自主作业。

## （五）组织进化冲击波

（1）结构解构即扁平化：传统科层制向"液态组织"转型，阿里达摩院实行"任务细胞"制；中层管理岗位缩减，例如 IBM 用 AI 替代 30% 的 HR 审核工作，转向"AI+ 专家"协作模式。

（2）能力重构：德勤 2023 年报告指出，未来三年 63% 岗位需 AI 技能重塑。

（3）决策范式转变：亚马逊 85% 的库存决策由 AI 系统自主完成，人类转向战略监督与伦理校准。

（4）风险重构：深度伪造（Deepfake）技术使企业舆情危机爆发速度提升 5 倍，倒逼风控体系智能化。

人工智能的应用，冲击力将多大呢？在回答"生成式 AI 将会在哪些金融领域爆发？"时，答案是："将重塑整个数字金融行业，包括市场、渠道、产品开发、客户服务等所有的领域。未来，生成式 AI 将无所不在，在金融行业的应用前景也将贯穿前中后台各个环节，每一条业务线、每个职能岗位都能找到相应的应用场景。"其方式包括："首先是对内赋能，生成式 AI 或在金融机构技术开发领域带来颠覆性变革。低代码、无代码的 AI 辅助助手，已经给技术开发带来了更高的效率；其次是客户体验提升，金融机构将 AI 应用到风控、运营、营销还是流程的优化，都是'以客户为中心'提升客户体验的不断进化；最后，在 AI 应用快速落地到金融机构的每个业务、每个任务当中时，金融机构的组织架构也要更敏捷、更开放。"[①]

作者认为：针对金融业的评判适用于任何一个行业，任何一个组织，任何一个人。一场由酝酿已久的人工智能集群新技术引发的变革风暴，将吹遍每一个角落，任何国家、行业、

---

① 李静瑕 . 全球顶级银行的生成式 AI 革命 [Z]. 2025.

区域、组织、个体，影响思维、体验、效率、工作方式甚至生活方式。全社会工商组织生态的重塑，正在疾风暴雨般地来临。

## （六）未来组织画像

AI 驱动型组织将呈现"双螺旋"特征：技术架构上形成"云脑 + 边缘节点"的神经中枢，管理机制上构建"人类战略 +AI 执行"的混合智能。当组织算力密度（TOPS/ 人）成为新竞争力指标，提前布局 AI 原生系统的企业将获得 10 倍级效能优势。这要求领导者从"数字化思维"跃迁至"智能体思维"，在机器智能与人类创造力的共生中重塑商业文明。

## （七）人工智能的必然性：精细知识分化与超级工程集成

从人类发展的基本规律，知识积累的根本逻辑来看，即便从"问题启程"的视角，人工智能的产生也是具有相当的必然性。其根本在于：无限的知识体系细化和失序的知识积累繁杂，与（工程：人类活动的方式，不仅仅指建造工程）应用的超高知识集成需求之间的矛盾，是激发人工智能发展的内在运动规律。图 9 为该逻辑的示意图 [1]。

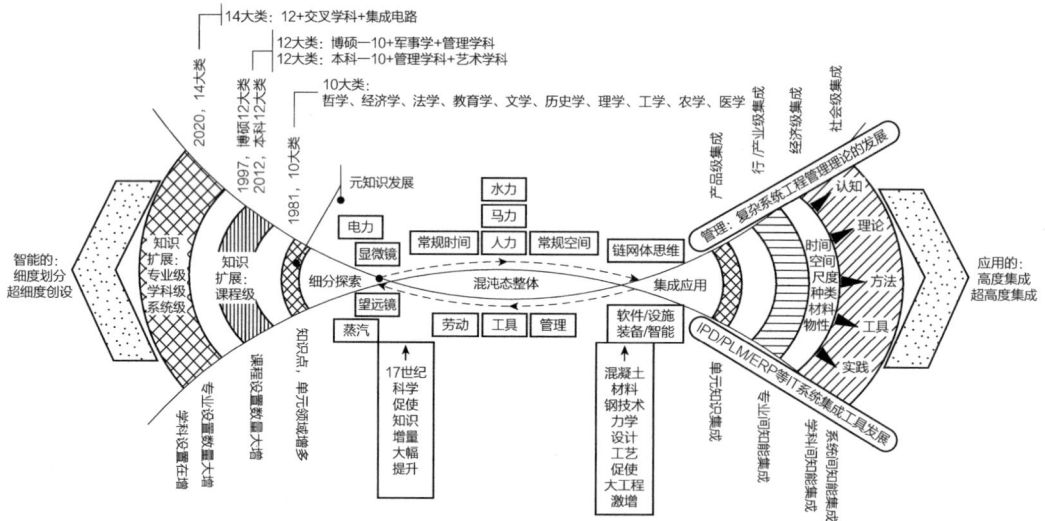

图 9 知识能力结构的细分与集成应用蝶形伸展图

总之，人工智能，既是人类历史发展的必然，又是将彻底颠覆历史轨迹的重大事件，无论怎么形容都不为过。对于组织重塑而言，也将彻底改变模式、效率、绩效。拥抱 AI，迎接和融入 AI，将是组织成功延续的重要保障。

---

[1]　卢锡雷 . 敏捷高等工程教育理论与方法：提升工程教育效率的路径与实践 [M]. 北京：中国建筑工业出版社，2023.

# 结束语

撰写一本关于组织创新与变革的书，以阐述"重塑＝重新塑造"的道理，如果在方法上没有创新，我们觉得"过意不去"，就好像啦啦队，虽然很动情、很卖力，但是不能真情真力地体验场上运动员的激情与辛苦，只是作为旁观者，常常甚至无奈。学者和业界，大概隔着的就是这样的"鸿沟"。因此，本次研究采用全新的项目敏捷开发方法：以"身"试验创新。

敏捷开发的主要的做法是：① 构思创作的质量、进程目标，表达愿望、定位，达成共同理解；② 建立渠道，敏捷沟通，每天合成新版本；③ 粗略分工，以长补短，分享灵感；④ 每天在新版本上推进任务，体现充分的快捷迭代；⑤ 及时纠正理解和表达的偏差，诉诸于新版本，合成小组随时讨论，确立沟通的需要并开展"内部培训"，提升拉平进度与质量；⑥ 极致透明，体现公平，营养补贴，鼓励开阔视野，鼓励使用 AI 激发灵感。管理这个项目，只有四个文档：启动与关闭文档（包括：设想、框架和支持文件，以及关闭项目的总结文档）、沟通文档（包括：编序的交流、补充文件）、撰写文档（包括：每日合成并发布的迭代版本）、成果文档（包括：成果 1.0 版本文档和原图合成文档）。必要时召开线下会议，统一思想、讨论问题、督评进程。

全书，有很多我们的创新见解。

认知与思维方面。① 对组织本质、管理本质、管理转向运营的趋势的揭示，体现了本研究的定位与可能发挥的作用。② 揭示了 A（实践）P（过程）D（动态）的管理活动基本特征。③ 商业行为中，我们特别推荐"耦合思维"，以迭代"沟通、交互、指令"，可能大大改变原有商业思维的消极性与低效认知。④ 识知行成变模型和管理"行"转向的呼吁，都将极大地推动管理思考的深刻程度。⑤ 阐述了"组织重塑是组织新陈代谢的生命常态过程"，保持警觉性、权变性、随变性、耦合性，使组织保持活力、成就基业长青的途径。⑥ 系统思维的方法，不仅提倡大家学习，我们在全书中，也处处体现出这样的思维方法，对解决复杂性、动荡环境中的决策具有巨大的理论和实用价值。⑦ 阐述了数字、数字化、信息化的本质内涵，将有助于消除数字化过程中的一些肤浅见解。⑧ 界定了不确定的本质是"事物发展结果的未达预期"特性，归因于客观和主观两方面。文中还有许多对谬误的澄清等，撇开复杂性因素，我们在组织管理、变革、信息化、流程管理等等领域，谬误和讹传实在不少。

技术与工具方面。沿用以往的基于模型的思考方式，研究提供了极具概括力的诸多模型。如：① 环境 PESTecl 要素模型。②BOP（业务、组织、流程）关系模型，清晰指出了业务与流程的镜像本质。③ 重塑就是创新和变革使组织从状态一跃迁到新的状态二，模型指出了核心的变革内容。④ 环境—环境要素的变化、环境与组织耦合、新目标与旧追求耦合、三个核心跃迁重塑（业务结构重塑、流程体系重塑、组织框架重塑）。⑤ 产品重塑的三化（产品化、项目化、任务化）模型。⑥ 信息化转型升级流程。⑦ 建筑业组织变革的 233 模型。⑧PTAG 框架模型。⑨ 研发了"组织健康争端指标表""组织惰化程度等级表""变革压力原因分析表"，试图用尽量实效的方法协助决策。⑩ 扩展的 DDIKIW 金字塔模型。⑪CEOPS 建筑企业流程运营模型。⑫"流程牵引""精准管控""任务绩效""认知思维""敏捷教育"五部专著模型的引用。⑬ 组织本质模型。⑭ 产品研发的"三化"模型。⑮ 产品成功的三合（技术、运营、商业）逻辑模型。⑯ 组织内涵 O-ETERSC 模型。⑰ 流程梳理流程。⑱ 知识能力结构的细分与集成应用蝶形伸展模型。⑲ 流程优化流程图。⑳ 流程人才核心知能体系构成模型。㉑ 组织能力模型。

本书的完成，对于完整表达"新组织管理学"的内容，连同已经出版的五部专著（简称：流程牵引、精准管控、任务绩效、认知思维、敏捷教育），就算大功告成了，实在说，撰写这样的一本著作，殊为不易。前面几部特别是《流程牵引目标实现的理论与方法——探究管理的底层技术》已经被国家图书馆、诸多大学图书馆收藏，实践应用也正开展，影响力逐渐在形成之中。接下来的工作，就是推广、宣传，使其真正发挥效能，推动我国管理水平的提高，这是我们"行"管理的深切心愿。

我们重申：尽管我们持续付出了极大的努力，囿于个人见地狭偏，表达局限，涉猎所限，所持有的"服务产业，接受开放性的检验"态度下，也未必能够收到满意的效果。但是初心不改，褒贬由之。